유럽(프랑스-루마니아) E U R O P

NORTH SEA
Hamburg
Berlin
BELGIUM
GERMANY
Prague
CZECH
Paris
Metz
Stuttgart
Vi
FRANCE
AUSTR
SWITZERLAND
Trieste
ITALY
ADRIATIC
SEA

FRANCE – ROMANIA)
Warsaw
OLAND
Kiev
UKRAINE
IC
SLOVAKIA
Budapest
UNGARY
ROMANIA
TIA
Belgrade
Bucharest
YUGOSLAVIA
CROATIA
& HERZ
BLACK SEA
BULGARIA
0 km
200
400
600
800

역자에게 보내 준 롬멜 장군의 서명 사진

롬멜 장군의 아들이 역자에게 보내 준 서신(영문)

MANFRED ROMMEL
OBERBÜRGERMEISTER DER STADT STUTTGART

7 STUTTGART 1 16.12.75
RATHAUS
TELEFON 0711-216-1

Dear General Hwang,

many thanks for you kind letter and for the Korean translation of the ROMMEL PAPERS.

I am pleased that my father's book is helpful for training in infantry tactics in the famous Korean Army.

I hope that the strenght of your army guarantees peace for the Korean people.

With my best wishes
Very sincerely yours

Rommel

황 장군 귀하

1975. 12. 16.

귀하의 친절한 편지와 『롬멜전사록』의 한국어판 번역에 대하여 깊이 감사드립니다.

선친의 저서가 유명한 한국군의 보병전술 훈련에 기여하고 있다는 사실을 기쁘게 생각합니다.

귀국의 군사력이 한국민에게 평화를 보장할 수 있게 되기를 바랍니다.

내내 안녕하시기를 빌면서, 귀하의 충실한 벗.

M. 롬멜

롬멜 장군의 아들이 역자에게 보내 준 서신(독문)

MANFRED ROMMEL
OBERBÜRGERMEISTER DER STADT STUTTGART

7 STUTTGART 1 3.Febr.1976
RATHAUS
TELEFON 0711-216-1

Sehr verehrter Herr General!

Für Ihren liebenswürdigen Brief vom 20. Januar darf ich Ihnen verbindlichst danken. Ich habe mich sehr über Ihr Schreiben und über die freundlichen Worte gefreut.

Ich darf Ihnen anbei ein Photo meines Vaters mit seiner Unterschrift schicken. Es ist eines der wenigen unterschriebenen Photos, die mir erhalten geblieben sind.

Mit allen guten Wünschen und herzlichen Grüßen
bin ich Ihr ergebener

M. Rommel

존경하는 장군님께!

1976. 2. 3.

1월 20일자 장군님의 편지에 대하여 깊은 감사를 드립니다. 장군님의 사연과 친절한 말씀에 대단히 기뻤습니다.

여기 선친의 서명이 든 사진을 한 장 보냅니다. 이것은 본인에게 남아 있는 몇 안 되는 서명이 든 사진 중의 하나입니다.

장군님의 건강을 충심으로 기원하면서.

M. 롬멜

❶ Heidenheim — 출생지
❷ Weingarten — 연대본부
❸ Kornwestheim — 가족 상봉역
❹ Ravensburg — 열차행군 종착역
❺ Münzingen — 산악대대 창설지

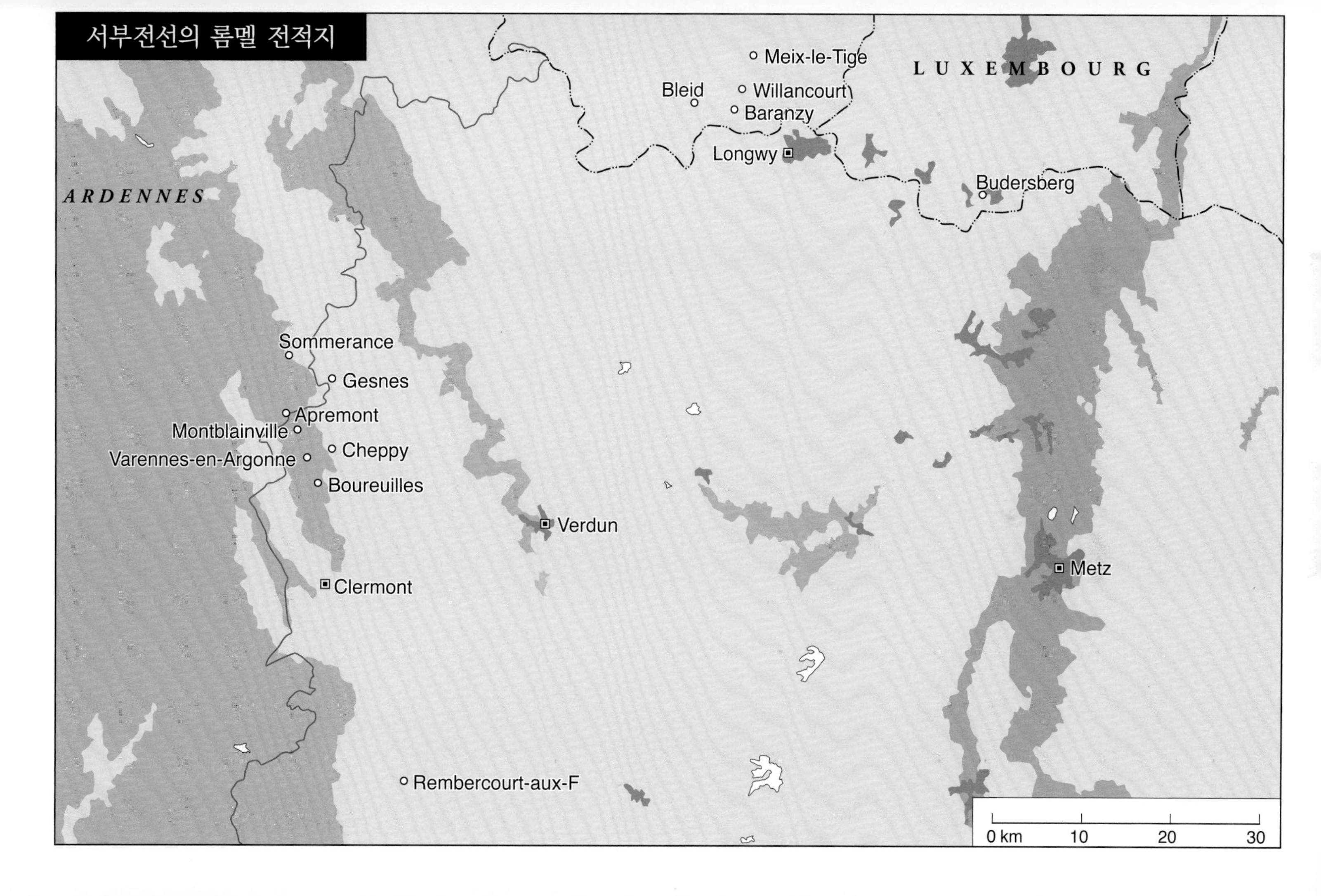
서부전선의 롬멜 전적지
Meix-le-Tige
LUXEMBOURG
Bleid
Willancourt
Baranzy
Longwy
Budersberg
ARDENNES
Sommerance
Gesnes
Apremont
Montblainville
Cheppy
Varennes-en-Argonne
Boureuilles
Verdun
Metz
Clermont
Rembercourt-aux-F
0 km
10
20
30

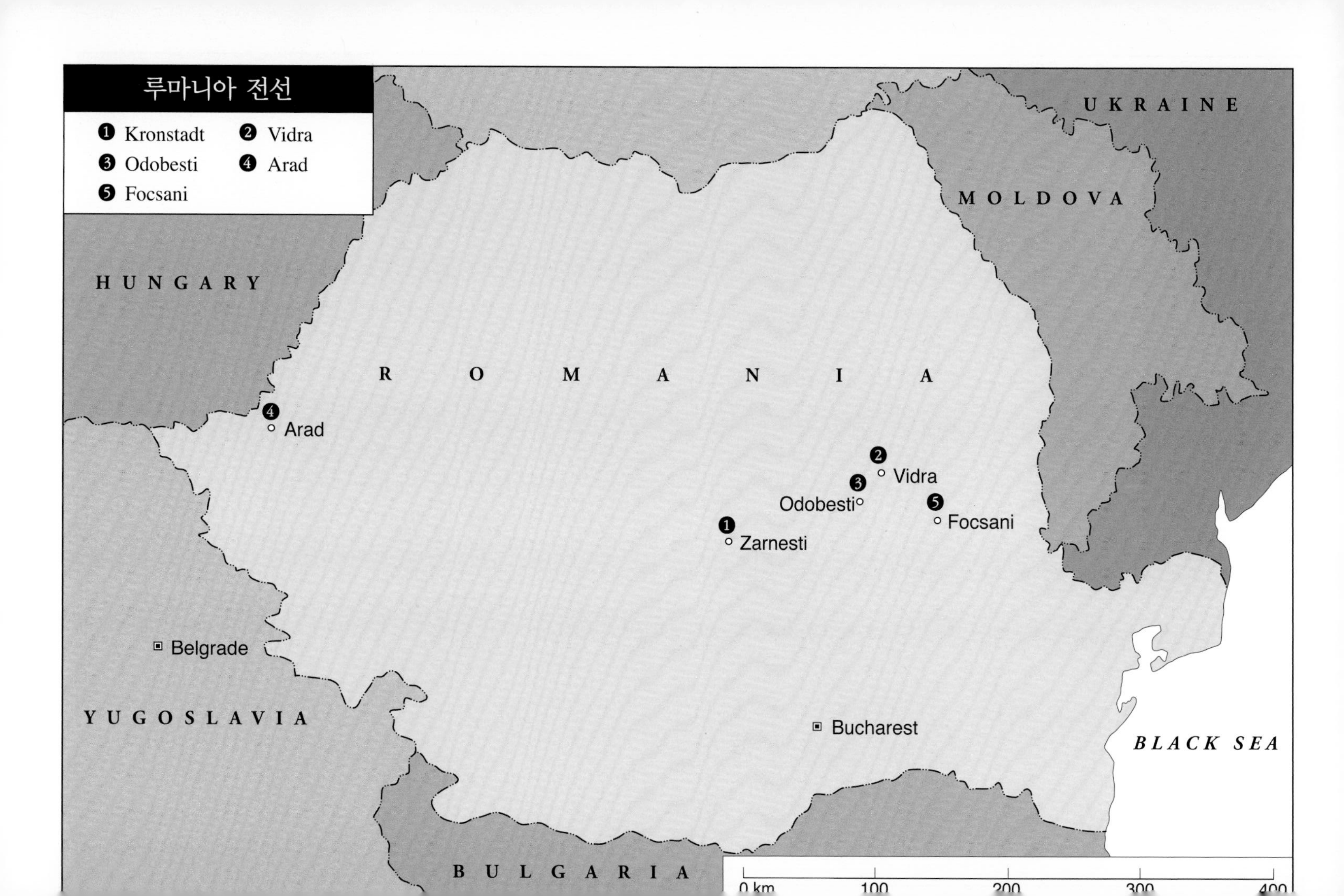
루마니아 전선
❶ Kronstadt
❷ Vidra
❸ Odobesti
❹ Arad
❺ Focsani
UKRAINE
MOLDOVA
HUNGARY
ROMANIA
Arad
Vidra
Odobesti
Focsani
Zarnesti
Belgrade
YUGOSLAVIA
Bucharest
BLACK SEA
BULGARIA
0 km
100
200
300
400

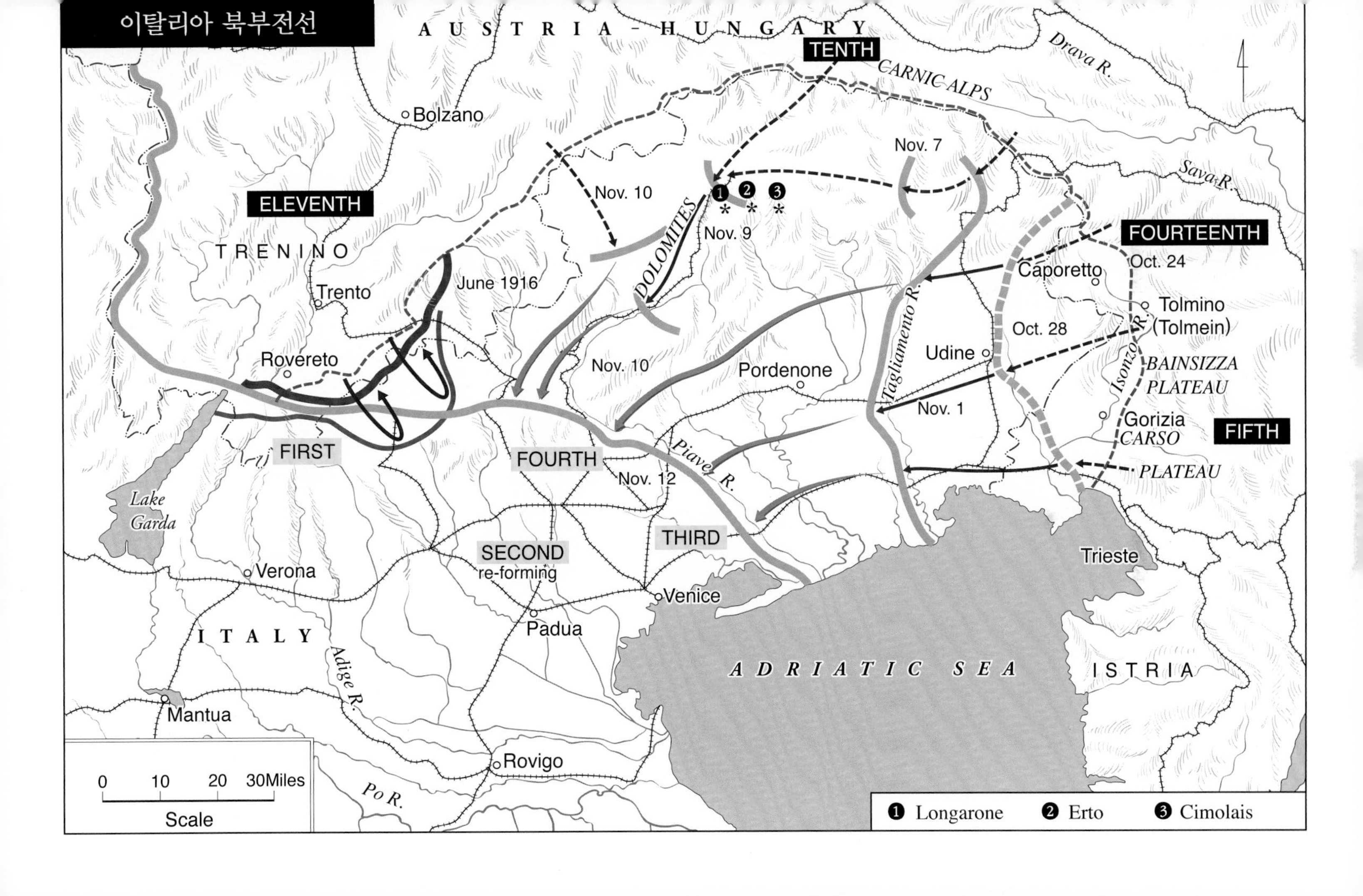
이탈리아 북부전선
AUSTRIA - HUNGARY
TENTH
CARNIC ALPS
Drava R.
Bolzano
Nov. 7
Sava R.
Nov. 10
ELEVENTH
TRENINO
DOLOMITES
Nov. 9
FOURTEENTH
Oct. 24
Caporetto
Tolmino
(Tolmein)
June 1916
Trento
Oct. 28
Tagliamento R.
Isonzo R.
Udine
BAINSIZZA
PLATEAU
Rovereto
Nov. 10
Pordenone
Nov. 1
Gorizia
CARSO
PLATEAU
FIFTH
FIRST
FOURTH
Nov. 12
Piave R.
Lake
Garda
THIRD
SECOND
re-forming
Trieste
Verona
Venice
Padua
ITALY
Adige R.
ADRIATIC SEA
ISTRIA
Mantua
Rovigo
0
10
20
30Miles
Scale
Po R.
1 Longarone
2 Erto
3 Cimolais

카르니 알프스의 오스트리아군 진지

피아베 강 전투에서 생포된 이탈리아군 포로

카르니 알프스의 이탈리아군 진지. (사진) 카도르나 장군

NFANTRY ATTACKS by ERWIN ROMMEL

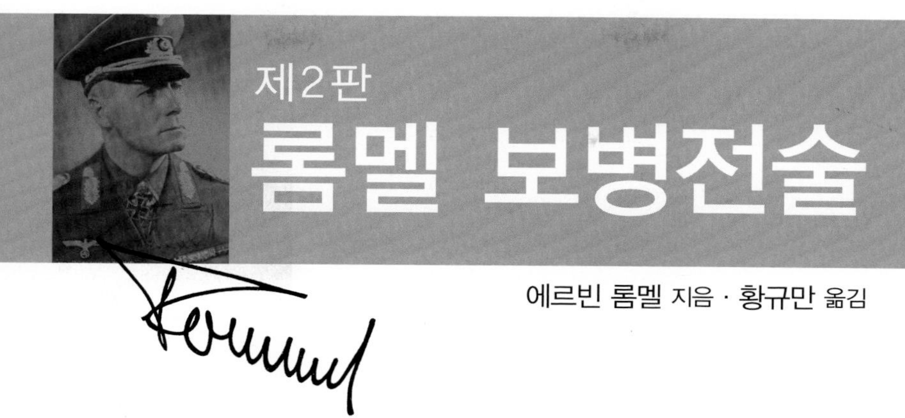

제2판

롬멜 보병전술

에르빈 롬멜 지음 · 황규만 옮김

일조각

제2판
역자 서문

21세기를 이끌어갈 군의 젊은 간부들을 위하여 이 글을 쓴다.

6·25전쟁이 한창이던 1951년 7월, 1차 도미 유학시험이 있으니 응시하라는 통보를 받고 강원도 인제군 원통면 서화리 계곡 일선에 있었던 나는 시험에 응시했다. 9월 초 부산에서 미 해군 수송함을 타고 2주일에 걸친 항해를 마치고 미국 샌프란시스코에 도착했으며, 1주일의 기차여행 끝에 조지아 주 애틀란타를 경유, 콜럼버스 시 부근의 미국 육군 보병학교 초등군사반에 입교했다. 나는 이곳에서 제2차 세계대전의 대략적인 전모를 비로소 알게 되었다. 낙엽이 떨어지는 11월 초순 포트 베닝 대극장에서 상영된 영화 "사막의 여우"*Fox of Desert*를 보았다. 이것이 롬멜과의 첫만남이요, 군 계급에서의 장군이 어떤 존재인지도 처음 알았다.

1966년 주일본 한국대사관부 초대 무관으로 부임한 후 여가시간이 나는 대로 동경 시내 서점에 들러 일본어로 번역된 롬멜 장군에 관한 서적을 구독하면서 롬멜과의 사이를 점차 좁혀 갔다.

1971년 준장으로 진급하여 제2군사령부 교육참모로 보직된 후부터는 시간적 여유도 있고 하여 군 간부 교육을 위해 이 "사막의 여우"와 더욱 가까워지기로 결심하고 자료를 모았다. 당시 우리나라에는 군 간부 교육을 위한 참고서적이 거의 없었고, 있다 해도 야전교범 정도가 고작이었다.

1973년 봄, 육군본부 정보처장으로 보직되어 서울에 온 후 여가시간을 이용하여 『롬멜보병전술』의 번역작업에 본격적으로 착수했다.

이 책을 내기 위해 온힘을 쏟고 있을 때 주위사람들이 나를 적극 말렸다. 이유는 군에서 책을 낸 사람 치고 그 뒤끝이 좋았던 경우가 별로 없었다는 것이며, 꼭 내고 싶으면 참모총장의 추천사라도 받아서 그의 사진과 함께 책머리에 붙여서 내는 것이 좋을 것이라는 권유도 많이 받았지만 사양했다.

이 『롬멜보병전술』이 인쇄가 끝나고 내가 처음 받아 본 날은 정확히 1974년 5월 8일 16시 50분이었다. 이날은 봄비가 내리고 있었다. 나는 책 표지 뒷장 여백에 이렇게 적었다.

"어버이날, 봄비가 내리다. 근 1년 만에 햇빛을 보다. 봄비와 같이 모든 사람들의 마음 속에 이 책 속에 묻은 먹물이 스며들기를 빈다. 그리고 내일 날이 밝으면 마음도 밝아지기를……. 1974년 5월 8일."

1974년 5월 『롬멜보병전술』이 세상에 나왔을 때만 해도 별로 큰 반응을 얻지 못하고 몇몇 서점에서 한가로이 독자를 기다리며 낮잠만 자고 있었다. 그런데 1975년 2월 중순에 출판사 일조각으로부터 기쁜 소식이 전해 왔다. 내용인즉 원주 야전군사령부로부터 5,000부의 주문을 받았다는 것이다. 출판사 측은 1주일 동안 밤낮 인쇄소 윤전기를 돌려 납본일까지 책을 맞추어 트럭에 싣고 원주로 달려갔다. 며칠 후 출판사로부터 책에 대한 저작권료로 50만원을 수령했다(당시 책값 1,200원, 현재 15,000원). 아마 지금 책값으로 계산하면 약 700만원 정도는 되지 않을까 생각한다. 나는 1군사령관 이소동 장군님을 과거에 직접 모신 적도 없고 하여 그분에 대해 아는 바가 없었다. 다만 그분이 군 간부 교육에 대하여 남달리 많은 열정을 가지고 계시다는 것을 간접적으로 듣고서 알고는 있었다. 책을 팔아 돈을 벌자고 하는 것이 아니었으므로 나는 50만원 전액을 교육 포상금으로 써 주십사 하고 1군사령관께 모두 보내 드렸다. 3월 중순 어느 날 이소동 장군님으로부터 한 통의 편지가 도착했다. 실로 26년 만에 이 서한을 공개하게 된 것을 큰 영광으로 생각한다.

친애하는 황규만 장군

시하 신춘지제(時下 新春之際)에 군의 교리 발전을 위해 진력하는 황 장군의 건승과 가내 평안함을 기원합니다.

본인이 평소 아껴오던 황 장군이 뜻밖의 좋은 소식을 전해 주어 감사한 마음 금할 길이 없습니다.

한편 연구발전사령부로 보직되었으니 장차 우리 군의 각종 전투교리 발전에 많은 진전과 성과가 있으리라고 믿기에 축하를 보냅니다.

본인이 부임 초 우리 야전군 전 장교에게 본인의 깊은 관심을 갖게 하는 『롬멜보병전술』을 필독하여 부대훈련에 충분히 이를 활용하도록 지시한 바 있습니다.

한편 황 장군이 그토록 정성어린 막대한 금액을 훈련의 상금조로 보내주신 데 대하여 항상 간부의 자질향상을 염려하고 있는 본인으로서 무엇으로 사의를 표해야 좋을지 모르겠습니다.

그래서 본인은 여기에 30만원을 더하여 이 책에 대한 교육성과가 가장 훌륭한 개인이나 부대에 포상금으로 활용하도록 각 사단에 10만원씩 나눠 줄 계획입니다.

이와 같은 황 장군의 성의와 노력은 부대 발전과 교육성과 달성에 좋은 결과를 가져오리라 확신하는 바입니다.

끝으로 황 장군의 건승과 귀부대의 무궁한 발전을 기원합니다.

1975. 3. 10.

제1군사령관 중장 이소동

이 일이 있고 지금까지 26년이란 세월이 흐르는 동안 어느 지휘관도 이소동 장군님과 같이 장차 군을 이끌어갈 초급간부들을 위해 열정을 바친 분이 없었다. 정말 안타까운 일이 아닐 수 없다. 간부의 독창성 개발이나 자질향상이란 야전교범만으로는 그 목적을 달성할 수 없으며, 역사를 포함한 다방면에 걸친 독서와 『롬멜보병전술』과 같은 실제 전투경험 서적을 통해 내 것으로 만드는 것 외에는 왕도가 없다.

이 책의 원본은 1937년 독일어 판을 1944년에 가서야 미국 육군에서 서둘러 번역하여 출판한 최초의 영어판이다. 제2차 세계대전이 발발하고 롬멜 장군의 명성이 전 유럽을 휩쓸자 롬멜을 알기 위해 미국 육군이 취한 긴급조치였다. 북아프리카 전선에서 롬멜과 대적했던 패튼 장군은 상대를 완전히 알기까지 『롬멜보병전술』을 수없이 읽었으며, 심지어 침소 머리맡에 두고 읽었다고 한다. 그 후 미국에서는 1979년에 완전 개정판을 출간하였다. 그들도 시인했듯이 전쟁 중에 서둘러 번역한 탓으로 오역된 부분이 상당히 많다고 하며, 또한 적장(敵將)을 너무 찬양하는 인상을 연합군 장병들에게 줄 것을 고려하여 어떤 부분은 생략하기도 하고 평가절하한 부분도 있다고 한다. 따라서 한글화 작업을 하는 이 기회에 1979년도 미국 개정판을 참고로 하여 27년 만에 내용을 대폭 수정하기로 했다.

우리 동양인이 유럽의 지명과 위치를 자세히 안다는 것은 거의 불가능한 일이다. 물론 이것은 독일인에게 '안강 전투'를 설명해 봐도 그 위치를 모르는 것과 같다. 독자를 위해 롬멜 장군이 전투했던 곳을 추적해 보기로 했다. 프랑스 서부전선, 루마니아 전선, 그리고 이탈리아 북부전선 등 지도상에서 찾을 수 있는 지명은 모두 찾았다. 그리고 참고가 될 만한 그림과 사진도 몇 점 첨부했다.

제1차 세계대전을 심층분석하고 장차 일어날지도 모르는 전쟁 양상을 예언이라도 하듯 펼쳐 낸 리델 하트의 『현대육군의 개혁』*The Re- making of*

Modern Armies(1927년)의 번역을 끝내고, 이어 『롬멜보병전술』 개정작업을 하면서 나는 큰 감명을 받았다. 즉 리델 하트는 장군들의 무능함을 신랄하게 비판하고 수많은 전쟁 희생자가 발생한 원인이 전장에서 '기동'이 사라진 때문이며, 이러한 전투는 오로지 살육전에 불과하다고 지적하고 전쟁 지도부의 반성을 촉구하였다. 한편 『롬멜보병전술』에는 무능한 장군들이 최전선으로부터 멀리 떨어진 안전한 사령부에 앉아서 무슨 기쁜 소식이라도 오기를 기다리며 성(城)의 정원을 거닐면서 하루하루를 보내는 동안, 연합군 측이든, 동맹국 측이든 말단 전투부대의 병사와 소대장, 중대장들은 진흙 토굴 속에서, 그리고 1000고지 이상 되는 산악지대에서 적과, 추위와, 고통과 싸우면서 조국을 위해 하나밖에 없는 귀중한 목숨을 기꺼이 바쳐가며 전장의 이슬로 사라져 간 생생한 기록들이 담겨져 있다.

독일과 프랑스는 접경국으로 오랜 옛날부터 서로 견원지간(犬猿之間)의 관계로 그 적대행위가 극에 달했지만, 이탈리아와 루마니아는 덩달아 전쟁에 휘말려 듦으로써 국가의 전쟁 지도부와 말단 국민들 간의 전쟁목적 인식에 큰 차이가 있었던 점이 수많은 포로가 발생한 원인이 아닌가 한다. 또한 육지로 연결된 국경선이라는 것은 지상에 그어놓은 선에 불과한 것으로 비록 국적은 달라도 주민들이 서로 생활하는 데는 동질성을 가지고 있었으므로 전쟁이 일어나도 그다지 큰 적개심이라든지 적대행위는 없었다는 것도 알 수 있다.

또 한 가지 크게 깨달은 점은 만약 롬멜이 대전 기간(1914~1918년) 동안 내내 교착상태에 빠진 참호전만 되풀이되던 서부전선에 머물러 있었다면 아마 제2차 세계대전의 "사막의 여우"는 존재하지 않았을 것이다. 왜냐하면 서부전선에서는 아무것도 배울 것이 없었던 것이다. 리델 하트가 언급했듯이 기습과 기동이 존재하지 않은 전쟁은 한낱 '인간 도살장'에 불과하다고 갈파(喝破)했다. 다행히 롬멜은 대전 전반기 2년 정도만 서부전선에서 전투하고 그 후에는 루마니아 전선과 이탈리아 북부전선에서 싸웠다. 루마니아와 이탈리아에서는 서부전선과는 달리 많은 기동공간이 확보되어 있어 롬멜은 기습과 기동을 마음껏 구사(驅使)했다. 이때 롬멜은 제2차 세계대전 당시 명성을 떨친 명장으로서의 자질을 십분 발휘할 수 있었다.

이러한 관점에서 한국전쟁을 돌이켜 볼 때, 교착된 전선에서 아무런 묘약도 쓰지 못하고, 전쟁을 무승부로 끝내기 위해 수많은 우리 젊은이들을 희생시킨 데 대하여 아무 할 말이 없다. 당시 위로는 장군으로부터 아래는 소대장에 이르기까지 '기습과 기동이 사라진 전장은 인간 도살장'이라는 전쟁의 진리를 깨닫고 전쟁에 임한 지휘관이 단 한 명이라도 있었는지 되묻지 않을 수 없다.

롬멜은 1914년 9월 24일 허벅지에 관통상을 입고 목숨을 잃을 뻔했으며, 1917년 8월 10일 팔에 두 번째 부상을 입었다. 그러면서도 그는 계속 전투지휘를 했다. 정말 상상할 수 없는 초인적인 정신력의 소유자가 아닐 수 없다. 웬만하면 후방 근무라도 한 번쯤은 생각해 볼 만했을 텐데 그는 다시 연대로 되돌아왔다. 우리들의 일반적인 상식으로는 그를 이해할 수가 없어 경외심(敬畏心)마저 생긴다.

롬멜이 1937년에 책을 펴낸 지 올해로 64년이 지났으며, 그가 히틀러에 의해 독살된 지 57년이 지났다. 반세기가 지난 오늘날에도 롬멜의 명성은 아직도 살아 있다.

『롬멜보병전술』은 초급지휘관이 부하들을 어떻게 통솔해야 하며, 전투지휘를 어떻게 하는 것인지에 관해 자세히 서술하고 있다. 이렇게 생생히 기록한 역사자료는 세계 어느 나라에도 없다. 평화 시이든 전쟁 시이든 한 인간의 처절한 경험에서 얻은 귀중한 한 권의 책은 우리들의 귀감이 되고도 남는다. 간부들이 『롬멜보병전술』을 대하면서 오늘날은 전시도 아니며 남북 화해협력시대가 도래하여 옛날 냉전시대의 상황과는 상당한 차이가 있다고 생각하고 책을 멀리한다면 이는 나라의 미래를 위해 우려할 일이 아닐 수 없으며, 간부 개인의 장래에 대하여 크게 염려되는 바이다. 진리란 시간과는 아무런 관계가 없다는 것을 깊이 깨달아야 할 것이다.

책 앞부분에 실은 롬멜 장군의 서명이 든 사진은 장군의 아들인 만프레드 롬멜이 보내 준 것이다. 유럽권은 몰라도 동양권에서는 나밖에 없는 귀중한 사진이기에 우리 모두의 자랑이라 생각해도 무방할 것이다. 『롬멜 보병전술』을 두 번, 세 번 거듭 읽다 보면 독자들도 미국의 패튼 장군처럼 될 수 있다는 것을 자신 있게 말해 주고 싶다.

군대란 결코 도산할 염려가 없는 회사라고 한다. 이 안락지대에 안주(安住)하려는 관리자형 지휘관이 다수 있는 한, 국가와 군의 장래는 밝을 수 없다. 군의 개혁과 발전을 위하여 내 한 몸을 초로(草露)와 같이 바칠 수 있는 투사형 지휘관만이 국민을 위한 군대를 지켜 나갈 수 있는 것이다. 투사형 지휘관이란 문학과 예술을 이해하며 교육적인 품위를 갖추고, 전략과 전술, 그리고 야전 경험이 있는, 즉 문무(文武)를 겸한 지휘관을 말한다.

몇 년 전부터 한자(漢字)를 모르는 한글세대들이 군 간부로 임관되면서 이 책이 외면당하기 시작했다. 출판사 측에서 내용을 모두 한글로 고치자고 몇 차례 제의해 왔으나 나는 이를 계속 사양했다. 책에 나오는 한자라야 500자도 안 되며 한자 군사용어란 것이 뻔하기 때문에 처음 용어만 이해하면 아무런 장애가 되지 않는 것이다. 그러나 초급간부들의 외면이 너무나 심해서 할 수 없이 나도 동의하고 말았다. 국어사전이라고는 하지만 펼쳐 보면 한글로 쓰고 괄호 안에 한자를 써놓았다. 어디 이것이 국어사전인가? 한자사전에 한글로 토를 달아 놓은 것에 지나지 않는 것이다.

지금 한글로 책을 다시 쓰지만 모름지기 간부들은 한자를 모르면 그 깊은 뜻을 알지 못한다는 것을 명심하기 바란다.

끝으로 "부지피부지기(不知彼不知己)이면, 매전필태(每戰必殆)이니라"고 한『손자병법』의 한 구절을 아울러 덧붙인다.

2001년 6월 25일에

서빙고 일우에서 역자

역자 서문

이 책은 독일의 에르빈 롬멜 원수가 1937년 중령 당시 저술한 『보병공격』*Infantry Attacks ; Infanterie Greift an*을 번역한 것이다.

무릇 소부대 전투경험담은 초급지휘관과 병사들을 교육 훈련시키는 데 있어서 매우 유익하나 그 자료가 극히 부족한 것이 우리의 실정이다. 제1차 세계대전에 패배한 독일 국민들은 그 패인을 규명(糾明)하기 위하여 피나는 노력을 했다. 즉 1914~1918년 사이에 겪은 쓰라린 경험을 분석하고 교훈을 얻기 위하여 독일에서는 전후 수백 권의 책이 발간되었다. 이 수많은 책 가운데 하나가 바로 『보병공격』인 것이다.

1929년 10월 롬멜은 드레스덴의 보병학교에서 전술학 교관으로 4년간 복무하면서 제1차 세계대전 당시 자신이 겪었던 전투경험을 바탕으로 하여 전술강의를 했다. 1935년 10월 중령으로 진급한 롬멜은 신설된 포츠담의 보병학교 교관으로 다시 보직되었고, 자신의 강의 내용을 정리하여 1937년에 『보병공격(步兵攻擊)』을 출판하게 되었다. 이 책은 보병전술의 교범으로도 손색이 없을 정도여서 한때 스위스 육군에서는 교과서로 채택한 바도 있다.

롬멜은 전쟁기간 동안 소부대 지휘관으로서 매우 공격적이고도 다재다능한 지휘관이었다. 그는 지형 지물을 전술적으로 이용하는 데 비상한 능력을 가지고 있었다. 부하들에게 기동 시에는 가능한 한 엄폐물을 이용하도록 하고, 공격이 저지당하면 언제나 호를 파도록 철저히 훈련시켰다. 롬멜 자신은 끊임없는 정찰을 실시하였는데, 그가 전투에서 성공한 주원인은 적에 관한 첩보를 보다 많이 수집했다는 데 있다. 수집된 첩보는 예하지휘관과 하사관, 심지어는 모든 병사에게까지도 이를 전파하여 최소한의 희생으로 최대의 효과를 얻고자 피나는 노력을 했다. 공격을 위한 작전계획을 수립하고 기동을 할 때에는 반드시 적을 기만하고, 적을 고착시키는 부대와 적에게 기습을 가하는 부대를 정하고 전투에 임했다. 적 진지 내의 가장 취약한 지점을 탐색하여 그 약점을 최대로 이용하였으며, 롬멜의 진의를 적이 알지 못하게 하는 동시에 혼란에 빠뜨리는 공격계획을 세웠다. 적절한 화력 지원을 예하부대에 제공할 수 있도록 화력계획을 작성하는 데에도 크게 노력했다.

제1차 세계대전 당시 보병에게 유일한 화기였던 기관총과 수류탄의 사용에 있어서 절묘한 솜씨를 보였는데, 이것은 그가 지원 화기의 전술적 운용에 있어서의 기본적인 문제를 터득하였기 때문이라고 하겠다. 롬멜은 자신의 상관보다 적에 관한 첩보를 정확하게 알고 있을 경우 이미 상부에서 수립한 작전계획이나 상관의 명령이라 할지라도 이에 불복하는 것을 조금도 두려워하지 않았다. 적이 와해되었을 경우 적에게 조금도 여유를 주지 않고 전 병력을 투입하여 공격하는, 즉 전기(戰機)를 판단하는 능력, 육감(六感 : 예민한 감각) 등은 타의 추종을 불허하는 것이었다.

만일 필요하다면 퇴각하는 적에게 무자비한 압박을 가하기 위하여 그는 독일군의 맹렬한 포병 사격지대 속에서라도 부하에게 명령을 내릴 정도의 극단적인 면도 있었다.

롬멜은 항상 최선두에서 지휘하여 부하들에게 솔선수범을 보였고, 부하의 귀중한 생명을 헛되이 하지 않기 위하여 빈틈없는 계획을 수립했다. 또한 어떤 고난에도 꺾이지 않는 불굴의 정신을 소유하고 있기도 했다. 기민성·대담성·용감성·탄력성 등 그의 특성은 언제나 그를 파격적인 인물로 만들어냈다. 판단과 결단을 내릴 때에도 예민한 직관력(直觀力)으로써 절대로 주저하지 않았다. 따라서 그는 임기응변과 종횡무진의 기략을 한 몸에 지니고 있는 기습의 명수이며, 전술의 천재라 하여도 과언이 아닐 것이다.

한국전쟁이 승리도 아닌 휴전으로 끝난 지도 20년이 되었다. 우리는 기필코 조국통일의 위업을 이루어야 한다. 북한은 적화통일이라는 그들의 야욕을 한시도 버린 적이 없으며, 무력에 의한 남침만이 통일의 지름길이라고 호언하고 있다. 최근에는 서해에서 우리의 어선을 포격하여 격침시키고 또 납치해 감으로써 공산주의자들의 전략과 전술에는 아무런 변화가 없다는 것을 다시 한번 입증했다.

레닌은 그의 추종자들에게 "적을 정신적으로 교란(攪亂)시켜 내가 결정적인 타격을 가할 수 있게 될 때까지 작전을 연기해 두는 것이 가장 건전한 전략이며, 또한 공격을 연기해 두는 것은 가장 건전한 전술이다"라고 교시했다. 즉 영원히 중지하는 것이 아니라 잠시 연기해 두는 것이다. 따라서 북한 공산주의자들은 중동 6일 전쟁, 인도·파키스탄 전쟁, 제4차 중동전쟁 등 국제적 분쟁에서 얻은 교훈을 자기들에게 유리하게 해석하고 결정적인 시기가 도달했다고 판단할 때는 언제라도 남침을 재개할 모든 준비를 하고 있는 것이다.

통일이 달성되는 그날까지 한시도 정신무장을 풀어서는 안 되며, 조국을 수호해야 할 군인은 평소에 전기를 연마하고 전술연구에 한층 전념해야 될 것으로 생각한다. 그러한 의미에서 후배들을 위하여 한줌의 밑거

름이라도 뿌려보겠다는 마음에서 롬멜의 『보병공격』을 번역하여 『롬멜보병전술』이라 이름지어 세상에 내놓기로 했다. 혹 오역이 있더라도 너그러운 양해 있기를 바란다.

끝으로 이 책의 출판을 쾌히 승낙해 준 일조각 한만년 사장님의 호의에 대하여 감사를 드리는 바이다.

1974년 5월

역자

서문

이 책은 내가 보병장교로서 제1차 세계대전에 참전하여 수많은 전투를 직접 치르면서 얻은 체험을 수록한 것이다. 특기할 만한 작전에 관해서는 귀중한 교훈을 도출하기 위하여 참고될 부분에 주석을 달고 또 요도(要圖)도 첨부하였다.

전투가 끝난 뒤에 내가 직접 작성한 이 기록을 통해서 4년 반 동안에 걸친 대전기간 중 독일 병사, 특히 보병이 조국 독일을 위하여 바친 무한한 희생정신과 용기가 독일 청년에게 있었다는 것을 알 수 있을 것이다. 비록 병력면이나 장비면에서 극히 열세한 입장에 놓였을 때라 할지라도 이것을 능히 이겨낸 것은 독일 보병이 지니고 있는 전투력이 얼마나 막강했는가 하는 것을 여러 가지 실례가 입증해 주고 있다. 특히 적의 지휘관에 비하여 독일의 초급지휘관이 절대적으로 우수했다는 것도 빼놓을 수 없다.

끝으로 이 책이 치열했던 수년간의 전쟁에서 수많은 사람들이 각자 얻은 경험을 새로이 되새기며 길이 간직하게 하는 데 도움이 된다면 다행이라 하겠다. 경험이란 막대한 손실과 고귀한 희생의 대가로 얻어지는 것이다.

1937년판을 내면서

저자 에르빈 롬멜 중령

차 례

제3부 _ 루마니아 및 카르파치 산맥에서의 기동전(1917년)

제1부
벨기에 및 프랑스 북부 기동전
(1914년)

제1장
블레 및 둘콩 삼림전

I 1914년 초~동년 7월 30일(Ulm)

독일의 방방곡곡에는 전쟁의 먹구름이 불길하게 맴돌고 있었다. 어디를 가나 사람들의 표정은 심각하고 불안했다. 새벽부터 많은 사람들이 게시판 앞에 모여 벽보를 읽고 있었다. 신문 호외가 잇달아 나왔다.

아침 일찍이 제49야전포병연대 제4포대가 고도(古都)의 중앙 시가지를 가로질러 질주해 갔다. "라인 강을 지키자"*Die Wacht am Rhein* 노래가 좁은 골목에서 메아리쳤다.

보병 소위인 나는 3월부터 소대장으로 푹스*Fuchs* 포대에 배치되어 근무하고 있었다. 우리는 아침 일찍 승마훈련을 한 다음, 정상적인 야외훈련을 하였다. 훈련을 끝내고 귀대 시에는 수천 명의 군중들이 우리 뒤를 따라오며 열광적인 환호를 보냈다.

이날 오후 영내에서 말의 장구를 손질하고 있을 때 원대복귀 명령을 받았다. 사태가 매우 위급한 것 같아서 원대인 킹 빌헬름King Wilhelm 연대로 돌아가 과거 2년간 복무한 제124보병연대 제7중대의 병사들과 합류하고 싶은 마음이 간절하였다. 그래서 헨레Hönle 일병과 함께 개인 소지품을 급히 챙겨 부리나케 출발하여 저녁 늦게 원대가 주둔하고 있는 바인가르텐Weingarten 시에 도착했다.

1914년 8월 1일 바인가르텐 시의 낡고 큰 수도원에 자리잡은 병영에서는 장병들이 모두 분주하게 야전장비를 점검하고 있었다. 나는 연대본부에 들러 신고를 마친 다음, 나와 함께 출동할 제7중대로 가서 병사들과 인사를 나누었다. 젊은 병사들의 표정은 환희와 활기 속에 모두 상기되어 있었다. 이와 같은 사기충천한 병사들의 선두에서 적진을 향해 진격한다는 것보다 더 보람찬 일이 어디 있을까?

18:00시 연대 검열이 시작되었다. 하스Haas 대령은 야외훈련에 찌든 전투복을 입은 전 연대를 철저하게 검열한 후 힘찬 목소리로 자신에 넘친 훈시를 시작했다. 검열이 끝나고 연대가 해산할 무렵 동원령이 선포되었다. 드디어 주사위는 던져졌다. 그토록 실전을 갈망하던 독일 젊은이들의 함성이 이 고색 창연한 수도원에 메아리쳤다.

8월 2일 이날은 엄숙한 안식일이었다. 아침 일찍 예배를 보고 저녁에 자랑스러운 우리 뷔르템베르크 연대*Wrttemberg Regiment*는 군악대의 환송주악에 발맞춰 연대를 출발, 라벤스부르크*Ravensburg*행 수송열차에 승차하였다. 끝없는 군 수송열차가 전세가 위급한 서부전선으로 줄지어 달리고 있었다. 유감스럽게도 나는 후발대를 인솔하기 위하여 며칠 동안 잔류하게 되었다. 그래서 최초의 전투에 불참하게 되지 않나 하고 은근히 걱정했다.

8월 5일 열렬한 국민의 환호성 속에 조국의 아름다운 계곡을 누비며 전선으로 향하는 여행은 참으로 즐거웠다. 사기 충천한 병사들은 힘차게 군가를 불렀고, 열차가 정차할 때마다 과일·초콜릿·빵 등 푸짐하게 대접을 받았다. 코른베스타임*Kornwestheim* 역에서 잠시나마 가족들을 만나보았다.

우리는 야간에 라인 강을 건넜다. 아군의 탐조등이 적의 비행기와 비행선을 탐색하려고 밤하늘을 샅샅이 비추었다. 군가는 멎고 병사들은 잠이 들었다. 나는 증기기관차의 화실(火室)과 무더운 여름밤 하늘을 번갈아 보면서 며칠 있으면 닥쳐올 일들을 생각해 보았다.

8월 6일 저녁에 디덴호펜*Diedenhofen* 근처 쾨니그스마케른*Königsmachern*에 도착했다. 비좁은 군 수송열차에서 하차하니 얼마나 좋은지 몰랐다. 우리는 디덴호펜을 거쳐 룩스바일레르*Ruxweiler*까지 도보행군을 했다. 디덴호펜의 거리와 가옥은 불결하였고, 주민들은 입을 다문 채 무표정하였다. 이 마을은 내 고향인 스바비아*Swabia*와 너무나 대조적이었다.

우리는 행군을 계속했다. 해 질 녘에 폭우가 쏟아지기 시작했다. 곧 온몸이 비에 흠뻑 젖었고, 비에 젖은 배낭이 점점 무거워지기 시작했다. '시작부터 참 멋지구나!' 간간이 멀리서 총성이 들려왔다. 6시간의 행군을 하였지만 한 명의 낙오자도 없이 우리 소대는 자정쯤에 룩스바일레르에 도착하였다. 중대장 밤메르트Bammert 중위가 우리를 맞이하였다. 그러나 우리가 잘 곳은 밀짚이 깔린 비좁은 막사였다.

II 서부 국경

이곳에 도착한 후 며칠간은 중대의 전투력을 강화하기 위해 맹훈련을 실시하였다. 소대 및 중대훈련 외에도 다양한 실전상황하의 전투훈련을 실시하고, 특히 야전삽의 사용법도 숙달시켰다. 이와 같은 훈련 외에도 나는 볼링겐*Bollingen* 부근에서 소대를 이끌고 경계임무를 수행하면서 비 내리는 며칠을 보냈다. 여기서 그만 나와 대원 몇 명이 기름진 음식과 설익은 빵을 먹고 배탈이 났다.

8월 18일 우리는 북쪽을 향해 진군하기 시작했다. 나는 중대장한테서 말을 빌려 탔다. 우리는 힘차게 군가를 부르면서 독일과 룩셈부르크의 국경을 넘었다. 룩셈부르크 국민들은 우리 독일군에 우호적이어서 과일과 음료수도 제공했다. 우리는 부데르스베르크*Budersberg*에 입성했다.

8월 19일 날이 밝자 서남쪽으로 이동하여 롱귀*Longwy*의 프랑스 요새의 포대 밑을 지나 다렘*Dahlem*에서 숙영(宿營)했다. 최초의 전투가 임박했다. 나는 배가 몹시 아파서 초콜릿과 빵만을 먹었지만, 별로 차도가 없었다. 그러나 전투기피자라는 오해를 받을까봐 아프다고 보고하지 않았다.

힘겨운 행군 끝에 8월 20일 벨기에의 멕스라티즈*Meix-la-tige*에 도착했다. 제1대대는 전초에 배치되었고, 제2대대는 국지경계 임무를 수행했다. 이곳 주민들은 한마디도 말을 걸지 않았다. 적기 몇 대가 출현하였다. 우리는 즉시 대공사격을 하였으나 전과는 없었다.

Ⅲ 롱귀 정찰 및 최초 전투준비

8월 21일은 휴식하기로 되어 있었다. 그러나 아침 일찍 나와 함께 동료 소대장 3~4명이 연대장에게 불려갔다. 연대장은 우리에게 5명 1개조의 정찰대를 편성, 롱귀 부근의 바랑시*Barancy*, 고르시*Gorcy*, 코스네*Cosnes* 일대의 적 배치와 병력에 대한 적정을 정찰 보고하도록 명령했다. 정찰거리는 13km였다. 우리는 시간을 절약하기 위해 전초까지는 마차를 이용해도 좋다는 연대장의 허락을 받았다. 우리가 멕스라티즈를 벗어나기도 전에 벨기에산 말이 마차를 뿌리치고 도망가서 마차가 퇴비더미에 굴러 박혔다. 마차를 끌어내 보니 부서져서 우리는 할 수 없이 도보로 목적지까지 가야 했다.

부하의 생명이 우리 장교에게 달려 있으므로 평시 훈련 때보다도 더 조심스럽게 전진하였다. 우리는 도로 옆 도랑을 이용하여 멕스라티즈를 벗어났다. 꼬불꼬불한 이 도로를 따라 들판을 지나 소규모 병력의 적이 있는 것으로 알려진 바랑시에 도착했다. 바랑시에 도착하여 주변을 살펴보니 적을 발견할 수가 없었다. 그래서 큰길을 피해 들판의 소로를 이용하여 프랑스와 벨기에의 국경을 넘어 브와드무쏭*Bois de Mousson*에 도착한 다음, 고르시 방향으로 내려갔다. 키른Kirn 소위가 인솔하는 정찰대는 고지 정상에서 우리들의 전진을 엄호하였다.

고르시와 코스네 사이의 도로상에서 적의 보병과 기병대가 코스네 방면으로 이동한 흔적을 발견하였다. 그래서 경계심을 더욱 높이고 큰 도로를 벗어나 도로와 인접한 무성한 숲을 이용하여 전진을 계속하였다. 이 동간에 도로를 계속 세밀하게 관찰하면서 코스네 서쪽 500m 되는 삼림지대에 드디어 도착했다. 나는 쌍안경으로 주변 지형을 살펴보았으나 프랑스군을 발견하지 못하였다.

개활지(開豁地)를 지나 코스네로 가는 도중 평화롭게 일을 하고 있던 한 노파는 독일어로 말하기를 한 시간 전에 프랑스군이 롱귀를 향해 코스네를 이미 떠나, 여기에는 프랑스군이 없다고 하였다. 이 노파의 말이 과연 정말일까?

우리는 들판과 과수원을 지나 착검(着劍)을 하고 사격자세를 취하여 혹시 적의 매복조가 있지 않나 하고 가옥의 출입문과 창문을 샅샅이 뒤지면서 코스네에 돌입하였다. 앞에서 말한 노파의 말은 거짓이 아니었다. 이곳 주민들은 친절하게도 우리들에게 음식과 음료수를 갖다 주었다. 그러나 그들을 믿을 수가 없어서 음식물을 먼저 먹어보도록 하였다.

나는 적정을 신속히 보고하기 위해 주민들에게 군대 일용품을 주고 대신 자전거 6대를 얻었다. 우리는 이 자전거를 타고 포 사격이 맹렬하게 가해지고 있는 롱귀 방향으로 약 1.6km를 달려 내려갔다. 사방을 두루 살펴보아도 적은 보이지 않았다. 이제 정찰대의 임무는 끝났다. 우리는 신속하게 고르시를 지나 바랑시로 곧장 달리면서 개인 간의 거리를 충분히 유지하고 언제 어디서나 사격할 수 있는 자세를 취했다. 나는 연대에 빨리 보고하기 위해 바랑시부터 대원들을 앞질러 달려갔다.

멕스라티즈의 도로상에서 연대장을 만나 정찰결과를 보고했다. 피곤하고 배가 고파서 한두 시간만이라도 쉬고 싶어 내 막사로 달려갔다. 그러나 그러한 행운은 나에게는 없었다. 막사 앞에 도착하여 보니 우리 대대는 이동준비를 완료하고 출발대기 중이었다. 헨레 전령은 늘 그러하듯이 내 휴대품을 모두 챙기고, 말에는 안장까지 걸어놓았다. 출동 전에 식사할 시간조차 없었다.

우리는 생레제*Saint Léger*의 동남쪽 약 1.2km 떨어진 고지로 이동했다. 날씨는 잔뜩 흐렸다. 서남방에서 소총소리와 포성이 간간이 들려왔다. 빌랑쿠르*Villancourt* 부근에서 전초임무를 수행하고 있던 제1대대가 오후에 적과 교전하고 있었다.

밤이 되자 제1대대를 제외한 연대는 생레제의 남쪽 약 3.2km 되는 지점에서 숙영에 들어갔으며, 전방 약 1.2km 지점에 경계부대를 배치하였다. 막 잠자리에 들려고 하는데 우리 소대 숙영지에서 약 50m 떨어진 연대지휘소에 출두하라는 지시를 받았다. 연대장 하스 대령은 나에게 제1대대가 주둔하고 있는 빌랑쿠르까지 가서 제1대대는 312고지로 최단거리를 따라 철수하라는 연대 작전명령을 전달하고, 대대를 유도하도록 명령했다.(그림 1)

괼츠Gölz 하사와 병사 2명을 제7중대에서 차출하여 곧 출발했다.

우리는 야간에 나침반을 이용하여 312고지의 동남쪽에 있는 목초지를 횡단하였다. 아군 보초들의 수하(誰何)와 한 차례의 소총 사격을 받았다. 그 후 곧 가파르고 숲이 우거진 경사지를 올라가면서 가끔 정지하여 주

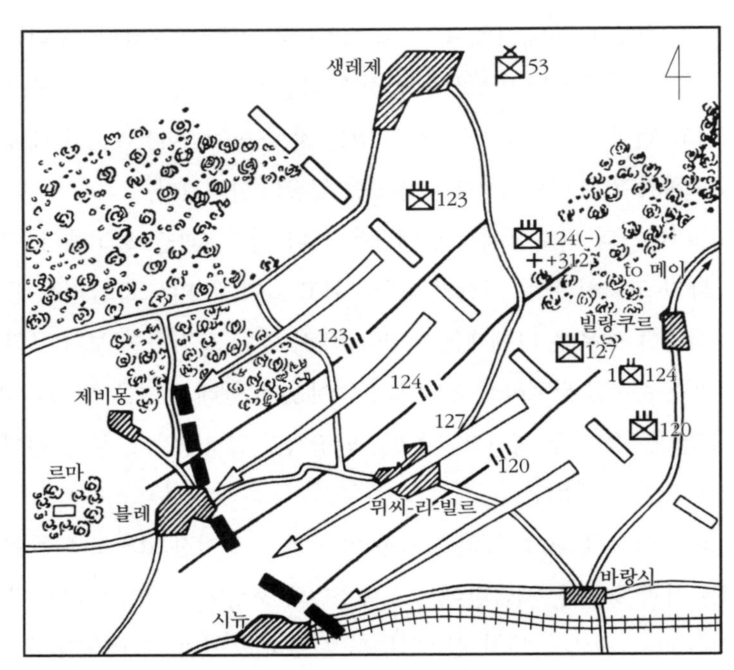

【그림 1】 블레 공격

위의 동태를 살폈다. 무척 힘들게 기어올라가 마침내 빌랑쿠르 서쪽 고지 정상에 도착하였다.

동남쪽을 바라보니 포격으로 인하여 롱귀 요새가 화염에 휩싸여 있었다. 우리는 빌랑쿠르를 향하여 우거진 숲을 헤치며 내려갔다. 이때 갑자기

"정지! 누구냐?"

하는 보초의 수하 소리가 아주 가까이서 들려왔다. 이 놈이 독일 병사일까, 아니면 프랑스 병사일까? 프랑스군인이 가끔 독일어로 수하한다는 것을 우리는 알고 있었다. 우리는 땅에 납작 엎드렸다. 이때

"암호!"

하고 그 보초는 다그쳐 물었다. 암구어(暗口語)를 아는 사람이 한 명도 없었다. 그래서 나는 급한 대로 나의 계급과 성명을 말하여 무사히 통과하였

다. 이 보초는 전초임무를 띠고 삼림 맨 앞쪽에 배치된 제1대대 병사였다.

빌랑쿠르까지는 멀지 않았다. 이 도시의 남쪽 500m 지점에 이르렀을 때 빌랑쿠르와 뮈씨-라-빌르*Mussy-la-ville* 간의 도로 옆에서 밀집대형으로 휴식하고 있는 제1대대를 발견하였다.

나는 연대 작전명령을 대대장 카우프만Kaufmann 소령에게 전달하였다. 제1대대는 란게르Langer 장군의 여단에 배속되어 있었기 때문에 우리 연대 작전명령에 따를 수가 없었다. 그래서 연대 작전명령을 란게르 장군에게 전하기 위하여 빌랑쿠르 서남쪽 약 800m 되는 고지에 위치한 여단 지휘소로 대대장이 나를 데리고 갔다. 란게르 장군은 자기 여단의 잔여 부대가 빌랑쿠르에 도착할 때까지는 제1대대를 복귀시킬 수 없다는 것을 연대장에게 보고하라고 말했다. 기진맥진한 몸을 이끌고 나는 부하 3명과 함께 312고지로 발길을 돌렸다.

자정이 지나서 우리는 연대지휘소에 도착하였다. 나는 연대부관 볼테르Volter 대위를 깨워 결과를 보고했다. 하스 대령도 보고를 받았다. 연대장은 몹시 불쾌해서 나에게 걸어가든 말을 타고 가든 생레제에 위치한 제53여단으로 가서 '란게르 장군이 제124보병연대 제1대대를 복귀시켜 주지 않는다'는 것을 여단장 폰 모젤von Moser 장군에게 직접 보고하라고 명령하였다. 이러한 임무가 '나의 소관 밖의 일'이라는 것과 18시간이나 계속 행군을 했기 때문에 '이제는 몹시 지쳤다'는 것을 연대장에게 말씀드릴까? 아니다. 앞으로 어떤 고난이 닥치더라도 이 임무를 수행하기로 했다.

나는 중대장의 예비 말을 더듬어 찾아 안장 띠를 단단히 죄고 북쪽으로 말을 몰았다. 나는 생레제의 동남쪽으로 약간 떨어진 고지에서 폰 모젤 장군을 만나 모든 상황을 보고했다. 폰 모젤 장군은 나의 보고를 받고 노발대발하였다. 그리고 나에게 명령하기를 지금 즉시 빌랑쿠르로 가서 란게르 장군에게 제1대대를 일출 전에 제124연대장의 지휘하에 복귀시켜야 한다는 것을 전하라고 하였다.

나는 말을 타고 10km를 달려가서 폰 모젤 장군의 명령을 전하고, 동이 틀 무렵에 312고지로 돌아왔다. 모든 부대가 아침식사를 완료하고 출동 준비를 하고 있었다. 보급대는 벌써 이동하였다. 헨레 전령이 수통을 주기에 단숨에 다 마셔버렸다. 짙은 안개가 꼈다. 연대지휘소에서 출동명령이 하달되었다.

교훈

적과 조우할 경우 정찰대장은 자기의 임무가 중대하다는 것을 인식해야 한다. 정찰대장의 실수 하나 하나가 부하의 생명과 직결된다. 그러므로 정찰 중에는 주도 면밀하게 심사 숙고해서 행동해야 한다. 지형 지물을 이용, 은폐와 엄폐를 하여 구간 전진을 해야 하며, 쌍안경으로 부단히 지형을 관찰해야 한다. 정찰대는 종심 깊게 산개해야 한다. 개활지를 횡단함에 앞서 엄호조를 편성해야 한다. 촌락에 돌입할 때에는 건물의 좌·우측에 병력을 배치하고 불의의 표적에 대하여 사격할 수 있는 자세를 취하고 전진해야 한다. 적에 관한 첩보는 시기를 놓치면 그 가치가 상실되기 때문에 지체 없이 보고해야 한다.

야광 나침반을 사용하여 야간에 방향을 유지할 수 있도록 평상시에 훈련을 쌓아야 한다. 험준하고 도로도 없는 삼림지대에서 훈련하여야 한다. 전쟁은 병사들의 강인한 체력과 용기를 필요로 한다. 그러므로 평상시에 병사들을 철저하게 훈련시켜야 한다.

Ⅳ 블레 전투

05:00시경 제2대대는 블레*Bleid*의 동북쪽 2.4km에 위치한 325고지로

출발했다. 이슬에 젖은 들판에 짙은 안개가 껴 50m 전방도 볼 수 없었다. 대대장 바데르Bader 소령은 325고지에 이르는 도로 일대를 정찰하기 위하여 나를 선두에 배치했다. 거의 24시간 동안 쉬지 않고 임무를 수행하다 보니 말안장에 앉아 있기조차 힘들었다. 내가 지나온 도로의 양쪽에는 수많은 울타리와 목책으로 둘러싸인 목장이 있었다. 지도와 나침반을 사용하여 325고지에 도달했다. 대대가 뒤따라 도착하여 325고지 동북쪽 경사지에 전개했다.

그 후 곧 325고지의 남쪽과 서쪽의 능선에서 우리 첨병소대가 짙은 안개 속에서 적과 조우했다. 사방에서 교전하는 총성이 잠깐 들려왔다. 그리고 가끔 소총탄이 우리 머리 위를 스쳐 갔다. 머리끝이 쭈뼛해지는 괴이한 소리였다. 200~300m 지점에서 적 방향으로 말을 타고 가던 장교가 근접사격을 받았다. 소총병들이 그곳으로 달려가 붉은색 바지의 군복을 입은 프랑스군 한 명을 생포해 왔다.

좌측 부대와 후위 부대를 향해 '간격을 넓혀 반좌향으로 전진!' 하는 구령이 떨어졌다. 산병선(散兵線)이 갑자기 안개 속에서 나타났다. 이 부대는 제1대대의 우익이었다. 중대장은 우리 소대에게 제1대대의 우익과 접촉을 유지하며 블레의 동남쪽으로 전진하도록 명령하였다.

나는 헨레 전령에게 말을 맡기고 내 자동소총과 전령의 대검을 받은 다음, 소대를 산개시켰다. 우리는 전투대형으로 325고지 동남쪽 경사지의 감자밭과 채소밭을 지나 블레 방면으로 전진했다. 들판에는 아직도 심한 안개가 자욱하게 끼어 50~80m 전방밖에 볼 수 없었다.

갑자기 근거리로부터 일제 사격을 받았다. 우리는 즉시 엎드려 감자밭에 몸을 숨겼다. 적탄은 머리 위를 스쳐 날아갔다. 나는 쌍안경으로 지형을 관찰했으나 적의 위치를 발견하지 못했다. 적은 틀림없이 멀리 도망가지 못했을 것이라 생각하고 소대를 이끌고 적을 추격했다. 그러나 적은 감자밭에 흔적만 남기고 벌써 달아나 버렸다. 우리 소대는 블레 방면으로 계속 전진했다. 너무 흥분해서 적을 추격하다 보니 제1대대의 우익과 간격이 생겨 접촉이 끊기고 말았다.

우리 소대는 안개 속에서 여러 차례 적의 일제 사격을 받았다. 그러나 우리가 응사할 때마다 적은 황급히 도망쳤다. 그 후로는 아무 저항도 받지 않고 약 800m 전진했다. 갑자기 높은 울타리가 안개 속에서 우뚝 나타났으며, 바로 뒤에 농장의 윤곽이 드러났다. 또한 좌측방에는 큰 나무들이 있었다. 우리가 추적하던 적의 발자국은 우측으로 방향을 전환하여 경사지로 올라갔다. 블레가 우리 앞에 있을까? 나는 소대를 울타리에 은폐 대기시키고 좌측 인접부대와 그리고 우리 대대와도 다시 접촉을 유지하려고 정찰조를 내보냈다. 아직까지 우리 소대는 사상자가 없었다.

나는 오스테르타크Ostertag 하사와 2명의 방향탐지병을 인솔하고 전방의 농장을 수색하기 위해 앞으로 전진했다. 그러나 적의 그림자 하나 볼 수 없었다. 우리는 농장 동쪽에 도착한 후 좌측 도로에 이르는 비좁은 오솔길을 발견하였다. 전방 멀리 안개를 통해서 여러 채의 농가를 볼 수 있었다. 이것으로 보아 우리는 블레 근처의 뮈씨-라-빌르에 위치한 것이 분명하였다. 우리는 조심스럽게 큰길로 접근하였다. 나는 건물 모퉁이를 살펴보았다. 저기다! 우측으로 20보도 못 되는 거리에 15~20명의 프랑스 군인이 소총을 겨드랑이에 끼고 큰길 한복판에 서서 커피를 마시며 지껄이고 있었다. 그들은 우리를 보지 못했다(이들은 블레의 동남쪽 출구에 방어진지를 구축하기로 된 프랑스 제101보병연대 제5중대의 병사였다).

나는 건물 뒤로 날쌔게 물러섰다. 소대를 인솔해 올까? 아니다! 우리 4명만으로도 능히 이 상황에 대처할 수 있을 것이다. 우리는 조용히 자물쇠를 풀고 건물 뒤에서 뛰어나와 똑바로 서서 적에게 일제 사격을 가하였다. 우리의 사격을 받고 그 자리에서 몇 명의 적이 사살되거나 부상을 입었다. 그러나 대부분의 적은 계단, 정원 울타리, 또는 장작더미에 숨어서 우리에게 응사하였다. 그 결과 아주 가까운 거리에서 맹렬한 총격전이 벌어졌다. 나는 서서 장작더미 쪽을 조준하였다. 나의 적은 20m 전방 계단에 잘 숨어서 머리의 일부만 보였다. 적과 나는 거의 동시에 조준사격을 하였으나 서로 빗나갔다. 적의 탄환이 바로 내 귀 옆을 스치고 날아갔다. 나는 빨리 장전(裝塡)한 다음, 침착하고 신속하게 조준해서 표적을 고착시켜야 했다. 평시에 이와 같은 근접전을 대비하지 않았으므로 400m 사거리에 조정한 가늠자로 20m 사거리의 표적을 명중시킨다는 것은 쉬운 일이 아니었다. 그러나 내가 총을 발사하자 적은 머리를 박고 계단 아래로 쓰러졌다. 아직도 약 10명의 적이 남아 있었고, 그중 2~3명은 깊숙이 숨어 있었다. 나는 대원들에게 돌격하라고 신호했다. 함성을 지르며 마을 거리로 돌격해 내려갔다. 이때 프랑스 병사들이 갑자기 문과 창에서 사격을 가해 왔다. 적은 수적으로나 화력으로나 월등히 우세하였다. 그래서 우리는 돌진해 내려갈 때와 같이 민첩하게 물러나, 우리를 지원하려고 태세를 갖추고 있는 소대로 무사히 돌아왔다. 우리가 돌아온 이상 지원사격이 필요 없게 되어 나는 다시 제자리로 돌아가 엄폐하도록 명령했다. 적은 안개에 싸인 거리 건너편 건물에 숨어서 우리에게 사격을 가해 왔다. 그러나 사격고도가 높았다. 나는 쌍안경으로 약 60m 전방에 있는 농가의 아래층과 지붕 위에서 적이 사격하고 있는 것을 발견했다. 여러 개의 총신만이 지붕 위로 삐쳐 나와 있었다. 그와 같은 자세로는 가늠자와 가늠쇠를 이용한 조준사격이 불가능하다. 그래서 적의 탄환은 우리 머리 위로 날아갔다.

중대 병력이 이곳에 도착할 때까지 기다릴까, 아니면 우리 소대만으로 블레 입구를 기습할까 하고 생각했다. 후자가 타당하다고 생각했다.

강력한 적이 도로 건너편 건물을 점령하고 있었다. 그러므로 이 건물부터 공격해야 했다. 나의 공격계획은 소대를 2개 반으로 편성, 제2반은 건물의 1층과 2층에 숨어 있는 적에 사격을 가하고, 제1반은 건물 우측으로 돌아 기습한다는 것이었다.

돌격반은 건물의 출입문과 창을 때려 부술 나무토막을 주워 모았다. 또한 숨어 있는 적을 연기로 몰아내기 위하여 짚단도 모았다. 제1반이 이렇게 준비하는 동안 제2반은 울타리 밑에 엎드려 사격준비를 했다. 돌격반은 완전 엄폐하에 돌격준비를 완료했다. 이렇게 해서 전 소대가 공격준비를 완료했다.

나의 신호에 따라 제2반이 사격을 개시했다. 나는 제1반을 이끌고 도로를 횡단, 건물 우측으로 돌진했다. 건물 내에 숨어 있는 적은 주로 울타리 뒤에 엄폐한 제2반을 향해 맹렬히 응사하였다. 돌격반은 건물 모서리에 도달하여 적의 사격으로부터 안전하였다. 나무토막으로 문을 때려 부쉈다. 곡식과 마초가 쌓인 곳간에다 짚단에 불을 붙여 던졌다. 이 건물은 이제 완전 포위되었다. 이 건물을 뛰쳐나오려는 적이 있다면 그 자는 우리 대검의 밥이 될 것이다. 불꽃이 지붕 위로 솟아올랐다. 살아남은 적은 투항했다. 우리의 피해는 경상자 몇 명뿐이었다.

그 후 이 마을의 건물을 샅샅이 소탕해 갔다. 제2반이 뒤따라왔다. 적과 마주칠 때마다 적은 투항하거나 건물 속으로 숨었다. 건물로 숨은 적은 곧 발견되었다. 제1대대와 합류한 제2대대의 예하중대는 곳곳에서 불타고 있는 마을 전체를 소탕했다. 부대가 서로 엇갈려 질서가 없었다. 적은 사방에서 소총 사격을 가했고, 아군의 사상자는 늘어만 갔다.

나는 샛길을 이용하여 우리들에게 맹렬히 사격을 가하고 있는 담으로 둘러싸인 교회로 돌진해 갔다. 가능한 한 지형 지물을 최대한 이용하여 적에 접근했다. 적에게로 돌진하자 적은 사격을 중지하고 서쪽으로 도주, 안개 속으로 사라졌다.

블레의 남쪽으로부터 우리의 좌익이 맹렬한 사격을 받아 많은 사상자를 냈다. 곳곳에서 위생병을 찾는 소리가 처참하게 들려왔다. 세탁소 뒤에 대대 구호소를 설치했다. 부상자 대부분이 중상을 입었다. 어떤 병사는 심한 고통으로 비명을 지르고, 어떤 병사는 영웅과 같이 태연자약(泰然自若)하게 죽음을 기다리고 있었다.

블레의 서북부와 남부는 아직도 프랑스군이 점령하고 있었다. 우리 뒤는 화염에 싸여 있었다. 어느 사이에 해가 높이 떠 안개가 사라졌다. 블레에서의 우리 임무는 끝났다. 그래서 병사들을 모두 집합시키고, 운반조를 편성, 들것에 부상자를 싣고 동북쪽으로 이동했다. 나는 화염에 뒤덮인 블레를 벗어나 본대와 합류하고 싶었다. 화염, 숨막히는 연기, 불타는 나무토막, 파괴된 가옥, 불타는 거리를 미친 듯이 달리는 가축 때문에 블레를 빠져나오기가 몹시 힘들었다. 거의 실신상태가 되어 개활지에 이르렀다. 여기서 우선 부상자들을 응급치료한 다음, 약 100명의 병사를 이끌고 블레 동북방 300m 되는 저지대로 이동했다. 여기서 일단 소대를 서쪽으로 산개시켜 놓고 반장을 대동, 다음 능선을 정찰하기 위하여 소대를 출발했다.(그림 2)

우전방에 위치한 325고지는 아직도 안개가 끼어 있었다. 이 고지의 남부 경사 쪽에 농작물이 무성한 밭에는 적도 아군도 보이지 않았다. 골짜기 저편, 즉 우전방 약 800m 되는 지점에 중대 규모의 프랑스군이 누렇게 익은 밀밭 맨 앞에 새로 호(壕)를 구축하고 배치되어 있었다(이 프랑스군은 제101보병연대 제7중대 소속이었다). 우리 소대 아래쪽과 좌측 저지대에서는 블레 전투가 아직도 계속되고 있었다. 우리 중대와 제2대대는 지금 어디 있을까? 부대의 대부분 병력을 후방에 배치하고 소수 병력만으로 아직도 블레에서 전투를 하고 있는 것일까? 나는 이러한 상황하에서 어떤 행동을 취해야 하나? 나는 우리 소대를 하는 일 없이 그냥 내버려두기가

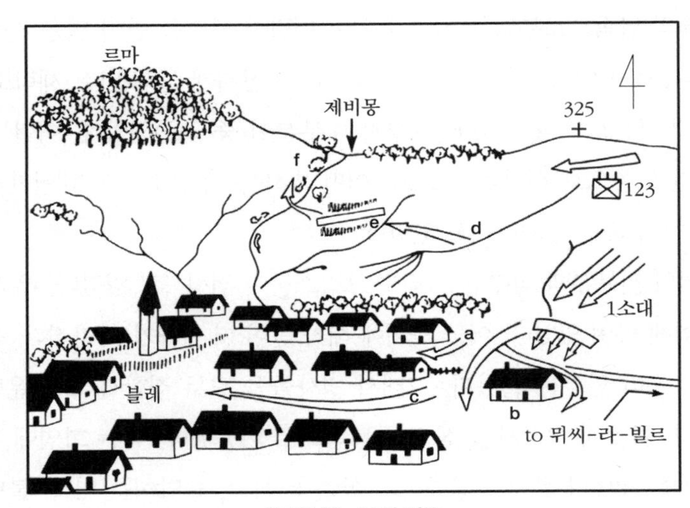

【그림 2】 블레 전투

(a) 1소대 공격, (b) 첫 번째 농장 습격, (c) 시가전, (d) 블레 북쪽 고지 공격, (e) 밀밭에 은폐한 적 공격, (f) 블레-제비몽 도로 관목숲 탈취

싫어서 제2대대 전투지역의 적을 공격하기로 결심했다. 능선 뒤에서의 산개, 사격진지로의 이동, 사격개시 등은 평시에 훈련할 때와 같이 매우 침착하고 정확하게 진행되었다. 소대는 몇 개 조로 나누어 일부는 감자밭에, 일부는 보릿단 뒤에 숨어서 평시에 훈련받은 대로 정확하게 정조준하여 사격했다.

선두 분대들이 사격진지로 진입하자 적은 맹렬히 소총사격을 개시했다. 그러나 적의 사격은 고도가 높았다. 불과 몇 개의 탄환만이 우리 앞과 옆에 떨어졌고, 우리는 이러한 적의 사격에 곧 익숙해졌다. 15분간 적의 사격을 받았지만 피해라고는 반합(飯盒) 한 개에 구멍이 났을 뿐이다. 우리 후방 800m 되는 지점에서 아군이 산개 대형(散開隊形)으로 325고지로 전진하고 있었다. 이 부대가 우리 우측방을 엄호해 주었으므로 우리는 마음놓고 공격했다. 우리는 평시에 수차 훈련받은 대로 각 조는 상호 지원하면서 전진해 갔다. 적의 사격으로부터 은폐된 골짜기를 지나 반대편 경사지의 사각지대(死角地帶)에 소대를 집결시켰다. 적의 보잘것없는 사격술 덕분에 한 명의 사상자도 발생하지 않았다. 착검을 하고 능선으로 기어올라가 돌격거리까지 접근했다. 이렇게 전진하는 동안 적은 우리로부터 상당히 떨어져 있는 소대 잔류병력을 목표로 사격을 가하고 있었으므로 적탄은 모두 우리 위로 날아갔다. 갑자기 적의 사격이 멈추었다. 거꾸로 적이 우리에게 돌격을 가하기 위하여 준비를 하고 있지 않나 하여 우리는 재빨리 적진을 향하여 돌격했다. 그러나 적 진지에는 몇 구의 시체만 있을 뿐 텅 비어 있었다. 적은 농작물이 무성한 들판을 이용, 서쪽으로 도주했다. 소대가 우리와 합류하게 되었다.

나는 우측 인접부대가 도착할 때까지 현지에서 대기하기로 했다. 소대는 점령한 진지를 확보하는 한편, 나는 제1반장과 6중대의 선임하사, 그리고 벤텔레Bentelle 하사를 대동하고 적이 도주한 위치를 확인하기 위해 서쪽으로 정찰을 나갔다. 소대와 접촉을 계속 유지했다. 블레 북쪽 약 400m 지점, 즉 제비몽*Gévimont*과 블레를 연결하는 도로에 도달할 때까지 적을 발견하지 못했다. 이 도로를 따라 북쪽으로 가는 길은 오르막길이고 지름길도 하나 있었다. 도로의 양측에는 덤불 숲이 무성하기 때문에 서쪽과 서북쪽은 시야가 가려졌다. 우리는 이 숲 속에 들어가 주위를 살폈다. 이상하게 도주하는 적은 보이지 않았다. 갑자기 벤텔레 하사가 손으로 우측(북쪽)을 가리켰다. 150m도 채 못 되는 지점에서 농작물이 움직이고 있었고, 농작물 사이로 키가 큰 적병의 배낭 위에 달린 식판이 햇빛에 반사되어 반짝이고 있었다. 이 적병들은 고지 서쪽의 능선 정상을 강타한 아군의 포격에 견디다 못해 후퇴하고 있었다. 약 100명의 적이 횡대 대형으로 우리 쪽을 향해 똑바로 오고 있다고 판단했다. 고개를 농작물 위로 드는 자는 하나도 없었다(이 병사들은 프랑스 제101보병연대 제6중대 소속이었다. 이들은 325고지 서쪽에서 독일군 제123연대의 공격을 받고 서남쪽으로 후퇴 중이었다).

소대를 이곳으로 인솔해 올까? 아니다! 오히려 소대는 그 위치에서 더 훌륭한 지원사격을 할 수 있었다. 적과의 거리가 이렇게 가까우면 소총탄 1발로 2~3명은 관통할 수 있을 거야. 나는 서서쏴 자세로 적 대열의 선두에 급사격을 가했다. 사격을 받고 적 대열은 밭에 뿔뿔이 흩어졌다. 몇 분 후에 적은 전과 같은 대형과 방향으로 이동을 계속했다. 아주 가까운 거리에 갑자기 나타나 자기들에게 기습사격을 가하는 자를 찾으려고 머리를 쳐드는 프랑스 병사는 하나도 없었다. 그래서 우리 3명은 또 일제히 사격을 가했다. 적은 잠시 동안 숨었다가 다시 몇 개의 소집단으로 나누어 제비몽-블레 도로를 향해 서쪽으로 재빨리 사라졌다. 우리는 도주하는 적에 맹렬한 사격을 가했다. 우리는 서서쏴 자세로 사격했으므로 적이 능히 볼 수 있을 텐데 사격을 받지 않았다. 참으로 이상한 일이었다. 우리가 위치한 숲 좌측에서 도로로 달려 내려오고 있는 적을 발견했다. 적이 약 10m 사거리 내에 다가올 때까지 기다렸다가 사격을 가하였으므로 적을 손쉽게 사살할 수 있었다. 우리는 닥치는 대로 마구 쏘아댔다. 그 결과 3정의 소총으로 무려 수십 명의 적병을 쓰러뜨렸다.

제123척탄연대(擲彈聯隊)*Grenadier Regiment*가 우측방에서 325고지 경사지로 전진해 오고 있었다. 나를 따르라고 소대에게 신호하고 제비몽-블레 도로를 따라 종대 대형으로 북쪽으로 전진했다. 전진하는 사이에 도로 연변의 숲에 숨어 있는 적과 여러 차례 교전했다. 숨어 있는 적에 대하여 총을 버리고 투항하도록 설득하는 데 무척 애를 먹었다. 적은 독일군에 포로가 되면 모두 살해된다고 교육을 받아서 좀처럼 투항하지 않았다. 그러나 위협과 설득 끝에 숲과 밭에서 50명 이상의 적을 생포했다. 이 중에는 팔에 가벼운 부상을 입은 대위와 소위도 있었다. 우리 병사들이 포로를 안심시키기 위하여 담배를 권했다.

고지 우측으로 전진하던 제123척탄연대가 제비몽–블레 도로에 도착했다. 우리들은 블레 서북쪽 약 2km 떨어진 감제고지의 삼림 전사면 방향으로부터 사격을 받고 있었다. 나는 이 지점으로부터 르마 고지를 공격하기로 결심하고 재빨리 은폐가 될 만한 곳으로 소대를 인솔했다. 그러나 갑자기 눈앞이 캄캄해지더니 정신을 잃고 졸도하고 말았다. 어제 하루 종일 과로한 탓에 심신의 피로와 블레 전투, 고지점령을 위한 싸움, 그리고 빼놓을 수 없는 심한 복통 등 여러 가지 원인 때문에 몸을 전혀 지탱할 수가 없었다.

나는 몇 시간 동안 혼수(昏睡)상태에 빠졌다. 정신이 들어 눈을 떠보니 벤텔레 하사가 나를 간호하고 있었다. 적의 포탄과 시한포탄이 우리 주변에 간간이 떨어졌다. 어찌 된 영문인지 우리 보병이 르마 삼림 쪽에서 325고지로 후퇴하고 있었다. 후퇴라니 말도 안 된다. 나는 소총병들을 제비몽–블레 도로와 접한 경사면에 배치하고 호를 파도록 명령했다. 아군은 르마 삼림전에서 극심한 피해를 입고 지휘관마저 전사했으며, 상급사령부 명에 따라 철수하는 중이라고 병사들이 말했다. 특히 적 포병이 아군에게 큰 피해를 입혔다.

15분 후에 '연대신호' 및 '집결'을 알리는 나팔소리가 들렸다. 사방에서 연대의 예하부대가 블레 서쪽 집결지로 모여들었다. 중대 단위로 속속 집결하였다. 부대건제(部隊建制)가 말이 아니었다. 최초 전투에서 연대는 전사자, 부상자, 실종자를 합쳐서 장교 25%, 사병 15%의 병력손실을 보았다. 나의 가장 절친한 친구 두 명도 이 전투에서 전사한 것을 알고 몹시 슬펐다. 연대는 부대를 재편성한 다음, 곧 대대별로 블레의 남부를 경유, 고메리*Gomery*로 향해 출발했다.

블레의 전경을 눈으로는 차마 볼 수 없었다. 연기만 나는 폐허 속에 군인, 민간인, 가축들이 죽어 쓰러져 있었다. 독일 제5군 정면의 적이 전선 전역에서 패배하여 후퇴 중이라는 소식이 전해 왔다. 최초의 전투에서 아군이 승리했지만 전장에서 잃은 수많은 전우를 생각하니 기쁨보다 슬픔이 앞섰다. 남쪽으로 행군하는 동안 저 멀리서 행군종대로 이동하는 적을 발견하고 여러 차례 정지했다. 아군 제49포병연대가 전방으로 추진되어 도로 우측에 진지를 점령하고 포를 방렬(放列)하였다. 포격을 개시할 무렵에는 적은 이미 사거리 밖으로 사라졌다.

밤이 되었다. 우리는 피곤하고 굶주린 배를 안고 뤼에트*Ruette*에 도착했다. 이 마을은 여기저기서 모여든 부대들로 대단히 혼잡했다. 지푸라기 하나도 보이지 않았고, 또 너무 피곤해서 애써 찾을 기력도 없었다. 맨땅 위에서 야영을 하니 땅이 축축하고 차가워서 잠을 잘 수가 없었다. 새벽녘에는 공기가 싸늘해져 우리는 모두 떨고만 있었다. 나는 배가 또 아파서 몇 시간 동안 고생을 했다. 드디어 날이 밝았다. 오늘 아침도 짙은 안개가 들판을 뒤덮었다.

교훈

안개가 끼어 있을 때 적과 계속 접촉하기란 대단히 곤란하다. 블레 전투의 경우와 같이 적과 조우한 후 안개 때문에 적을 곧 놓치고 말았다. 그 후 이들 적과 다시 조우한다는 것은 불가능했다. 그러므로 앞으로 연막탄이 종종 사용될 것이므로 나침반을 사용하여 안개 속에서 전진하는 훈련을 반드시 실시하여야 한다. 안개 속에서 교전할 때는 최대화력을 먼저 가하는 편이 유리한 위치에 서게 된다. 그러므로 안개 낀 시간에 전진할 때는 기관총을 언제라도 사격할 수 있도록 준비해야 한다.

시가전은 지근거리(至近距離 ; 3~4m 정도)에서 교전하게 된다. 그러므로 수류탄과 기관단총이 절대 필요하다. 공격에 앞서 기관총, 박격포, 포병의 엄호사격을 받아야 한다. 촌락공격은 통상 큰 피해가 따르므로 가급적 회피해야 한다.

사격으로 적을 마을에 고착시키거나 또는 연막으로 적의 시야를 가리게 한 다음 마을 밖에서 적을 강타해야 한다.

키가 큰 농작물은 좋은 은폐물이 된다. 그러나 대검이나 취사도구와 같이 반짝이는 물건은 부대 위치를 노출시킨다. 블레 전투에서 프랑스군의 경계대책은 전적으로 타당하지 못했다. 또한 전투 중이나 후퇴할 때에도 경계를 소홀히 하였다. 최초의 전투를 경험한 후에 독일 병사들은 프랑스 병사들보다 우월하다는 자신을 갖게 되었다.

V 몽 및 둘콩 삼림 전투

롱귀 전투 후 적은 서남쪽과 서부 방향으로부터 아군의 추격을 받았다. 우리는 쉬에*Chier*와 오탱*Othain* 지역에서 짧고 치열한 전투를 치렀다. 이 전투에서 적 포병은 포대를 희생하면서까지 정확한 집중사격을 퍼부어 철수하는 보병을 엄호하였다. 8월 28일 밤에 우리 7중대는 자메*Jametz* 남쪽에서 전초임무를 수행했다. 호를 파고 전초 진지를 구축했다. 8월 29일 뫼즈 강 방면으로 계속 전진했다. 휴식하는 동안에 행군종대의 선두에 위치한 제13공병이 자메 서쪽 숲으로부터 강력한 적의 공격을 받았다. 이 전투에서 치열한 백병전이 벌어졌다. 공병은 삽과 도끼로 용감하게 대항했다. 쌍방 모두 심한 피해를 입었다. 제123척탄연대와 제124보병연대의 제3대대도 이 전투에 참가했다. 이 전투는 몽메디*Montmédy* 요새 사령관과 베르덩*Verdun*으로 도주하려는 200여 명의 수비대를 생포함으로써 끝이 났다. 우리는 몽메디를 통과했다.

뫼즈 강의 서쪽 제방 진지에서 적은 뮈르보*Murveaux* 동쪽을 향하여 시한포탄을 발사했다. 그러나 피해는 별로 입지 않았다. 시한신관을 잘못

조정하여 모두 고공에서 폭발하였다. 정오까지 우리는 몹시 뜨거운 햇볕을 받으며 뫼즈 강가의 덩*Dun*으로 계속 행군했다. 적의 포격이 점점 치열해졌다. 우리 대대는 덩의 동쪽 1.6km 지점에 위치한 삼림지대에 전개했다. 여기서 중대 단위로 종대 대형을 편성했다. 그 후 곧 적은 우리가 산개한 장소로 맹렬한 포격을 가했다. 멀리서 들려오는 포성을 똑똑히 들을 수 있었다. 포성이 울리고 몇 초 후 우리 머리 위 나뭇잎을 스치며 포탄이 날아갔다. 어떤 것은 나무에 맞고, 어떤 것은 땅속 깊이 박히면서 굉장한 폭음을 내며 폭발하였다. 포탄이 터질 때마다 파편이 굉음(轟音)을 내며 날고 나뭇가지와 흙덩이가 우리 머리 위에 떨어졌다. 포탄이 폭발할 때마다 우리는 몸을 움츠리고 땅에 납작 엎드렸다. 적의 포격은 우리를 계속 위협했다. 우리 대대는 저녁이 될 때까지 현 위치에 그대로 머물러 있었다. 우리의 사상자는 의외로 적었다.

덩의 남쪽 800m 지점 삼림지 주변에서 1개월 전에 근무한 일이 있는 제49야전포병연대 제4포대가 치열한 대포병전(對砲兵戰)을 벌이고 있었다. 그러나 이 포대는 장비가 월등히 우세한 적 포병에 대항할 수가 없었다. 그래서 인원과 장비에 막대한 손실을 입었다.

해지기 전 제2대대는 뮈르보로 철수했다. 우리는 그날 밤을 밖에서 보냈다. 나는 온종일 밀알 한 줌밖에 먹지 못하여서 배가 다시 아팠다. 우리 부대는 주·부식(主副食)이 모자랐다.

8월 30일 적의 포격 때문에 아침 예배가 중단됐다. 뫼즈 강변의 대포병전(對砲兵戰)은 점점 치열해졌다. 다행히도 트랙터가 끄는 210mm 포대가 추진되어 진지를 점령하고 곧 적에게 포격을 가했다.

8월 30일 우리는 뮈르보의 비좁은 막사에서 1박 하였다. 다음 날 아침 제2대대는 밀리*Milly*를 경유, 사세이*Sassey* 방면으로 전진해서 부교(浮橋)로 뫼즈 강을 건너 제53여단의 전위 대대로서 몽*Mont*-드방*devant* -사세이

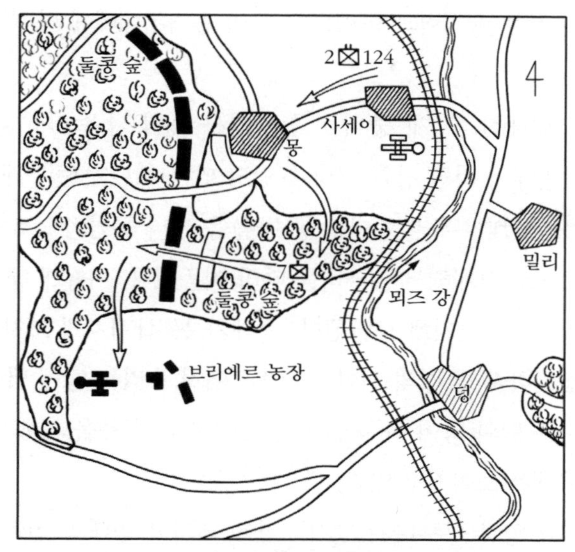

【그림 3】 몽-둘콩 삼림지역 작전

*Sassey*로 행군해 갔다. 그곳에 도착하자마자 모든 지하실을 수색하였다. 그 결과 적 보병 26명을 생포했다. 이들 포로는 우리 연대의 단대호(單隊號)와 동일한 적 제124보병연대 소속이었다.(그림 3)

몽의 서남쪽 입구에서 우리 전위 대대는 몽의 서쪽 감제고지로부터 맹렬한 사격을 받았다. 그 후 곧 우리 포병도 사세이 서남쪽 고지에서 몽을 향하여 포격을 개시했다. 그러나 이 포격으로 우리 부대가 피해를 입었다. 이 포격은 30분 전 몽으로부터 사격을 받은 아군의 기마정찰대의 사격요청에 따라 이루어진 것이었다. 이 잘못된 포격을 수정하는 데는 약간 시간이 걸렸다.

제7중대의 1개 소대는 몽의 서쪽 고지에 있는 적을 공격하기 위하여 전진했다. 그러나 적의 강력한 사격으로 공격이 곧 저지되었다. 공격을 계속하기 위하여 1개 소대를 추가 투입했으나 결과는 마찬가지였다. 공격부대는 급한 경사 때문에 사격이 불가능했다. 따라서 감제고지를 장악하고 있는 적은 우세한 병력과 화력으로 우리 공격부대에게 막대한 피해를 입혔다.

공격이 실패한 후 제7중대는 철수해서 몽의 남쪽 2km 떨어진 둘콩 *Doulcon* 삼림에서 적의 강한 저항을 받고 있는 제127보병연대를 지원하도록 명령을 받았다. 우리 중대는 몽 마을을 지나 동남쪽으로 이동한 다음 횡대 대형으로 산개해서 울타리를 따라 이동했다. 이렇게 해서 적에게 발견되지 않고 297고지에 도달했다. 중대가 몽 삼림지에 도착하여 밀집대형으로 집결하자 곧 적의 시한포탄이 떨어져 우리는 땅에 납작 엎드렸다. 우리는 나무 뒤와 땅이 움푹 들어간 곳에서 잠시 몸을 피했다. 그러나 제127보병연대는 보이지 않았다.

중대장의 명령으로 나는 병사 2명을 데리고 연대와 접촉하기 위하여 둘콩 삼림의 남단으로 향해 출발했다. 둘콩 삼림의 남단에 도착하기 전에 여러 차례 사격을 받았다. 뫼즈 강 계곡 아래에서 덩 마을이 적 포병의 치열한 사격을 받고 있었다. 포성의 방향으로 적 포병이 뫼즈 강의 서쪽 제방의 능선 뒤에 배치되어 있는 것으로 추정했다. 나는 지금까지 아군을 찾지 못했으며, 그렇다고 적과 조우하지도 않았다.

귀대 후 중대는 산길을 따라 서쪽으로 전진했다. 폭이 약 100m 되는 개활지에 도착하여 사주경계를 하고 행군대형으로 휴식을 취했다. 중대장은 제127보병연대의 행방을 찾기 위하여 여러 방향으로 정찰조를 내보냈다. 정찰조가 출발한 후 바로(약 5분간의 휴식을 취했다) 적의 치열한 시한포탄이 개활지를 뒤덮었다. 포탄이 마치 폭우처럼 쏟아졌다. 우리는 나무 뒤로 간신히 몸을 피했으며, 응급처치로 배낭을 흉벽(胸壁)으로 사용했다. 너무 포격이 심하여 옴짝달싹할 수가 없었다. 포격이 몇 분간 계속되었지만 사상자는 하나도 없었다. 배낭이 날아오는 파편을 막아주었다. 한 병사의 대검 장식술이 갈기갈기 찢겨졌다. 적 포병이 어떻게 그토록 빨리 숲 한가운데 있는 우리의 위치를 알아내고 신속하게 우리에게 포격을 가할 수 있었는지 신기하기만 했다. 혹시 우연의 일치가 아닐까?

이때 정찰 나갔던 한 병사가 제127연대 소속의 중상자 한 명을 업고 돌아왔다. 이 중상자는 자기 연대는 벌써 몇 시간 전에 이곳에서 철수했으며, 저 위 숲 속에 남은 자는 전사자와 부상자뿐이라고 말했다. 또한 그는 약 두 시간 전에 적 부대가 이곳을 지나 북쪽으로 행군해 갔으며, 일부는 아직도 숲 속에 있을지 모른다고 말했다.

이런 상황에 놓인 우리 중대는 완전 고립되었으므로 참으로 난처했다. 우리도 철수할까? 이때 우리 뒤 도로에서 아군 1개 대대가 나타났다. 대대장과 상의한 후 우리 중대는 대대의 첨병중대로서 서쪽으로 이동했다. 우리 소대는 첨병소대가 되었다.

5분 후 우리는 함성을 지르며 쏘아대는 소화기 총성을 들었다. 이 총성은 우측에서 들려왔다. 그곳까지 거리는 약 1km로 추정되었다. 우리는 그쪽으로 방향을 돌려 양쪽에 잡초가 우거진 소로를 따라 이동했다. 소로 전방 약 100m 되는 지점에 검은 물체가 보였다. 우리 귀를 스쳐 지나가는 총소리를 듣고 정체가 무엇인지 알게 되었다. 우리 소대는 잡목 속으로 숨었고, 중대는 길 양쪽에 전개했다. 적은 맹렬히 사격을 가했지만 맹목적으로 난사하고 있었다. 그래서 우리는 유탄에 의한 약간의 부상자만 냈다. 우리는 적 진지로부터 약 150m 지점에 도달할 때까지 사격하지 않고 무성한 잡목을 이용하여 포복해 갔다. 잡목이 너무 많이 우거져서 소대를 거의 지휘할 수가 없었다. 주위가 점점 밝아지는 것으로 보아 개활지에 접근한 것 같았다. 앞에서 들려오는 총성으로 판단하건대 적까지 거리는 약 100m 떨어진 것 같았다. 나는 소대를 이끌고 앞으로 돌진하여 개활지에 도착했다. 이 개활지는 검은 딸기덩굴로 뒤덮여 횡단할 수가 없었다. 적의 치열한 소총사격으로 우리는 땅에 엎드렸다. 그리고 개활지 건너편에 있는 적에게 응사했다. 거리는 매우 가까웠지만 무성한 나뭇잎과 잡목 때문에 적이 보이지 않았다. 나머지 2개 소대도 우리와 합류해서 개인 간의 거리를 2~3보로 떨어져 산개했다. 중대장은

"사격을 계속하면서 개인호를 파라!"

고 명령했다. 중대장은 제일 앞에서 큰 참나무 뒤에 엎드려 중대를 지휘했다. 거기서 조금만 움직여도 적탄의 표적이 되었다. 일반적으로 적의 사격고도는 높았으나 그래도 우리 병사들이 적탄에 쓰러졌다.

일부 소총병들은 엄호사격을 가하고, 나머지 병사들은 개인호를 팠다. 흙이 단단해서 호를 파기가 힘들었다. 나뭇가지와 나뭇잎이 적탄에 맞아 비 오듯이 우리 머리 위에 떨어졌다. 갑자기 우리 뒤에서 총성이 들려왔다. 적탄이 우리 주위에 떨어지고 흙덩이가 내 얼굴에 튀었다. 이때 내 좌측에 있던 한 병사가 갑자기 비명을 지르며 땅 위에 뒹굴었다. 그는 복부 관통상을 입었다. 고통을 참지 못해

"위생병! 위생병! 출혈이 심해 나 죽겠다! 나 좀 살려줘!"

하고 미친 듯이 외쳤다. 나는 부상자에게로 기어가 보았으나 손을 쓸 수가 없었다. 그의 얼굴은 몹시 고통스러운 표정이었고 온몸을 뒤틀면서 손으로 땅을 긁었다. 이로써 용감한 병사 하나를 또 잃었다. 개인호를 미처 파지 못하였으므로 전방과 후방으로부터 가해 오는 적의 양면사격에 우리는 궁지에 빠지고 말았다. 이때 우리 대대의 선발대가 유효사거리 내에 도착하여 적에게 사격을 개시했다. 아군의 탄환이 우리에게로 날아왔다. 그러나 숲이 너무 무성해서 우리가 여기 있다는 것을 알릴 수가 없었다. 우측에서 전투가 치열해지자 적은 더욱 맹렬히 사격을 가해왔다. 호를 파던 나의 야전삽날에 탄환이 박혔다.

얼마 후에 중대장 밤메르트 중위가 다리에 부상을 입었다. 그래서 내가 중대를 지휘하게 되었다. 우리 우측에서 아군이 공격을 가했고, 적은

그쪽을 향해 북을 치고 나팔을 불고 함성을 지르면서 기관총으로 응사했다. 나는 이때를 이용하여 개활지 좌측을 우회하여 적을 공격하도록 명령했다. 중대원들은 궁지에서 빠져나가는 것이 기뻐서 앞으로 돌진했고 최후의 순간까지 싸워 승리할 기세였다. 우리가 개활지의 건너편에 도달했을 때 적은 우리와 전투를 피하려고 서서히 사격을 가하면서 숲 속으로 사라졌다. 우리는 목표를 둘콩 삼림의 남단으로 정하고 즉시 적을 계속 추격하였다. 왜냐하면 둘콩 삼림의 남단을 점령하면 패주하는 적이 개활지를 횡단할 때 적에게 강타를 가할 수 있을 것이라고 믿었기 때문이다. 나는 중대를 현 위치에 남겨두고 1개 분대만 이끌고 재빨리 적을 뒤쫓았다. 그러나 우리가 둘콩 삼림의 남단에 도달했을 때는 적은 이미 그곳을 통과해 버렸다. 우리의 전방 남쪽, 즉 다음 능선을 따라 넓은 목장 건너편에 브리에르*Briére* 농장이 보였다. 다음 능선 우측 경사면에서 적의 포대가 덩 방향의 뫼즈 강 계곡으로 포격을 가하고 있었다. 그러나 이상하게도 적 보병은 발견할 수가 없었다. 적정을 판단하건대 적 보병은 서쪽 삼림 속으로 도망갔음이 틀림없었다. 중대와 거리가 너무 떨어져 상호연락이 두절(杜絕)되었다. 내가 인솔한 병력은 12명뿐이었다. 좌측방에서 제127연대의 정찰대가 다가와서 자기네 연대가 삼림으로부터 브리에르 농장 방향으로 공격할 계획이라는 것을 나에게 알려주었다.

그 후 곧 좌측방에서 아군이 전진해 왔다. 이런 상황에서 중대가 이곳에 도착할 때까지 기다릴 것인가? 아니면 12명의 병사만 이끌고 적 포대를 습격할 것인가? 나는 중대가 뒤따라올 것을 예상하고 12명으로 적 포대를 습격하기로 결심했다. 우리는 브리에르 농장 약 700m 되는 지점 조그마한 계곡까지 달려가 거기서부터 적 포대 쪽으로 기어올라갔다. 적의 포성을 들어보니 적 진지까지는 100m도 채 못 되는 것 같았다. 좌측방에서 제127연대의 선두 부대가 농장으로 돌진해 왔다. 날이 점점 어두워지고 있었다. 제127연대는 우리를 적으로 오인하고 우리에게 사격을 가했다.

아군의 사격이 점점 치열해져 우리는 할 수 없이 땅에 엎드렸다. 철모와 손수건을 흔들어 우군이라는 것을 알리려고 했으나 허탕이었다. 우리 주위에는 엄폐물이 없었다. 탄환이 우리 몸에 맞을 정도로 가까이 떨어졌다. 우리는 땅에 바싹 엎드려 운명에 맡겼다. 불과 몇 시간 사이에 두 번씩이나 아군의 사격을 받다니! 이번 것은 끝이 없는 것 같았다. 병사들은 탄환이 머리 위를 스쳐 지나갈 때마다 비명을 질렀다. 우리를 구할 수 있는 것은 야음(夜陰)뿐이어서 어두워지기만을 빌었다. 사격이 드디어 멎었다. 또다시 표적이 되지 않으려고 움직이지 않고 그 자리에 머물러 있다가 몇 분 후에 뒤 골짜기로 기어 내려왔다. 다행히 12명의 병사들은 작은 상처 하나도 입지 않았다.

적 포대를 공격하기에는 시간이 너무 늦었고 또 공격할 용기도 나지 않았다. 우리가 오늘 오후에 전투를 했던 둘콩 삼림으로 발길을 돌렸을 때 흩어진 구름 사이로 희미한 달빛이 비쳤다. 중대를 찾을 길이 없었다. 나중에 안 일이지만 내가 삼림 전투에서 전사했다고 한 병사가 중대 선임하사에게 보고했다는 것이다. 그래서 그 선임 하사는 중대를 집합시켜 몽 근처에 주둔하고 있는 대대로 돌아갔다.

둘콩 숲을 통과할 때 부상당한 병사의 신음소리를 들었다. 소름끼치는 신음소리였다. 옆에서 독일어로

"전우여, 전우여, 날 좀 도와주오!"

하며 전우를 찾는 낮은 목소리가 들려왔다. 그곳으로 다가가 보니 그는 제127연대의 병사로 가슴에 총상을 입고 차디찬 땅바닥에 누워 있었다. 허리를 굽혀 가까이 본즉 그는 흐느껴 울며 살려달라고 애원하였다. 우리는 외투와 개인천막으로 그를 덮고 물을 준 다음 되도록 편안하게 해주었다. 사방에서 부상자의 신음소리가 들려왔다. 애타게 어머니를 찾는 병

사, 조용히 기도를 드리는 병사, 고통을 참지 못해 울부짖는 아군 병사들 틈에 섞여 프랑스어로

"전우여! 날 좀 도와주오!"

라고 구원을 청하는 적의 병사가 신음하고 있었다. 이 병사들의 고통과 죽음에 대한 애끓는 신음소리를 차마 들을 수가 없었다. 우리는 아군이고 적군이고 가릴 것 없이 도와주었으며, 우리가 갖고 있는 빵과 물을 모두 나누어 주었다. 중상을 입은 병사들을 이 험한 지역에서 운반하자면 들것이 있어야 했다. 그러나 들것이 없었다. 들것 없이 이들을 운반한다는 것은 오히려 고통스러운 죽음을 재촉할 뿐이었다. 피곤하고 허기진 몸을 이끌고 자정이 다 되어서 몽에 도착했다. 이 마을은 쑥밭이 되었다. 집들은 포격으로 완전 파괴되었다. 죽은 가축들은 비좁은 거리에 여기저기 널려 있었다. 파괴되지 않은 한 집에서 의무중대를 발견하였다. 나는 의무중대장에게 둘콩 숲 속에 부상자들이 있다는 것을 알려주고 가서 치료하도록 일러주었다. 내 부하 한 명이 안내병으로 자원했다. 나는 이 밤을 지낼 수 있는 잠자리를 찾아 주위를 헤맸다. 몽에도 대대는 없었다.

덧문으로 새어나오는 불빛을 발견하고 그 집으로 들어갔다. 10여 명의 부녀자가 우리를 보고 놀라는 표정이었다. 프랑스어로 식사와 잠자리를 마련해 달라고 청했다. 식사를 마친 후 깨끗한 잠자리에서 곧 단잠이 들었다. 다음 날 아침, 날이 새자 제2대대를 찾기 위해 이 집을 출발했다. 드디어 몽 마을 바로 동쪽에서 제2대대를 발견했다.

우리가 실종된 줄로만 알고 있던 본대는 우리가 돌아오자 모두 놀랐다. 아이크홀츠Eichholz 중위가 내 대신 제7중대를 지휘하고 있었다. 저녁이 되자 몽 마을에서 숙영을 하고 서남쪽 입구에 전초를 배치했다. 나는 침대에서 잠을 잤다. 아침에 일어나서 프랑스인을 시켜 나와 헨레 전령에게 술 한 잔씩 가져오도록 했다. 호화스러운 침대에서 하룻밤을 지냈으나 빈

대에게 물려 밤새 시달려야 했다.

교훈

주력부대의 선두에서 휴식을 취하던 공병중대가 공격을 받은 것은 모든 제대가 자체 경계를 철저하게 수행해야 한다는 교훈을 우리에게 실증(實證)한 것이다. 자체 경계는 협소한 지역에서 혹은 고도로 기계화된 적과 대치하고 있을 때 특히 강화해야 한다.

덩의 동쪽 삼림지대에서 제7중대는 꽤 오래 적 포병의 사격을 받았다. 이때 포탄 1발이 중대에 명중되었다면 적어도 2개 분대는 일시에 전멸하였을 것이다. 무기의 파괴력이 증가함에 따라 부대의 산개(散開)와 개인호는 부대 안전에 절대 필요하다. 적의 포격이 개시되기 전에 호를 파야 한다. 한 삽이라도 더 깊이 파면 팔수록 그만큼 더 안전하다. 땀을 많이 흘리면 그만큼 피를 적게 흘린다.

몽 전투에서 입증한 바와 같이 적이 점령하고 있던 지역은 철저하게 수색해야 한다. 26명의 적 포로들이 전투기피자라면 모르되 그렇지 않다면 우리가 마을을 통과할 때 우리를 공격할 매복조였을 것이다.

30분 전에 몽으로부터 사격을 받았다는 기마정찰대의 보고는 이미 제124연대가 점령한 몽 마을로 포격을 가하게 만들었다. 그 결과 불필요하게 아군의 손실만 가져왔다. 보병과 포병은 상호 긴밀한 연락이 요망되며 포병은 전투지역에 대하여 끊임없이 관측을 계속해야 한다.

둘콩 삼림지대에서 휴식하던 중대가 적 포격을 받은 실례와 같이 적의 포병 사거리 내에서 밀집대형으로 행군하거나 휴식해서는 안 된다. 현대 포병은 상당한 피해를 입힐 수가 있다. 둘콩 삼림에서의 전투는 삼림전이 얼마나 어려운가를 입증했다. 삼림지대에서는 적을 볼 수 없다. 적탄은 요란한 소리를 내며 나무와 나뭇가지를 강타하고 수없이 유탄이 날아다니고 사격방향도 분간할 수 없다. 전장에서 방향식별과 접촉유지가 어렵고 지휘관은 자기 바로 옆에 있는 병사만 장악할 수 있으며, 나머지 주력은 지휘할 수 없다. 삼림지대에서 호를 파는 데는 나무뿌리 때문에 대단히 곤란하다. 둘콩 삼림전에서 경험한 바와 같이 전방에서는 적이 공격하고 후방에서는 아군이 사격을 가할 경우 협공을 받게 되어 현 진지를 지탱할 수 없다. 삼림전에서와 마찬가지로 돌진할 때도 보유하고 있는 기관총을 가급적 제일 앞에 배치하는 것이 바람직하다. 적과 조우하거나 적에게 돌격할 때 기관총으로 사격하는 것이 절대 필요하다.

제2장
제스네, 드퓌 및 랑베르쿠르 전투

I 제스네 전투

1914년 9월 2일 새벽, 우리 대대는 빌레르*Villers*-드방*devant*-덩*Dun*으로 출발하여 그곳에서 잠깐 동안 휴식을 취했다. 그 후 곧 연대와 합류해서 폭염(暴炎) 아래 앙드빌*Andeville*과 르몽빌*Remonville*을 지나 랑드르*Landre*까지 행군했다. 적은 후퇴했고 우리 뒤에 뫼즈 강이 흐르고 있었다. 지난 며칠 동안 여러 차례 전투를 치른 탓에 심신이 매우 피로했지만 병사들의 사기는 드높았다. 전에 우리가 기동훈련하던 때와 같이 군악대도 연주했다. 베르덩*Verdun* 방향 남쪽에서 포격의 섬광이 보이고 포탄이 폭발하는 소리가 들렸다. 우리는 땀과 먼지에 얼룩진 채 서쪽으로 행군했다.

오후에 우리 연대는 랑드르에서 동남쪽으로 진로를 바꾸어 험한 길과 울창한 삼림지역을 지나 적의 강력한 저항을 받고 있는 제11예비사단을 지원하기 위해 강행군을 했다. 제스네*Gesnes* 서북쪽 약 1.6km 떨어진 숲에서 적 포병이 시한포탄을 퍼부었다. 우리 대대는 정지했다. 나는 적 포격으로부터 엄폐된 접근로를 찾아보라는 명령을 받고 제스네 부근을 정찰하기 위해 하사 한 명을 데리고 잡목이 무성한 숲을 지나 삼림 남단을 향해 떠났다. 삼림 남단에 도착했을 때 우측으로부터 사격을 받아 대피해야 했다. 좌측으로 정찰을 계속하여 그럴듯하게 엄폐된 도로를 발견했다. 대대로 돌아와 보니 대대는 이미 이동하고 없었다.

헨레 전령이 말고삐를 잡고 혼자 나를 기다리고 있었다. 그가 말하기를 대대는 우측으로 행군해 갔다고 했다. 적 포탄이 삼림 주변을 따라 떨어지고 있었다. 헨레 전령과 하사를 데리고 대대를 찾아가기 위하여 바로 전에 정찰했던 도로를 따라 제스네 방향으로 달렸다. 삼림을 다 지나왔는데도 대대는 보이지 않았다. 대대는 제스네로 가는 고개를 이미 넘어간 것 같았다. 도중에 제11예비사단 소속의 1개 중대를 만났다. 장교가 한 명도 없었다. 병사들은 나에게 중대를 지휘해 달라고 요청했다. 잠시 후에 또 장교가 없는 3개 중대가 나를 따라왔다. 이렇게 모인 부대를 이끌고 제스네 방향으로 전진했다. 제스네 서북쪽 1.2km 되는 지점 경사지에서 일단 정지하고 재편성하여 당당한 부대로 만들었다. 전방 고지능선이 적의 맹렬한 소총·기관총·포 사격을 받고 있었다. 우리 대대가 틀림없이 그곳에서 적과 교전하고 있는 것 같았다.

부대를 재편성하는 동안 나는 말을 타고 앞으로 달려가 아군의 접촉선 직후방 엄폐된 경사지의 숲 속에 말을 맸다. 그리고 기어 올라가 보니 제124연대 제1대대와 제123척탄연대(擲彈聯隊)가 협동하여 제스네 남쪽 및 서남쪽 고지에서 적과 치열한 총격전을 벌이고 있었다. 아군의 공격은 적의 맹렬한 소화기 사격과 포격으로 기세가 꺾여 병사들은 그 자리에서 호를 파고 있었다.

적 보병은 잘 엄폐된 진지를 점령하고 있어서 쌍안경으로도 관측할 수가 없었고, 적 포병은 아군을 궁지에 몰아넣었다. 제2대대의 행방을 물어본즉 아는 자가 하나도 없었다. 그러면 우리 대대는 아직도 후방 삼림 속에 있단 말인가? 궁금해서 말을 타고 그쪽으로 달려갔다. 도중에 제123척탄연대 연대장을 만나, 전방고지의 상황을 보고하고 내 지휘하에 재편성된 부대의 위치를 아울러 보고했다. 매우 유감스럽게도 연대장은 내가 재편성한 부대를 연로한 장교에게 지휘하도록 명령했다. 그래서 나는 다시 제124연대 제2대대를 찾아 떠나야 했다. 대대를 찾을 수 없어 말을 타고 제스네에서 서북쪽으로 1.2km 떨어진 고지의 전투현장으로 달려갔다. 그곳에서 낙오되어 흩어져 있는 제124연대 제1대대 병사 약 100명을 모았다.

적이 맹렬한 포격을 개시했다. 몇 분도 채 안 되어서 아수라장이 되었다. 그리고 적 포대가 하나씩 차례로 사격을 멈추더니 전 포대가 사격을 멈추어 고요해졌다. 어둠이 깔렸다. 간간이 조명탄만 하늘을 수놓을 뿐 그토록 치열했던 포성은 사라졌다. 나는 밤늦게까지 제스네 서쪽 고지에서 계속 제2대대를 찾았으나 허사였다. 그래서 낙오병이 집결해 있는 곳으로 되돌아갔다. 낙오병들은 아침부터 아무것도 먹지 못해 모두 허기가 져서 녹초가 되었다. 당장 이들에게 식사를 하게 할 수도 없고 제스네 삼림 속에 취사반이 있는지조차 알 길이 없었다. 연대가 위치하고 있으리라고 생각되는 엑세르몽*Exermont* 쪽으로 날이 새면 가기로 했다. 그날 밤은 적과 교전이 없었다. 새벽녘이 되자 기온이 뚝 떨어졌다. 내 아픈 배가 자명종시계와 같이 신호를 보냈다.

동이 트자 적의 소화기 사격이 여기저기서 다시 시작되었다. 우리는 엑세르몽 방향으로 철수했다. 엑세르몽 동쪽 2.5km 되는 계곡에서 연대지휘소를 찾아냈다. 알고 보니 내가 그렇게 헤매며 찾던 제2대대는 연대예비대로 연대지휘소 부근에 위치하고 있었다. 대대장에게 귀대신고를 하자 대대부관이 부상을 당해서 후송되고 없으니 그 직책을 맡으라고 하면서 대대장은 나에게 새로운 보직을 주었다. 식사 사정은 전방대대와 다를

바 없었다. 우선 허기를 면하기 위하여 밀가루 음식을 조금 먹었다.

포병 사격은 멈추었지만 보병 소화기의 총성은 여전히 들려왔다. 09:00시쯤 대대장은 나를 대동하고 정찰을 떠났다. 제1대대와 제2대대가 엑세르몽과 제스네 사이의 능선을 장악하고 있었다. 말을 타고 정찰하는 동안 어제의 치열했던 전투의 참상을 역력히 볼 수 있었다. 도처에 전사자의 시체가 깔려 있었다. 그들 속에서 라인하르트Reinhardt 대위와 홀만Holmann 중위의 시체를 찾아냈다. 전방 병사들은 호를 파서 진지를 보강했고, 트롱솔*Tronsol* 농장을 여전히 장악하고 있는 적은 죽은 듯이 얼씬도 안 했다. 정찰을 마치고 우리는 대대로 돌아왔다.

내가 다음에 할 일은 대대취사반을 찾아서 이곳으로 이동시키는 일이었다. 대대가 30시간 이상 식사를 하지 못했으므로 제일 먼저 이 일을 해결해야 했다. 그러나 취사반의 위치를 아는 사람은 하나도 없었다. 우선 제스네와 로마뉴*Romagne* 삼림을 수색한 다음, 마을로 갔다. 로마뉴 마을은 제11예비사단의 마차들 때문에 대단히 혼잡했다. 나는 취사반이 엑세르몽을 경유, 제스네로 이동하라는 명령을 받은 것이 기억나서 제스네로 갔다. 틀림없이 전선 부근에서 취사반을 찾을 것만 같았다. 제스네에 도착해 보니 취사반은 없었다. 그래서 계곡이 있는 엑세르몽으로 갔다. 양쪽 고지로부터의 사격은 멈췄다. 제스네 서남쪽 1.6 km 되는 지점에서 제2대대 후속 보급부대가 있던 곳으로 달려갔다. 나의 예감이 들어맞았다. 취사반은 최전방에 위치하고 있었다. 얼마 후 정찰대원이 나타나 연대는 15분 전에 전방으로 이동했다고 알려주었다. 이렇게 된 바에는 취사반을 현 위치에 놓아두는 것이 좋다고 생각하고 그냥 이곳을 떠났다.

적의 별다른 저항을 받지 않고 트롱솔 농장을 둘러싸고 있는 언덕을 점령했다. 적은 전사자와 부상자를 남겨둔 채 남쪽으로 이미 철수했다. 연대는 농장 근처에서 천막을 치고 숙영했다. 말을 마구간에 매어 놓았다. 여러 날 동안 낮에는 쉴 새 없이 뛰어다녔고, 밤에는 추위에 시달렸기 때문에 오늘만은 충분히 쉬기로 했다.

II 아르곤 추격 ; 프레 전투

9월 4일 우리는 에글리스퐁텐*Eglesfontaine*–베리*Very*–셰피*Cheppy*를 경유, 부레이유*Boureuilles*로 진격해 갔다. 도로에는 적이 버린 소총, 배낭, 마차 등이 널려 있는 것으로 보아 적이 얼마나 당황해서 후퇴했는가를 알 수 있었다. 더위와 먼지 때문에 빨리 진격할 수가 없어 밤 늦게야 부레이유에 도착했다. 밤새 또 배가 아파서 잠을 이룰 수가 없었다. 다음 날 클레르몽*Clérmont*과 레질레트*Les Ilettes*를 지나 아르곤*Argonne*을 통해 브리코*Briceaux*까지 진격했다. 진격하는 동안 적과의 접촉은 없었고, 적의 후위 부대도 한 시간 전에 이미 철수하고 없었다. 베르덩은 브리코에서 동북쪽으로 27km 떨어져 있었다. 우리는 브리코에서 하룻밤을 잘 보냈지만 즐거운 표정을 짓는 자는 한 명도 없었다. 담요와 먹을 것만 있으면 그것으로 만족했다. 울레리히Ullerich 대위가 제2대대장이 되었다.

9월 6일 먼동이 트자 기마정찰대를 내보냈다. 그러나 이들은 브리코 남쪽 숲으로부터 사격을 받았다. 09:00시쯤 연대는 브리코를 출발 서남쪽으로 이동했다. 롱그브와*Longues Bois*에서 선두 부대가 적과 조우했다. 제1대대가 공격하여 곧 트리앙쿠르*Triancourt*–프레*Pretz* 도로를 탈취했다. 적병 여러 명을 생포했다.

제1대대는 프레에 이르는 도로를 따라 내려가면서 압박을 가했고, 제2대대는 후속 부대로 제1대대 뒤를 따랐다. 도로 양쪽에는 숲이 우거져 있었다. 좌측방에서 치열한 전투가 벌어졌다. 삼림의 남단에 이르자 제1대대는 적의 강력한 저항을 받았다. 200m 거리에서 치열한 총격전이 벌어졌다. 맹렬한 적의 포병 지원사격으로 아군은 고전했다. 적 포병은 탄약 보급이 원활하여 효과적이고 융통성 있는 사격을 가했다. 제2대대는 삼림 속으로 대피했으나, 적 포병은 곧 이곳으로 사격하여 제2대대는 더 이상 견딜 수가 없게 되었다.

정오 무렵 제2대대는 삼림 서남단을 따라 프레 서쪽 2km 지점까지 전진한 다음, 제1대대의 우측에서 공격을 개시하여 260고지를 점령하라는 명령을 받았다.

우리는 첨병소대장 키른Kirn 소위를 앞세우고 전진했다. 적과 조우하지 않고 241고지에 도달했다. 이 고지로부터 잡목이 우거진 소로를 따라 달려가야 했다. 우리 전방 삼림으로부터 약 100m 떨어진 곳에서 적의 정찰대가 활발히 활동하고 있었다. 근거리에서 사격전이 벌어졌다. 적은 우리에게 아무런 피해도 주지 않고 도주했다. 이러는 사이에 우리는 대대와 연락이 끊겼다. 나는 대대와 다시 접촉하기 위하여 첨병소대를 현 위치에 놔두고 오던 길로 되돌아갔다. 삼림 좌측에서 대대는 휴식하고 있었다. 나는 대대장에게 적 정찰대와의 교전한 상황과 적의 도주를 보고했다. 241고지로 계속 전진했다. 그러나 200~300m 전진했을 무렵 적의 포격을 받아 전진을 중지하고 땅에 엎드렸다. 적의 포탄이 몇 분 동안 비 오듯 쏟아졌다. 병사들은 나무 뒤나 웅덩이로 대피했고, 심지어 배낭을 쌓고 그 뒤에 대피하기도 했으나 그래도 약간의 피해를 입었다.

적 포격이 조금 약화되자 나는 제1대대와 접촉하기 위하여 말을 타고 좌측 삼림 속으로 달렸다. 이 삼림은 대단한 늪지대였다. 그래서 임무를 완수하지 못하고 삼림의 동쪽 끄트머리를 따라 도보로 되돌아왔다. 돌아오는 도중 삼림 동쪽 350고지를 점령하고 있는 적으로부터 가끔 사격을 받았다. 드디어 우리가 돌격할 때까지 공격을 멈추었던 3중대에 도착

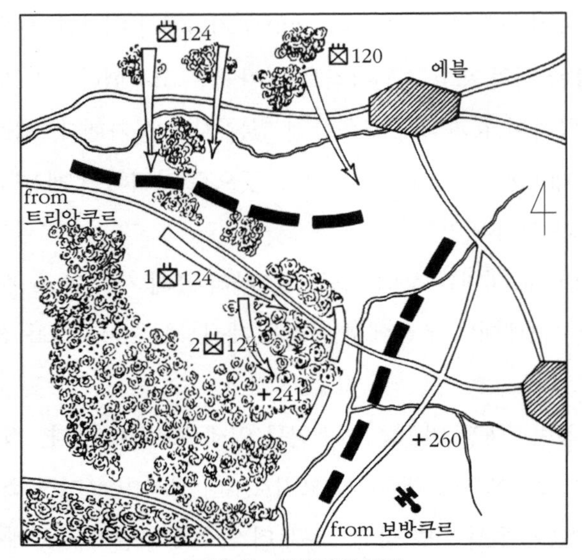

【그림 4】 프레 근처 공격

했다.

내가 돌아오자 우리 대대는 6중대와 8중대를 돌격 제대로 260고지를 향해 공격을 개시했다. 적은 진지를 버리고 철수했다. 하루 종일 우리를 괴롭혔던 적 포병도 보이지 않았다. 우리는 260고지를 탈취한 다음, 도주하는 적에게 맹렬히 사격을 가했다. 밤이 되자 전투는 끝났다. 수색차 정찰대를 전방으로 내보내고 병사들은 호를 팠다. 우전방에서 적이 버리고 간 다량의 포탄을 발견했다. 나는 연대지휘소에 가서 이 사실을 보고하고 돌아오는 길에 취사반을 인솔하도록 명령을 받았다. 브리코를 떠난 후 병사들은 아무것도 먹지 못했다. 하스 대령은 우리 대대의 전과를 보고받고 높이 치하했다.(그림 4)

취사반은 프레-트리앙쿠르 도로에 위치하고 있었다. 취사반이 대대에 도착한 것은 21:00시쯤이었다. 굶주린 병사들은 이제야 비로소 따뜻한 식사를 하게 되었다.

대대와 연대지휘소 간에 겨우 유선이 가설되어 자정이 넘어서야 내일의 작전명령이 하달되었다. 야간정찰대와 전초를 배치하여 경계를 강화했다. 다행히 적이 나타나지 않았다. 그러나 내일의 전투준비를 위하여 휴식할 여유가 없었다.

Ⅲ 드퓌 삼림 공격

정찰대의 야간수색 결과 적은 드퓌*Defuy* 삼림 속에서 약 3.2km에 걸친 방어진지를 구축하고 있다는 결론을 얻게 되었다. 연대는 제2대대로 하여금 06:00시에 도로를 횡단하여 삼림을 탈취하도록 명령했다. 우측방에서는 제123척탄연대가 공격하기로 되어 있었다.

대대는 2개 중대(6·7중대)를 돌격 제대로 하고, 2개 중대(5·8중대)를 예비로 하여 H시에 공격을 개시했다. 우측 부대는 삼림의 동북쪽 모퉁이를 향해 공격해 갔다. 나는 6중대와 7중대 사이로 말을 타고 달렸다. 우측방에 있어야 할 제123연대가 아직도 보이지 않았다. 이때

"공격을 중지하고 현 위치에서 대기하라"

는 명령이 내렸다.

나는 이 명령을 각 중대에 전달하고 왜 이런 명령이 하달되었는지 궁금해서 260고지에 위치한 연대지휘소로 달려갔다. 연대장 하스 대령은 제123연대가 공격을 개시할 때까지 우리 연대의 공격을 중지시켰다. 그러나 제123연대가 언제 공격을 재개할지는 알 수 없었다. 공격을 중지하고 있는 동안 적 포병은 개활지에 전개하고 있는 2개 예비중대에 사격을 가해 왔다. 적 포병 관측장교는 삼림의 북단에서 아군의 배치 상황을 손바닥 보듯이 관측하고 있었다.

돌격 제대는 즉시 감자밭과 채소밭에서 호를 파라는 대대명령을 가지고 나는 전방으로 달려갔다. 명령을 전달하고 돌아오는 길에 적 포대가 나에게 조준사격을 가해 왔다. 날아오는 시한포탄을 피하려고 지그재그로 달렸다.

적 포병은 중포병(105~155mm 구경포)으로서 점점 더 치열하게 포격을 가해 왔다. 개활지에서 밀집대형으로 땅에 엎드려 있는 5중대는 적 포탄 1발에 2개 분대를 모두 잃고 말았다. 전방 부대는 호를 파고 잘 엄폐되어 있어서 5중대와 같은 참혹한 꼴을 당하지는 않았다.

제49포병연대 A포대는 260고지 근처에서 사격을 하고 있었는데 적의 대포병사격을 받고 심한 피해를 입었다.

대대지휘소와 연대지휘소는 보방쿠르*Vaubencourt*의 동북쪽 2km 되는 도로의 샛길 옆에 서로 가까이 위치하고 있었다. 얼마 후에 적 포대가 이 샛길로 집중사격을 가해 왔다. 전령과 기병의 분주한 활동과 수많은 관측소 때문에 위치가 폭로되었다. 적의 교란사격이 몇 시간 계속되어 우리는 공격을 중지했다. 내가 밤을 새워야 할 곳은 도로 옆 도랑뿐이었다. 그러나 수면이 부족해서 장소가 문제되지는 않았다. 매일 계속되는 전투로 신경이 다소 날카로워지기는 했지만 적 포격에 별로 당황하지는 않았다. 적의 포격으로 주위의 수많은 나무들이 잘리고 나뭇가지가 떨어져 나갔지만 우리는 피해를 별로 입지 않았다. 해가 지기 전에 공격을 재개하라는 명령이 하달되었다. 한가한 공상(空想) 시간이 끝났다. 제2대대가 제3대대 좌측에서, 그리고 제123연대가 우측에서 각각 전진했다. 이렇게 진격하는 동안 적 포격은 차차 약화되어 완전히 멈추었다.

나는 앞으로 달려가 우리 대대도 진격하라는 작전명령을 전달했다. 이상하게도 적의 소화기나 포 사격을 받지 않았다. 적이 모두 철수한 것이 아닐까?

개인 간의 간격을 4보로 벌리고 산개 대형으로 삼림 서북쪽 600m 되는 지점 저지대를 횡단하여 경사지를 올라갔다. 우리 대대 우측방에서는 제3대대와 제123연대가 나란히 전진해 갔다. 연대예비대(1대대와 기관총중대)는 공격 제대와 약 200m 거리를 유지하며 뒤따랐다.

나는 연대 최좌익 중대인 7중대 뒤를 따랐다. 어둠이 깔리기 시작했다.

사방이 조용한 가운데 삼림 전방 150m 지점에 이르렀다. 바로 이때 적이 기습사격을 가했다. 총격전이 벌어져서 중대 예비소대를 전방으로 투입하여 공격에 가담하도록 했다. 그러나 적의 사격이 너무 치열해서 전 연대는 일시 정지해야만 했다. 아군의 기관총소대가 적을 향하여 사격을 개시했다. 기관총소대는 전방에 배치된 아군 병사의 머리 위로 사격을 했으나, 전방에서 들려오는 아군 병사들의 고함소리로 보아 결국에는 아군의 일선 소총병들에게 탄환이 떨어지는 것 같아 나는 몹시 당황했다.

나는 대대의 맨 좌측에서 말을 타고 기관총진지로 단숨에 달려가 사격을 중지시켰다. 그다음 말에서 내려 옆에 있는 병사에게 말을 맡기고 이 기관총소대를 이끌고 대대 좌측으로 사격진지를 이동했다. 기관총을 신속히 거치하고 적에게 사격을 개시했다. 이 기관총소대의 지원사격에 힘을 얻어 우측의 부대들도 공격을 재개했다. 이러한 조치로 병사들은 피곤하고 지친 모습을 거두고 다시 사기가 충천하여 백병전이라도 할 듯한 기세였다. 적의 총탄에 사상자가 많이 났다. 그러나 우리는 이에 굴하지 않고 삼림 속으로 돌격해 들어갔다. 적은 이미 진지를 버리고 도주했다. 연대장은 나무를 자르고 현 위치에서 진지편성을 하도록 명령했다. 그러나 잡목이 너무 무성해서 작업이 대단히 어려웠다. 왜 삼림을 우회해서 적의 퇴로를 차단하지 않는지 도무지 알 수 없었다. 나는 즉시 단독행동을 하기로 결심하고 소총 2개 분대와 중기관총소대를 이끌고 삼림의 좌측 경사지로 기어 올라갔다. 여기는 잡목이 무성하지 않아 신속하게 이동했다.

도망가는 적의 발걸음이 우리의 우회 추격속도보다 빠르지 못할 것이라고 생각했다. 숨을 헐떡이면서 드디어 삼림의 동쪽 모퉁이에 도착했다. 날이 어두워지기는 했어도 사격을 못할 정도는 아니었다. 200~300m의 양호한 사계를 이용하여 삼림의 서쪽 퇴로를 관측했다. 중기관총을 사격진지에 거치하고 소총병들은 삼림 맨 앞의 동쪽 모퉁이 가까이에 은폐시켰다. 적이 삼림 속에서 곧 나타나리라고 예상했다. 우측과 후방에서 아군 병사들의 지껄이는 소리가 들려왔다.

적의 그림자 하나 보이지 않고 몇 분이 흘러갔다. 날은 서서히 어두워졌다. 좌측방 저멀리 랑베르쿠르*Rembercourt*에서 타오르는 불길이 밤하늘을 환히 비추었다. 연대장의 허락도 받지 않고 중기관총소대를 여기까지 끌고 온 것이 몹시 걱정이 되었다. 적이 나타날 가망이 없어지자 나는 중기관총소대를 소속 중대에 복귀시켰다. 중기관총소대가 출발하자 곧 한 소총병이 랑베르쿠르 쪽에서 타오르는 불빛으로 약 150m 떨어진 불모고지 능선을 따라 이동하는 부대를 발견했다.

"적이다!"

나는 쌍안경으로 자세히 관찰했다. 그들은 틀림없이 프랑스 군모를 쓰고 대검을 꽂고 있었다. 밀집대형으로 적이 퇴각하고 있음이 분명했다. 기관총소대를 몇 분 전에 돌려보낸 것을 후회했지만 이미 때는 늦었다.

16명의 소총병이 적에게 급사격을 가했다. 우리의 사격을 받고 적은 뿔뿔이 흩어져 도망갈 것으로 예상했는데, 그와는 반대로

"돌격 앞으로!"

라고 함성을 지르면서 우리에게로 달려들었다. 함성의 크기로 보아 1~2개 중대병력은 되는 것 같았다. 우리는 총열이 벌겋게 달도록 연속사격을 가했지만 적은 여전히 돌진해 왔다. 겁에 질린 몇 명의 우리 병사가 내 명령 없이 도망치려고 하기에 달아나지 못하도록 붙잡았다. 적도 우리의 맹

렬한 사격으로 땅에 바짝 엎드렸다. 랑베르쿠르에서 타오르는 불빛만으로 목초지에 엎드린 적을 찾아 사격하기란 대단히 어려웠다. 적의 선두는 우리 전방 30~40m까지 접근했다. 나는 적이 백병전으로 돌격해 올 때까지 적의 수적 우세에 굴복하지 않기로 결심했다. 끝내 적은 돌격하지 않았다.

우리는 사격으로 적의 공격기세를 꺾어 놓았다. '돌격 앞으로!'라고 외치는 함성도 멎었다. 오직 다섯 필의 말만이 2정의 기관총을 등에 짊어지고 우리 쪽으로 달려왔다. 우리는 사람 대신 말을 사로잡았다. 주위는 다시 고요해졌다. 적은 랑베르쿠르 쪽으로 철수하고 있음이 확실했다. 적정을 탐색하기 위하여 나갔던 정찰대가 12명의 포로를 데리고 왔고, 30여 구의 적 시체와 다수의 부상자가 여기저기 널려 있다고 보고했다.

우리 대대는 어디에 있을까? 아마도 제2대대가 작전명령대로 행동했다면 드퓌 삼림을 지나 더 이상 전진하지는 않았을 것이다. 나는 제2대대를 찾기 위하여 병사 2명을 시켜 적의 포로와 말 다섯 필을 끌고 삼림의 동북쪽 모퉁이로 되돌아갔다. 2개 분대는 현 위치에 그대로 배치시켜 놓았다.

제2대대를 찾고 있는 도중 연대장을 만났다. 하스 대령은 내가 적과 교전한 것에 대하여 만족해하지 않았다. 나와 교전한 부대는 적이 아니라 제123연대의 예하부대였다고 연대장은 말했다. 기관총을 등에 짊어진 말과 포로를 증거로 보여 주어도 연대장은 내 보고를 믿지 않았다.

교훈

9월 7일 드퓌 삼림에 대한 공격은 전투 정면이 6.4km나 되며 엄폐물이 없는 지역에서 감행해야 했다. 우익부대가 전진하지 않아서 연대장은 우리 부대의 공격을 중지시켰다. 이때를 이용하여 적 포병은 맹렬한 포격을 개시했다. 제2대대의 일선부대는 신속히 감자밭에 숨어서 개인호를 파고 그 속에 대피했다. 그래서 장시간 계속된 적의 포격에도 피해를 입지 않았다. 그러나 예비중대는 밀집대형으로 집결해 있었기 때문에 적 포격으로 심한 피해를 입었다. 이러한 사실은 적의 포 사거리 내에서는 절대로 병력이 밀집해서는 안 된다는 것을 가르쳐 주는 동시에 전장에서 야전삽이 얼마나 중요한 장비인가를 입증했다.

연대지휘소와 대대지휘소가 도로 근처 샛길에 인접해서 위치하고 있었다. 사방에서 수많은 전령들이 이곳으로 모여들게 되었다. 그 결과 지휘소의 위치가 적에게 노출되었다. 적은 곧 이 지점에 집중포격을 퍼부었다. 이런 결과로 지휘소는 반드시 떨어져 있어야 한다.

지휘소에 이르는 진입로는 적의 관측으로부터 은폐되도록 선정해야 한다. 적이 용이하게 지휘소를 식별해서는 안 되므로 지휘소를 저명한 지형 부근에 선정해서는 안 된다. 해가 진 후에 적은 포격을 중지했다. 적 포병은 아군의 야간공격에 대비해서 후방으로 진지를 이동시킨 것 같았다. 적 보병은 아군이 150m 거리 내로 접근했을 때 비로소 사격을 개시하여 몇 분간 총격전을 지속했다. 그리고는 삼림과 야음을 이용하여 부대를 철수시켰다. 우리의 손실은 막대했다. 9월 7일 전투에서 장교 5명, 사병 240명의 사상자를 냈다.

흥분한 나머지 기관총중대가 600m 떨어진 적을 사격한다는 것이 도리어 전방 400m에 밀집되어 있는 아군 보병의 머리를 쏘는 결과를 빚어냈다. 전방 부대가 대단히 위급한 상황에 놓이게 되었다. 적의 저항이 약화된 것으로 판단하고 종심으로 전개한 돌격대형을 변경하여 예비대와 기관총소대를 최전방으로 이동시켰다. 이때 적은 150m 사거리에서 일제히 조준사격을 개시했다. 적정을 완전히 파악하지 않고 예비대를 전방으로 투입한 전술적 과오로 우리는 큰 대가를 지불해야 했다.

앞으로도 그렇겠지만 몇몇 병사들은 가끔 담력을 잃고 전장을 이탈하려고 할 것이다. 이를 방지하기 위하여 지휘관은 필요하면 개인 화기를 사용해서라도 이에 대한 적극적인 조치를 취해야 한다.

Ⅳ 드퓌 삼림 전투

연대는 제3대대에게 드퓌 삼림의 동쪽 모퉁이를 대대의 좌단으로 하고 거기서부터 삼림의 남단을 따라 방어진지를 구축하도록 명령했다. 제2대대는 제3대대의 좌측에서 방어진지를 구축했다. 제1대대는 드퓌 삼림 북쪽에서 연대 예비방어선을 구축했다. 연대지휘소는 제1대대 좌측에 위치했다.

제2대대의 방어 정면은 넓고 엄폐물이 없는 불모능선이어서 대단히 불리했다. 이 능선상의 진지는 특히 적 포격에 취약했다. 제3대대의 방어지역이 우리 대대의 방어지역보다 훨씬 유리했다.

아무튼 최근 전투경험에 의하면 사상자를 최소한으로 감소시키는 유일한 방법은 호를 가능한 한 깊이 파야 한다는 것이었다. 각 중대에 방어정면이 할당되었다. 중대장들(3명의 중대장이 젊은 중위였다)은 병사들이 피로를 잊고 열심히 호를 파는 것을 보고 무척 감동했다. 대부분 작업은 자정 전에 완료해야 했다. 동이 틀 때까지 3~4시간 동안 눈을 붙인 후 날이 밝자 다시 마무리 작업을 계속했다. 호의 깊이가 약 1.6m는 되어야 하기 때문이다.

전 대대는 호를 열심히 팠다. 어제 우리는 적 포병의 맹렬한 사격을 받고서 야전삽의 작업량에 따라 우리의 피해가 반비례한다는 쓰라린 경험을 얻었다. 대대장, 부관, 그리고 4명의 전령으로 구성된 대대 본부까지도 8중대의 중앙 후사면에서 10m 길이의 교통호를 팠다. 작업은 힘이 들었다. 땅은 바위같이 단단해서 야전삽만 가지고는 일을 할 수가 없었다. 곡괭이가 몇 개 안 되어 작업진도가 대단히 느렸다. 병사들은 아침부터 아무것도 먹지 못했다. 그래서 22:30분에 대대장은 나에게 프레*Pretz*에 가서 취사반을 데리고 오도록 지시했다. 나는 음식은 물론 편지까지 수령하여 자정에 대대로 돌아왔다. 전쟁이 발발한 이후 처음으로 받아보는 편지였다.

50cm 깊이의 호를 파는 데 4~5시간이 걸렸다. 이 정도의 깊이로는 적 포격으로부터 보호받을 수 없었다. 자정 현재 병사들은 지칠 대로 지쳐 있었다. 작업은 다음으로 미루고 우선 병사들에게 식사를 시키고 휴식을 갖도록 했다. 취사반이 도착해서 병사들에게 식사를 분배하고 편지도 전달했다. 병사들은 비좁은 호 안에서 촛불을 밝히고 몇 주 전에 부친 편지를 넋을 잃고 읽어 내려갔다. 이 편지는 다른 세상에서 온 것 같았다. 목숨을 건 몇 주가 몇 년이 흘러간 것같이 길기만 했다. 식사가 끝난 후 곡괭이와 삽을 들고 작업을 계속했다. 대대 본부도 새벽까지 한시도 쉬지 못했다. 새벽녘에야 호 깊이가 1m 정도 되었다. 손바닥의 물집이 터져 쓰라렸다. 새벽녘에 너무 피곤하여 단단한 땅 위에 그냥 쓰러져 잠이 들었다.

잠에서 깨어 또다시 작업을 시작했다. 제49야전포병 소속 1개 포반이 전선에서 약 30m 떨어진 제2대대와 제3대대의 전투지경선상에 있는 진지로 이동하였다.

9월 8일 새벽에는 적과 교전이 없었다. 계곡 건너편(랑베르쿠르 서쪽 및 서북쪽에 위치) 267고지와 297고지에서 쌍안경으로 적의 방어진지를 관찰했다. 우리는 좌측의 인접부대, 즉 285고지를 점령하고 있는 제120보병연대를 육안으로 볼 수 있었다. 이 부대와의 간격 600m는 화력에 의하여 방어하도록 계획이 수립되었다. 중기관총소대가 우리 대대 지역에 배치되었다. 5중대와 8중대가 전방에 배치되었고, 6중대는 우측 후방에, 7중대는 좌측 후방에 배치되었다. 대대장은 나를 데리고 작업감독차 각 중대를 순시하였다. 모든 병사들이 작업에 열중하고 있었다. 어떤 곳의 호는 깊이가 1.5m나 되었다.

적 포병은 06:00시에 포문을 열었다. 우리에게 집중적으로 포격을 가해 와서 우리의 노력은 허사로 돌아갔다. 수많은 포탄이 요란한 폭음을 내며 마치 지진이 일어난 것같이 땅을 진동시켰다. 대부분의 포탄이 시한포탄으로 우리 머리 위에서 폭발했고, 그중 몇 개는 충격포탄으로 지면에서 폭발했다. 우리는 날아오는 파편을 피하기 위하여 보잘것없는 참호에 바짝 웅크리고 있었다. 적의 치열한 포격은 약 3시간 동안이나 지속되었다. 한번은 우리 바로 위 경사면에 포탄이 한 발 떨어져 우리가 있는 호 속으로 굴러 내려왔다. 그러나 다행히 불발탄이어서 죽음을 면했다. 우리는 닥치는 대로 곡괭이, 야전삽, 칼, 취사도구 심지어는 맨손으로 호를 더 깊게 팠다. 호를 파다가도 포탄이 옆에 떨어지면 몸을 바짝 움츠리고 엎드렸다. 정오 무렵에 가서야 포격의 위세가 좀 수그러졌다. 이때를 놓칠새라 각 중대의 피해를 확인하기 위하여 전령을 보냈다. 중대는 건재했고 적 보병의 공격 징후는 없었다. 우리는 2~3%의 병력손실을 예상했는데 다행히도 이것보다 훨씬 손실은 적었다. 적은 다시 포격을 계속했다. 적은 상당량의 포탄을 보유하고 있는 것 같았다. 이와는 대조적으로 아군 포병은 포탄이 부족해서 온종일 침묵을 지켰다.

적 포격은 오후도 내내 계속되었다. 그러나 호의 깊이가 이제 1.7m나 되었다. 어떤 병사는 호 앞 벽에 유개호도 팠다. 시한포탄의 파편도 이러한 깊이의 호 속에서는 안전했고, 단단한 흙으로 50cm의 덮개를 만들었으므로 충격신관을 장치한 포탄에도 안전했다.

저녁때가 가까워지자 포격은 최고조에 달했다. 적의 중(中)포병도 이 사격에 가담했다. 우리가 있는 사면에 포탄이 떨어지자 흙덩이·돌덩이·파편이 빗발쳤다. 이 같은 포격은 적의 공격 준비사격으로 생각되었다.

"공격할 테면 해보라지!"

우리는 만반의 준비를 하고 적이 공격해 오기를 기다렸다.

적 포격이 갑자기 멈추었다. 그러나 보병은 공격해 오지 않았다. 우리는 호에서 기어 나왔다. 나는 피해상황을 알아보려고 각 중대를 돌아보았다. 사상자는 의외로 적었다(대대 전체에 단 16명의 사상자밖에 없었다). 극도로 긴장했지만 병사들의 사기는 여전히 높았다. 포격 전과 포격 중에 호를 팠기 때문에 이 정도로 피해를 줄일 수가 있었다.

날이 저물어 석양이 전쟁터를 비추었다. 우측 저편에 제49야전포병의 포 2문이 있었는데 이 포의 사수들 일부는 전사했고, 일부는 중상을 입었다. 포 진지에 엄폐물이 없어서 응사도 못하고 그저 피해만 입었다. 우측 삼림 속에 배치되어 있던 제3대대도 마찬가지였다. 잡목이 우거진 곳에서 호를 판다는 것은 사실상 불가능했다. 적의 집중포격, 특히 측방 포격으로 부러진 수목과 나뭇가지들이 병사들의 머리 위를 덮쳐서 제3대대는 극심한 피해를 입었다.

나는 명령과 보급수령차 연대지휘소로 갔다. 제3대대가 너무나 큰 피해를 입어 철수시키지 않을 수가 없게 되자 하스 대령은 몹시 당황했다. 제2대대는 대대의 좌·우 양 측방을 노출시킨 채로 드퓌 삼림의 동쪽 고지를 고수하라는 명령을 받았다. 요컨대 하스 대령은

"제124연대는 현 진지를 사수하겠다"

라고 선언하였다.

대대로 돌아와 보니 8중대의 우측 진지를 약간 뒤로 물러나도록 하라는 명령이 내려졌다. 6중대는 드퓌 삼림의 동쪽을 따라 진지를 점령하고 호를 팠다. 다른 중대는 현 위치에서 진지를 계속 보강했다. 취사반이 자정 직전에 도착했다. 이번에도 편지 꾸러미를 가지고 왔다. 어젯밤과 같이 병사들은 맨땅에서 서너 시간 눈을 붙여야 했다.

다음 날도 역시 9월 8일과 동일한 시간에 적은 포격을 개시했다. 그러나 깊숙한 호 속에 들어가 있었으므로 우리는 별로 당황하지 않았다. 간간이 연대와 유선연락을 취했다. 그러나 적 포격으로 유선이 끊겼다. 나

는 5중대 진지에서 꽤 오랜 시간을 보내면서 7중대의 벤텔레 하사와 함께 적 진지를 관측했다. 적의 포병 진지는 노출되어 있었고, 보병 진지도 경계가 허술했다. 나는 정확한 사경도(寫景圖)를 첨부한 보고서를 작성하여 대대를 경유, 연대로 발송했다. 그리고 제2대대에 포병 관측장교를 보내줄 것을 요청했다.

제120보병연대의 좌익은 285고지의 남쪽 경사지에 배치되었고, 이와 대치한 적은 철로를 따라 도로 건너편 약 600m 떨어진 지점에 배치되어 있었다. 적의 예비대는 보마리*Vaux Marie* 역의 서쪽 800m 떨어진 작은 길 주변에 집결해 있었다. 좌측에 있는 작은 언덕으로부터 적 예비대에 측방 사격을 가한다면 상당한 피해를 줄 수 있다고 나는 판단했다. 나는 이러한 의견을 기관총소대장에게 말했다. 그러나 그는 나의 의견에 대하여 매우 회의적인 태도를 취하면서 거절했다. 적 포병의 사격을 받지 않으려면 가장 신속하게 행동하여야 한다는 것을 잘 알고 있었으므로 직접 기관총소대를 지휘했다. 우리는 밀집되어 있는 적 예비대에 몇 분 동안 기관총 기습사격을 가했다. 예상한 대로 적은 일대혼란을 일으키고 수많은 사상자가 나왔다. 우리는 소기의 목적을 달성했다. 최후진지로부터 신속히 빠져나와 엄폐가 된 곳으로 달려갔다. 우리가 이미 빠져나온 후 적 포병은 텅 빈 진지에 사격을 가해 왔다. 한 명의 병력손실도 없었다. 그러나 작전 중 기관총소대장은 연대장에게 나의 독단적 행동을 보고했다. 이유를 연대장에게 설명했더니 연대장은 매우 만족스러워했다. 이로써 이 일은 일단락 지었다.

이날 낮에 포병 관측장교가 우리 전투지역에 도착했다. 적 포병 배치현황을 설명한 다음, 포병 지원사격을 요청했다. 그러나 탄약보급이 잘 안되어 대포병사격에 효과를 거두지 못하였다. 한 가지 특기할 사항은 아군의 1개 중(重)포병연대가 랑베르쿠르에 위치한 적 포대를 사격하여 진지를 이동시키게 한 것이었다.

오늘 저녁도 어제 저녁의 반복이었다. 적 포병은 무수한 포탄을 퍼붓고 '밤새 안녕'이라고 작별인사를 했다. 포격이 멈추자 밤의 적막만이 흘렀다. 적 포병은 후방으로 진지 변환을 하고 있는 것같이 판단되었다.

우리는 포탄에 안전한 대피호를 만들기 위하여 작업을 또 시작했다. 삼림에 가서 나무도 잘라 왔다. 측방 사격을 받은 6중대를 제외하고는 어제보다 피해가 적었다. 22:00시쯤에 야전취사반이 도착했고, 7중대의 로텐헤우슬레르Rothenhaeussler 중사가 포도주 한 병과 짚 한 단을 가져왔다. 자정 직전에 나는 대대지휘소 옆에 짚을 깔고 눈을 붙였다.

교훈

제3대대는 삼림의 남단에 가까이 배치되어 피해를 많이 입었다. 이 진지에서 제3대대는 사상자가 많아 9월 8일 밤에 철수해야만 했다. 적의 중(重)포병의 포격으로 삼림 내부와 맨 앞에 배치된 부대는 극심한 피해를 입었다. 이 부대들은 호를 제대로 파지 못했다. 불모능선(不毛稜線) 상공을 날아간 포탄들이 삼림 속 나무에 맞거나 나뭇가지 사이에서 폭발하여 피해를 입혔다. 삼림의 맨 앞은 적의 사격조정이 용이하여 죽음의 계곡이 되고 말았다. 현대의 포탄신관은 보다 정확하고 예민하기 때문에 이와 같은 지형에서는 피해가 더 클 것으로 예상된다.

이와는 대조적으로 불모고지에서 야전삽과 곡괭이로 호를 판 2대대는 호 덕분에 살아남을 수 있었다. 적 포격이 장시간 계속되었지만 우리의 피해는 경미했다. 시한신관포탄은 파편이 곧장 호 안으로 떨어지기 때문에 질색이었다.

제2대대지역의 토질은 견고하여 호를 파기가 곤란했다. 9월 7일 저녁부터 다음 날 새벽까지 피로하고 굶주린 병사들이 호를 열심히 판 것은 각급 지휘관의 솔선수범과 통솔력의 결과였다.

9월 7일부터 9일까지 적 포병은 헤아릴 수 없이 많은 탄약을 소모했다. 이 지역의 탄약보급소가 포병 진지에 근접해 있기 때문에 적 포병은 항상 충분한 탄약을 보유하고 있었다. 반면 우리 포병은 탄약이 부족해서 보병에게 적절한 지원 사격을 할 수 없었다.

현대(1937년)의 방어편성은 1914년 당시의 방어 편성과는 다르다. 1914년 당시는 주력부대를 전방에, 잔여부대를 제2선에 배치했다. 오늘날의 대대 방어진지는 전초선과 종심 깊게 편성된 주 전투진지로 구성된다. 1,000m×2,000m의 주 전투지역 내에는 소총·기관총·박격포 및 대전차화기 등으로 상호 지원할 수 있는 수십 개의 거점이 있다. 이와 같은 진지편성은 적의 화력을 분산시키고 아군의 화력을 집중시킬 수 있는 이점을 가지고 있다. 엄호사격에 의하여 국지기동이 가능하며 적이 주 전투진지를 돌파할 경우 역습이 가능하다. 또한 적은 돌파구를 형성하기에 앞서 제한된 기동공간을 확보해야 한다.

V 야간공격(1914년 9월 9~10일)

나는 짚을 깔고 곧 잠이 들었다. 자정쯤 되었을 때 총격 소리에 놀라 잠이 깼다. 전방과 좌측방에서 전투가 벌어졌다. 비가 억수같이 쏟아져 온몸이 흠뻑 젖었다. 좌측 저편에서 신호탄이 깜빡거렸고, 총소리가 계속 났다. 대대장이 연대지휘소에 불려갔다고 전령이 알려주었다.

총소리가 점점 가까이 들려왔다. 적이 야간공격을 해오나 보다. 상황을 알아보려고 전령을 데리고 총소리가 나는 쪽으로 향했다. 50~60m 전방에서 갑자기 2열 종대로 우리 쪽으로 접근하는 검은 물체를 발견했다. 이들은 제124연대와 제120연대의 간격으로 침투하여 측방과 후방에서 제2대대를 기습하려는 적이 틀림없다고 생각했다. 이들은 점점 가까이 접근해 왔다. 어떤 조치를 취해야 하지? 결단을 내리고 즉시 6중대장 람발디Rambaldi 대위에게로 달려가 이 사실을 알려주고 1개 소대를 직접 지휘할 수 있도록 해달라고 요청했다. 중대장은 쾌히 승낙했다. 나는 소대를 산개시켜 적에 접근해 갔다. 멀리 보이는 조명탄 빛으로 대열의 윤곽을 어렴풋이 식별할 수가 있었다. 나는 병사들에게 자물쇠를 풀고 사격 준비를 하도록 명령했다. 대열의 정체를 알 수 없어 약 50m 정도 접근했을 때 수하(誰何)를 했다. 뜻밖에도 7중대라고 응답했다. 신참(新參) 중대장은 대대의 좌후방에 배치된 중대 진지로부터 철수해서 후방 400m 되는 지점으로 이동하고 있었다. 왜 철수하느냐고 물으니 전투가 곧 있을 것으로 예상하고, 또한 자기 중대는 제2선 부대이기 때문에 이동한다고 말했다. 중대장의 어처구니없는 행동에 불쾌해진 나머지 그 자리에서 짤막한 전술교육을 시켰다. 아군을 적으로 알고 가까이 접근해 사격하려 한 것을 생각하니 아직도 식은땀이 흐른다.

그 후 곧 대대장은 야간공격에 대한 연대 작전명령을 수령하고 대대로 돌아왔다. 우리 대대는 랑베르쿠르에서 북쪽으로 약 500m 떨어진 287고지를 공격탈취하며 인접부대(우측에 제123연대, 좌측에 제120연대)도 동시에 공격한다. 공격개시 시간은 아직 미정이지만 대대는 공격을 위한 만반의 준비를 서둘렀다. 이 공격명령은 적 포화의 지옥으로부터 벗어날 수 있다는 희망을 갖게 해 주었다. 공격목표는 멀지 않았다. 우리는 랑베르쿠르 근처 언덕에 배치된 적 포병 진지도 아울러 공격해서 탈취하고 싶었다.(그림 5)

비는 억수같이 쏟아지고 한 발짝 앞도 안 보이는 칠흑 같은 밤이었지만, 우리는 287고지 좌측방에서 공격준비를 완료했다. 소총에 착검을 하고 자물쇠를 풀었다. 암구호(暗口號)는 '승리 아니면 죽음'이었다. 좌측방에서 얼마 동안 전투가 벌어졌다. 한쪽에서 총탄의 불꽃이 하늘로 솟았다.

제1대대가 도착했다. 연대장은 제2대대와 함께 이동했다. 적이 철로 연변과 철로의 남쪽 소로 및 송멘*Sommaisne*—랑베르쿠르*Rembercourt* 도로에

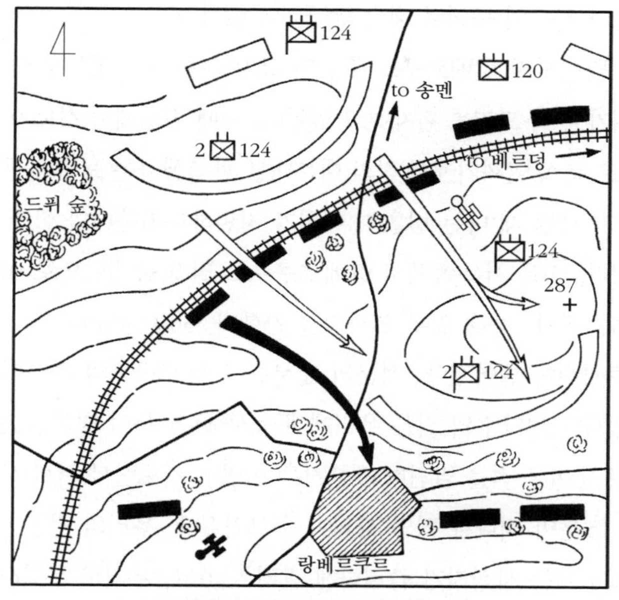

【그림 5】 랑베르쿠르 야간공격

배치되고 있다는 정보밖에 입수하지 못하였다. 우리 병사들은 공격개시 시간을 초조하게 기다렸다. 병사들은 몇 시간 동안 비에 젖어 추위에 떨고 있었다. 시간은 흘러갔다. 03:00시에 드디어 공격개시 명령이 내렸다.

대대는 밀집대형으로 철로 연변에 배치된 적을 향해 돌진해 내려가 적을 격퇴시키고 송멘–랑베르쿠르 도로의 건널목을 탈취한 다음, 287고지로 돌진해 들어갔다. 적이 완강히 저항하면 백병전으로 적을 무찌르기도 하고 저항거점을 우회하기도 했다.

우리 대대는 4개 중대를 횡대로 벌려 287고지를 점령했다. 우리의 양측면에 전개한 아군 부대는 협동공격을 하지 않고 뒤로 물러났다. 부대가 뒤섞여 재편성은 늦었다. 먼동이 트자 비가 멎기 시작했다. 적 포병의 진내 사격이 곧 개시될 것으로 예상되어 전 대대는 전력을 다하여 호를 팠다. 진흙에다 비까지 와서 굴토작업(掘土作業)은 별로 진척이 없었다. 삽질

할 때마다 진흙이 묻어나 계속 닦아내야 했다.

날이 밝아오자 랑베르쿠르 주위의 고지 윤곽이 뚜렷하게 드러났다. 적의 고지가 우리 고지를 감제하고 있었다. 이때 전초에서 경보가 울리고 랑베르쿠르 북쪽 골짜기에서 적의 대부대를 관측했다는 보고가 들어왔다.

경보가 울릴 때 나는 람발디 대위가 지휘하는 6중대와 함께 대대 우익에 있었다. 적은 서북쪽에서 랑베르쿠르로 밀집 종대형으로 이동하고 있었다. 6중대와 7중대 일부가 사격을 가했다. 300~400m 거리를 두고 치열한 총격전이 벌어졌다. 적군의 일부는 랑베르쿠르의 경사면에 엄폐하려고 했지만 대다수의 적은 우리에게 응사했다. 우리 병사들은 유효사거리 내에 들어온 적을 발견하고 즐거운 비명을 지르면서 서서 사격을 가했다. 약 15분이 지나자 적의 사격이 수그러졌다. 우리의 전방 랑베르쿠르 북쪽 입구에는 사상자가 즐비하게 깔려 있었고, 우리도 무리하게 공격을 했기 때문에 사상자가 많이 나왔다. 야간공격보다 아침 전투에서 더 많이 희생자를 냈다.

우리는 랑베르쿠르 마을과 이곳의 양측 고지를 공격하라는 명령을 받지 못해 퍽 섭섭하게 생각했다. 숱한 역경과 고난을 겪었지만 우리의 투지는 꺾일 줄을 몰랐고, 전투 때마다 우리는 적 보병과 교전하고 싶은 마음이 간절했다. 전투가 끝난 후 모든 부대는 호를 계속 팠다. 30cm도 파기 전에 적 포병이 전과 같이 사격을 가해 와 호 파는 작업을 중지하였다.

대대 본부는 지금까지 호를 팔 시간적 여유가 없었다. 287고지와 랑베르쿠르의 북쪽 입구에서의 전투 때문에 우리는 눈코 뜰 새 없이 뛰어다녔다. 그러나 적 포병은 랑베르쿠르 서쪽 고지의 무개진지에서 사격을 가해왔다. 그 거리는 1km에 불과했다. 땅이 젖어서 불발탄이 많이 생긴 것이 천만다행이었다. 우리는 적의 포탄을 피해 보려고 밭고랑에 엎드렸고, 또 적 관측병의 눈을 속여 보려고 밀짚단으로 몸을 가리기도 했다. 비가 다시 쏟아져 우리가 숨은 밭고랑이 개천으로 변했다. 적 포탄이 가까이 떨어졌다. 엎드린 채 호를 파려고 시도했으나 삽날에 진흙이 묻어 팔 수가 없었다. 우리는 문자 그대로 온몸이 흙투성이였다. 옷이 흠뻑 젖어 추위가 뼛속까지 스며들었다. 설상가상(雪上加霜)으로 나는 배가 몹시 아파 30분마다 포탄 구덩이를 이리저리 옮겨 다녀야만 했다.

제2대대를 사단 최전방에 남겨놓은 채 인접부대의 공격이 중지되었다. 10:00시경에 제45야전포병의 1개 곡사포대가 우리 대대의 후방 지역에서 지원사격을 했다. 벌집을 건드려 놓은 결과가 되었다. 적은 우세한 화력으로 우리 진지에 더욱 맹렬한 포격을 가해 왔다. 전날처럼 프랑스군 보병은 포병 사격에 이어 사격만 하고 돌격은 해오지 않았다.

시간은 흐르지 않고 정지해 있었다. 몇 달 전에 "전쟁이란 처절하고 비참한 것이다"라는 이야기를 들었을 때 실전경험이 없던 우리들은 그저 코웃음만 쳤다. 그러나 막상 지금 당하고 보니 전쟁의 쓰라림을 깊이 절감하게 되었다. 이러한 역경을 벗어나고 싶은 마음이 간절했지만 별로 신통한 방안이 없었다. 물론 공격만이 최선의 길이라고 나는 생각했다.

적 포병은 287고지의 제2대대 진지에 헤아릴 수 없이 많은 포탄을 하루 종일 쉬지 않고 퍼부었다. 어두워지기 직전에 적 포병은 상투적(常套的)인 '밤새 안녕'의 작별인사를 고하고 우리가 보는 먼발치에서 포를 끌고 후방 진지로 이동해 갔다. 이는 야간경계를 강화하는 하나의 방책으로 판단되었다.

9월 10일의 손실은 전사자 장교 4명, 사병 40명, 부상자 장교 4명, 사병 160명, 실종자 8명이나 되었다.

야간공격으로 베르덩의 적 요새를 거의 다 포위했다. 베르덩의 남쪽에 폭 14km 정도의 탈출공간이 생겼다. 이 탈출로를 봉쇄하기 위하여 트로이용*Troyon* 요새 동쪽에 배치된 제10사단과 서쪽에서 공격해 오는 제13군

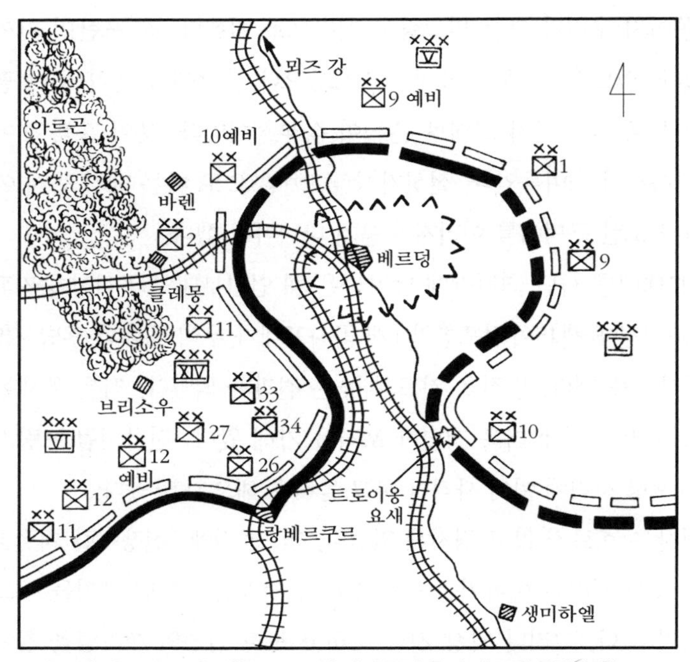

【그림 6】 1914년 9월 10~11일 야간공격 후의 베르덩 주변 상황

단과 제14군단의 예하사단이 압박을 가하고 있었다. 베르덩에 이르는 유일한 통로는 뫼즈 강 계곡을 따라 부설된 철로뿐이었다. 그러나 이 철로마저 아군의 사정권 내에 들어왔다.(그림 6)

밤이 되자 우리는 호를 부지런히 팠다. 자정쯤 되었을 때 취사반이 도착했다. 헨레 전령이 고맙게도 마른 전투복, 내의, 담요를 가져왔다. 배가 아파서 식사를 그만두기로 했다. 두 발로 설 수 있는 힘이 나에게 있는 한 아프다고 보고하지 않기로 했다. 마른 옷으로 갈아입고

무서운 꿈을 꾸며 몇 시간 잤다. 날이 밝자 야전삽과 곡괭이를 들고 호를 또 팠다.

9월 11일에도 적 포병은 전과 다름없이 사격을 가해 왔다. 그러나 호를 잘 구축했기 때문에 피해는 가벼웠다. 비는 계속 쏟아지고 날씨까지 추워

호 속에 있는 것이 몹시 불쾌했다. 취사반이 자정쯤 되어서야 도착했다.

교훈

야간공격 시에는 아군을 적으로 오인하고 사격하기가 쉽다. 제2대대에서 우리는 이와 같은 사태를 아슬아슬하게 피했다. 9월 9일 야간공격에서 2대대는 사단 정면의 다른 부대들보다 800m 앞서 전진해서 최소의 희생으로 부여된 목표를 탈취했다. 만일 추격전을 감행했더라면 적의 저항을 별로 받지 않았을 것이다. 비가 와서 공격에 유리했다. 아군의 심한 피해는 적의 대부대가 랑베르쿠르로 철수하고 있을 때와 적의 포격을 받으며 호를 파고 있을 때 발생했다. 호의 깊이가 30cm 정도였을 때 만일 적이 포격을 가했다면 아마 우리의 피해는 더 심했을 것이다. 이 전투에서 날이 새기 전에 가능한 한 호를 완성해야 한다는 결론을 얻었다. 포탄 부족으로 우리 포병은 9월 10일과 11일에 걸쳐 보병에 대한 지원사격을 별로 하지 못했다. 그러나 적 포병은 노출된 무개진지에서 아무런 제약도 받지 않고 사격을 가했다.

교전 중에는 적의 포격이 매우 치열하여 취사반은 주간에 전선 후방 5~6km 되는 지점에 대기하고 있다가 밤이 어두워서야 비로소 식사를 추진 보급했다. 병사들도 이러한 식사에 곧 익숙해졌다.

제3장
몽브랭빌 전투

I 아르곤 후퇴

9월 12일 02:00시에 나는 명령수령차 제2대대 후방 300~400m 지점에 위치한 연대에 도착했다. 문도 달고 널판으로 덮개를 덮었다고는 하나 빈약하기 짝이 없는 호 안에서 하스 대령은 다음과 같이 명령을 내렸다.

"연대는 날이 밝기 전에 현 진지를 철수, 트리앙쿠르*Triancourt* 방면으로 후퇴한다. 제2대대는 후위부대로 11:00시까지 송멘*Sommaisne* 남쪽 1km 지점의 고지군을 장악, 적을 지연시키고 그 후 연대 뒤를 따라 후퇴한다."

우리가 지옥과 같은 이 진지에서 빠져나가는 것은 참으로 다행한 일이었다. 그러나 후퇴해야 하는 이유를 몰라서 불안하기도 했다. 베르덩*Verdun*은 아군의 현 전선으로부터 후방으로 32km 떨어진 곳에 위치하고 있으며, 프랑스의 여러 도시와 철로로 연결되어 있는 곳이다. 적에게 베르덩에서 한숨 돌릴 기회를 준다는 것은 장차 나쁜 결과를 가져오지는 않을까? 그러나 상급사령부는 보다 큰 구상과 작전계획을 가지고 있을 것이며 무슨 이유가 있을 것이다. 혹시 우리 연대가 다른 전선으로 투입되는 것은 아닌지?

날이 밝기 전에 제2대대는 적과 접촉을 끊었다. 진흙이 말라붙은 전투복을 입은데다가 지친 몸을 이끌고 행군하기란 참으로 힘겨웠다. 우리 대대는 랑베르쿠르*Rembercourt* 북쪽 2.4km 지점 고지 일대에 2개 중대를 후위 부대로 잔류시켰다. 다행히도 날이 밝아오자 적은 우리가 철수한 텅 빈 진지에 포탄세례를 퍼부었다. 이러한 전술은 대대급 참모들에게 연구할 수 있는 좋은 자료가 된다고 본다.

우리는 프레*Pretz*의 서쪽 숲에 집결하여 트리앙쿠르 방면에 전초를 배치했다. 울레리히Ullerich 대위와 나는 상황을 파악하려고 말을 타고 전방으로 나아갔다. 또다시 비가 억수같이 쏟아졌다. 그러나 오랜만에 말을 타니 기분이 상쾌했다. 5중대와 7중대는 전초임무를 맡고 잔여중대는 트리앙쿠르에서 대대예비가 되었다. 오후 한나절 전초배치 상황을 점검하고 나서 대대 본부로 돌아와 곧 잠이 들었다. 누가 흔들고 소리쳐 깨워도 나는 세상 모르고 잠이 들었다. 대대장이 깨울 때에서야 비로소 눈을 떴다. 그 후에 전초 순찰보고서를 작성했다. 9월 13일 이 사건 때문에 나는 징계위원회에 회부되었다. 그러나 누가 나를 깨우고 있었는지 나는 꿈속에 파묻혀 전혀 알지 못했다.

9월 13일 우리 대대는 연대로 향했다. 브리코*Briceaux*를 지나 아르곤*Argonne* 방면으로 이동했다. 오랜만에 태양이 눈부시게 빛났다. 보급대 차량들이 너무 많이 왕래해서 도로는 진흙탕 수렁이 되었다. 우리 대대는 브리코 북쪽 1.6km 지점인 아르곤 초입에서 정지했다. 포병과 보급대의 차량들이 진흙탕에 빠져 꼼짝도 못했다. 이런 차량들을 끌어내느라고 야단법석이었다. 적이 장거리포로 우리를 추적하여 포격을 가하지 않는 것이 천만 다행이었다.

우리 대대는 3시간 동안 진흙탕 도로를 벗어나지 못했다. 엉금엉금 기어가는 포차 뒤를 따라 진창 속에서 행군하기가 대단히 힘들었다. 그냥 행군하기도 어려운데 가끔 진흙탕에 빠진 차바퀴를 빼 주어야 했다. 날이 어두워서야 레질레트*Les Ilettes*에 도착했다. 여기서 대대는 잠깐 정지하여 식사와 휴식을 취한 다음, 아르곤을 지나 북쪽으로 행군을 계속했다. 상태가 매우 좋지 않은 도로를 따라 12시간이나 행군을 계속했으므로 병사들은 녹초가 되었다. 대대의 목적지가 어디인지도 모르면서 우리들은 어두운 밤길을 따라 계속 행군해 갔다. 병사들은 너무 지쳐서 하나 둘 낙오하기 시작했다. 병사들은 휴식할 때마다 그 자리에 쓰러져 몇 분 동안 잠을 잤다. 행군을 또 계속하려면 잠든 병사들을 깨워야 했다. 행군에 행군을 거듭했다. 나도 말 위에서 졸며 행군하다 땅에 떨어졌다. 이렇게 몇 번 되풀이했다.

바렌*Varennes*에 도착했을 때는 이미 자정이 지났다. 시청 건물이 불타고 있었다. 무섭긴 했지만 아름다운 야경이었다. 대대장은 몽브랭빌*Montblainville*에 가서 숙영할 만한 곳이 있는가 찾아보라고 나에게 지시했다. 이 작은 마을에는 침대 몇 개가 있을 뿐 땅에 깔 지푸라기조차 없었다.

9월 14일 06시 30분에 피곤한 연대장병들은 말없이 어두운 밤거리를 비틀거리며 걸어왔다. 잠자리를 마련하는 데 별로 시간이 걸리지 않았다. 병사들은 맨땅바닥에 눕자 바로 곯아 떨어졌다. 몽브랭빌에는 다시 고요한 적막만이 찾아왔다.

이날 살츠만Salzmann 소령이 대대장으로 부임했다. 오후에 에그리스퐁텐*Eglisfontaine*까지 행군했다. 잠자리는 비좁고 불결했다. 대대 본부는 해충이 들끓는 작은 방에 잠자리를 마련하였다. 그러나 지금 막 내리기 시작한 비를 맞으며 밖에서 밤을 새는 것보다는 훨씬 나았다. 나는 가끔 의식을 잃을 정도로 배가 몹시 아팠다.

밤낮으로 적 포병은 에그리스퐁텐은 물론 전선 후방의 모든 마을에 며칠 동안 포격을 가했다. 우리 대대는 에그리스퐁텐 근처에 호를 파고 포탄을 피했다.

9월 18일 우리 대대는 며칠 동안 휴식을 취하기 위하여 송메랑스 *Sommérance*로 이동했다. 침대가 있는 방이 나에게 배당되었다. 여기서 편히 쉬는 동안 배앓이가 좀 나아주기를 은근히 바랐다. 면도와 세면을 하고 내의를 갈아입을 수 있다니 정말 호화스런 생활이 될 거라고 생각했다.

첫날 새벽 04:00시에 비상이 걸려 플레빌*Fléville*까지 이동, 군단예비가 되었다. 대대는 그곳에서 3시간 동안 비를 맞으며 경계했다. 그 후 대대는 에그리스퐁텐 휴식처로 다시 돌아왔다.

9월 20일 하루 종일 완전휴식을 취했다. 병사들은 총과 장비를 손질하고 점검했다.

교훈

9월 11일 밤 적에게 탐지되지 않고 이탈할 수 있었다. 9월 13일에도 적은 추격하지 않았다. 적이 추격을 했더라면 아르곤 협로를 통과하지 못했을 것이다. 9월 13일 철수계획에 따라 전날 밤 전초임무를 수행하고도 대대는 43km를 행군해야 했다. 진창에 빠진 보급대와 포병의 차량 때문에 수없이 정지해야 했고, 또 차량을 끌어내는 것을 도와주어야 했기 때문에 계획된 행군은 더욱더 어렵게 되었다. 대대는 24시간 이상 행군을 계속했다.

II 몽브랭빌 전투 ; 부종 숲 습격

9월 21일 오후 대대는 아프레몽*Apremont*에 가서 제125연대의 1개 대대와 임무 교대하라는 명령을 수령했다. 대대는 몽브랭빌 서쪽 1.6km 떨어진 능선에 배치되어 있었다. 진지 교대는 일몰 후에 실시해야 했다. 인수한 진지는 사실 별로 값어치가 없었다. 전사면 진지로서 적으로부터 감제되었고, 호 안에는 습기가 찼으며 적의 소화기와 포병 사격으로 매일 계속해서 사상자가 생겼다. 또한 후방과의 연락은 야간에만 가능했다.

칠흑 같은 어둠 속에 비가 또다시 쏟아졌다. 그러나 우리는 피교대 부대에서 파견한 안내병을 따라 들판을 횡단했다. 진지교대는 자정에 완료했다. 우리가 인수한 진지는 호가 군데군데 구축되어 있을 뿐이었다. 이 호들마저 물이 가득 차 있었고, 깊이는 불과 60cm 정도밖에 안 되었다. 막사는 약간 후방에 위치하고 있었고, 여기에는 외투와 개인천막으로 몸을 감싼 피교대 부대 병사들이 있었다. 300~400m 전방에 적이 있다고 우리에게 알려주었다.

우리 대대는 불리한 조건을 극복하기 위하여 긴급조치를 취했다. 우선 반합으로 호 속에 괸 물을 퍼냈고, 그다음 호를 더 깊게 파서 보강하기 시작했다. 우리는 드퓌 삼림전에서 호의 진가를 몸소 체험했다. 땅이 부드러워서 작업은 신속하게 진행되었다. 서너 시간 후에는 띄엄띄엄 있던 호들이 모두 연결되었다. 대대는 걱정 없이 내일을 맞이할 수 있게 되었다.

드디어 9월 22일의 태양이 떴다. 우리 방어 정면은 평온하였다. 적은 우전방 460~550m 떨어진 아르곤 숲의 전단에 배치되어 있었다. 몽브랭빌-세르봉*Servon* 도로에서 적의 활동을 관측하지 못했다. 적은 도로 좌측 건너편 작은 숲을 점령하고 있었다. 적과의 거리는 가까웠다. 그러나 우리가 호 밖에서 활동을 해도 적은 사격하지 않았다. 이때를 이용하여 진지 주변의 자두나무에서 잘 익은 자두를 따왔다. 09:00시쯤 적은 우리가 새로 점령한 진지에 포격을 가했다. 지난밤에 호를 완성한 덕분에 피해는 거의 없었다. 30분 후에 포격이 멈추었다. 그 후 서너 시간 동안 산발적으로 교란사격만을 가했다. 정오가 될 때까지 적 보병의 활동이 전혀 없어서 우측 숲 속에 있는 적의 배치와 병력을 탐지하기 위하여 정찰대를 내보냈다.

오후에 취사반이 현 진지로부터 약 800m 떨어진 골짜기에 도착했다. 각종 화기의 교란사격을 받으면서 식사 운반조는 전선에 배치된 병사들에게 식사를 분배해 주었다.

15:00시에 나는 몽브랭빌에서 서북쪽으로 약 1.6km 떨어진 연대지휘소에 가서 제2대대의 공격명령을 수령하고 다음과 같은 브리핑을 받았다.

"강력한 적이 몽브랭빌–세르봉 도로와 접한 부종*Bouzon* 삼림 일대에 철책을 치고 진지를 점령하고 있다. 우리 연대 우측방에서 제51여단이 일제히 공격을 감행했으나 실패하고 말았다. 아르곤의 동쪽과 우리 연대의 좌측에서 제124연대 제1대대의 지원을 받은 제122연대 제1대대가 몽브랭빌을 지나 이 마을의 남쪽 1km 떨어진 고지군을 공격 중이며 상당히 전진했다."

"제2대대는 해가 진 뒤에 몽브랭빌–세르봉 도로의 철책 뒤에 있는 적을 고착시키고 적의 측방을 공격, 서쪽 방향으로 포위한다."

말하기는 쉬워도 실천하기는 상당히 어려운 임무였다.

대대로 돌아오는 길에 그 일대의 지형을 면밀히 정찰하고 목표를 공격하는 데에 있어서 최선의 방책이 무엇인가를 곰곰이 생각했다. 현 진지에서 최초 목표를 몽브랭빌–세르봉 도로로 정하고 돌진한다는 것은 좋은 방책이 될 수 없었다. 이러한 기동계획에 따라 공격하면 기습효과를 달성할 수 없을 뿐 아니라 숲에 있는 적의 측방 사격을 받아 도로에 도달하기 전에 상당한 손실이 예상되며, 따라서 적을 포위할 수 없게 된다.

대대장에게 연대 작전명령을 전달하면서 나는 다음과 같이 건의하였다.

"첫째, 몽브랭빌에서 서쪽으로 1.6km 떨어진 현 진지를 이탈하여 엄폐된 북쪽 경사면에 대대를 집결시킨다. 다음, 종대 대형으로 골짜기를 따라 현 진지의 동쪽으로 진출하여 몽브랭빌 서쪽 700m 지점에 위치한 숲을 점령한다."

이 숲은 조금 전에 우리 포병이 사격을 가한 곳으로 적이 달아나 버리고 없는 것같이 보였다. 지형이 우리에게 유리하여 적에게 관측되지 않고 이동이 가능했다.

이 숲으로 이동한 후 대대는 곧 서쪽으로 전개하여 도로의 남쪽에서 아르곤의 동단(東端)을 공격하기 위한 준비를 할 수 있을 것이며, 이러한 공격은 몽브랭빌–세르봉 도로를 따라 배치된 적을 측방에서 강습(强襲)할 수 있을 것이다.

우리가 즉각 행동을 개시한다면 해 질 무렵에 공격이 가능할 것이다.

내 건의가 채택되어 대대는 즉각 행동을 취했다. 한 번에 한 사람씩 뒤로 빠져 소대가 차례로 남쪽 경사면의 현 진지에서 철수했다. 몇몇의 병사가 적탄에 경상을 입었다. 전 대대가 북쪽 경사면에 집결하였다. 적은 텅 빈 진지에 계속 사격을 가했다. 대대는 종대 대형으로 대대 참모의 인솔하에 몽브랭빌의 서쪽 700m 지점 작은 숲을 향하여 전진했다. 적은 우리가 이미 철수한 것도 모르고 아무도 없는 진지에 계속 사격을 가하고 있었다.

적에게 발각되지 않고 무사히 작은 숲에 도달했다. 숲의 북단에는 얕은 교통호가 있었으며, 배낭·수통·소총 등이 방치되어 있었다. 아군의 포격으로 적은 이 진지를 버리고 도주한 것 같았다. 대대는 서쪽으로 전개하고 숲의 맨 앞에 포진한 적을 공격하기 위하여 만반의 준비를 갖추었다. 적은 우리 대대가 자기들 앞에서 공격준비를 하고 있는 것을 모르고 있는 것 같았다. 우리는 그쪽 방향으로부터 단 한 발의 사격도 받지 않았다.

우리의 목표는 약 400m 떨어진 경사면 위쪽의 적 진지였다. 도로 남쪽

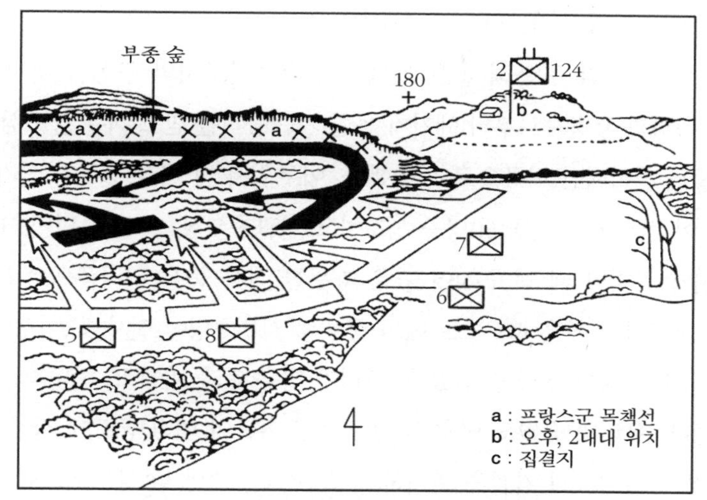

【그림 7】 **몽브랭빌 도로 측방 공격**(남쪽에서 본)

600m 지점으로부터 적 진지에 직접 이르는 엄폐된 양호한 접근로가 있었다. 5중대는 이 접근로를 따라 숲의 맨 앞 100m 지점까지 접근했다. 한편 7중대와 8중대는 도로와 접근로 사이에 집결했고, 6중대는 대대예비가 되었다. 대대 본부는 5중대와 행동을 같이했다. 각 중대에 작전명령이 하달되었다. 대대 공격계획은 도로를 따라 배치된 적을 포위하는 것이었다. 그래서 대대의 공격대형은 좌측으로 사다리꼴을 이루었다.(그림 7)

어둠이 깔릴 때 살츠만 소령은 공격개시 명령을 내렸다. 소리 하나 내지 않고 은밀히 적에게 접근해 갔다. 5중대의 선두가 숲에 도달했다. 7중대와 8중대는 숲의 맨 앞에서 약 300m 떨어진 지점에 도달했다. 적의 활동이 보이지 않았다. 적은 텅 비어 있는 우리 진지에 아직도 온 신경을 집중하고 있는 것 같았다. 5중대는 대대 본부와 함께 덤불을 헤치며 계속 전진하여 숲 속으로 들어갔다. 7중대는 도로 연변에서 갑자기 적과 조우하여 100m 정도에서 잠시 동안 총격전을 벌였다. 5중대와 대대 본부는 우측으로 방향을 전환하고 7중대와 8중대는 '반우향우' 하고 전 대대가 일제히 돌격해 들어갔다.

도로를 따라 구축해 놓은 철책선은 장애물로서의 구실을 하지 못했고, 측방과 후방으로부터 예기치 못한 기습공격을 받고 적은 공포심에 사로잡혀 혼비백산 서쪽으로 도주했다. 어두워서 더 이상 전투가 불가능했다. 이 전투에서 적병 50명을 생포하고 기관총 7정, 포탄 운반차 10대와 우리가 공격할 때 적이 지어 놓은 따뜻한 식사 등을 전리품으로 노획했다. 대대의 손실은 파르스트Parst 중위와 사병 3명이 전사했고, 장교 1명과 사병 10명이 부상을 입었다. 우리가 얻은 전과 외에 또 하나의 성과가 있었다. 우리의 공격도 받지 않은 적 1개 여단이 미리 공포에 질려 총 한 방 쏘지 않고 1개 거점을 포기하고 도주했다. 그날 밤 제51뷔르템베르크 *Württemberg* 여단은 몽브랭빌-세르봉 도로와 구 로망*Roman* 도로의 교차점에서 수많은 적의 도망병을 손쉽게 생포할 수 있었다.

우리는 추위에 떨면서 들판에서 숙영했다. 다행히 노획한 적의 보급품으로 군마를 배불리 먹일 수가 있었다.

9월 23일 동이 틀 무렵 나는 구 로망 도로까지 정찰 나가는 하스 대령을 수행했다. 정찰 후 연대장은 나에게 제2대대를 레제스콩포르트*Les Escomportes* 농장까지 아르곤 삼림의 동단을 따라 이동시키라고 명령했다. 내가 아직 연대지휘소에 머물러 있는 사이에 대대는 연대 명령과는 반대로 삼림을 가로질러 이미 이동해 버렸다. 그래서 대대의 행적을 찾을 수가 없었다. 나는 대대를 찾아 숲의 동단을 따라 레제스콩포르트 농장까지 내려가려고 했다. 그러나 적이 4~5정의 기관총을 걸어놓고 아직도 농장 일대를 점령하고 있다는 것이 생각났다. 나는 오후가 될 때까지 대대를 찾지 못하였다. 내가 헤매고 있는 동안 대대는 숲을 가로질러 레제스콩포르트 농장을 우회해서 농장에서 남쪽으로 1km 떨어진 고지에 도달하여 그곳에서 경계에 임하고 있는 적의 전초를 쫓아버렸다. 마침내 나는 대대와 합류하게 되었다. 이때 적은 우리에게 포격을 가하기 시작했다. 도대체 적은 어떻게 숲 한복판에 위치하고 있는 우리 대대를 발견하고 신속하게 효력사(效力射)로 포격을 가할 수 있는지 신기하기만 했다.

굶주리고 지칠 대로 지친 병사들은 나무 뒤나 적이 나뭇가지로 임시로 만든 대피호 속에 숨었다. 그들은 이른 아침부터 아무것도 먹지 못했다. 나는 아프레몽 근처에 있는 취사반을 불러오기 위해 말을 타고 달려갔다. 몽브랭빌의 북쪽 800m 지점에서 취사반을 발견했다. 그러나 여기서부터 대대까지는 진흙탕 길이어서 취사차가 더 이상 갈 수 없다는 것을 알게 되었다. 취사반이 레제스콩포르트 농장에서 400m 떨어진 지점에서 발이 묶여 우리들은 식사를 조금씩 날라다 먹어야 했다. 자정에 시작한 식사는 오전 3시가 되어서야 끝났다.

이러는 동안에 대대는 05:00시까지 레제스콩포르트 농장에 도착하라는 연대 명령을 수령하였다. 눈 붙일 시간이 없었다.

교훈

★ **전방대대와의 야간진지 교대**—피교대 부대에서는 안내병을 차출하여 교대 부대를 유도해야 한다. 교대는 소리를 내지 않고 은밀히 실시해야 한다. 그렇게 하지 않을 경우에 적은 단순히 사격만으로도 교대를 방해할 것이며 아군에게 불필요한 사상자를 내게 할 수도 있다.

여기서도 제2대대는 날이 밝기 전에 야전삽으로 호를 팠기 때문에 별로 피해를 입지 않았고 적 포격을 견뎌낼 수 있었다.

★ **전투정찰**—9월 22일 오전의 경우와 같은 정찰에는 강력한 지원사격을 받을 수 있도록 사전준비를 하는 것이 필요하다. 이렇게 하면 손실을 피할 수가 있다. 어떤 경우에는 경기관총으로 지원사격을 가하는 것이 적절한 때도 있다.

9월 22일 제2대대는 적이 불과 600m 전방에 위치하고 있는데도 불구하고 별다른 피해를 입지 않고 주간에 전사면 진지에서 성공적으로 철수를 완료했다. 병사들은 부대 단위로 철수하지 않고 개별적으로 한 명씩 철수했다. 내 견해로는 이러한 철수방법이 오늘날(1937년)에도 가능하리라 믿는다. 물론 보병 개인 화기나 중화기의 사격으로 적을 견제할 수도 있다. 또한 연막차장을 하면 철수는 더욱 용이하게 실시할 수 있을 것이다.

아르곤 삼림에서 호를 파고 강력하게 방어하고 있는 적을 측방과 후방으로부터 초저녁에 기습공격을 가한 제2대대는 별로 피해를 입지 않고 큰 전과를 올렸다. 우리는 지형을 충분히 이용해서 좌측 중대를 훨씬 앞에 배치하고 공격할 수 있었다. 이와 같은 제형편성(梯形編成)은 우측 부대를 방향 전환시킴으로써 적에게 기습공격을 가할 수 있게 했다. 적의 1개 여단이 모두 공포에 휩싸여 스스로 진지를 포기했기 때문에 우리는 용이하게 그 진지를 점령했다.

기동전에서 식사보급이 얼마나 어려운 것인가를 우리는 9월 23~24일 밤에 뼈저리게 체험했다.

Ⅲ 로망 도로변의 삼림전

명령에 따라 제2대대는 9월 24일 새벽 레제스콩포르트 농장에 도착했다. 일단 정지하고 휴식을 취했다. 한 농가의 작고 어두운 방에서 하스 대령은 대대에게 숲 속으로 이동, 푸르드파리*Four-de-Paris*-바렌 도로와 로망 도로의 교차점을 탈취, 확보하라고 명령했다.(그림 8)

예상한 대로 새로운 임무를 부여받아 병사들은 피로마저 잊었고, 나는 배가 아픈 것도 모를 정도였다.

대대가 이동하고 있는 동안에 태양은 아침 안개 속에서 불덩이와 같이 솟아올랐다. 나침반으로 전진방향을 유지하면서 무성하고 샛길조차 없는 덤불을 헤치며 도로 교차점을 향해 이동했다. 나는 대대 선두에서 지나갈 수 없는 덤불은 우회하여 진로를 개척해 갔다. 과거 몇 년 동안 평시

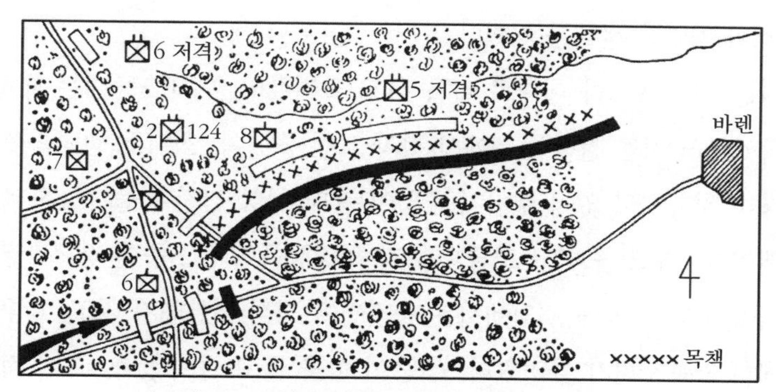

【그림 8】 로망 도로 삼림 전투(1914년 9월 24일)

훈련에서 제124보병연대의 초급 장교들은 야간에 나침반을 사용하는 방법을 철저히 훈련받았다. 이 훈련의 성과가 오늘에야 나타났다.

한 시간 후에 목표에서 약 1.1km 떨어진 로망 도로에 도달했다. 대대는 행군 간에 경계를 취하면서 남쪽으로 이동했다. 대대 본부는 첨병중대의 후미에 위치했다.

기마정찰대가 푸르드파리–바렌 도로 일대를 정찰하고 돌아와 도로에 연하여 적이 방어진지를 구축하고 있다고 보고했다. 경고가 하달되었다. 경계병을 앞세우고 5중대와 7중대는 서로 다른 전진로를 따라 도로로 향했다. 큰 나무들은 똑똑히 보였지만 덤불은 여전히 무성했다. 대대장은 7중대·8중대와 남아 있었고, 나는 6중대의 첨병분대와 함께 행동했다. 몇 구의 적 시체가 길 옆에 널려 있었다. 갑자기 우리 앞에서 급히 달려오는 말발굽 소리가 들려왔다. 아군일까, 아니면 적군일까? 잡초가 우거진 이 도로에서 최대 가시거리는 80m 정도에 불과하였다. 첨병분대는 도로 양쪽의 덤불로 뛰어들었다. 다음 순간 사람도 타지 않은 서너 마리의 말이 모퉁이를 돌아 달려오다가 우리를 보고 잠깐 멈춘 후 우측으로 쏜살같이 달아났다.

6중대는 더 이상 아무 일 없이 로망 도로에 도달했지만, 좌측의 5중대는 적과 치열한 전투를 치렀다.

나는 상황보고차 대대로 말을 타고 달려갔다. 이때 5중대는 대피막사 남쪽 600m 지점 철책선 뒤에서 적과 교전 중이며, 적이 증원병력을 받아 완강히 저항하고 있어 추가지원 없이는 더 이상 전진이 불가능하다고 보고해 왔다. 보고를 받고 조금 지나자 치명상을 입은 5중대 장교 2명이 후송되어 왔다. 5중대 지역에서는 총격전이 점점 치열해져 가고, 6중대 지역에서도 총소리가 들려왔다. 총탄이 숲을 뚫고 날아왔다. 혹시 적의 저격병이 쏜 것인지도 모르겠다.(그림 8)

살츠만 소령은 8중대를 5중대 좌측으로 투입하였다. 5중대와 8중대로 일제히 공격을 개시하여 적을 푸르드파리–바렌 도로 건너편으로 격퇴하려 했다.

제5저격(狙擊)대대와 제6저격대대의 선두가 대피막사에 도착하자 8중대가 약간 진출했다. 이 두 저격대대의 임무도 우리 대대와 동일했다. 살츠만 소령은 잠시 상황판단을 한 다음, 제5저격대대를 5중대와 8중대의 좌측에 투입하고 적을 도로 건너편으로 공격 중인 우리 중대들을 지원하도록 임무를 부여했다.

45분도 못 되어 공격은 완전히 기세가 꺾이고 말았다. 부상자들은 기관총으로 무장한 적의 대병력이 철책선 뒤에 배치되어 있다고 말했다.

이 무렵 6중대장 카운트 폰 람발디Count von Rambaldi 대위가 경상을 입고 돌아왔다. 6중대는 현 위치에서 동쪽으로 200m 떨어져 푸르드파리–바렌 도로상의 적 1개 중대와 대치하고 있으며, 중대 서쪽의 적을 격파하지 못했다고 보고하였다. 나는 상황 파악차 6중대로 달려갔다. 6중대에서 강력한 정찰대를 차출하여 도로 남쪽으로 나아갔다. 6중대의 진지에서 동쪽으로 60m 되는 지점에서 적과 조우했다. 상황을 분석한 결과 우리 대대는 다만 적의 강력한 전초에게 저지당하고 있는 것으로 판단했다.

대대로 돌아와 대대가 바렌을 탈취하려면 7중대와 제6저격대대는 도로의 양 측면에서 공격하게 하고 6중대는 도로를 따라 바로 전진해야 한다고 건의했다. 이러한 기동은 측면의 적을 견제하면서 정면의 적을 유리하게 공격할 수 있다고 나는 판단했다.

다른 작전행동을 취하기 전에 우리 대대는 바렌 도로를 우선 소탕하라는 연대 작전명령을 수령했다. 이 작전을 수행하기 위하여 제5·6 저격대대가 제2대대에 배속되었다. 이때 6중대는 적의 밀집부대가 푸르드파리 방향에서 접근하고 있다고 대대에 보고했다. 이때가 바로 동쪽의 적을 소탕할 절호의 기회였다.

우리는 가능한 한 빨리 공격준비를 했다. 제6저격대대는 도로를 좌측 경계로 하여 남쪽으로 이동하고 7중대는 도로의 북쪽으로 투입하기로 했다. 6중대는 푸르드파리 도로에 강력한 경계분견대를 배치하고 7중대의 좌측에서 공격하기로 했다.

모든 부대가 공격준비 완료를 보고하자 공격명령이 떨어졌다. 대대참모들은 7중대의 후미를 따라갔다. 공격 개시선에서 100m 가량 전진했을 때 적의 맹렬한 사격을 받고 우리는 땅에 엎드렸다. 덤불이 매우 무성하여 25m 전방도 볼 수가 없어 적을 찾을 수가 없었다. 각 중대는 사격으로 응사하면서 보이지 않는 적을 향해 구간 약진을 했다. 귀청이 떨어질 정도로 총성이 요란하여 적과의 거리를 도저히 짐작할 수 없었다. 적의 사격은 점점 치열해지고 우리의 공격은 기세가 꺾이게 되었다.

7중대를 다시 전진시키기 위하여 대대장과 나는 7중대 지역으로 갔다. 나는 부상병의 소총과 탄환을 집어들고 2개 분대를 직접 지휘했다. 이러한 숲 속에서 소대 규모의 부대를 지휘한다는 것은 사실상 불가능했다. 가장 가깝게 있다고 판단된 적을 향해 숲을 뚫고 몇 번이고 구간 약진했다. 우리는 적을 발견하지 못했다. 그러나 적은 번번이 우리에게 속사를 가해 왔다. 그때마다 우리는 땅에 엎드려야만 했다. 여기저기서 위생병을 찾는 소리가 들려왔다. 우리의 피해가 점점 늘어가고 있다는 증거였다.

땅에 납작 엎드리거나 혹은 큰 참나무 뒤에 바짝 붙어서 적탄을 피했다. 그리고 적의 사격이 멈추면 포복으로 적에게 한 발짝이라도 가까이 접근하려고 했다. 적진을 향하여 병사를 앞으로 전진시키기가 점점 어려워져서 적과의 거리를 좁히는 데는 상당한 시간이 걸렸다. 옆에서 들려오는 총소리로 보아 인접부대도 우리와 거의 동일선상에서 전진하고 있는 것을 알 수 있었다.

다시 우리는 숲 속에 숨어 있는 적을 향하여 돌진했다. 내가 지휘하고 있는 2개 분대 중에서 몇 명이 나를 따라 덤불을 헤치며 전진했다. 이번에도 적은 미친 듯이 총탄을 퍼부었다. 20보도 채 못 되는 앞에서 서서쏴 자세로 사격하고 있는 적 5명을 드디어 발견했다. 생각할 여유도 없이 반사적으로 나는 사격을 가했다. 앞뒤로 서 있던 적병 2명이 쓰러졌다. 아직도 3명이 더 남아 있었다. 내 병사들은 내 뒤에서 숨을 곳만 찾고 나를 도우려고 하지 않았다. 나는 다시 방아쇠를 당겼다. 총탄이 나가지 않았다. 탄창을 빼어보니 탄알이 없었다. 적병을 바로 눈앞에 두고 재장전할 수도 없었고, 몸을 피할 적당한 장소도 없었다. 그렇다고 도망갈 수도 없었다. 대검에 목숨을 걸기로 했다. 나는 평시에 총검술을 열심히 연마했기 때문에 총검술 실력은 상당했다. 1 대 3, 수적으로는 열세하지만 나는 백병전에 자신만만하였다. 앞으로 돌격하는 순간 적탄이 날아왔다. 어딘가 맞았다. 적의 3~4보 거리에서 분하게도 쓰러졌다. 왼쪽 다리의 대퇴부에 관통상을 입었다. 주먹만 한 상처에서 붉은 피가 치솟았다. 당장 적이 달려와 총으로 쏘든지 아니면 대검으로 찌르든지 하여 나를 죽일 것만 같았다. 나는 오른손으로 상처를 틀어막고 참나무 뒤로 굴러가려고 무척 애를 썼다. 아군과 적군 사이에 끼여 한참 동안 죽은 듯이 누워 있었다. 마침내 우리 병사들이 숲을 뚫고 돌진해 왔고 적은 도주해 버렸다.

라우쉬Rauch 상병과 루트쉬만Rutschmann 일병이 나를 응급 처치했다. 지혈대가 없어 외투 허리띠로 상처 부위를 잡아매고 개인용 천막을 들것 삼아 나를 운반했다.

적은 200명의 포로를 남겨둔 채 철책선 뒤의 진지를 포기하고 숲에서 도주했다는 전갈이 전방에서 들려왔다. 아군의 피해도 대단했다. 제2대대에만도 장교 2명을 포함하여 30명이 전사했고, 장교 4명을 포함하여 8명이 부상을 당했다. 후에 연대역사에 기록된 바와 같이 제2대대가 세운 혁혁한 전공은 3일 동안 치른 전투에서 세 번째가 되었다.

이 용감한 병사들과 작별하는 것이 몹시 괴로웠다. 해가 저물자 2명의 병사가 천막으로 들것을 만들어 나를 몽브랭빌로 후송했다. 상처는 별로 아프지 않았지만 출혈이 너무 심하여 현기증이 났다.

몽브랭빌의 어느 마구간에서 정신을 차리고 보니 대대군의관 슈니처Schnitzer가 나를 치료하고 있었다. 헨레 전령이 군의관을 불러왔다. 상처에 다시 붕대를 감은 다음, 신음하는 3명의 부상병과 함께 구급차에 실렸다. 우리는 야전병원을 향하여 출발했다. 포탄 구덩이로 엉망이 된 도로를 말들이 구급차를 끌고 덜커덕거리며 달려갔다. 구급차가 크게 흔들릴 때마다 나는 심한 통증을 느꼈다. 자정 무렵 야전병원에 도착했다. 내 옆에 누워 있던 한 병사는 이미 숨을 거두었다.

야전병원은 부상병으로 발 들여놓을 곳이 없었다. 수용능력이 모자라 부상병들이 모포를 덮고 도로 위까지 열을 지어 누워 있었다. 군의관 2명이 눈코 뜰 새 없이 치료를 했다. 이들이 나를 다시 진찰하고 병실 한구석 짚이 깔린 자리에 눕혔다.

다음 날 새벽 구급차에 실려 스테나이*Stenay*의 기지병원으로 갔다. 며칠 후 2등 철십자 훈장이 병원으로 전달되어 나는 병원 침대에서 이 훈장을 받았다. 수술을 받은 후 10월 중순에 나는 군이 징발한 민간인 자동차를 타고 고향으로 돌아갔다.

교훈

푸르드파리–바렌 도로를 따라 배치된 적을 공격하는 데 제2대대는 커다란 시련을 겪었다. 결국 3개 대대가 삼림지 공격에 투입되었고, 적을 삼림에서 축출하는 데 상당한 피해를 입었다.

교전 초에 사상자가 너무 많이 생겼다. 애석하게도 장교 3명을 잃었다. 적의 저격병을 발견하지도 못했고, 또 쏘아 떨어뜨리지도 못했기 때문에 이들이 나무 위에 숨어 우리 장교들을 저격했다고 단정할 수는 없다.

1 대 1의 총격전에서는 탄창에 한 발의 탄알이라도 더 많이 가지고 있는 자가 결국 승리하게 된다.

제2부
아르곤 및 보즈 산맥 참호전

제4장

샤르러트 계곡 공격

크리스마스 바로 전에 나는 퇴원했다. 그러나 상처가 완쾌되지 않아서 보행이 다소 불편했다. 보충대대의 근무가 마음에 들지 않아 원대복귀를 자원했다.

1915년 1월 중순에 나는 아르곤의 서부지역에 위치한 연대로 복귀하였다. 비나르빌*Vinarville*로부터 연대지휘소까지의 진흙탕 도로는 아르곤 삼림의 도로상태를 연상케 했다. 나는 공석 중인 9중대장으로 임명되었다. 연대지휘소로부터 약 800m 전방까지 좁은 통나무길이 놓여 있었다. 앙상한 나무 사이로 총탄이 심심찮게 날아왔고, 포탄도 머리 위로 날아갔다. 그럴 때면 나는 깊은 교통호 안으로 뛰어들어 피신했다. 중대지휘소로 가는 도중 휴가귀대증을 분실했다.

나는 수염이 텁수룩한 약 200명의 용사와 400m의 중대 정면을 인수했다. 적은 고속 유탄포의 집중포화로 나를 맞이했다. 중대 진지는 호가 연결되어 구축되었고, 군데군데 흉벽으로 보강되어 있었다. 또한 몇 개의 교통호가 후방으로 연결되어 있었으나, 철조망이 부족하여 중대 진지 전방에는 장애물이 없었다. 전반적으로 이 진지는 허술한 편이었다. 지표수 때문에 호의 깊이가 어떤 곳은 1m도 채 안 되었다. 8~10명을 수용하기 위하여 만든 대피호도 깊지 않았으며, 대피호 지붕은 지상으로 튀어나와 적의 좋은 표적이 되었다. 가는 막대기 두 겹 정도로 천장을 만들어서 겨우 파편 정도나 막을 수 있었다. 부임한 지 한 시간도 못 되어 포탄 하나가 한 대피호에 명중했다. 그래서 9명의 부상자를 냈다. 적이 포격을 가해 오면 중대원은 모두 대피호에서 나와 자기 호로 돌아가 피신하라고 명령했다. 이것이 중대장으로서의 최초 명령이었다. 대피호 지붕은 최소한 포격에도 견딜 수 있도록 보강하라고 아울러 명령했다. 보강작업은 날이 어두워진 다음에 시작되었다. 중대 진지 일대에 큰 참나무가 많이 있었다. 이 나무들은 중대원의 생명에 위험했다. 포탄이 나무에 부딪쳐 폭발할 때마다 나뭇가지와 조각이 호로 곧바로 날아왔다. 그래서 이 나무들을 자르라고 지시했다.

새로 중대장직을 맡아 처음에는 흥분했지만 얼마 지나지 않아 곧 냉정을 되찾았다. 23세의 젊은 장교에게 중대장직보다 더 어울리는 직책은 없었다. 지휘관이 부하들로부터 신뢰를 받으려면 앞으로 해야 할 일이 많이 있다. 지휘관은 매사에 신중해야 하고 부하들을 잘 보살펴야 하며 역경에 처해서는 생사고락을 같이해야 하는 동시에, 특히 인간으로서의 자기 수양을 게을리해서는 안 된다. 일단 부하들로부터 믿음을 얻게 되면 그들은 물불을 가리지 않고 지휘관을 따른다.

매일같이 해야 할 일이 태산 같았다. 그러나 판자, 못, 꺾쇠, 지붕 덮개, 철사, 공구 등 모든 것이 부족했다. 소대장 한 명과 같이 쓰고 있는 중대 본부 호는 높이가 1.4m 정도였다. 이 안에는 철사와 끈으로 매어서 만든 탁자 겸 간이침대 하나가 있었다. 벽은 아무것도 바르지 않았고 물이 항상 흘러내렸다. 비가 올 때면 두 겹의 참나무통과 얇은 흙으로 덮은 천장에서 물이 새 들어왔다. 물에 떠내려가지 않으려면 4시간마다 물을 퍼내야 했다. 불은 밤에만 피웠다. 습기 찬 겨울날씨는 몹시 추웠다.

우리 앞에 덤불이 무성해서 적 진지를 관측할 수 없었다. 적은 우리보다 형편이 훨씬 좋았다. 적은 보급소로부터 필요한 물자를 공급받고 있었기 때문에 굳이 공사용으로 나무를 자를 필요가 없었다. 아군은 포탄 부족으로 교란사격을 별로 가하지 못했으며, 한다고 해도 적이 울창한 삼림 속에 포진하고 있어서 뚜렷한 효과가 없었다. 적 진지는 작은 계곡 건너편 약 300m 지점에 위치하고 있었다. 우리가 작업하는 것을 방해하려고 적은 소화기로 사격했다. 이러한 사격도 불쾌했지만 발사로부터 폭발까지의 시간차가 짧은 시한포탄은 더욱 견딜 수가 없었다. 호 밖에서 시한포탄 사격을 받게 되면 누구든지 파편에 맞지 않으려고 땅바닥에 바짝 엎드렸다.

1915년 1월 하순 비와 눈이 하루씩 번갈아 가며 계속 내렸다. 1월 23일부터 26일까지 우리 중대는 전선에서 약 160m 떨어진 예비진지로 이동했다. 이곳 대피호의 상태는 더 나빠서 적 포격에 상당히 애먹었다. 하루 손실은 최전방에 있을 때와 별로 차이가 없었다. 중대는 물자수송, 대피호 구축, 교통호 보수, 통나무길 만들기 작업과 기타 노역에 동원되었다. 우리는 전방 중대로 다시 복귀하게 된 것을 무척 기뻐했다. 사기는 충천했고 장병들은 조국을 수호하고 최후의 승리를 쟁취하기 위해서는 어떠한 고난도 극복할 것을 굳게 맹세했다.

1월 27일 병사 2명을 대동하고 중대지역의 좌측에서 적 진지에 이를 수 있는 교통호까지 정찰을 하며 올라갔다. 현 진지는 1914년 12월 31일에 탈취한 적 진지였다. 교통호 속의 장애물을 제거하고 조심스럽게 앞으로 나아갔다. 교통호를 따라 약 40m를 내려갔을 때 적의 시체 몇 구가 매장도 되지 않은 채 있었다. 호의 좌측에는 조그마한 포도밭이 있었고, 약 300~400m 되는 지점에는 텅 빈 구호소가 있었다. 깊은 골짜기에 잘 구축된 호 속에 설치된 이 구호소는 엄폐가 양호하여 20명의 환자를 수용할 수 있었다. 정찰 도중 적은 상투적인 교란사격을 가하였지만 우리는 적을 발견하지 못하였다. 들려오는 총성으로 미루어 보아 적은 계곡 건너편 약 200m 전방에 위치하고 있는 것 같았다. 나는 이 호를 강력한 전방거점으로 개축하기로 결심하고 오후에 작업에 착수하였다. 이곳에 있으면 길 건너편에서 적이 주고받는 말소리도 들을 수가 있었다. 정찰대가 적에게 발견되지 않고 무성한 덤불을 헤쳐 나가려면 매우 어려울 뿐만 아니라 적에 관한 귀중한 첩보를 수집하기 전에 저격당할 수도 있기 때문에 정찰대를 더 이상 전방으로 내보내지 않기로 결심했다.

아르곤 지역에 있는 적의 병력을 최대한 고착시키기 위하여 1915년 1월 29일에 소규모의 견제공격을 실시하기로 했다. 제27사단의 전 연대가 이 작전에 참가하였다. 적의 지뢰지대를 폭파한 다음, 우리 연대는 제2대대 정면에서 강습을 실시하고 강습이 진행되는 동안 포병은 사격을 개시, 제3대대 정면의 적을 고착시키는 공격계획이 수립되었다. 제49포병연대의 1개 곡사포대가 배속되어 사전에 기록사격을 실시했다. 10중대는 작전 중 전진하되, 9중대는 전진하지 말고 측방에서 도주하는 적을 차단하도록 하였다.

1월 29일 날이 밝았다. 날씨는 추웠고 땅은 얼어붙었다. 공격개시 시간에 나는 3개 분대를 이끌고 새로 구축한 전방거점에 나가 있었다. 우리는 인접부대보다 약 100m 앞에 있었으므로 아군의 포탄이 머리 위를 스치며 날아갔다. 나무에 맞아 폭발하는 것도 있고, 우리 뒤에 떨어져 터지는 것도 있었다. 마침내 지뢰밭에 포탄이 떨어졌다. 흙덩이, 나무토막, 돌덩이 등이 비 오듯 떨어졌다. 우측에서 수류탄이 폭발하고 곧 이어서 소화기 사격이 치열해졌다. 프랑스군 한 명이 용감하게 우리 진지로 돌진해 오다 그만 총에 맞아 쓰러졌다.

몇 분 후 3대대 부관이 와서 우측방에서의 공격은 성공적으로 잘 진행되고 있다고 말하고 대대장이 9중대도 공격이 순조로운지 알고 싶어 한다고 했다. 상관에게 인정받는다는 것은 분명히 즐거운 일이었다.

적의 포병과 기관총의 사거리 내에 우리 중대가 위치하고 있고, 또한 우리가 전진만 하면 나무 위에 숨어 있는 적의 관측병에게 즉시 발각되므로 중대를 현 진지에서 전개 대형으로 이동시킬 수 없다고 판단했다. 적의 관측을 피하기 위하여 나는 중대원에게 현 위치의 우측에서 전방으로 뻗어 있는 호로 기어 올라가도록 명령했다. 병사들은 호 끝에서 좌측으로 산개하여 약 15분 후에는 중대 진지 전방 약 100m 되는 지점에서 적 진지로 돌진해 내려갈 수 있는 사면에 집결하였다. 우리는 적진을 향해 조심스럽게 앙상한 덤불을 헤치며 포복해 갔다. 그러나 골짜기에 도달하기 전에 적이 소총과 기관총으로 사격을 가했다. 우리는 도중에서 전진을 멈추었다. 주위에는 피신할 만한 곳이 없었다. 총탄이 얼어붙은 땅에 콩 튀듯 떨어졌다. 앞에 있는 몇 그루의 참나무 뒤에 서너 명의 병사가 피신했다. 쌍안경으로 보아도 적을 찾을 수 없었다. 적이 비록 조준사격을 가하지는 않았지만 너무 맹렬하게 사격해서 우리가 현 위치에 그대로 머물러 있다가는 피해가 커질 것이 분명했다. 큰 피해를 입지 않고 이 곤경에서 빠져나갈 수 있는 묘안이 무엇인지 머리를 짜냈다. 바로 이러한 순간이야말로 병사들의 생사가 지휘관의 결심에 따라 좌우되며 지휘관은 그 책임을 스스로 져야 할 때이다.

우측 저편에서 공격신호 나팔소리가 울려왔을 때 우리는 현 위치보다 다소 엄폐물이 많은 60m 전방의 골짜기를 향하여 약진하기로 했다. 옆에 있는 나팔수에게 공격 나팔을 불도록 명령했다.

적의 사격은 여전히 치열했지만 9중대는 함성을 지르며 앞으로 돌진했다. 우리는 골짜기를 단숨에 건너 적의 철조망지대까지 도달했다. 이때

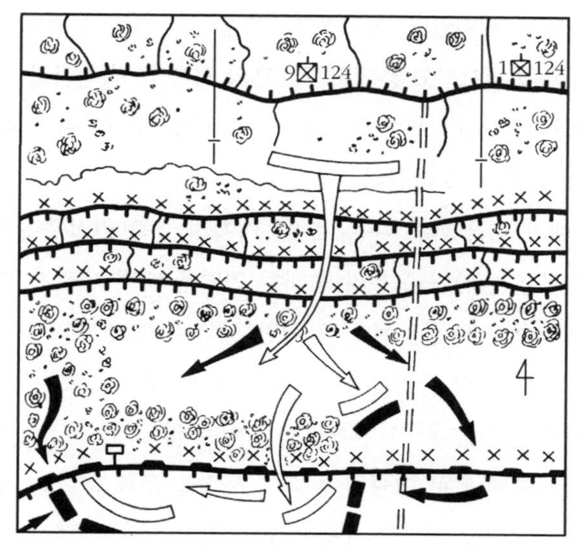

【그림 9】 '상트랄' 진지 공격(1915년 1월 29일)

적은 우리의 기세에 눌려 거점을 포기하고 도주하고 있었다. 적의 붉은 바지가 덤불 사이로 보이고 푸른색 외투자락이 바람에 날렸다. 적이 버리고 간 전리품은 거들떠보지도 않고 적을 추격해 갔다. 적의 뒤를 바싹 쫓다 보니 철조망으로 잘 구축된 2개의 다른 방어선도 분쇄할 수 있었다. 적은 우리가 방어선에 도달하기 전에 도주하고 없었다. 적의 저항이 대단치 않았기 때문에 우리는 전혀 피해를 입지 않았다.(그림 9)

한 고지를 넘어가니 삼림의 밀도가 차차 낮아졌다. 적이 밀집해서 도주하고 있는 것을 발견하였다. 그래서 사격을 가하면서 적을 계속 추격했다. 중대의 일부 병력은 호 속에 숨은 적을 소탕하고, 나머지 병력은 계속 압박을 가하면서 퐁테노샤르므*Fontaine-aux-Charmes*에서 서쪽으로 600m 떨어진 삼림의 전단까지 진출했다. 최초 진지로부터 남쪽으로 약 800m 전진했다. 여기서부터 지형은 다시 내리막 경사지를 이루었으며, 도주하고 있는 적은 아래쪽 덤불 속으로 숨어 버렸다. 우리 중대는 양측 인접부대와 연락이 두절되었다. 후방과 양 측방에서 요란한 총성이 들려왔다. 나는 중대를 집결시키고 퐁테노샤르므의 서쪽 삼림 전단을 점령한 다음, 인접부대와 접촉하려 했다. 한 병사는 한바탕 웃으면서 적의 호 안에서 여자 옷 몇 점을 들고 나왔다.

예비중대가 도착했다. 나는 예비중대에게 양측 인접부대와 접촉을 유지하는 임무를 인계하고 우리 중대는 언덕을 따라 내려가 관목(灌木) 숲을 지나 서남쪽으로 진출했다. 강력한 경계부대를 앞세우고 중대 종대로 전진했다. 중대가 한 골짜기를 다 건너갔을 때 좌측으로부터 사격을 받아 중대는 땅에 엎드렸다. 그러나 적은 보이지 않았다. 전진을 계속하기 위하여 우리는 서쪽으로 이동하여 적의 사격을 우회한 다음, 전망이 좋은 숲을 지나 남쪽으로 전진을 계속했다.

이 숲의 상단부에 이르렀을 때 중대는 아직껏 보지 못한 새로운 종류의 철조망지대에 부닥뜨리게 되었다. 철조망의 폭은 100m가 넘었고, 길이는 좌우로 끝이 보이지 않았다. 적이 나무를 자르고 사계(射界) 청소를 하였음이 분명했다. 철조망 저쪽에서 우리 병사 3명이 손을 흔들며 우리에게 신호를 보내고 있었다. 나는 적이 아직도 이 거점을 점령하고 있는 것으로 단정했다. 사실이 그렇다면 예비대가 도착할 때까지 끈기 있게 기다리는 것이 현명한 행동이라고 생각했다.

나는 철조망을 뚫고 지나가는 좁은 통로를 따라 내려가려고 했다. 그러나 좌측에서 사격을 가해 와서 땅에 바싹 엎드렸다. 적은 약 400m 떨어져 있었고, 철조망이 너무 조밀해서 나를 발견하지 못하였다. 그러나 내가 포복으로 철조망 밑으로 기어 들어갈 때 적탄이 비 오듯 날아왔다. 나는 전 중대원에게 일렬 종대로 내 뒤를 따르라고 명령했다. 그러나 선두 소대장이 겁을 먹고 꼼짝도 하지 않았다. 이 소대장 뒤에 따라붙은 중대원이 철조망 밖에서 주저앉아 나를 따르지 않았다. 고함을 치고 손짓을 해보았지만 아무 소용이 없었다.

요새와 같이 견고하게 구축된 적의 진지를 중대장인 나와 병사 2명으로 탈취할 수 없다는 것은 명백한 일이었다. 전 중대원이 공격에 가담해야만 했다. 그래서 서쪽을 정찰해 보니 다행히도 장애물을 통과할 수 있는 또 하나의 통로가 있었다. 중대가 있는 곳으로 돌아와 나는 1소대장에게 나의 명령에 따를 것인가, 아니면 즉결처분(卽決處分)을 받을 것인가 둘 중 하나를 택하도록 명령했다. 1소대장은 중대장인 나의 명령에 따르겠다고 대답했다. 좌측으로부터 치열한 소화기 사격을 받으면서 우리 중대는 장애물을 포복으로 통과하여 적 진지에 도달했다.

적 진지를 탈취하기 위하여 나는 중대를 반원형으로 배치하고 우선 호를 팠다. 적 진지를 '상트랄'*Central*이라 명명했다. 이 진지는 최신 설계에 의하여 잘 구축되어 있었다. 이 진지는 아르곤을 연하여 구축된 주 방어진지의 일부로 약 60m 간격으로 벙커도 구축되어 있었다. 이 벙커에서 적은 기관총 측방 사격으로 철조망지대를 엄호할 수 있었다. 벙커와 벙커 사이에는 마대벽들이 있었고, 담벽을 높이 쌓아올린 사격대로부터 사거리 내의 모든 철조망을 방호할 수 있었다. 철조망지대와 장벽 사이에는 폭이 약 4m 되는 도랑이 있었다. 이 도랑에는 물이 채워져 있어서 겨울철이라 얼어붙어 빙판이 되었다. 담벽 후면에는 대피호가 있었고, 약 10m 떨어져서 좁은 도로가 있었다. 높게 쌓아올린 장벽은 이 도로를 왕래하는 차량을 은폐, 또는 차폐할 수 있게 했다.

좌측으로부터 우리는 적의 치열한 소화기 사격을 받았다. 그러나 우측 진지에는 적이 없는 것같이 보였다. 09:00시경 나는 대대장에게 다음과 같이 서면 보고를 했다.

"9중대는 공격 개시선에서 남쪽으로 약 1.6km 떨어진 적의 강력한 진지 일부를 점령했으며, 아르곤 삼림으로 통하는 지역을 장악했음. 즉각

적인 지원과 기관총 탄약 및 수류탄의 재보급을 요망함."

한편 병사들은 얼어붙은 땅에서 야전삽으로 호를 파려고 무척 애를 썼다. 그러나 병력이 모자라고 쇠지레를 사용하여 땅을 파야 하기 때문에 작업 진도는 오르지 않았다. 작업을 시작한 지 30분이 지났을 때 좌측에 배치된 전초가 적이 밀집대형으로 약 600m 떨어진 지점에서 철조망을 통과하여 동쪽으로 후퇴하는 중이라고 보고했다. 나는 1개 소대로 하여금 사격을 개시하도록 명령했다. 적 일부는 숨어 버리고 철조망의 북단에 잔류한 적은 동쪽으로 돌아 장벽 뒤의 엄폐된 도로로 이동했음이 분명했다. 우리가 사격하기가 무섭게 그쪽 방향에서 응사해 왔다.

굴토작업은 부진하였다. 지형을 분석한 결과 라보르데르*Labordaire* 근처의 적 진지가 활처럼 굽어 있는 것을 알아냈다. 나는 우리들이 적진 내에서 우리의 발판을 확보 유지하려면 이 만곡(彎曲)된 부분이 최상의 거점 역할을 하게 되리라고 판단했다. 우리 중대는 이 새로운 진지로 사격과 기동을 이어 가면서 이동했다. 이 진지에서 나무 뒤에 가려진 적의 엄폐호를 곧 발견하여 적에게 맹렬한 사격을 가하여 약 300m 밖으로 적을 몰아내고 호를 파기 시작했다. 그 후 적의 사격이 수그러들면서 곧 멈추고 말았다.

우리의 발판은 4개의 토치카(永久陣地)로 이루어졌다. 중대를 반원형으로 배치하고 50명으로 구성된 1개 소대를 철조망과 진지 사이에 예비로 은폐시켜 놓았다. 여기에도 철조망을 통과할 수 있는 갈지(之)자의 좁은 통로가 있었다. 시간이 꽤 지났는데도 증원병력은커녕 재보급도 오지 않았다. 우측에 배치된 소대로부터 다수의 프랑스군이 우리 전방 약 50m 지점에서 철조망지대를 통과하여 후퇴 중이라고 보고해 왔다. 소대장은 사격 여부를 나에게 물어 왔다. 사격 외에 묘안이 없었다. 적에게 피해를 입히지 않고 그대로 도주하게 내버려둘 수는 없어 위험한 도전을 해야 했다.

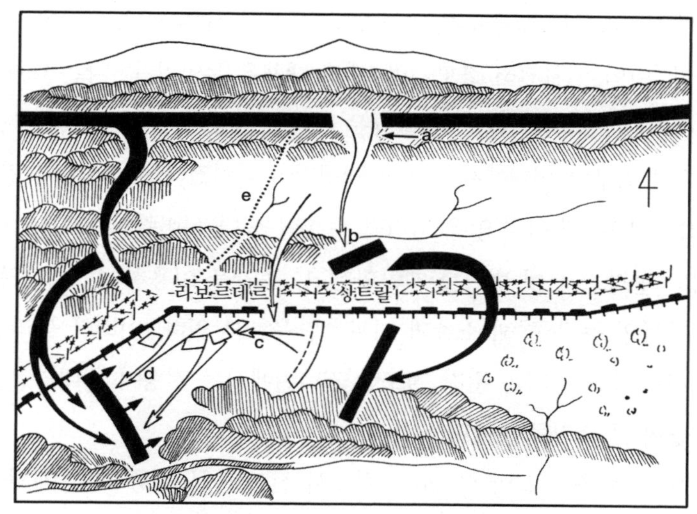

【그림 10】 '상트랄' 진지 공격(1915년 1월 29일, 남쪽에서 본)
(a) 프랑스군 제3진지, (b) 9중대 돌파구 확대, '상트랄' 진지까지 침투, (c) 9중대 '상트랄' 및 '라보르데르' 진지 확보, (d) 전투이탈에 앞서 공격, (e) 철수로.

우리가 당장 사격을 가하면 적은 서쪽으로 돌아 다음 통로를 통하여 진지를 점령할 것이다. 그렇게 되면 적은 반대로 우리의 통신선을 차단하고 우리를 포위할 가능성도 있다. 그럼에도 나는 사격명령을 내렸다.(그림 10)

우리는 높은 흉벽에 기대어 적을 향해 속사로 사격했다. 치열한 총격전이 벌어졌다. 적은 용감하게 저항했다. 1개 대대 병력으로 추산되는 적은 서쪽으로 우회하여 350m 지점에서 철조망지대를 횡단한 다음, 광정면으로 산개하여 서쪽으로부터 전진해 왔다. 적은 우리와 대대를 연결하는 좁은 통로만 남겨 놓고 9중대를 포위하였다. 대대와 통하는 이 유일한 생명선마저 동쪽과 서쪽으로부터의 협공사격으로 차단되고 말았다. 우리의 치열한 사격으로 우측방의 적을 고착시켰으나, 좌측방의 적은 계속 전진하여 아주 가까운 거리까지 접근해 왔다. 탄약이 부족했다. 그래서 나는 예비소대의 탄약을 거의 다 회수했다. 나는 가능한 한 탄약을 절약하기 위하여 사격속도를 늦추도록 명령했다. 서쪽의 적은 포복으로 계속 접근해 왔다. 탄약이 완전히 소모되면 그 후 대책은 무엇인가? 나는 대대로부터 지원이 있으리라는 한 가닥 희망을 버리지 않았다. 일각이 여삼추였다.

중대의 최우단 벙커에서 치열한 백병전이 벌어졌다. 우리는 이 벙커를 고수하려고 몇 개 남지 않은 마지막 수류탄을 다 써버렸다. 10시 30분쯤에 적의 돌격조가 이 벙커를 재탈환했고, 총안을 이용하여 도주하는 우리 병사들의 등을 향해 소총과 기관총탄을 퍼부었다. 이러한 불리한 상황이 나에게 보고되는 순간 철조망 건너편에서는 전령이 대대명령을 목청을 높여 큰 소리로 전했다.

"대대는 북쪽으로 약 800m 지점에서 진지를 구축 중이다. 지원이 불가능하니 롬멜 중대는 철수하라."

1선 소대에서 탄약이 부족하다고 아우성이었다. 앞으로 10분 이상 전투를 계속할 탄약은 없었다.

바로 지금이 중대장으로서 결단을 내려야 할 때이다. 전투를 중단하고 적의 치열한 십자 포화 속에서 철조망의 좁은 통로를 따라 대대로 철수할까? 이렇게 철수하면 최소한 50%의 인명피해도 각오해야 한다.

그렇지 않으면 남은 탄약을 다 소모한 후에 적에게 투항할까? 이것은 말도 안 된다. 최후의 수단이 머리에 떠올랐다. 지금 즉시 적을 공격하여 균형을 잃게 하고 혼란을 이용하여 철수한다. 이 길만이 우리가 살아서 돌아갈 유일한 수단이다. 적은 수적으로 우리보다 우세한 것만은 사실이다. 그러나 적 보병은 이제까지 우리 중대의 공격에 저항만 했지 선제공격을 가한 일은 없었다. 서쪽의 적을 격퇴시킬 수만 있다면 우리 중대는 장애물을 뚫고 철수할 기회를 포착하게 되고 다만, 동쪽에서 가해 오는 적의 장거리 사격을 조심하면 된다. 우리의 공격으로 야기된 혼란을 적이 수습하기 전에 철수해야 하므로 오직 신속한 행동만이 성공의 지름길이었다.

즉시 공격명령을 하달했다. 전 중대원은 우리가 처해 있는 상황이 얼마나 위태로운가를 잘 알고 있어서 모두가 사력을 다하기로 다짐했다. 예비 소대를 우측에 투입하여 적에게 잃었던 벙커를 다시 탈취하고 그 여세로 소대 전 정면에 걸쳐 공격했다. 적은 와해되어 도주했다. 적이 서쪽으로 도주하고 있는 이 순간이 전투에서 이탈할 절호의 기회였다. 우리는 동쪽으로 신속하게 이동하여 가급적 빨리 일렬 종대로 철조망지대를 뚫고 철수했다. 동쪽에 있던 적이 사격을 가해 왔다. 300m 거리에서 이동하는 표적을 명중시킨다는 것은 그리 쉬운 일이 아니었다. 그러나 적탄에 맞아 몇 명이 쓰러졌다. 서쪽에서 도주하던 적이 다시 전열을 가다듬어 반격을 가해 올 무렵 나는 중대원을 거의 다 안전지역으로 철수시켰다. 버리고 온 5명의 중상자를 제외하고 중대는 무사히 대대 진지에 복귀했다.

대대는 우리 중대를 적으로부터 탈취한 3개 진지 바로 남쪽 울창한 숲 속의 좌측에 배치했다. 제1대대는 곤경에 빠져 우리의 좌측 소대와 직접 연락이 두절되었다. 그러나 연락조를 보내서 제1대대의 우익과 연락을 유지할 수가 있었다. 중대는 숲의 전단에서 약 300m 떨어져 진지를 구축했다. 얼어붙은 땅을 판다는 것은 결코 흥미 있는 일은 아니었다.

적 포병은 지금까지 우리의 구 진지와 그 후방지역에 집중포격을 가해 왔다. 공격 중에 적 보병과 포병은 상호연락이 잘 안 되어 우리는 적의 포격을 받지 않았다. 그러나 적 포병은 곧 우리를 발견하였다. 숲의 전단에 집중포화가 쏟아진 후 진지작업을 방해하는 대량의 보복사격을 받았다. 나는 요도를 첨부, 오전 중의 상황을 서면으로 보고하려고 준비했다.

오후 늦게 적은 공격준비 사격을 가한 다음 역습을 해왔다. 신병을 보충한 적의 대부대는 덤불을 뚫고 돌진해 왔으나 아군 소화기의 좋은 표적이 되었다. 적은 총탄을 피하려고 땅에 엎드려 엄폐물을 이용하여 우리에게 응사하였다. 여기저기서 소부대로 우리 진지에 접근하려고 했으나 모두 격퇴되었다. 아군의 최후 방어사격으로 적은 극심한 피해를 입었고, 적의 공격은 저지되었다. 수많은 전사자와 부상자가 우리 방어선 근처에 즐비하게 깔려 있었다. 야음을 이용하여 적은 숲의 전단 100m 되는 지점으로 철수하여 진지를 구축했다.

적 보병 사격이 멈추자 50cm밖에 안 되는 호를 다시 파기 시작했다. 그러나 적의 포격이 재개되어 호 구축작업을 중단했다. 날카로운 파편이 귀 옆을 스쳐 지나갔고, 마치 성냥개비와 같이 나무들이 부러져 넘어졌다.

우리 진지 내에는 적절한 엄폐물이 없어서 밤새 계속된 적의 교란사격에 참으로 견디기가 어려웠다. 외투·천막·모포로 몸을 감싸고 밤새 떨면서 얕은 호 안에 엎드려 있었다. 이날 밤에만 12명의 병사를 잃었다. 이것은 공격기간 중에 입은 피해보다 더 큰 손실이었다. 식사를 추진 보급받을 수가 없었다.

날이 새자 적의 포격이 다소 누그러졌다. 우리는 이 기회를 이용하여 호를 더 깊게 파려고 작업을 시작했다. 그러나 작업을 오래 계속할 수 없었다. 08:00시에 적이 포격을 재개하여 작업을 중단해야 했다. 포격에 뒤이어 적의 강력한 보병 공격이 뒤따랐지만 우리는 이 공격을 손쉽게 격퇴했다. 적은 여러 차례 공격을 시도했으나 번번이 똑같은 운명에 처하게 되었다. 오후가 될 무렵 호를 충분히 깊게 팠으므로 적 포격을 겁낼 필요가 없게 되었다. 우리는 후방으로 통하는 교통호를 아직 파지 못했다. 그래서 어두워질 때까지 따뜻한 식사를 할 수 없었다.

교훈

1915년 1월 29일에 실시한 공격은 독일 보병의 우월성을 입증했다. 9중대의 공격은 결코 기습공격이 아니었다. 프랑스 보병은 겁을 먹고 기가 죽어 종심 깊은 3중 철조망에 기관총까지 여기저기 거치해 놓은 좋은 방어진지를 왜 포기하고 도주했는지 이해할 수 없었다. 적은 우리가 공격해오는 것을 알고 우리의 공격을 맹렬한 제압사격만으로 저지하려고 시도했다. 이것은 큰 오산이었다. 방어는 사격만으로 성공할 수 없다. 우리 9중대가 공세적 조치를 취하여 라보르데르 진지에서 포위망을 뚫고 철수할 수 있었다는 사실은 아군의 전투능력을 만천하에 입증한 것이 되었다.

대대나 연대가 9중대가 형성한 돌파구를 확대하지 못한 것은 참으로 애석한 일이었다. 연대는 3개 대대를 전선에 일선 배치했기 때문에 가용한 예비대를 확보하지 못했다. 소화기 탄약과 수류탄의 부족으로 라보르데르 진지를 방어하기가 점점 어려워졌다. 여러 가지 위급한 상황이 동시에 발생했다. 첫째, 적이 중대의 우측 맨 끝의 벙커를 탈취했다. 둘째, 중대는 철수하라는 대대 명령을 수령했다. 셋째, 중대는 탄약이 부족했다. 마지막으로, 철조망을 뚫고 가야 할 중대의 철수로가 적의 사격으로 차단될 가능성이 있었다. 이러한 상황하에서 다른 결심을 했다면 중대가 전멸하지는 않았어도 극심한 피해를 면치 못했을 것이었다. 아무리 버둥거려 보아도 11:00시 이전에는 탄약이 모두 소모될 것이 뻔한 일이며, 맨주먹으로 어두워질 때까지 이곳에서 버틴다는 것은 더욱 생각조차 할 수 없는 일이었다. 동쪽의 비교적 약한 적만을 공격할 경우 서쪽에서 더 강한 적이 우리를 공격해 옴으로써 우리의 후방을 강타할 수 있는 기회를 오히려 적에게 제공하는 결과를 가져올 우려가 있었다. 그래서 전 소대 정면에 걸쳐 일제히 공격을 감행했다. 라보르데르 진지에서의 전투이탈 행동, 즉 전투로부터 가장 용이하게 이탈하려면 우선 공세적 기동을 성공적으로 실시하여야 한다라고 명시된 작전 요무령의 내용을 체험했다.

공격준비를 너무 서둘렀기 때문에 우리는 호를 팔 수 있는 기계공구를 충분히 갖추지 못하였다. 땅이 꽁꽁 얼어붙어 야전삽 따위는 쓸모가 없었다. 방어 시뿐만 아니라 공격 시에도 야전삽은 소총과 같이 중요한 장비임에는 틀림없다.

숲의 맨 앞에서는 사계가 양호했지만 우리의 새로운 진지는 숲 속 100m에 위치하고 있었다. 드퓌 삼림전에서와 같이 적의 포격에 우리 병력을 다시 노출시키지는 않았다. 그리고 비교적 양호한 사계를 가지고 있어서 적의 보병 공격이 여러 차례에 걸쳐 실시되었으나, 적은 번번이 심한 피해만 입고 철수하였다.

1월 29일 저녁부터 30일 새벽까지 병사들이 호를 깊게 파지 못해서 적의 포격에 큰 피해를 입었다.

제5장
상트랄 및 샤르러트 계곡 참호전

I 아르곤 참호전

우리의 새로운 진지는 양호한 편이었다. 비교적 높은 고지에 위치해서 지표수도 흐르지 않았다. 더욱이 토질까지 좋아서 작업하기가 용이했다. 지난번 공격에서 탈취한 지하 4~6m의 방탄엄체호는 적의 포격에 안전하였다. 우리 중대에 배속된 기병 장교와 나는 중대 본부 대피호를 같이 쓰고 있었다. 이 호에 들어가려면 기어 들어가야 했다. 적은 모닥불의 연기만 보아도 지체 없이 교란사격을 가해 왔으므로 불을 피울 수가 없었다. 낮에는 불을 피우지 못해 뼛속까지 얼어붙었다.

10일간씩의 3교대제가 실시되었다. 전방, 예비, 휴양소의 차례로 번갈아 교대했다. 적 포병의 교란사격이 나날이 증가하였지만 진지와 대피호가 잘 구축되어 있어서 우리의 손실은 경미했다. 적 포병은 탄약 보급에 지장을 받지 않았다. 그러나 아군의 포병은 탄약이 부족해서 특별한 상황에 한해서 사격할 수밖에 없었다.

지난 1월 29일 라보르데르*Labordaire*에서 철수할 때 미처 데리고 나오지 못한 5명의 중상자도 병원에서 많이 회복되었다는 소식을 들었다. 몇 주 후에 나는 그 당시의 전공으로 1등 철십자 훈장을 받았다. 소위 계급으로서는 우리 연대에서 내가 처음 이 무공훈장을 받았다.

다음 3개월간은 인접부대와 연결하는 교통호 보수작업에 시간을 보냈다. 제120보병연대는 1월 29일의 우리 위치보다 약간 앞으로 나아갔다. 좌측 부대는 동쪽으로 상트랄*Central* 진지와 접하고 있는 시메티에르*Cimetiére* 방향으로 호를 파고 나아갔다. 매일 교통호를 팠고, 또 접근호끼리 연결했다. 이런 방식으로 아군은 적에게 접근해 갔으며, 마침내 적의 주 진지 전면 철조망지대에 도달했다.

적의 포와 박격포 때문에 작업이 중단되었다. 박격포는 처음으로 등장한 무기였다. 많은 병사가 접근호에서 적탄에 맞았다. 교통호, 후방으로 통하는 통로, 지휘소, 보급소 등이 항상 적의 교란사격을 받고 있었다. 우리 중대가 휴양소로 돌아왔을 때 모든 병사는 안도의 숨을 내쉬었다. 우리는 가끔 이 기간 중에 전사한 전우들을 매장하는 슬픈 작업을 해야 했다. 교대 횟수가 점차 줄어들고 전선에서는 희생자가 매일 증가하였으며, 숲 속에는 전우의 무덤이 말없이 점점 늘어만 갔다.

1915년 5월 초부터 적은 밤낮으로 최전방 호들을 경·중(中) 박격포탄으로 휩쓸었다. 비교적 요란하지 않은 포성은 아르곤에 빛나는 역전의 용사들에게는 귀에 익은 소리였다. 확실히 이 소리는 다른 화포 소리보다는 훨씬 약했다. 그러나 깊은 잠에 빠져 있는 우리들을 깨워 대피호에서 몰아낼 정도의 소리였다. 낮에는 박격포탄이 날아가는 것을 볼 수 있어서 충분히 피할 수 있었으며, 밤에는 탄착 예상지역을 피하는 것이 상책이었다. 그러나 적이 교란사격을 가할 때는 병사들은 잠에서 깨어 대피호를 모두 떠났다.

날마다 손실을 입었고 전쟁터의 긴장감에 사로잡혀 있었지만 병사들의 사기는 높았다. 모든 병사들은 놀라울 정도로 각자의 임무를 완수했다. 우리들은 아르곤의 피에 물든 이 계곡에 애착마저 느끼게 되었다. 중상을 입고 실려 가는 전우에게 작별인사를 나누는 것이 가장 가슴아픈 일이었다. 포탄에 맞아 다리가 잘려 나간 한 병사의 모습이 지금도 눈에 선하다. 노을 질 무렵 위생병들이 피 묻은 천막으로 들것을 만들어 이 병사를 싣고 좁은 교통호를 따라 우리 옆으로 내려갔다. 훌륭한 병사가 이토록 처참한 모습으로 우리 옆을 떠나는 것을 보고 나는 무슨 말을 해야 좋을지 그만 말문이 막혔다. 나는 그에게 용기를 주려고 다만 손을 꽉 잡고 눈으로 작별인사를 건넸다. 그러나 그는

"중대장님, 그렇게 슬퍼하지 마십시오. 목발을 짚고서라도 곧 중대로 돌아오겠습니다"

라고 말했다. 이 용감한 병사는 후송 도중 숨을 거두고 조용히 잠들었다. 이와 같은 의무감은 우리 9중대에서만 찾아볼 수 있는 정신적 특성이었다.

5월 초, 우리는 약간의 조립식 갱도목을 수령하여 전방의 호 벽에 2인용 대피호를 만들었다. 우리는 초소의 보초병들을 이곳에 재울 수가 있었다. 우리의 위치가 적의 주 진지에 너무 접근해 있었기 때문에 적 포병은 자기 보병에게 피해를 줄 위험성이 있어서 포격을 하지 않았다. 그래서 적 포병은 표적을 전환하여 아군의 후방부대·보급로·예비진지·지휘소·숙영지 등에 대하여 사격을 가중시켰다.

이 무렵 전투경험이 없는 한 고참중위가 9중대를 지휘하기 위해 중대에 도착했다. 연대장은 나를 다른 중대로 보직하려 하였으나, 나는 단호히 거절했다. 그랬더니 9중대 소대장으로 계속 복무하라고 했다.

우리 중대는 5월 중순 제67보병연대에 10일간 배속되었다. 이 연대는 제123연대의 서쪽 바가텔*Bagatelle* 근처 아르곤의 중앙에 위치하고 있었다. 백전불굴의 제67연대는 여러 차례에 걸친 격전으로 상당한 손실을 입었

다. 이 지역에서는 또 다른 형태의 참호전이 벌어졌다. 대피호는 포병이나 박격포 사격을 피하는 데는 쓸모가 있을지 모르나 이곳 전투에는 별로 가치가 없었다. 모든 전투는 포탄 구덩이 속에 웅크리거나 마대(麻袋)*sand bag* 뒤에 숨어서 수류탄 투척만으로 일관했다. 바가텔에서 아르곤 쪽을 바라보니 그렇게 무성하던 숲은 간 곳이 없었다. 적의 포격으로 수목들은 다 잘렸고, 나무 그루터기만 앙상하게 남아 있었다. 9중대 소대장들이 진지를 인수하기 전에 정찰을 실시하고 있는 동안 짧지만 치열한 수류탄전이 모든 정면에 걸쳐 벌어졌다. 진지 교대가 끝나기도 전에 우리는 벌써 여러 명의 사상자가 나왔다. 이것이 바로 우리에게 닥쳐올 하나의 불길한 징조였다. 우리는 착잡한 마음으로 교대를 완료했다. 전과 같이 우리는 호를 깊게 팠고, 개인용 대피호도 만들었다. 모든 전선에 걸쳐 수류탄전이 벌어졌고, 곧 이어서 적의 포병과 박격포가 돌연 사격을 가해 와 우리는 대피하느라고 이리 뛰고 저리 뛰었다. 날씨가 더워서 시체 썩는 냄새가 호 안으로 스며들어와 코를 찔렀다. 적의 많은 시체가 우리 진지 주위에 그대로 널려 있었다. 그러나 적의 포화가 너무 심해서 이 시체들을 매장할 수 없었다.

밤만 되면 우리는 몹시 긴장했다. 수류탄전이 모든 전선에 걸쳐 장시간 지속되었고, 피아(彼我) 간 일대 혼란이 일어나 우리는 적이 우리 진지를 돌파했는지 또는 이미 우리의 후방으로 뚫고 들어왔는지 도저히 분간할 수가 없었다. 게다가 적의 각종 포대가 측방으로부터 장단을 맞추어 포격을 가해 왔다. 밤마다 이런 전투가 여러 차례 반복되었다. 우리는 이와 같은 공격이 신경을 자극하여 계속 긴장시키려는 계획적인 행동이라고 판단했다.

우리들이 인수한 소대 본부는 소대 방어 정면의 좌후방에 위치하고 있었다. 소대 본부는 깊이 2m의 호로 전면 벽에서 아래로 내려가는 수직

통로가 하나 있었다. 이 통로의 폭은 겨우 사람 하나 빠져 내려갈 수 있을 정도로 좁았다. 이 통로를 타고 2m 정도 내려가면 큰 관(棺) 크기 정도의 수평 터널이 있었다. 호의 바닥은 코르크 판으로 깔았고, 벽에는 벽장을 만들어 식량과 그 밖의 일용품을 저장해 놓았다. 벽과 천장은 지주로 받치지도 않았다. 이 호 속에 있다가 포탄이 입구 근처에 떨어지면 꼼짝없이 생매장될 것이 뻔한 일이었다. 포탄이 이 근처에 떨어지자 나는 곧 호에서 빠져나와 소대 진지로 갔다. 밤이면 으레 수류탄전이 벌어지므로 아예 병사와 함께 밤을 새는 편이 더 좋았다.

며칠 동안 무더위가 계속되었다. 어느 날 유능한 장교인 뫼리케Möricke 소위가 나를 찾아왔다. 이때 나는 지하대피소에 있었다. 이 호는 두 사람이 함께 앉아 대화를 나눌 수 있을 만큼 넓지 못해서 할 수 없이 통로를 통해서 이야기를 주고받아야 했다. 나는 뫼리케 소위에게 4m나 지하로 내려왔는데도 파리 등쌀에 못 견디겠다고 말하였다. 뫼리케 소위는 호 주변에 파리가 시꺼멓게 들끓고 있는 것이 당연하지 않느냐고 대답했다. 뫼리케 소위는 곡괭이를 들고 파리가 들끓는 곳을 파기 시작했다. 단번에 반쯤 썩어 시꺼멓게 된 팔뚝이 삐져나왔다. 우리는 표백분을 뿌리고 흙을 덮은 다음 고이 잠들게 했다.

배속된 후 10일간을 용케 견뎌냈다. 본대로 복귀하자 우리는 다시 전방에 배치되었다. 참호전은 갈수록 견딜 수가 없었다. 적은 포병과 박격포의 사격을 증가시키는 동시에 지뢰까지 매설하며 백방으로 모든 노력을 다했다. 적의 전초는 불과 몇 m 떨어진 곳에 철조망으로 완전히 둘러싸인 반엄폐호 속에 있었다. 밤이면 몸서리치는 수류탄전이 벌어졌다. 때로는 진지를 버리고 도주하기도 했다. 쌍방은 서로 상대방의 지하 터널과 추진 진지를 파괴하려고 노력했다. 그래서 폭파작업 없이 지나가는 날이 없었다.

어느 날 적은 우리 병사 10명이 작업하고 있는 지하갱도를 차단하고 폭파시켰다. 우리는 10명의 병사를 모두 꺼냈다. 그러나 이 중 몇 명은 완전 매몰되어 다 꺼내는 데는 상당한 시간이 걸렸다.

적의 보초를 생포하려고 몇 번 시도했으나, 상당한 피해만 입고 번번이 실패했다. 적의 초소와, 초소를 연결하는 교통호는 철조망으로 완전히 둘러싸여 있었다. 조금만 소리를 내도 벙커 속에 있는 적은 기관총 사격으로 장애물을 휩쓸었다. 이렇게 당하기만 하니 분통이 터져 참을 수가 없었다. 그래서 우리들은 상트랄 진지를 급습하여 복수할 것을 굳게 다짐했다.

II 상트랄 진지 공격

3시간 30분 동안 포병과 박격포로 공격준비 사격을 실시한 다음, 아군은 라보르데르, 상트랄, 시메티에르 및 바가텔의 프랑스군 거점을 탈취하기로 하였다. 적은 1914년 10월부터 이들 거점에 대한 공사를 계속해 왔다. 우리 연대는 이번 공격에 대비, 몇 주간 공격준비를 철저히 했다. 중(中) 및 중(重)박격포를 최일선 바로 후방까지 추진하여 방탄포상(防彈砲床)에 설치했다. 예비중대들은 밤낮을 쉬지 않고 교통호를 이용하여 보급품과 박격포탄 등을 운반했다. 적의 교란사격은 날로 증가했고, 수많은 운반조가 적탄에 쓰러졌다. 휴양소에서 며칠간 휴식을 취하고 9중대는 6월 말경에 전선으로 복귀했다. 우리는 중(中) 및 중(重)포병이 비나르빌 *Vinarville* 근처의 사격 진지에 방렬하여 위장되어 있는 것을 보고 깜짝 놀랐다. 탄약도 충분히 비축되어 있어 마음이 든든했다. 이번에는 사기충천(士氣衝天)해서 진지로 올라갔다.

연대는 5개 중대를 공격 제대로 하는 세부 작전계획을 수립했다. 공격 준비를 하는 동안 우리 소대는 상트랄의 북쪽 약 1km 되는 지점에 예비로 대기했다. 우리 소대의 임무는 공격개시 직전에 공격 개시선 직후방으로 이동하여 공격 제대를 바싹 뒤따르면서 공격 제대에 수류탄, 탄약, 호파는 장비 등을 운반하는 것이었다.

6월 30일 05시 15분 아군은 8.3inch, 12inch 박격포를 포함, 전 포병 화력을 집중하여 공격준비 사격을 개시했다. 각종 포탄의 위력은 믿을 수 없을 정도로 대단했다. 흙덩이가 분수처럼 하늘로 치솟았고 포탄 구덩이가 여기저기 생겼다. 적의 요새들이 마치 거대한 전동 쇠망치로 얻어맞은 것같이 산산조각이 났다. 사람·나무토막·나무뿌리·철조망·모래주머니 등이 제멋대로 공중으로 날아갔다. 이와 같은 무차별 집중포격을 우리들이 당해 본 적이 없었기 때문에 적군의 심정이 어떠한지 우리는 추측할 수가 없었다.

공격개시 한 시간 전에 중(中) 및 중(重)박격포도 적의 벙커·철조망·흉벽 등을 표적으로 사격을 개시했다. 적도 아군의 공격을 분쇄하려고 집중포격을 가해 왔다. 그러나 별로 성과가 없었다. 종심이 얇게 편성된 공격 제대가 적의 주 진지에 바싹 접근해 있었다. 적의 포화는 우리 후방만 누비고 있었다. 포탄 한 발이 100m 전방에 떨어졌다. 지난 1월 전투에서 전사한 적군의 시체가 공중으로 치솟더니 나뭇가지에 걸리는 묘한 광경이 벌어졌다. 시계를 계속 들여다보았다. 15분 더 기다려야 했다. 쌍방이 모두 화력을 증가시켰다. 뿌연 포연으로 앞이 잘 보이지가 않았다.

우리가 사용하기로 된 교통호는 강력한 적의 화력에 노출되어 있었다. 그래서 약 100m 되는 교통호를 이용하지 않고 측방으로 이동하기로 결심했다. 우리는 사력을 다하여 개활지를 횡단한 후, 움푹 들어간 곳에 몸을 숨겼다. 여기서부터 적의 집중사격을 뚫고 교통호를 따라 최전방으로 돌진해 갔다. 돌격 제대가 땅에 엎드려 대기하고 있었다. 공격준비 사격의 마지막 포탄이 폭발했다.

08시 45분 각 공격 제대는 넓게 전개하여 앞으로 돌진했다. 적은 기관총을 난사했다. 아군은 포탄 구덩이와 장애물을 뛰어넘어 적 진지로 돌입했다. 우리 중대의 돌격 제대는 우측으로부터 기관총 사격을 받아 몇 명이 쓰러졌다. 그러나 돌격 제대는 포탄 구덩이와 제방 뒤에 숨으면서 계속 돌진했다. 우리 소대는 그 뒤를 따랐다. 각개 병사는 호 파는 장비, 수류탄과 탄약을 짊어지고 있었다. 적은 기관총으로 맹렬히 사격했다. 우리 소대는 기관총 사격을 뚫고 9중대가 1월 29일 점령했던 장벽을 기어 올라갔다. 이 진지는 돌덩이였다. 적의 사상자가 옹벽(擁壁)의 자재와 뿌리가 뽑힌 나무들과 뒤엉켜 여기저기 흩어져 있었다. 옹벽에 깔려 목숨을 잃은 적병도 셀 수 없이 많았다.

우측과 전면에서 수류탄전이 한창이었다. 적은 후방 진지에서 기관총으로 피비린내 나는 이 격전장을 휩쓸었다. 그래서 우리는 할 수 없이 몸을 피해야만 했다. 날씨조차 무더웠다. 잠깐 숨을 돌린 후 좌측으로 이동하여 우리 중대의 돌격 제대를 바짝 뒤쫓았다. 그리고 적의 제2방어진지로 통하는 교통호 안으로 돌진해 들어갔다.(그림 11)

아군의 포병은 남쪽으로 160m 떨어진 적의 제2방어선(상트랄Ⅱ)으로 사격 방향을 돌렸다. 제2방어선은 다음 날인 7월 1일에 포병과 박격포에 의한 공격준비 사격을 재개한 후에 탈취하기로 계획되어 있었다. 연대의 돌격 제대는 제1방어선(상트랄Ⅰ)의 잔적 소탕을 뒤로 미룬 채 계속 제2방어선(상트랄 Ⅱ)으로 돌진했다.

약 30m 전방에서 치열한 수류탄전이 벌어지고 있었다. 그 너머 약 80m 떨어진 곳에 제2방어선의 윤곽이 드러났다. 적의 기관총 사격 때문에 교통호 밖으로 나갈 수가 없었다. 중대의 돌격 제대도 저지당한 것 같

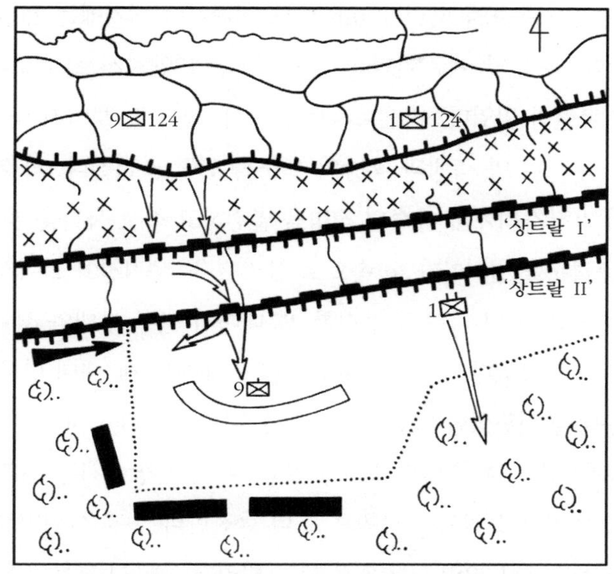

【그림 11】 '상트랄 II' 진지 강습(1915년 1월 30일)

았다. 돌격 소대장 뫼리케 소위가 골반에 총탄이 박혀 중상을 입고 호 안에 누워 있었다. 나는 뫼리케 소위를 뒤로 옮기려고 했으나 그는 염려 말라고 말했다. 위생병들이 뫼리케 소위를 맡았다. 나는 그와 마지막 악수를 나누고 그의 소대를 지휘했다. 뫼리케 소위는 병원에서 다음 날 세상을 떠났다.

우리는 제2방어선의 적 수비대와 치열한 전투를 벌였다. 아군의 포병 사격이 중지되었다. 구령에 따라 일제히 수류탄을 투척하고 우리는 제2방어진지 내로 돌입했다. 수비대의 일부는 교통호를 따라 달아나는가 하면 일부는 개활지를 건너 도주했고, 나머지는 투항했다. 나는 소대의 일부에게 교통호의 폭을 넓히는 작업을 시키는 한편, 주력을 이끌고 남쪽으로 계속 추격했다. 우리는 3m 깊이의 교통호를 따라 추격하는 도중 적의 대대 본부를 기습하여 대대장과 대대 참모를 모두 생포했다. 뜻하지 않은 전과였다. 교통호를 따라 100m 정도 내려가니 거기에는 개활지가 펼쳐져 있었다. 우리 앞 바로 가파른 절벽 밑에는 비엔르샤토*Vienne-le-Château* 계곡이 가로질러 있었다. 비엔르샤토는 숲에 가려 잘 보이지 않았다. 적을 추격하다 보니 양 측방과 후방의 우군과 연락이 끊겼다. 약 200m 떨어진 숲의 가장자리에서 다수의 적병을 발견하고 즉시 사격을 가했다. 적은 잠시 총격전을 벌이다가 숲 속으로 사라졌다. 총격전이 벌어지고 있을 때 나는 우리와 거의 나란히 돌진한 제1대대의 선두 부대와 좌측방에서 접촉하는 데 성공했다. 나는 지휘관을 잃고 헤매는 제3대대 병사들을 포함하여 부대를 재편성한 다음, 제2방어선의 남쪽 300m 지점에 배치시키고 방어토록 했다. 우측방이 노출되었고, 우리 후방에서는 아직도 치열한 전투가 벌어지고 있어서 남쪽으로 더 돌진한다는 것은 현명하지 못하다고 판단했다. 1월 29일 단독으로 너무 멀리 진출하여 모든 지원이 끊어져 구사일생(九死一生)으로 살아남은 기억이 지금도 생생하다.

정찰대의 보고에 의하면 우측방 부대는 아직도 제1방어선을 돌파하지 못하고 있다는 것이었다. 상황이 이렇게 되면 우리는 서쪽으로부터 언제 가해 올지 모르는 적의 역습에 대비할 저지진지를 구축해야 했다. 이 진지를 고수하기 위하여 나는 가장 신임할 만한 역전의 용사들을 최후방요소 요소에 배치했다. 아니나 다를까 적은 그 후 몇 시간 동안 잃어버린 진지를 회복하려고 일련의 역습을 감행했다. 그러나 적의 역습은 모두 실패하고 말았다. 나는 대대장에게 상황을 보고했다.

좌측에서 제1대대의 선두 중대들은 계곡을 따라 내려가 우예트*Houyette* 협곡까지 전진했다. 전투전초가 300m 전방 비탈진 숲 속에 적의 대부대가 집결하고 있다고 보고했다. 나는 제1대대장 울레리히Ulerich 대위와 이 상황을 상의했다. 울레리히 대위는 제1대대로 하여금 9중대의 좌측에서 호를 구축하기로 결심했다.

우리는 즉각 작업을 시작했다. 나는 1개 예비소대로 하여금 탄약과 수류탄을 운반하게 하는 동시에 제2방어선 내의 측방에서 호를 구축하도록 했다. 적의 정찰대가 우리 진지에 수색차 접근해 왔다. 그러나 우리는 손쉽게 그들을 격퇴시켰다.

굴토작업은 수월했다. 잠깐 동안에 1m 이상을 팠다. 우리가 공격을 개시한 이후 적의 포병은 침묵을 지켰으나, 이제 막 모든 포를 동원, 제2방어선에 포격을 가하기 시작했다. 적은 아군의 대부대가 제2방어선을 점령하고 있는 것으로 판단하고 치열한 포격을 가해 왔다. 그 결과 적의 구진지가 분쇄되고 후방으로 통하는 우리의 통로를 끊어 놓았다. 또한 보급품 운반이 어려워 탄약 보급에 차질이 생겼고, 유일한 통신수단인 유선마저 절단되었다. 그러나 우리는 1개 중기관총소대를 중대지역으로 이동 배치시키는 데 성공하였다.

해가 질 무렵에 호의 깊이는 1.5m가 되었다. 적의 포탄이 우리 뒤에 여전히 떨어지고 있었다. 돌연 숲 속에서 나팔소리가 들려왔다. 적은 그들이 통상 사용하는 밀집대형으로 200m 떨어진 숲에서 우리 쪽으로 돌진해 왔다. 그러나 우리의 사격으로 적은 곧 땅에 엎드렸다. 우리 전방 지형이 약간 움푹 들어갔기 때문에 적이 80m까지 접근했을 때에야 비로소 표적을 발견할 수 있었다. 아마 제2방어선 근처에 진지를 구축했더라면 적을 관측하기가 용이하고 좋은 사계를 가질 수 있었을 것이다. 이렇게 유리한 점도 있는 반면, 적의 포격에 강타당할 약점도 있었다. 날이 꽤 어두웠는데도 적은 수류탄을 투척하며 공격을 계속했다. 수류탄 보급이 여의치 않아 우리들은 주로 소총과 기관총으로 대항했다. 밤은 컴컴했다. 로켓 조명탄으로 어둠을 밝히려 했으나 수류탄의 연기 때문에 별로 효과가 없었다. 적이 50m 이내로 육박해 왔다. 우군과 적의 수류탄이 사방에서 폭발했다. 일진일퇴의 전투는 밤새 계속되었다. 결국 우리는 적의 역습을 격퇴했다. 날이 새자 우리는 약 50m 전방에서 모래주머니로 만든 장벽을 발견하였다. 전방에서 들려오는 소리로 미루어 적은 임시로 만든 장벽 뒤에서 부지런히 호를 파고 있음이 분명했다. 적의 보병이 밤새 우리를 괴롭히더니 날이 밝자 포병이 임무를 교대하여 사격으로 또 괴롭혔다. 그러나 다행히도 우리 진지에는 포탄이 별로 떨어지지 않았다. 포탄은 대부분 제1방어선과 제2방어선에 떨어졌고 파편 조각만이 우리 진지로 날아왔으나 비교적 안전한 편이었다. 포격세례 속에서 교통호를 따라 식사와 보급품을 운반하고 있는 보급대를 조금도 부러워하지 않았다.

그 후 며칠간 우리는 진지 보강작업에 전력을 다했다. 호의 깊이는 2m로 팠고, 목재 지주를 세운 대피호와 철판엄체(鐵板掩體)도 구축하고 사격진지를 모래주머니로 쌓았다. 적의 포격에 의한 전방의 병력손실은 별로 없었으나, 후방으로 통하는 교통호에서는 매일 몇 명씩 희생되었다.

6월 30일의 공격을 위하여 집결했던 강력한 포병은 다른 지역으로 이동했고 편제상의 직접지원 포병은 보잘것없이 약한 데다 탄약마저 부족해서 충분히 지원할 수가 없었다. 그러나 포병 관측장교가 항상 최일선에서 우리와 함께 있어 주어 이 점만은 보병으로서 대단히 감사하게 생각했다.

7월 초순에 적은 어느 정도 종사(縱射)가 가능한 진지에서 박격포탄을 발사하여 매일같이 우리 호를 파괴했다. 이 박격포는 구조가 간단하고 좌우편차가 별로 없었다. 따라서 적은 직사로 고도의 명중률을 높였다. 피해를 입지 않기 위해 시간에 맞추어 위험 예상지역을 벗어난다는 것은 거의 불가능했다. 이 박격포 때문에 우리는 상당한 피해를 입었다. 또한 200kg의 포탄 한 발로 몇 명이 한꺼번에 목숨을 잃었다.

7월 어느 날인가 나는 5주일 동안에 걸친 10중대장 대리 근무를 하기 시작했다. 10중대 지역에는 4중대와 5중대의 일부 병력이 배치되어 있었다. 3개 중대장은 지하 8m에 여러 개의 출입구를 가진 방탄 유개호를 구축하기 위하여 공동계획을 작성했다. 이 작업을 여러 개 조로 나누어 밤낮으로 계속했다. 각 조는 서로 다른 방향에서 한 개의 대피호를 향해 파 들어갔다. 장교들도 이 작업에 직접 참여했다. 공동작업으로 병사들의 사기도 올라갔다.

때때로 적의 포격에 의하여 모든 진지가 완전히 매몰되었다. 이럴 때마다 나뭇가지로 엉성하게 만들어 놓은 대피호들이 마치 종이 상자처럼 쉽게 무너지는 것을 목격했다. 다행히도 적의 포격은 융통성 없이 한결같이 일정한 규칙에 따라 실시되었다. 즉 적은 언제나 좌측에서 시작하여 우측으로 사격해 갔다. 치열한 포화를 받으며 한 곳에 머무르면 상당한 손실을 초래한다. 그래서 적의 포격이 시작되면 나는 언제나 호에서 빠져나와 측방이나 후방으로 사격방향이 옮겨질 때까지 기다렸다. 적 보병이 포격에 이어 공격을 개시했더라도 우리는 적을 격퇴시켰을 것이다. 1 대 1의 싸움에서 우리 독일군이 항상 우세하다고 자부하였기 때문에 적 보병의 공격은 문제가 되지 않았다.

제1방어선에서의 전투가 되풀이되었다. 우리는 적진을 향해 접근호와 갱도를 파며 다가갔다. 8월 초 우리 중대는 마르탱*Martin* 지역에서 12중대와 진지를 교대했다. 12중대는 갱도 폭파 후 감행한 공격에서 심한 손실을 입어 교대가 불가피했다. 교대는 새벽녘에 무사히 완료했다. 우리가 진지로 들어가자 곧 적의 포탄이 쏟아졌다. 우리는 주위에 쓰러져 있는 적군의 시체와 얼굴을 맞대고 수십 분 동안 엎드려 있었다. 포격이 약화되고 멈추자 우리는 야전삽을 들고 진지를 깊이 파기 시작했다. 호의 깊이가 2.5m가 되고 전면 벽에 여러 개의 작은 대피호를 만든 다음에는 적의 포병을 겁낼 필요가 없어졌다. 모쪼록 한 명의 희생자도 내지 않고 이 진지에서 철수하기를 간절히 바랐다.

굴토작업의 성과가 드디어 나타났다. 2일 후 적의 강력한 교란사격을 받았지만 피해는 극히 적었다. 8월 중순경 10중대장 대리를 끝내고 신임 중대장에게 인계한 다음 14일간의 첫 휴가를 받았다.

교훈

6월 30일 공격개시 시간을 기만하기 위하여 야포와 박격포의 공격준비 사격을 여러 차례 중단하면서 3시간 30분 동안 실시했다. 아군의 치열한 공격준비 사격에도 불구하고 적의 진지는 대부분 파괴되지 않았으며, 일부 진지에서는 기관총으로 우리의 공격을 완강히 저지했다.

독일군 보병의 탁월한 공격 전투능력을 다시 한번 과시했다. 우리 보병은 최초 목표를 점령하고 공격을 중지하는 것이 아니라 계속 추격하여 적의 다음 방어진지를 탈취했다. 또한 돌격속도도 대단해서 적의 대대장과 대대참모를 기습하여 모두 생포했다. 공격에서 방어로의 전환도 민첩하게 이루어졌다. 적은 그들의 구 방어진지에 대하여 모든 것을 다 알고 있었기 때문에 우리는 그 진지를 이용하지 않았다. 탄약과 공구운반조의 운용은 앞을 예견한 훌륭한 조치였다. 적의 보복 사격으로 우리 돌격 제대에게는 몇 시간 동안 재보급이 불가능했고 통신선마저 불통이었다.

7월 1일에 있었던 인근 삼림으로부터의 적의 역습을 격퇴하는 데 소총과 기관총이 결정적인 역할을 했다.

날이 새기 전 적 보병은 마대 장벽을 쌓고 전방 50m에서 호를 구축했다. 적이 사용한 마대는 공격 제대가 직접 운반했거나 공격이 좌절된 후에 후방 부대가 운반했을 것으로 판단되었다.

그 후 수주간에 걸쳐 적 포병이 맹렬하게 사격을 가해 왔다. 그때마다 손실을 감소시키려고 탄착 예상지역에서 병력을 이동시켰다. 현대 보병교범에도 방어 시 적의 맹렬한 교란사격을 받으면 중대장은 자기 결심에 따라 부분적으로 병력을 철수시킬 수 있다고 적혀 있다.

Ⅲ 1915년 9월 8일 공격

휴가를 마치고 귀대하여 나는 4중대장에 보직되었다. 4중대는 며칠 후 연대의 우익에서 공격하도록 임무가 부여되었다. 나는 샤르러트 계곡의 예비진지에서 지휘권을 인수했다. 나는 몸소 중대집결지와 공격할 지형을 정찰한 다음, 샤르러트 계곡에서 여러 차례에 걸친 공격 예행연습을 실시했다. 이렇게 함으로써 우리에게 부여된 어려운 임무를 전 중대원이 자신을 갖고 임하도록 했다. 그러나 며칠 후에 중대장직에서 해임되어 몹시 서운했다. 계급이 낮아 정식 중대장은 될 수 없었다.

9월 5일 날이 새기 전에 우리 소대는 자신만만하게 교통호를 따라 전방으로 이동했다. 우리는 제123연대의 1개 중대 진지를 인수했다. 그런데 이 진지는 적이 갱도를 파며 접근해 오고 있었다. 여기저기서 적이 쉬지 않고 갱도 파는 작업소리가 역력히 들려왔다. 우리가 공격을 개시할 때까지 적이 갱도 작업을 계속해 주기를 은근히 바라고 있었다. 우리는 적 포탄에 의해 희생되기보다는 1 대 1의 백병전이 더 좋았다. 적이 두더지처럼 계속 갱도작업을 하는 가운데 지루하고 긴 3일이 지나갔다.

9월 8일 아침 08:00시 아군의 포병과 박격포가 40~70m 전방에 대치한 적 진지를 향해 일제히 포문을 열었다. 이번 사격도 지난번 상트랄 진지에 대한 공격준비 사격에 견줄 만큼 그 위력이 대단했다. 적도 가용한 모든 포병을 동원, 맹렬하게 응사했다. 우리는 작고 빈약한 호 속에 몸을 웅크리고 지축을 흔들며 흙덩이·파편·돌·나뭇가지 등을 빗발치듯 쏟아지게 하는 적의 포격을 참고 견뎠다. 적의 포격으로 몇백 년 묵은 참나무가 뿌리까지 뽑혀 나갔다. 포격이 가해지는 동안에는 적의 갱도 작업조가 어디쯤에서 작업하고 있는지 분간할 수가 없었다. 작업을 끝낸 것이 아닐까?

나는 수시로 소대원들 가운데 사상자가 생기지 않았는가 궁금하여 소대지역을 돌며 점검했다. 돌아다니며 점검하는 동안 여러 차례 포탄이 내 앞에 떨어져 몸의 중심을 못 잡고 나뒹굴었다. 나는 적 쪽을 한번 쳐다보았다. 내 눈에 보이는 광경은 적이 우리를 볼 때 그들 눈에 비치는 광경과 아주 흡사했을 것이다. 하늘은 먼지로 뒤덮였고 적 진지 후방에는 희뿌연 포연이 깔려 있었다.

공격준비 사격이 3시간 동안 계속되었다. 드디어 시계바늘이 10시 40분에 서서히 다가갔다.

중대의 3개 돌격조는 몸을 웅크리고 공격대기 지점으로 이동했다. 11:00시 정각에 공격준비 사격의 마지막 포탄이 요란한 폭음과 함께 폭발되자 공격을 개시했다. 공병분대와 탄약 및 장비 운반조가 도착했다. 나는 각 분대장에게 분대목표를 부여했다. 나는 분대장들에게 각기 자기 목표를 반드시 탈취해야 한다는 것과 우리 후속부대가 적의 잔류병력을 소탕할 것이라는 것을 강조하였다. 목표를 탈취한 후 취해야 할 행동, 즉 점령한 진지의 강화, 인접부대와의 접촉유지, 적의 역습에 대비한 저지진지의 점령 등에 관하여 자세하게 설명해 주고 이를 철저히 지키도록 지시했다.

한편 치열한 집중사격으로 각종 포탄이 적 진지를 분쇄하고 있었다. 이러한 집중포화 속에서는 개미 새끼 하나도 살아남을 수 없다고 생각했다. 30초 전! 소총병들은 포탄 구덩이 안에 쭈그리고 앉아 돌진할 준비를 끝냈다. 10초 전! 마지막 포탄이 우리들 바로 앞에서 폭발했다. 연막이 걷히기 전에 3개 돌격조는 호에서 소리 없이 일어나 270m 전방의 목표를 향해 돌진했다. 돌격조는 며칠 전에 예행연습을 한 대로 정확하게 연막을 뚫고 돌진했다. 참으로 장관이었다.

우리 돌격조는 겁에 질려 손을 번쩍 들고 진지에서 기어 나오는 적병을 개의치 않고, 다만 우리가 통과한 공격 개시선 쪽으로 가라고 손짓으로 지시했다. 돌격조는 목표를 향해 계속 돌진했고, 제2선에서 중대 선임하사 지휘하에 우리 뒤를 따르는 부대가 이들 포로를 처리했다.

나는 우측 돌격조와 같이 행동했다. 우리는 적의 호를 지나 마침내 목표에 도달했다. 공병분대, 그리고 수류탄 운반조가 우리 뒤를 바싹 따랐다. 지금까지 한 명도 손실이 없었다. 이번 공격은 함성을 지르지 않고 은밀히 실시했다. 그 결과 적의 후방진지를 기습할 수가 있었다. 적병들은 이미 승부는 끝났다고 생각했는지 아무 저항 없이 투항했다. 갑자기 적은 기관총 한 정으로 사격을 가해 왔다. 우리는 대피했다. 우리는 좌측으로 돌아 호를 따라 내려가서 중앙 돌격조와 인접중대(2중대)와도 각각 접촉했다.

우리는 적의 역습을 대비하여 현 진지를 강화하기 시작했다. 빠른 시간 내에 적으로 통하는 호들을 모래주머니로 모두 막아버렸고, 탄약과 수류탄 집적소(集積所)를 만들었다. 적은 후방 지역에 맹렬히 포격을 가하여 우리와 공격대기 지점 간의 통로를 완전 차단했다. 또한 적의 기관총 사격으로 우리는 진지 밖으로 나갈 수가 없게 되었고, 단시간 내에 재보급을 받을 가망도 없어졌다. 적 보병이 역습을 시작했다. 우리의 전투 정면은 100m나 되었지만 손쉽게 적의 역습을 저지했다. 진지 내에서 막힌 호를 가운데 두고 치열한 수류탄전이 우리와 적 사이에 벌어졌다. 그러나 항상 그렇듯이 여기서도 적은 아무 성과를 올리지 못했다. 비탈진 경사지의 위쪽은 우리가 차지하고 적은 아래쪽에 있었다. 따라서 수류탄을 투척하는 데 있어서 우리는 적보다 훨씬 유리했다.

공격 중 한 돌격조에서 수류탄을 잘못 던져 5명이 부상을 입었다. 우리가 목표를 탈취한 후 적의 사격으로 우리 중대가 입은 손실은 전사 3명, 부상 15명이었다. 각종 보급품을 수령하는 것이 큰 문제였다. 탄약·장비·식량 등은 적의 기관총과 포병이 항상 휩쓰는 개활지를 반드시 통과해서 추진 보급되어야 했다. 공격 개시선 뒤에 교통호를 파야 했고, 우리는 우측 부대와 접촉을 유지해야 했다.

내 건의에 따라 대대장은 예비중대에서 80명을 차출, 우리의 현 진지로부터 공격 개시선까지 100m의 교통호를 파도록 지시했다. 이 작업은 내가 지휘했다. 작업장과 적과의 거리가 불과 50m밖에 안 되어서 나는 장비분대에게 명령하여 마대와 철판을 가져오도록 했다. 6월 30일, 적은 우리에게 좋은 교훈을 가르쳐 주었다.

적은 초조하고 불안한 가운데 로켓 조명탄으로 밤을 훤하게 밝히고 포격을 계속하는 동안, 우리는 22:00시에 작업을 시작했다. 이 작업을 하룻밤 사이에 완료하려면 부지런히 작업을 해야 했다. 우선 새로 파야 할 교통호의 입구부터 모래주머니로 50cm 높이의 흉벽을 쌓도록 지시했다. 이 작업은 대단히 어려웠다. 우리는 일렬로 뒤로 누워 마대를 운반, 흉벽을 쌓아갔다. 적은 소화기로 사격했지만 마대 벽 덕분에 우리 병사들은 안전했다. 순식간에 양쪽 끝에서 15m씩 벽을 쌓아 들어갔다. 마대가 다 떨어졌다. 아직도 쌓아야 할 거리는 70m나 남아 있었다. 나는 병사들로 하여금 철판을 들고 일렬로 정렬시켰다. 그리고 병사들은 철판을 뒤에 세우고 제자리에서 호를 파기 시작했다. 소총과 수류탄은 옆에 놓고 작업했다. 비록 적이 수많은 조명탄을 계속 발사하면서 보병화기로 사격했지만 작업은 계속되었다. 적의 소총탄이 작업장까지 날아왔으나 철판을 관통하지는 못했다. 그렇다고 병사들의 마음이 편할 리는 없었다. 9월 9일 아침이 밝아올 때 우리는 공격대기 지점까지 통하는 깊이 2m의 교통호를 완성했다.

힘겨운 야간작업을 마치고 피곤해서 막 잠이 들었을 때 대대장과 그 뒤를 따라 연대장이 도착, 우리 진지를 시찰했다. 연대장과 대대장은 2중대와 9중대의 전과에 대단히 만족해했다. 부여된 목표를 탈취하는 동시에 우리가 얻은 전과는 장교 서너 명과 병사 140명을 생포했고, 박격포 16

문, 기관총 2정, 굴착기 2대, 발전기 1대를 노획한 것이었다. 전승의 기쁨에 앞서 우리 4중대는 휴가명령을 받고도 떠나지 않고 연락장교로서 제123연대와의 연락임무를 수행하다 전사한 스퇴베Stöwe 소위에게 애도의 눈물을 흘려야 했다.

공격이 끝나자 나는 4중대에서 소대장을 그만두고 2중대로 옮겼다. 4중대에 정은 별로 들지 않았지만 최선을 다해서 싸웠다. 나는 2중대장으로 보직되어 전선에서 60m 떨어진 후방에 유개(有蓋)호와 저지진지로 구축된 크라운 프린스*Crown Prince*(황태자) 요새에서 잠시 2중대를 지휘했다. 여기에서 나는 중위로 진급했고, 뮌신겐*Münsingen*에서 창설될 산악부대로 전속해 갔다. 목숨을 걸고 지금까지 싸워온 정든 연대를 떠나기에 앞서 수많은 역전의 용사들과 피에 물들고 치열한 전투가 벌어졌던 아르곤의 싸움터에 작별인사를 하려는데 차마 말문이 열리지 않았다. 9월 하순 내가 비나르빌 삼림을 떠날 때 샹파뉴*Champagne*의 전투는 절정에 달했다.

교훈

나는 4중대장 대리로서 9월 9일에 있을 공격에 대비하여 철저하게 예행연습을 했다. 3개 돌격분대로 하여금 아군의 공격준비 사격이 끝나면 즉시 가까운 적 진지를 은밀히 우회하여 200m 전방의 부여된 목표를 탈취하도록 하였다. 소탕전은 제2 및 제3선의 후속 부대가 담당하도록 계획되어 있었다.

나의 명령을 어기고 1개 돌격조가 전진 중 수류탄을 던져 우리 병사 5명에게 부상을 입혔다(공격 중 우리가 입은 유일한 피해였다). 우리의 수류탄에 우리 자신이 피해를 입게 될 가능성이 있으므로 돌격 중에는 수류탄을 투척해서는 안 된다. 우리의 기습은 완전 성공했다. 돌격조는 적이 자신의 소총을 잡기도 전에 적의 진지를 통과했다. 돌격조가 적의 후방진지에 돌연 출현했을 때 적은 지옥의 악마가 나타난 것으로 착각했을 것이다. 이와 같이 불의의 기습에 의한 결과로 비교적 많은 적을 생포하게 되었다.

목표 탈취 후 우리는 공격에서 방어로 신속히 전환했다. 이번에는 주변의 적 진지를 그대로 이용하여 적의 역습을 무난히 격퇴하였다. 목표를 탈취한 후 또다시 적의 포격과 기관총 사격으로 몇 시간 동안 후방과 연락이 끊겼다. 마대와 철판을 이용하여 우측 부대와 접촉을 유지했다.

제6장
보즈 고원 '소나무 언덕' 급습

I 창설 부대

10월 초 뷔르템베르크*Württemberg* 산악대대(6개 소총중대와 6개 산악기관총소대)는 대대장 스프뢰세르Sprösser 소령 지휘하에 뮌신겐*Münsingen* 근처에서 창설되었다. 나는 2중대를 지휘하게 되었다. 중대원은 모두 200명으로 각 병과에서 선발된 경험이 풍부한 젊은 용사들이었다. 우리는 산악부대로서 임무를 완수하기 위하여 수주간에 걸쳐 맹훈련을 거듭했다. 각양각색의 군복은 우리 부대를 더욱 돋보이게 했다. 부대 창설 첫날부터 사기가 매우 높았다. 모든 장병이 계획에 따라 훈련에 열중했고, 엄한 군기는 그 실효를 거두어 부대로서 질서가 잡혔다. 얼마 후에 지급된 새로운 산악복은 우리에게 잘 어울렸다.

11월 말쯤 매사에 엄격하고 빈틈이 없는 스프뢰세르 소령이 훈련성과를 최종적으로 검열했다. 그리고 12월 초 우리 부대는 스키 훈련을 받기 위하여 알베르크*Arlberg*로 떠났다.

2중대는 알베르크 협로*Arlberg Pass* 근처 크리스토퍼 호스피스*Christo-*

pher Hospice 사원에서 숙영했다. 아침부터 저녁까지 급경사면에서 배낭을 메고, 또는 맨몸으로 스키 훈련에 박차를 가했다. 밤이 되면 임시로 만든 오락실에 둘러앉아 휘겔Hügel 신부의 지휘 아래 중대 악대가 연주하는 산악의 노래를 들었다. 이러한 분위기는 몇 달 전 아르곤의 분위기와는 너무나 대조적이었다. 일과 후에는 병사들과 많이 접촉하여 신상을 잘 파악했고, 나와 병사들 사이에는 어느덧 서로의 믿음이 깊어졌다.

담배와 술이 함께 나오는 오스트리아식 식사를 매우 즐겼다. 그러나 대우가 너무 지나치지 않나 하고 은근히 걱정하면서도 크리스마스를 즐겁게 보냈다.

분에 넘치는 생활도 곧 끝이 났다. 크리스마스를 보내고 4일째 되는 날, 우리는 이탈리아 전선으로 배치되기를 무척 기대하고 있었지만 서부로 향하는 군용열차를 타야 했다. 비바람이 몰아치는 섣달 그믐날 밤에 바바리아*Bavaria* 예비군으로부터 남 힐센 능선*South Hilsen Ridge*을 인수했다.

대대 정면은 9km였고, 좌측과 우측의 표고 차가 150m나 되었다. 여러 겹의 철조망과 그 밖의 장애물로 전선이 강력하게 구축되어 있었다. 그리고 철조망 하나는 전류(電流)가 흐르고 있었다. 이 광정면을 일렬로 배치하여 방어한다는 것은 불가능했다. 그래서 전선에 띄엄띄엄 감제고지를 선정하고 이 진지를 보강했다. 사주방어가 가능하도록 구축된 이들 지점은 마치 작은 요새와 같았고, 탄약·식량·음료수 등이 충분히 비축되어 있었다. 나는 아르곤의 귀중한 경험을 되살려 대피호는 2개의 출구와 포격에 견딜 수 있게 견고한 천장을 만들도록 지시했다.

적 진지와의 거리는 아르곤에서와 같이 수류탄을 투척할 수 있을 정도로 가깝지는 않았다. 우측과 중앙 정면의 적은 우리와 300~400m 정도 떨어져 있었고, 좌측 정면에서는 삼림 전단을 따라 더 멀리 위치했다. 1916년의 봄과 여름을 보내면서 리틀 서던*Little Southern*, 휩*Whip*, 피클헤

드*Picklehead*, 리틀 메도*Little Meadow* 등 적 진지를 연구했다. 또한 이 기간에 사관 후보생들의 현지 실습훈련을 담당하였다.

9월이 되자 우리는 힐센 능선의 북쪽 경사면에서 무개진지(無蓋陣地)를 인수했다. 적과의 거리가 가까워서 매일 죽 먹듯이 적의 심한 포격과 기관총 사격을 받았다.

Ⅱ '소나무 언덕' 급습

1916년 10월 초, 2중대를 포함한 수개 중대가 적 진지를 급습하여 적병을 생포해 오는 작전계획을 각 중대별로 수립하라는 명령을 받았다. 아르곤의 경험으로 미루어 보아 이런 형태의 작전은 통상 위험이 뒤따르고 부대편성이 곤란하며 피해가 상당했다. 그래서 기습작전에 관한 한 나는 각 병사의 임무와 행동에 대하여 일일이 지시하고 숙지 여부를 점검했다. 일단 명령이 떨어졌으므로 나는 철저한 계획을 수립하기 시작했다. 우선 적 진지에 대한 침투 가능 여부를 결정하기 위하여 뷔틀레르Büttler 하사와 콜마르Kollmar 하사를 대동하고 직접 정찰에 나섰다. 적 초소가 삼림로(森林路) 위쪽에 하나 있었다. 우리는 이 초소에 접근하려고 울창한 숲을 헤치며 살금살금 기어갔다. 삼림로는 잡초와 덤불로 뒤덮여 있었다.

우리는 적으로부터 약 30m 지점에서 이 도로를 조심스럽게 건넜다. 그 다음 도랑으로 뛰어들어 적 초소를 향해 기어갔다. 첩첩이 가설된 철조망을 절단기로 끊으려면 뒤로 드러누워 조심스럽게 작업을 해야 했다. 밤이 어두워지기 시작했다. 적의 보초가 거동할 때 나는 소리는 들을 수 있어도 적을 직접 눈으로는 볼 수 없었다. 철조망의 밑줄만 끊고 그 아래로 기어가야 했기 때문에 무척 시간이 걸렸다. 드디어 철조망지대의 중간지점에 도달했다. 이때 적의 보초가 무엇인가 이상하게 느끼고 목청을 가다듬어 몇 차례 헛기침을 했다. 무서워서 그랬을까? 아니면 우리가 내는 소리를 듣고 그랬을까? 만약 우리가 숨어 있는 도랑으로 수류탄 한 발만 던지면 우리의 운명은 여기서 끝나고 말았을 것이다. 게다가 몸을 피하기는 고사하고 한 발짝도 움직일 수가 없었다. 우리는 숨을 죽이고 초조하게 보초의 동작만 지켜보고 있었다. 보초가 안도의 기색을 보이자 우리는 뒤로 물러섰다.

주위는 완전히 어두웠다. 포복으로 되돌아오는 중에 그만 부주의로 나뭇가지를 건드려 우리의 위치가 폭로되었다. 적은 모든 초소에 경계 신호를 보내고 몇 분 동안 모든 소화기로 사격을 가했다. 우리는 땅에 바싹 엎드려 적탄을 피했다. 사격이 중지되자 우리는 포복을 계속하여 중대 진지로 무사히 돌아왔다. 정찰 결과 이 삼림지역의 적 진지를 급습한다는 것은 불가능하다고 결론을 내렸다.

다음 날 '소나무 언덕'이라고 부르는 적 진지에 대한 침투 가능성 여부를 결정하기 위하여 다시 정찰한 결과 이 지역이 보다 유리하다는 것을 발견했다. 야음(夜陰)을 이용하여 숲 속의 빈터를 따라 올라가 적의 장애물 지대에 무난히 접근할 수 있었다. 그러나 철조망이 3중으로 가설되어 이것을 절단하는 데 상당한 시간이 걸렸다. 우리 진지로부터 적 진지까지의 거리는 불과 150m에 지나지 않았다. 밤낮으로 며칠간 면밀하게 정찰한 결과 '소나무 언덕'에 있는 2개 초소의 위치를 정확히 알아냈다. 하나는 은폐된 초소로 숲의 빈터 중앙에 위치했고, 다른 하나는 양호한 관측과 사계로 주위를 감제할 수 있는 암반의 좌측 60m 지점에 위치하고 있었다. 이쪽 지역에서 적의 기관총 사격을 받은 일이 별로 없었다.

전혀 엄폐할 곳이 없는 불모(不毛) 지형에서 작전을 하려면 달이 뜨지 않는 캄캄한 밤이 제일 적격이었다. 다음 며칠 동안 우리는 '소나무 언덕'

진지에 이르는 가능한 접근로를 세밀히 연구했고, 2개 초소에서 경계하고 있는 적병들의 습성까지도 하나하나 관찰했다. 이렇게 세밀하게 준비하면서도 우리의 임박한 급습을 적에게 노출시키지 않으려고 무척 애를 썼다.

나는 정찰에서 얻은 결론을 토대로 급습계획을 수립했다. 이번은 전과는 달리 적 진지로 곧장 침투하는 것이 아니라 2개 초소 사이의 철조망지대를 통과한 다음, 적의 교통호에 들어가 적의 초소를 측방이나 후방으로부터 기습하기로 했다. 적의 호에 돌입한 후 2개 조로 나누어 각각 분진(分進)하기 때문에 이 기습작전에는 20명의 병력이 필요했다. 또한 나는 기습조의 철수계획을 수립해야 했고, 인접 호로부터 예상되는 적의 공격도 고려해야 했다. 철조망 절단조를 2개 조로 편성, 적의 2개 초소 정면에 1개 조씩 배치하기로 했다. 절단조는 포복으로 철조망 전단에 도달한 다음, 기습조가 권총과 수류탄으로 적의 호를 소탕하기 시작할 때까지 또는 적의 초소를 점령했다는 신호를 보낼 때까지 아무 행동도 하지 않고 그 자리에서 대기한다. 위의 두 가지 약정(約定) 중 어느 한 가지 상황이 발생하면 그때부터 절단조는 철조망 절단을 개시하여 기습조의 철수로를 개척한다.(그림 12)

나는 요도를 작성하여 지형을 설명하고 각 조장들과 함께 기습계획에 관하여 토의했다. 각 조는 중대 진지 후방에서 각자에게 부여된 임무에 따라 철저한 예행연습을 하면서 모든 준비를 착착 진행해 나갔다.

10월 4일 이날은 춥고 음침한 날이었다. 강한 북서풍이 불어 우리 진지로 구름이 몰려왔다. 저녁때가 되자 강풍은 폭풍으로 바뀌면서 갑자기 폭우가 쏟아졌다. 이러한 날씨가 바로 내가 바라던 날씨였다. 폭우가 쏟아지자 적의 보초는 외투 속에 머리를 파묻고 초소 모퉁이에 몸을 기대어 비를 피했다. 이쯤 되면 보초는 제 구실을 다할 수가 없다. 거기다가 비바람 소리 때문에 우리가 접근하는 소리나 철조망을 절단하는 소리를 적의 보초가 듣지 못할 것이라고 생각했다. 나는 대대장에게

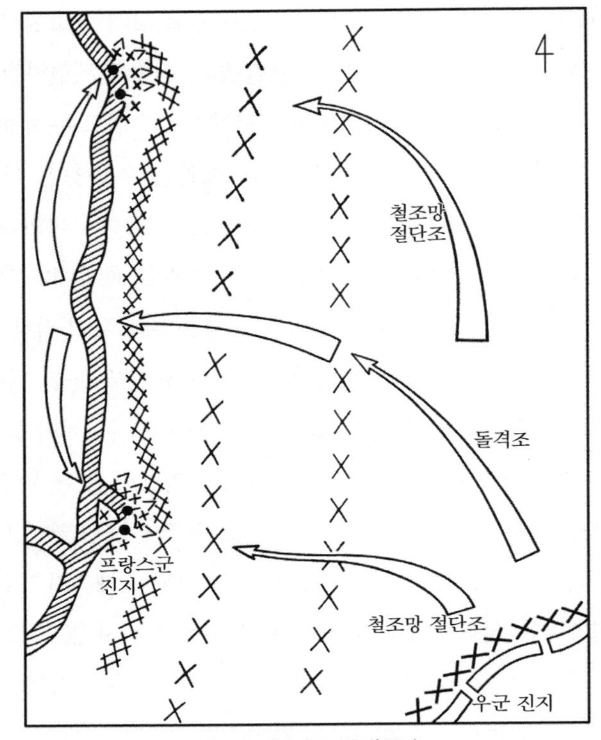

【그림 12】 '소나무 언덕' 급습

"드디어 기다리던 밤이 왔습니다"
라고 보고하자 대대장은 '행동개시'를 명령했다.

칠흑같이 캄캄하고 폭풍우가 몰아치는 밤 21:00시에 3개 조를 인솔, 중대 진지를 출발하여 적진을 향해 서서히 포복으로 기어갔다. 콜마르 하사와 스테테르 상병이 인솔하는 절단조는 우리 대열에서 떨어져 각각 우측과 좌측으로 출발했다. 샤페르트Schafferdt 소위, 파이페르Pfeiffer 하사와 나는 돌격조에 끼여 선두 절단병의 뒤를 따라 포복해 갔다. 20명의 병사가 3보 간격을 유지하며 일렬 종대로 우리 뒤를 따랐다. 우리는 은밀히 적진을 향해 기어갔다. 바람은 세차게 불었고, 내려치는 비는 얼굴을 사정없이 때렸다. 곧 온몸이 흠뻑 젖었다. 우리는 숨을 죽이고 어디서 소리가 나지 않나 하고 열심히 귀를 기울였다. 여기저기서 단발사격의 총성이 울려왔고, 로켓 조명탄이 캄캄한 밤하늘에 가끔 깜박거렸다. 그러나 우리 앞의 적은 침묵을 지켰다. 너무 캄캄해서 5m 전방의 바위조차도 분간할 수 없었다.

우리는 제1철조망에 도착하자 철조망을 절단하기 시작했다. 선두의 3인조 중 한 병사가 철조망을 절단하기 전에 철사에 헝겊을 감은 다음, 병사는 철사의 장력(張力)을 없애고, 마지막 병사가 서서히 철조망을 절단했다. 절단된 철조망의 두 끝을 그대로 내버려 두면 소리가 날까 봐 조심스럽게 말아놓았다. 사전에 연습한 대로 순서에 따라 철조망을 절단해 갔다.

우리는 가끔 작업을 멈추고 귀를 기울여 적의 동정을 살핀 다음, 다시 작업을 계속했다. 이런 식으로 우리는 조금씩 높고 넓게 구축한 적의 유자철조망(有刺鐵條網)을 절단해 갔다. 그러나 철조망의 하단부만 자르고 진입로를 개척해야 하기 때문에 어려움이 이만저만이 아니었다.

이렇게 힘들고 어려운 작업을 몇 시간 계속했다. 가끔 철선을 절단할 때 소리가 났다. 우리는 작업을 멈추고 귀를 곤두세우고는 또 적의 동정을 살폈다. 자정에서야 우리는 제2철조망을 통과했다. 이제 적과의 거리는 30m 남짓했다. 불행히도 폭풍우가 다소 가라앉더니 주위가 약간 밝아졌다. 우리 앞에 높고 끝없는 긴 방책이 나타났다. 방책 하나하나는 길고 육중했으며, 방책의 철조망은 너무 굵어서 우리가 휴대한 작은 절단기로는 끊을 수가 없었다. 우측으로 3~4m 가량 기어가서 방책과 방책 사이를 떼어 보려고 사력을 다하여 움직여 보았다. 그러나 사이는 벌어지지 않고 오히려 우리 귀에는 마치 천둥소리가 들리듯 요란한 소리만 났다. 30m 전방에 있는 보초들이 이 소리를 듣지 못했다면 그들은 졸고 있는 것이 분명했다.

그 후 몇 분간은 대단히 불안하고 초조했다. 그러나 적진은 여전히 조용하기만 했다. 방책이 너무 견고하게 설치되어 있어 우리 힘으로는 도저히 움직일 수가 없었다. 주위를 두루 살펴보니 우리가 뚫고 지나갈 만한 포탄 구덩이가 하나 있었다. 우리는 이 구덩이 밑으로 기어나가 적 진지에서 불과 3~4m 떨어진 지점까지 접근했다.

소나기가 또다시 쏟아지기 시작했다. 선두 3인조는 적의 호와 철조망 사이에서 일단 정지했다. 이 지점은 호 밑바닥을 흘러내리는 물이 돌계단 위를 넘어 계곡 쪽으로 흐르는 곳이었다. 돌격조의 선두가 방책 밑을 포복으로 통과하고 있는 중이었다. 그러나 나머지 조원들은 아직도 제1철조망과 제2철조망을 통과 중이었다. 이때 갑자기 좌측으로부터 호를 따라 내려오는 발소리가 들려왔다. 몇 명의 적병이 언덕에서 호로 내려오고 있었다. 서서히 걸어오는 발소리가 밤하늘에 메아리쳤다. 이들은 우리를 알아채지 못했다. 나는 발소리로 다가오는 적의 병력을 3~4명으로 판단했다. 이런 상황하에서 어떤 조치를 취하는 것이 최선의 방책일까? 이들에게 달려들어 덮쳐 버릴까? 그대로 지나가도록 내버려 둘까? 적과 대결하지 않고 우리의 임무를 완수할 수는 없다. 이 대결은 1 대 1의 백병전이 될 것이다. 우리의 기습조는 아직도 철조망지대를 통과하고 있었다. 우리 3명만으로도 적의 참호 순찰병들을 능히 처치할 수는 있다. 그렇게 되면 참호 수비병들이 사격을 개시하여 장애물 지대를 휩쓸어 버릴 것이며, 따라서 우리는 막대한 피해를 각오해야 한다. 적을 생포하여 잡아가는 본연의 임무는 거의 불가능하게 될 것이다. 나는 여러 가지 장·단점을 신중히 고려한 결과 적의 순찰병들을 그대로 통과시키기로 결심했다.

나는 샤페르트 소위와 파이페르 하사에게 나의 결심을 알리고 우리 3명은 적의 호 쪽으로 바싹 붙어 숨었다. 방책에 막혀 뒤로 빠져나갈 수가 없었다. 적의 순찰병들이 철저하게 자신들의 임무를 수행했다면 우리는 이 자리에서 틀림없이 발각되었을 것이다. 이런 경우를 대비하여 적을 덮쳐버릴 마음의 준비도 하고 있었다. 어쨌든 우리는 엎드려서 적의 동태를 살폈다. 발소리는 일정하게 울렸고, 그들은 소곤소곤 이야기를 주고받았다. 초조하고 지루한 시각이 1초 1초 흘러갔다. 적은 아무 일도 없다는 듯이 태연하게 우리 앞을 지나갔다. 발소리가 멀리 사라지자 우리는 안도의 숨을 길게 내쉬고 혹시 그들이 다시 돌아오지 않나 하고 몇 분간 그 자리에서 기다렸다. 그들이 돌아오지 않는 것을 확인하고, 한 명씩 차례로 호로 뛰어들었다. 비는 멈추고 바람만이 불모경사지 위를 세차게 몰아쳤다. 우리들은 조심스럽게 호 안으로 들어갔지만 호 벽에서 흙과 돌이 굴러 떨어져 소리를 내며 돌계단 쪽으로 굴러 내려갔다. 다시 불안하고 초조한 순간이었다. 드디어 전 기습조가 호 안으로 무사히 잠입해 들어갔다.

우리들은 여기에서 2개 조로 나누어 샤페르트 소위는 10명의 조원을 인솔하여 경사지를 따라 내려갔고, 쉬로프Schropp 하사는 10명의 조원을 인솔하여 그 반대 방향으로 올라갔다. 나는 쉬로프 하사조와 행동을 같이했다. 우리는 가파른 호를 조심스럽게 더듬어 갔다. 우리의 목표, 즉 암반 위의 초소에 바싹 접근했다. 혹시 적이 우리가 접근하고 있는 것을 알아차리지나 않았을까 몹시 초조했다. 그래서 일단 멈추고 귀를 기울였다. 좌측에서 무엇인가 철조망 쪽으로 떨어지더니 곧이어 우측의 호 흉벽에서 폭발하였다. 수류탄이 굉음을 내며 터졌다. 기습조의 선두병이 뒤로 휘청하며 물러섰고, 나머지 모든 조원은 호 안으로 몰려들었다. 호 안으로 적의 수류탄이 일제히 떨어졌다. 즉각 적을 공격할 것인가, 아니면 적에게 투항할 것인가? 양자택일을 해야 할 궁지에 몰렸다.

"놈들을 소탕해 버려!"

하고 외쳤다. 우리들은 일제히 돌격해 들어갔다. 기습조를 따라 여기까지 온 나의 전령 스티르레Stierle가 목 부위에 부상을 입었다. 노트하케르

Nothacker 병장이 권총으로 한 명을 처치해 버렸다. 잠시 후에 적 보초병 2명을 또 처치했다. 적병 한 명이 황급히 계곡 비탈 쪽으로 달아났다.

손전등을 비추면서 대피호 입구를 찾아 헤맸다. 첫 번째 찾은 호 안은 텅 비어 있었고, 두 번째 찾은 호 안에는 적병이 꽉 차 있었다. 오른손에는 권총, 왼손에는 손전등을 쥐고 콴트테Quandte 병장의 경호하에 나는 50cm 너비의 비좁은 호 입구로 기어 들어갔다. 완전무장을 하고 벽에 기대어 앉아 있던 적병 7명이 내 지시대로 무기를 버렸다. 안전한 방법은 수류탄 한두 발로 이들을 폭사시켜 버리는 것이었다. 그러나 이렇게 처치하는 것은 적을 생포해 오라는 상부 명령에 위배되는 행동이었다.

샤페르트 소위는 한 명의 희생자도 없이 적 2명을 생포했다고 보고했다. 우리 돌격조가 임무를 완벽하게 수행하는 동안 절단조들은 두더지와 같이 부지런히 철조망을 절단하여 철수로를 개척했다.

돌격조가 임무를 성공적으로 완수했으므로 나는 철수를 명령했다. 우리는 적의 예비대가 투입되기 전에 적 진지로부터 빨리 빠져나와야 했다. 철수 시에는 적으로부터 사격을 받지 않았으며, 11명의 포로를 데리고 중대로 복귀하였다. 특기할 만한 사항은 전사자가 한 명도 없었다는 사실이었다. 알고 보니 스티르레 상병의 부상은 수류탄 파편이 살짝 스치고 지나간 상처였다. 상급 지휘관들도 이 같은 혁혁한 전과에 대단히 만족해했다.

불행히도 그다음 날 적의 보복을 받아 콜마르 하사가 중대 진지 으슥한 곳에서 그만 적의 저격병에게 납치되었다. 어처구니없이 콜마르 하사를 잃게 되어 우리는 '소나무 언덕'의 승리를 기뻐하기 전에 슬픔에 잠기고 말았다.

이후 얼마 안 가서 '무개진지'의 야전생활도 끝이 났다. 독일군 최고사령부는 뷔르템베르크 산악대대에게 다른 임무를 부여할 계획을 가지고 있었다. 10월 말쯤 우리는 동부전선으로 이동했다.

제3부
루마니아 및 카르파치 산맥에서의 기동전
(1917년)

제7장
스쿠르두크 협로~비드라

I 1794고지 점령

1916년 8월 연합군은 동맹제국*Central Powers*의 전선에 총반격을 개시했다. 솜*Somme* 지구에서 막강한 영국·프랑스 군과 일대 결전을 벌였다. 베르덩*Verdun* 근처에서 피비린내 나는 격전이 다시 벌어졌다. 동부전선에서 오스트리아 동맹군이 브루실로브*Brusilov* 공세에서 50만 명의 손실을 입어 아직도 재기불능이었다. 마케도니아 전선에서는 사라일Sarrail 장군(프랑스) 휘하의 연합군이 공세를 준비하고 있었다. 이탈리아 전선에서는 에존트소*Isonzo* 강 공방전이 여섯 차례에 걸쳐 실시되었지만 괴르츠*Görz* 교두보와 괴르츠 시를 상실하고 말았다. 여기서도 적은 새로운 공세를 준비하였다.

이때 루마니아가 우리의 새로운 적으로 전쟁에 참가했다. 루마니아는 그들의 참전이 연합국에게 승리를 빨리 안겨 줄 것으로 생각했다. 참전의 대가로 루마니아는 연합국 측에 많은 것을 기대했다. 1916년 8월 27일 루마니아는 동맹국 측에 선전포고를 한 다음, 50만 명의 군대가 국경을 넘어 지벤뷔르겐*Siebenbürgen* 지역으로 진군했다. 10월 말, 뷔르템베르크 산악대대가 지벤뷔르겐에 도착했을 때는 아군이 도브루자*Dobrudja*, 헤르만

스타트*Hermannstadt* 및 크론스타트*Kronstadt* 전투에서 이미 대승했고, 루마니아군은 패배하여 국경을 넘어 퇴각했다. 그러나 아직도 결전을 치러야 했다. 러시아군이 몇 주 전에 희망에 부푼 가슴을 안고 국경을 넘어왔다가 다시 쫓겨간 루마니아군을 지원했다.

뷔르템베르크 산악대대는 페트로세니*Petroseny*로 가는 철로가 파괴되어 퓌*Puy*에서 하차했다. 각종 부대가 몰려들어 뒤엉킨 혼잡한 도로를 따라 우리들은 페트로세니를 향하여 강행군을 계속했다. 정상적인 행군속도를 유지하기 위해 다음과 같은 조치를 취했다. 중대의 선도(先導) 분대는 착검을 하고 도로를 막은 혼잡한 차량들을 정리하며 나아갔다. 중대 차량 뒤에 소총병들이 따랐다. 병사들이 지쳐서 쓰러지려고 하면 행군을 멈추고 휴식을 취했다. 가다 쉬다를 반복하며 우리 대대는 느린 속도로 행군을 계속했다. 행군 도중 높고 뾰족한 군모를 쓴 루마니아군 포로들을 보았다.

밤 12시쯤 우리 중대는 페트로세니에 도착, 학교 교실 마룻바닥에서 서너 시간 잠을 잤다. 장거리 행군으로 발바닥이 화끈거렸다. 그러나 날이 새기 전에 2중대와 5중대는 차량에 승차, 루페니*Lupeny*를 지나 상황이 위급한 산악 전선으로 출발했다.

며칠 전 제11바바리아 사단이 벌컨 협로*Vulcan Pass*와 스쿠르두크 협로*Skurduk Pass*를 공격하였으나 실패했다. 이들 협로의 출구를 탈취하려고 치열한 전투를 벌이다가 아군의 보병과 포병의 일부는 격퇴되었고, 전의(戰意)를 완전히 상실하였다. 그러나 현재는 쉬메토*Schmettow* 기병군단이 국경선과 접한 일련의 능선을 장악했다. 루마니아군이 계속 공격을 감행했더라면 열세에 놓인 아군은 그들을 저지하지 못했을 것이다.

여러 시간 동안 차량행군을 한 후, 우리는 호비쿠리카니*Hobicuricany*에서 하차했다. 기병여단에 배속된 우리 대대는 여기서부터 1794고지가 있는 국경 산악지대로 다시 이동했다. 우리는 좁은 산길을 따라 기어 올라갔다. 지난 4일간 휴대식량을 소모하지 않아 배낭이 무겁기만 했다. 우리 부대는 짐을 운반해 줄 동물이나 동계 산악장비도 갖추지 못하였으며, 모든 장교들도 자기 배낭을 메고 행군했다. 몇 시간 동안 가파른 경사면을 기어 올라갔다. 도중 건너편 산에서 전투를 한 바바리아 부대의 장교 한 명과 사병 몇 명을 만났다. 이들은 힘이 쭉 빠진 것같이 보였다. 이들의 이야기를 들어본즉 바바리아 부대는 안개 속에서 격전을 치렀으며, 대다수의 전우가 루마니아군과 싸우다가 전사했다는 것이다. 이들 생존자는 며칠간 먹지도 못하고 삼림 속을 헤매다가 겨우 국경 산맥을 넘는 길을 찾았다는 것이다. 이들은 루마니아군이 잔인하고 위험한 적이라고 설명했다.

오후 늦게 우리 부대는 고도 1,200m 지점에 도달하여 지휘소를 설치했다. 다른 중대들이 저녁 식사를 준비하고 있는 동안 5중대장 괴슬러 Gössler 대위와 나는 지휘소로 호출되어 상황 설명을 들은 다음, 가능한 한 빨리 행군을 계속해서 오늘 저녁 1794고지에 도착, 고지 정상의 진지를 점령하고 문셀룰*Muncelul*과 프리슬로프*Prislop* 지역을 정찰하라는 임무를 받았다. 적에 관한 최신의 정보는 2일 전에 문셀룰 남쪽에서 침투해 들어간 아군 정찰대가 수집한 것이었다. 전화교환소와 군마들이 1794고지에 있을 것으로 판단되었다. 좌·우측 부대와의 접촉도 끊겼다.

안내병도 없이 산을 기어오르기 시작할 때 비가 내렸다. 밤이 되면서 비는 점점 심하게 내리고 너무 캄캄해서 앞을 분간할 수 없었다. 차가운 비는 폭우로 변했고, 우리는 흠뻑 비에 젖었다. 가파르고 암석뿐인 경사면을 더 이상 올라갈 수가 없어서 1,500m 높이의 산 샛길 양쪽에서 숙영을 했다. 비에 온몸이 젖어서 잠을 이룰 수도 없었다. 비는 여전히 쏟아져 소나무 가지로 모닥불을 피우려고 했으나, 그것도 허사였다. 우리는 쭈그리고 모여 앉아 모포와 개인천막으로 몸을 감싸고 추위에 벌벌 떨었다. 비가 조금 주춤해지자 다시 불을 피우려고 했으나, 젖은 소나무 가지는 연기만 나고 타지 않았다. 이 끔찍한 밤은 길기도 했다. 자정이 지나서야 비는 그쳤지만 찬바람이 여전히 불어와 추워서 견딜 수가 없었다. 몸이 꽁꽁 얼어붙어 연기만 나는 모닥불 앞에서 발을 동동 굴렀다. 드디어 날이 밝았다. 흰 눈이 덮여 있는 정상을 향하여 또다시 기어 올라갔다.

고지 정상에 도착하고 보니 옷과 배낭이 등에 얼어붙었다. 온도는 영하로 내려갔고, 살을 에이는 찬바람이 1794고지의 눈 덮인 정상을 휘몰아치고 있었다. 우군의 진지가 보이지 않았다. 조그마한 굴을 하나 찾아냈다. 이 굴은 10명 정도가 들어갈 수 있었으며, 여기에 유선통신분대가 자리잡고 있었다. 우측 저편에 약 50필의 군마가 추위에 떨고 있었다. 우리가 이곳에 도착한 후 얼마 안 되어 눈보라가 휘몰아쳐 앞이 보이지 않았다.

괴슬러 대위는 현지 지휘관에게 상황을 설명하고 2개 중대를 철수시키려 했다. 그러나 등산 경험이 풍부한 괴슬러 대위의 설명도 허사였다. 심지어 군의관까지도 젖은 군복에 밖에서 불도 못 피우고 따뜻한 음식도 먹지 못한데다가 눈보라를 계속 맞으면 몇 시간 내에 많은 환자와 동사자가 발생할 것이라고 건의했으나 이것마저 묵살되었다. 현지 지휘관은 만약 한 치의 땅이라도 물러날 경우 군법회의에 회부시키겠다고 오히려 협박을 하였다.

실종 부대의 행방을 알아보기 위해 뷔틀레르Büttler 하사를 문셀룰을 경유, 스테르수라*Stersura* 방면으로 보냈다. 우리는 눈 위에 천막을 쳤다. 불은 도저히 피울 수가 없었다. 고열 환자와 구토증 환자가 많이 발생했다고 보고했지만 현지 지휘관의 결심을 바꾸지는 못했다. 무서운 밤이 왔다. 추위는 점점 심해졌다. 병사들은 천막에 가만히 있을 수가 없어서 어젯밤과 마찬가지로 왔다 갔다 하면서 추위를 이기려고 애썼다. 길고 긴

겨울밤이었다.

날이 새자 군의관은 40명의 병사를 후송시켜야 했다. 괴슬러 대위는 할 수 없이 현지 지휘관에게 직접 출두하여 이 고지의 악조건을 설명하도록 나에게 명령했다. 나는 사령관을 설득, 우리의 건의대로 즉각 시행하도록 하는 데 마침내 성공했다. 내가 1794고지에 돌아오기 이전에 괴슬러 대위는 어떤 일이 일어나도 좋으니 2개 중대를 인솔하고 철수하기로 이미 결심했다. 동상과 감기 증상으로 90%의 병사가 치료를 받고 있었다. 우리는 정오에 짐을 운반하는 말과 목재 및 그 밖의 장비를 갖춘 부대와 교대했다. 이때는 날씨가 말끔히 개었다. 한편 뷔틀레르가 인솔하는 정찰분대가 이 산의 남쪽 어느 돌출부에서 실종된 정찰대를 발견했다. 이곳은 고도 1,300m로 날씨는 견딜 만했다. 루마니아군이 지나간 흔적은 보이지 않았다.

3일 후에 우리 중대는 완전히 회복했다. 기상도 호전되어 날씨도 제법 풀렸고 여러 가지 장비도 충분히 휴대하여 우리 중대는 문셀룰 고지로 올라갔다. 고도 1,900m에서 하룻밤 숙영하고 동쪽과 동북쪽으로 벼랑이 진 벌컨 산맥의 한 고지 스테르수라로 이동했다. 중대는 스테르수라에서 북쪽으로 1km 떨어진 지점에 전초를 배치했다. 3명의 보초로 경계를 담당케 하고 전초병들이 삼림 고지에 견고한 진지를 구축하고 있을 때 스테르수라에 있던 중대의 잔여 병력들도 진지 구축에 전력을 다했다. 약 1개 대대 병력의 루마니아군이 도로 건너편에서 여러 개의 2중 진지를 구축하고 경계하고 있었다.

그 후 며칠 동안 적의 소수 병력과 여러 차례 교전했지만 우리는 피해를 입지 않았다. 우리는 진지 근처에 천막을 치고 생활했고, 말들이 능선 건너편 계곡에서 매일 식량을 운반했으며, 유선으로 대대 본부와 초소들을 연결, 연락을 유지했다. 우측 건너편에 아르카눌루이*Arkanului* 고지가 있었다. 제11사단 포병부대들이 이 고지를 포기하고 고지의 동남쪽 가파른 경사면에 진을 치고 있는 것을 볼 수 있었다. 우리로부터 동쪽으로 2km 떨어진 다음 능선에는 뷔르템베르크 산악대대의 일부 병력이 배치되어 있었다.

안개가 우리 발 아래 산악 고원지대에 깔려 있고, 트란실바니아 산맥*Transylvanian Alps*의 산봉우리들이 아침 햇빛을 받아 안개가 마치 바다의 파도와 같이 넘실거렸다. 형언할 수 없는 장관이었다.

교훈

1794고지 점령은 고산지대 기후가 얼마나 병사들의 사기와 전투력에 영향을 주는가를 보여 주었다. 특히 산악 장비가 불충분하고, 보급품이 부족할 때는 기후의 영향을 많이 받는다. 그러나 우리는 적 앞에서 우리 병사들이 어떤 것을 참고 견뎌낼 수 있는가를 알게 되었다. 어떤 때는 마른 나무와 목탄을 고도 1,800m에 배치된 부대에게 공급해 주어야만 했다. 며칠 후 우리는 벌컨 산맥의 남쪽 기슭에서 깡통을 매달고 숯불을 피워 천막을 따뜻하게 했다.

Ⅱ 레술루이 공격

11월 루마니아군은 크론스타트로부터 부카레스트*Bucharest* 방면으로 일격을 가하려는 독일군의 공세에 대비하여 플로에스티*Ploësti* 북방에 예비대를 집결시키고 있었으나, 그들은 퀴네Kühne 장군이 발라키아*Wallachia*로 침투하여 서쪽으로부터 부카레스트로 진격할 목적으로 벌컨-스쿠르두크 지역에서 새로운 공격부대를 편성하고 있는 사실을 전혀 모르고 있었다.

11월 초, 우리 대대에서 차출된 중대들은 새로 편성된 공격군의 우익에서 프리슬로프로부터 세필룰*Cepilul*을 거쳐 그루바 메어*Gruba Mare*까지 이어지는 일련의 능선을 점령했다. 이 작전은 산악으로부터 우리의 주력부대가 진출하는 것을 엄호하기 위하여 계획되었다. 우리는 격전을 벌여 일단 목표를 점령한 후에는 반드시 있을 적의 역습을 격퇴하기 위하여 새로 탈취한 목표를 강화해야 했다. 루마니아군은 잘 싸웠으나 역습할 때마다 번번이 실패했다. 그래서 루마니아군은 스테르수라에서 방어하기 위하여 철조망으로 장애물을 구축했다.

11월 10일 경계임무를 부여받은 1개 소대를 제외하고 우리 중대는 모두 퀴네 군단의 공격에 참가하기 위하여 그루바 메어로 이동했다. 공격 개시일은 11월 11일이었다. 우리 대대의 임무는 동쪽 경사면이 발라키아 국경의 일부가 되는 고도 약 1,191m의 감제고지 레술루이Lesului 봉을 탈취하는 것이었다. 루마니아군은 이 고지를 최대한으로 요새화했고, 그루바 메어와 레술루이 고지 사이의 안부(鞍部)에 여러 겹의 방어진지를 구축했다. 우리 대대는 이번 공격을 위하여 5개 소총중대(제2중대 포함)를 투입했고, 1개 산악포대가 직접 지원포병으로 배속되었다. 괴슬러 중대는 정면공격을 실시하고 리브Lieb 부대는 동쪽에서 적 진지를 포위하기로 했다. 리브는 포위 임무를 수행하기 위하여 증강된 2개 중대를 지휘했다. 정면공격부대는 포위부대가 행동을 개시한 후에 이어서 공격을 개시하도록 계획이 수립되었다.(그림 13)

2중대는 1개 기관총소대의 지원을 받았다. 11월 11일 새벽에 우리 중대는 루마니아군 진지로부터 200m 지점까지 접근했다. 공격준비가 완료되었다. 집결지로 이동 도중 루마니아 정찰대와 조우하여 치열한 총격전을 벌였다. 이 결과 서너 명의 적병을 생포했고, 우리 측의 손실은 없었다. 이 조우전으로 루마니아군은 불길한 사태가 벌어질 것이라고 예측하고 오전 내내 소총과 포병 사격으로 이 지역을 소사했다. 이 지역에는 그럴

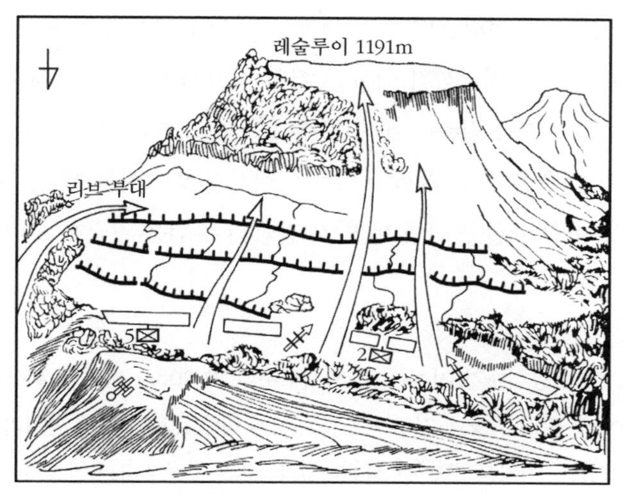

【그림 13】 레술루이 고지 상황(1916년 11월 11일, 북쪽에서 본)

듯한 엄폐물이 많이 있어서 우리의 병력손실은 없었다. 우리는 탄약을 절약하기 위하여 응사하지 않았다. 우리는 적의 사격을 받으면서 적 진지로 접근, 정찰을 계속했고, 공격 간 화력 지원에 대한 완전한 계획도 수립했다. 1개 산악포대가 좌후방 진지로 투입되고 많은 관측소가 설치되었다. 시간은 흘러갔다. 정오가 지나서 리브 부대가 포위작전을 개시했다. 공격 개시의 총성이 울리자 우리 중대는 괴슬러 부대와 함께 전진했다.

2중대가 전진하기 전에 그라우Grau 소위가 약간 높은 진지에서 중기관총으로 적 진지를 소사했다. 중대 병사들은 엄폐지역을 벗어나 노도(怒濤)와 같이 밀려 내려갔다. 루마니아군이 응전해 왔다. 그러나 우리는 안부의 호 안에 있던 적을 소탕하고 몇 분 후에 레술루이 고지에 도달했다. 루마니아군은 우리의 압박을 교묘하게 피하여 안부 계곡으로 도주했기 때문에 포로가 적었다. 그러나 레술루이 정상을 탈취하는 데 시간이 별로 걸리지 않아 정상에서 밤을 보냈다. 2중대는 이번 정면 공격에서 부상자가 한 명밖에 나지 않았기 때문에 서로 껴안고 기쁨의 함성을 질렀다.

어두워진 후에 적의 위치를 탐색하고 식량을 구하기 위하여 정찰대를 남쪽으로 보냈다. 지금까지 식사를 거의 하지 못했다. 정찰대는 12일 아침에 귀대하여 적과 접촉을 하지 못했다고 보고했다. 그러나 정찰대는 여러 종류의 가축을 끌고 와서 우리들은 삽시간에 요리를 했다. 따뜻한 식사를 하고 아침 햇살을 한 몸에 받자 간밤의 추위는 말끔히 사라졌다.

교훈

11월 11일의 공격대기 지점은 적 진지로부터 약 200m 떨어진 후사면에 위치했다. 적이 주 진지 전방에 전투전초를 배치하지 않았기 때문에 근거리까지 접근할 수가 있었다. 이것은 적의 큰 실책이었다. 우리 공격부대는 집결지에서 장시간 대기했는데 이때 적의 교란사격을 받았다. 공격부대가 200m 거리에서 기관총 지원사격을 받았다. 이곳 지형의 특수성 때문에 기관총은 근거리에서 화력 지원을 했다.

공격개시와 동시에 실시된 중기관총 사격은 돌격소대들의 정면에 배치된 적이 머리를 들지 못하게 만들었다. 돌격부대가 진지와 진지 사이의 간격을 사격으로 제압하는 동안 중기관총은 계속 사격했다. 그다음 사격을 일단 중지했다가 적 진지의 후방으로 사격을 전환했다. 돌파에 성공한 다음 중기관총소대는 돌격부대의 뒤를 신속하게 따라와서 안부의 좋은 사격 진지로부터 공격을 지원했다. 적은 이미 여러 시간 전에 우리의 공격을 예상하고 있었다. 그러나 우리는 적의 예상을 뒤엎고 불시에 기습공격을 가했다.

30분만 늦게 공격을 개시했더라면 더 큰 전과를 올릴 수 있었을 것이다. 왜냐하면 리브 부대가 적의 측방에 있지 않고 후방까지 전진하여 적의 퇴로를 차단할 수 있었기 때문이다.

Ⅲ 쿠르페눌-발라리 전투

1916년 11월 12일 오후 제2중대는 배속된 1개 중기관총소대를 이끌고 레술루이 고지에서 동쪽 경사면을 타고 내려가 발라리*Valarii* 마을을 점령하라는 명령을 받았다. 대대의 잔여중대들도 2개 제대로 나누어 서쪽 경사면을 타고 내려가 동일한 목표를 공격하기로 되었다. 레술루이 정상에는 햇볕이 내리쬐고 있었지만 정상에서 조금 내려오니 짙은 안개가 끼어 있었다. 우리는 나침반을 사용하여 목표로 가는 길을 더듬어 서서히 내려갔다. 얼마 안 되어 마을 쪽에서 말소리가 들려오기 시작했다. 이 소리가 명령을 하달하는 것인지, 아니면 그저 말을 주고받고 하는 것인지 분간할 수 없었다.

좌측으로 얼마 내려가지 않은 곳에서 적의 1개 포대가 벌컨 협로에서 사격하고 있었다. 우리의 현 위치는 언제라도 안개 속에서 적과 조우할 가능성이 있었다. 그래서 우리는 전방·측방·후방 경계를 강화하고 풀이 무성한 경사면을 조심스럽게 내려갔다. 이야기는 일절 못하게 했다.

안개가 걷힐 무렵 날이 어두워지기 시작했다. 계곡 약 3~4km 전방에 길고 좁은 마을이 하나 있었다. 이 마을에는 독립가옥들이 옹기종기 모여 있었다. 발라리일까? 아니면 쿠르페눌*Kurpenul*일까? 쌍안경으로 보니 여기저기 사람들이 몇 명씩 모여 있었다. 군인들 같기도 했다. 여기서 마을 초입까지 가는 데는 10분 정도면 충분할 것 같았다. 이 마을 입구에 적의 보초가 있는 것이 분명했다.

양 측방과 접촉을 유지하지도 않고 또는 지원부대가 도착하기도 전에 행군을 계속하거나 또는 공격을 개시한다는 것은 현명하지 못하다고 판단했다. 측방과의 연락이 완전히 이루어질 때까지 나는 공격을 준비하기로 결심했다. 적에게 우리의 위치를 노출시키지 않으려고 나는 전방에 정찰대를 내보내지 않고 육안 관측만을 철저히 하기로 했다.

어두워지기 전에라도 지원부대가 도착하면 마을을 공격하기 위하여 만반의 준비를 갖추었다. 우리는 어두워질 때까지 작은 골짜기와 덤불 숲 속에 숨어 있었다. 날이 어두워진 후에 나는 호를 파서 방어진지를 편성하도록 명령하고 경계부대를 내보낸 다음, 상황이 전개되어 나가는 것을 주시했다. 아군 부대가 접근해 오거나 이상한 소리가 들리면 즉시 보고하도록 모든 보초에 지시했다. 이와 같이 만일의 사태에 대비한 후 우리는 팔을 베고 서너 시간 잠을 잤다.

자정이 채 못 되어 우리 대대의 측방 부대가 경사면을 내려오고 있었다. 나는 전 중대원에게 전투준비를 하라고 명령했다. 해가 뜰 무렵 사격지원을 할 수 있도록 중기관총소대를 좌측에 배치하고 우리는 덤불 사이로 쿠르페눌-발라리 마을에 접근해 갔다. 선두 부대는 무사히 마을의 변두리에 도착했으나, 적을 발견하지 못했다고 보고했다. 그러나 우측의 인접부대 근처에서는 간간이 총성이 울렸다. 우리는 마을로 은밀히 침투하고 중기관총소대를 전진 배치시켰다.

여러 농가에서는 온 가족이 벽난로 쪽에 모여 담요와 털가죽을 덮고 잠을 자고 있었다. 방 안의 공기는 몹시 탁했다. 우리와 주민 사이에 말이 통하지 않아 무척 애를 먹었다. 적이 나타날 만한 징후는 보이지 않았다. 잠깐 동안 마을을 정찰한 결과, 거점으로 쓸 만한 학교와 2개의 인접 농가를 발견하였다. 우리는 작업에 착수했다. 필요한 경계부대를 배치한 다음, 나는 2명의 전령을 데리고 대대장에게 보고하기 위하여 마을 서쪽으로 갔다. 대대의 다른 중대들은 총격전을 벌인 후 적이 도주한 마을의 서쪽에 위치하고 있었다.

대대장 스프뢰세르 소령은 이 마을을 4등분해서 각 중대에 할당하였다. 우리 중대는 마을의 동쪽 지역을 할당받았으며, 중대 우측에는 3중

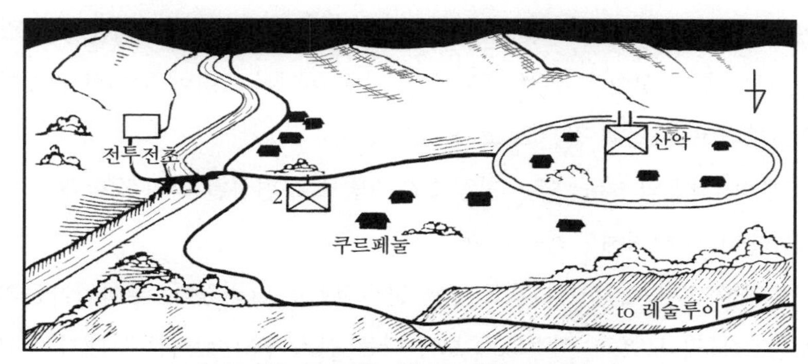

【그림 14】 쿠르페눌-발라리 상황(북쪽에서 본)

대가 남쪽을 향하여 배치되었다. 날이 밝으면 우측의 제156보병연대와 접촉을 유지해야 했다. 우리는 아직도 적의 위치와 배치상황을 모르고 있었다.(그림 14)

나는 새벽 3시에 중대로 돌아왔다. 캄캄한 밤이었다. 중대원들은 학교에서 자고 있었다. 나는 소대장들을 깨워 우리 중대의 할당구역을 정찰했다. 우리 지역의 바로 동쪽에는 폭이 약 50m 되는 개천 위에 나무다리가 놓여 있고, 이 개천의 양쪽 둑에는 포플러와 수양버들이 줄지어 서 있었다. 개천 양쪽에는 남쪽으로 뻗은 도로가 있는데 지도를 보니 동쪽의 도로가 더 양호했다. 교량 옆에는 몇 채의 농가가 있었고, 개울 서쪽에는 마을이 있으며, 맨 앞집부터 끝에 있는 집까지의 거리는 약 500~600m 되는 것 같았다. 우리가 교량 바로 서쪽과 마을로 들어가는 도로에 경계병과 쿠르페눌의 동쪽에 전투전초를 내보내기도 전에 짙은 안개가 끼기 시작했다. 나는 우측의 3중대와 좌측의 제156보병연대와의 연락을 유지하기 위하여 연락조를 보냈다. 날이 밝았다. 그러나 안개 때문에 시계는 60m 정도밖에 되지 않았다.

인접부대와 접촉을 하기도 전에 브뤼크네르Brückner 상병이 전투전초 동남방 약 800m 되는 지점에서 적 1개 중대를 발견했다고 보고했다. 적은 착검을 하고 밀집해 있었으나 브뤼크네르 분대를 발견하지는 못하였다. 대대에 이 상황을 유선 보고하자, 바로 뒤이어 교량에 배치한 경계병으로부터 또 다음과 같은 보고가 들어왔다.

"우리 후방 약 50m 되는 지점에 6~8명으로 편성된 적의 정찰대가 나타났습니다. 사격해도 좋습니까?"

중대를 전투 배치시켜 놓고 나는 전투전초로 달려갔다. 루마니아군의 높은 철모가 보였다. 이것으로 보아 나는 전초 후방에 적군 부대가 배회하고 있는 것으로 판단하고, 중대 저격병 5~6명에게 사격하도록 명령했다. 저격병들이 일제히 사격하자 여러 명이 쓰러졌고, 나머지는 안개 속으로 사라졌다. 몇 분 후에 우리의 후방 좌측에서 치열한 총격전이 벌어졌다.

남쪽에서 활동하던 다른 정찰대도 강력한 루마니아군의 전위대가 수백 m 전방에서 개천 동쪽의 전투전초를 향해 종대 대형으로 접근해 오고 있다고 보고했다. 나는 재빨리 중기관총 한 정을 전투전초로 추진시키고 도로의 양쪽을 소사하도록 명령했다. 기관총 소사를 받고 적도 약간 응사했다. 그리고 다시 잠잠해졌다.

아직까지 우리는 우측의 3중대와 접촉을 유지하지 못했다. 아무리 생각해도 중대 간의 간격이 수백 m 되는 것 같았다. 우측에서 치열한 총성이 나기 시작했다. 이것은 곧 적군이 광정면에 걸쳐 발라리-쿠르페눌을 향해 진격하고 있다는 것을 암시하는 것이었다.

우리 중대와 3중대와의 넓은 간격을 메우기 위하여 나는 우리의 측방과 후방을 엄호하도록 전투전초와 중기관총 한 정을 남겨두고 쿠르페눌 하천의 서쪽 제방을 따라 중대를 남쪽으로 출발시켰다. 나는 사계가 양호하고 개활지를 이용하여 우측 인접부대와 신속하게 접촉할 수 있는 쿠르페눌의 남단에 중대를 배치하기로 했다.

나는 첨병분대와 같이 선두에서 행동했고, 중대 본대는 160m 거리를 두고 따라왔다. 안개가 자욱하게 끼어 있었기 때문에 시계는 30~100m 밖에 안 되었다. 마을 남단에 도착하기 직전에 중대의 선두가 밀집대형으로 이동하는 루마니아군과 조우했다. 50m 거리에서 몇 초 동안 우리는 적과 치열한 교전을 벌였다. 우리는 선 채 먼저 일제 사격을 가한 다음, 땅에 바싹 엎드려 적의 사격을 피했다. 병력의 수는 적이 10 대 1로 우세했다. 우리는 속사로 적을 고착시켰으나 양 측방에서 적이 또 나타났다. 이들은 덤불과 울타리 뒤에서 기어와 사격을 가했다. 우리는 위험한 상황에 직면했다. 우리가 도로 우측 한 농가를 점령하고 적의 사격을 피하고 있을 때 중대 본대는 우리 후방 160m 떨어진 농장에 엄폐한 것 같았다. 안개 때문에 본대가 우리를 지원할 수 없었다. 중대를 앞으로 이동시킬까? 아니면 우리 첨병분대가 후퇴할까? 우세한 적과 대치한다는 것은 무리이고, 특히 시계가 극히 제한되어 있으므로 첨병분대를 철수시키는 것이 최선의 방책이라고 생각했다.

나는 첨병분대에게 5분간 더 농가를 점령하고 있다가 약 100m 후방에 위치한 중대의 지원사격을 받아 농장을 횡단하는 도로의 우측을 따라 철수하여 중대에 합류하도록 명령했다. 나는 중대가 있는 곳을 향하여 도로를 따라 단숨에 달렸다. 짙은 안개 때문에 적은 나에게 조준사격이 불가능했다. 나는 신속히 1개 소총소대와 중기관총 한 정을 좌측 지역으로 사격하도록 명령했다. 첨병분대는 엄호사격을 받으며 뒤로 빠지기 시작했다. 첨병분대는 중상을 입은 켄트네르Kentner 일병을 그 자리에 남겨둔 채 눈물을 머금고 철수해야 했다.

우리 우측에 있는 하천에서 그림자가 나타나더니 곧 루마니아군이 새까맣게 강을 건너왔다. 이때 좌측의 전투전초는 적과 치열한 접전을 벌였다. 그러나 전초의 좌측에는 적이 없어서 그쪽으로 쉽게 우회할 수가 있었다. 우측 저 멀리에서도 격전이 벌어지고 있었다. 우리는 3중대와 아직도 접촉하지 못했다. 적이 우측에서 공격한다면 3중대는 완전 포위되고 말 것이다. 바바리아 군인들이 1794고지의 전투에 대하여 얼마 전에 들려준 이야기가 생각났다. 3중대가 그런 일을 당하였음이 분명했다.

나는 명령을 내렸다.

"제1소대는 어떠한 일이 있더라도 현 위치를 고수한다. 제2소대는 제1소대의 우측방 뒤에서 내가 직접 지휘한다."

나는 서너 명의 전령을 대동하고 3중대와 직접 접촉하기 위하여 우측으로 달려갔다. 우리는 울타리 뒤쪽을 따라 개활지를 가로질러 약 200m 달려갔다. 우리가 새로 갈아엎은 논바닥을 횡단할 때 우측으로 약 50~90m 떨어진 작은 언덕으로부터 사격을 받았다. 총성이 날카로운 것으로 보아 칼빈 총임에 틀림없고 이것이 사실이라면 지금 사격한 총은 독일제임이 분명했다. 밭고랑은 엄폐물의 역할을 별로 하지 못했다. 소리를 지르고 손을 흔들어도 그들은 아랑곳없이 계속 사격했다. 다행히도 그들의 사격술은 형편없었다. 초조하게 몇 분 동안 엎드려 기다리고 있는데 다행히도 짙은 안개가 끼기 시작했다. 안개 덕분에 이 어처구니없는 궁지에서 빠져나와 중대로 돌아왔다. 나는 3중대와 더 이상 접촉하려고 하지 않았다. 나는 3중대의 일부 병력이 어디에 위치하고 있는지 확인했으므로 우리 예비소대로 하여금 280m까지 벌어진 간격을 메우고 싶었다. 그러나 전쟁에서 흔히 일어나는 바와 같이 상황은 돌변했다.

마을 거리로 돌아와 보니 제1소대와 중기관총분대가 내 명령을 어기고 마을 남단 쪽에 있는 적을 공격하고 있었다. 소대장과 소대원의 선제공격은 칭찬할 만한 일이었지만, 좌·우측의 우군과 접촉을 유지하지도 않고 더구나 안개 속에서 우세한 적을 맞아 쿠르페눌의 남단에서 적을 상대하는 것은 전혀 불가능한 일이었다. 다행히 제2소대(예비)는 공격에 가담하지 않고 현 진지에 그대로 남아 있었다.

전투는 점점 치열해졌다. 최악의 사태가 벌어질까 두려워서 나는 1소대로 달려갔다. 도중에서 소대장을 만났다. 소대장은 숨을 몰아쉬면서 보고했다.

"1소대는 루마니아군을 마을 남쪽 300m까지 격퇴시켰고, 포 2문도 파괴했습니다. 그러나 곧 우리 소대는 몇 m 앞에서 강력한 적의 역습을 받게 되었습니다. 중기관총도 파괴되고 사수들은 전사하거나 부상당했습니다. 우리 소대는 거의 완전 포위되었습니다. 즉각 지원이 필요합니다. 그렇지 않으면 소대는 전멸하고 맙니다."

나는 소대장이 취한 행동에 대하여 몹시 불쾌했다. 1소대는 무엇 때문에 나의 명령대로 자기 진지를 고수하지 않았을까? 소대장이 요청한 대로 예비소대를 투입할까? 현 상황으로 보아 예비소대까지 투입하면 우리 중대는 수적으로 우세한 적에게 포위되어 궤멸(潰滅)하고 말 것이다. 그렇게 되면 뷔르템베르크 산악대대의 좌익이 무너질 것이다. 안 된다. 나의 본심은 아니지만 1소대를 구출할 수가 없었다.

나는 1소대로 하여금 전투에서 이탈하여 마을길을 따라 철수하도록 명령했다. 다른 소대가 1소대의 철수를 엄호하기로 했다. 그러나 해가 높이 솟아 안개가 걷히기 시작했고, 시계가 100m나 되어 전투 이탈이 곤란하게 되었다. 안타까운 순간이었다. 2소대가 마을 한복판으로 달려가 좌측으로부터 공격해 오는 루마니아군의 밀집부대에 사격을 가했다. 그러자 1소대의 생존자들은 새까맣게 밀려오는 적에게 쫓겨 사력을 다해 뒤로 빠져나오기 시작했다. 전 중대가 일제히 사격을 가하여 앞에서 물밀듯이 다가오는 적을 어느 정도 저지시켰으나, 좌·우 양측에서도 적이 대거 들이닥쳤다. 1소대가 상실한 중기관총이 몹시 아쉬웠다. 1소대의 생존자들은 사선을 뚫고 달려왔다. 나는 교량 건너편에 배치된 전투전초로 달려갔다

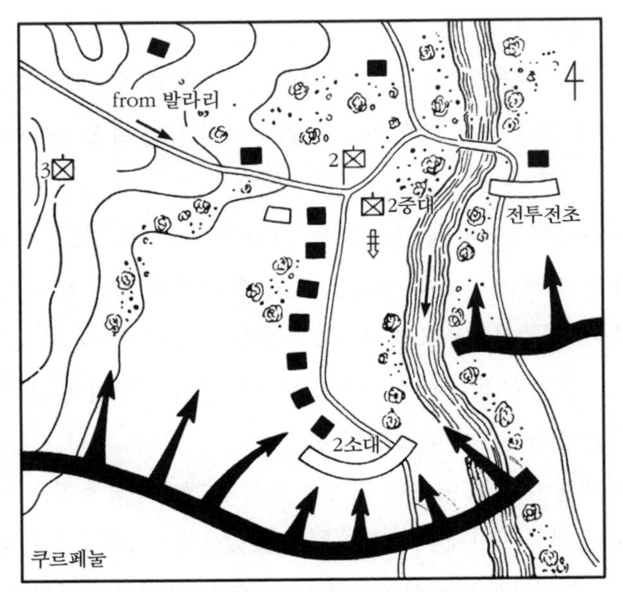

【그림 15】 쿠르페눌 마을 전투

가 중기관총을 갖고 다시 마을로 돌아와 가장 위태로운 지역을 향해 거치했다.(그림 15)

그러나 루마니아군은 물러서지 않고 막대한 손실을 입으면서도 계속 되풀이하여 공격했다. 중대 본부가 적의 사정권 안에 들어갔다. 중대 본부 선임하사관인 달린게르Dallinger 하사가 머리에 총탄을 맞고 쓰러졌다. 안개가 대부분 걷혀 우리는 비로소 적의 병력을 판단할 수 있게 되었다. 탄약 보급이 또 문제였다. 좌측방이 넓게 트여 있었다.

나는 대대장에게 중대의 위급한 상황을 유선으로 보고하고 증원병력을 조속히 보내 줄 것을 호소했다. 몇 분 후에 홀Hohl 소위가 약 50명의 병력을 인솔하고 달려왔다. 나는 이 소대에서 2~3개 분대를 좌측 후방으로 이동시켜 좌익을 방어하도록 하고, 나머지 병력을 직접 지휘했다. 곧 뒤이어 6중대가 도착했다. 나의 지휘하에 6중대를 좌후방에 제형(梯形)으로 배치했다. 이제는 두려워할 것이 아무것도 없었다.

한편 2중대는 적의 사격을 받으면서 호를 팠다. 적은 칼빈 소총과 중기관총의 조준사격을 받고 서서히 퇴각했다. 나는 정찰병을 대동하고 적정을 탐색했다. 시계가 양호해졌다. 우리는 또다시 마을의 남단에 도착했다. 여기에는 1소대의 중상자들이 누워 있었다. 적은 회중시계·칼 등 소지품만 강탈했을 뿐 더 이상 부상자들에게 피해를 입히지 않았다.

시계가 밝아져 주위를 살펴보니 마을 남단에 좋은 감제고지가 있었다. 나는 중대를 그쪽으로 이동시켜 재편성하고 호를 파기 시작했다. 추가로 1개 중기관총소대가 도착했다.

적은 보이지 않았지만 우리는 좌측 멀리에서부터 소총 사격을 계속 받았다. 우측방에는 1소대가 파괴했다는 적 포대가 있었다. 우리 대대의 다른 부대도 이 포대에 사격을 가했다는 것을 후에 알게 되었다.

전방에는 적이 없었으므로 나는 정찰병 몇 명을 데리고 포대로 가서 포를 살펴보았다. 독일제 크루프*Krupp* 포가 아닌가!

곧이어 루마니아군의 공격 제대가 남쪽에 다시 나타나 우리 진지로 접근해 왔다. 적과의 거리는 아직도 2km가 넘었다. 나는 중대원에게 마음대로 사격하도록 신호했다. 이 사격으로 적을 저지시켰고 우리의 손실은 없었다. 중기관총의 위력이 대단했다. 밤이 되자 적은 퇴각했다. 중대의 정찰대가 전방지역에서 수십 명의 적을 생포했고, 중대는 야간경계로 들어갔다. 전방 정찰분대는 적을 발견하지 못했다. 중대는 호를 팠고, 몇 명의 병사는 기름진 고기를 찾아 헤맸다.

중대는 전사자 3명, 부상자 17명 등 모두 20명의 피해를 입어 슬픔에 잠겼다.

제2중대와 같이 뷔르템베르크 산악대대의 다른 중대들도 퀴네 군단의 우익에서 쿠르페눌-발라리를 고수했다. 다른 중대들도 산을 넘어 부여된 목표를 탈취하는 데 많은 피해를 입었다. 루마니아군 측은 사단장 한 명을 포함하여 수백 명의 전사자를 냈다. 이 전투로 발라키아에 이르는 도로가 개통되었고, 우리는 패주하는 적을 따라 계속 추격하여 강타했다. 이틀 후에 뷔르템베르크 산악대대는 터루구제우*Targiu Jiu*에 진출했다.

교훈

11월 12일 증강된 제2중대는 짙은 안개 속에 사주경계(전위·측위·후위)를 하고 산을 내려갔다. 상황이 매우 불투명하여 적과 언제 어디서 조우할지 알 수 없었다. 병력을 절약하기 위하여 전투대형(철조망을 치고 무기를 휴대하며 전방에 정찰병을 배치)으로 야간휴식을 취했다.

11월 13일의 상황 전개는 전투정찰과 인접부대와의 접촉이 얼마나 중요한 것인가를 잘 보여 주었다. 강력한 루마니아군의 선두 부대를 즉각 탐지하지 못했더라면 증강된 제2중대는 루마니아군의 대부대에 궤멸(潰滅)하고 말았을 것이다.

제1전투전초가 전진해 오는 적을 향해 기관총 사격을 개시했다. 이렇게 함으로써 상황을 신속히 파악하게 되어 제2중대가 우측의 넓은 간격을 좁힐 수 있는 시간적 여유를 얻을 수 있었다.

쿠르페눌 남단의 짙은 안개 속에서 적과 조우한 우리 첨병분대는 백병전은 하지 않고 총격전만 벌였다. 우리가 수적으로 너무 열세했기 때문에 백병전은 전멸을 자초하는 무모한 처사였다. 그래도 백병전을 감행했더라면 첨병분대는 수적으로 우세한 적 대검의 밥이 되고 말았을 것이다. 그러나 실제는 소수 병력의 신속한 사격으로 10배가 넘는 적의 공격을 저지했다.

첨병분대와 제1소대는 사력을 다해 안개를 뚫고 본대로 돌아왔다. 철수 중 이들은 마을 거리와 쿠르페눌 하천 사이의 철수로 근처를 사격하는 본대의 강력한 화력 지원을 받았다.

안개 속에서 전투를 하다 보면 우군의 총탄에 우군이 맞는 경우가 허다하다. 지난번에 브리에르 농장에서 있었던 것과 같이 여기에서도 고함을 치고 신호를 보냈지만 상대방은 우군임을 알아차리지 못하고 계속 사격을 했다.

절대 우세한 적에 대항하여 전투를 벌인다는 것은 극히 불리하다. 위협을 덜 받는 곳으로부터 병력을 차출하여 방어 정면의 가장 결정적인 중요한 곳에 최후의 한 명까지 투입함으로써 불리한 상황을 극복할 수 있었다. 이런 상황하에서 지휘관의 결심과 행동은 적극적이어야 한다.

Ⅳ 1001고지, 마구라 오도베스티

12월 중순 우리는 미르질*Mirzil*, 메라이*Merei*, 구라 니스코풀루이*Gura Niscopului*를 지나 스라니쿨 계곡에 도착하여 산악군단*Alphine Corps*과 합류했다.

평원에서는 증원군으로 투입된 러시아 사단에 힘입어 루마니아군의 저항이 상당히 완강했다. 독일 제9군은 부자우*Buzau*를 지나 림니쿨 사바트*Rimnicul Savat*와 폭사니*Focsany* 요새로 서서히 돌진했다. 독일군의 점진적인 승리에는 많은 사상자가 뒤따랐다. 산악군단에게는 스라니쿨 계곡과 푸트나*Putna* 계곡 사이의 산악지대에서 적을 소탕하는 임무가 부여되었다. 이 작전은 평지에서 전투하는 아군 부대에 대한 위협을 덜어주고, 또한 폭사니 요새를 수비하고 있는 적에게 산악으로부터의 증원을 불가능하게 하는 것이 그 목적이었다.

우리는 깊은 산 속에서 상상조차 하기 싫은 불안한 성탄 전야를 보냈다. 이날 저녁 우리 중대는 산악군단의 예비로 비소카*Bisoca*를 출발, 두미트레스티*Dumitresti*, 드롱*De Long* 및 페트레아누*Petreanu*를 경유, 메라*Mera*로 이동했다. 1917년 1월 4일 신딜라리*Sindilari*에 위치한 대대로 복귀하였다. 이날 오후 크렌체르Krenzer 소위의 1개 중기관총소대를 증원받아 우리 2중대는 신딜라리의 서북쪽 약 2.5km 지점에 위치한 627고지를 점령했다.

폭사니 요새를 엄호하기 위하여 강력한 루마니아군 부대가 험난하고 산림이 우거진 마구라 오도베스티(고도 1,001m) 산을 장악하고 있었다.

1월 5일 바바리아 근위보병은 남쪽과 서남쪽으로부터, 그리고 우리 대대는 서쪽과 서남쪽으로부터 이 산을 탈취하기 위하여 투입될 예정이었다.

증강된 우리 중대는 523고지(신딜라리의 동북쪽 2km에 위치)를 넘어 단독 공격을 계속, 1001고지를 탈취하라는 임무를 부여받았다. 우리의 우측에는 바바리아 근위보병이 479고지의 동남쪽 약 6km 되는 곳에 배치되었고, 좌측에는 약 5km 떨어져 있는 1001고지에 이르는 능선에 리브 부대가 배치되었다. 이 3개 부대가 동일한 목표를 탈취하도록 계획되었다.

명령에 따라 동이 틀 무렵에 전진을 시작, 숲이 우거진 깊은 계곡을 몇 개 지나 해가 뜰 때 523고지에 도착했다. 적이 버리고 간 쌍안경이 크게 도움이 되었다. 중대가 엄폐를 취하고 휴식하는 동안 나는 쌍안경으로 계곡과 산 능선을 모두 관찰했고, 우리 앞에 포진하고 있는 적의 병력과 배치상황을 파악했다.

그러나 시계가 불량하여 우리 우측에 있는 바바리아군의 위치를 알 수가 없었다. 동북쪽으로 1km 전방에 루마니아군의 정찰대가 계곡을 순찰하고 있었다. 1001고지의 전사면에 남북으로 뻗은 능선은 루마니아군이 완전히 장악하고 있고, 호로 구축된 방어진지가 나무 사이로 역력히 보였다. 적의 방어진지 전면은 나무가 없고 넓은 계곡이 펼쳐져 낮에는 접근하기가 불가능했다. 좌측에는 1개 소대 규모의 루마니아군 전투전초가 523고지 북쪽 능선에 배치되어 있었다. 이 고지에는 농장이 있고 나무가 띄엄띄엄 서 있었다. 이 고지에 배치된 전투전초는 서쪽을 향한 호 안에 들어 있었다. 마구라 오도베스티(1001고지)에 이르는 가장 좋은 접근로는 리브 부대가 공격하기로 되어 있는 서쪽으로부터 산정에 이르는 능선이었다. 좌·우측과 접촉을 유지하지 않고 강력한 적과 싸우면서 동북쪽으

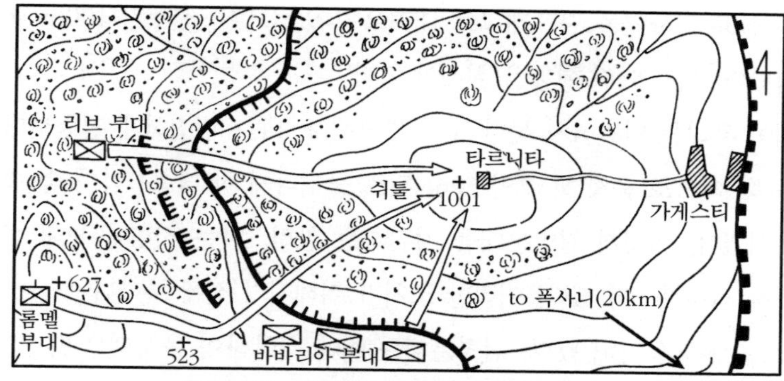

【그림 16】 마구라 오도베스티(1001고지) **공격**

로 진격한다는 것은 가망이 없기 때문에 나는 우리 중대를 리브 부대 쪽으로 이동시켜 그들과 협동 작전하기로 결심했다. 그러나 리브 부대가 위치한 곳은 추측에 불과했고, 그곳까지는 직선거리로 5km나 떨어져 있었다.(그림 16)

우리의 공격 방향(북쪽)을 적이 알아차리지 못하게 하기 위하여 수개 조의 정찰대를 보내며 2시간 내에 중대로 돌아오도록 지시했다. 그 후 곧 우리는 피해를 입지 않고 적의 전투전초를 차례로 공격하여 그들의 주 진지로 축출했다.

우리는 삼림지대에 도착한 후 리브 부대가 있을 것으로 예상되는 능선으로 이동하여 이 능선 2km까지 접근했다. 나는 서쪽에서 1001고지에 이르는 능선과 만나는 마구라 오도베스티 전방의 남북으로 잇는 능선을 점령하기 위하여 북쪽으로 방향을 바꾸었다.

나는 중대 선두에 서고 본대는 150m 거리를 두고 따라오라고 지시했다. 내가 지휘하는 정찰대는 일렬 종대로 삼림을 지나 한 협곡으로 내려가는 마찻길에 도착했다. 우리가 협곡의 밑바닥에 도달했을 때 반대편의 급경사면에서 부대가 이동하는 것을 목격하였다. 루마니아군이 동물에 짐을 싣고 경사면을 지그재그로 내려오고 있었으며, 선두가 100m 내에 들어왔다. 이때 어떤 행동을 취해야 할까?

적이 우리를 발견하지 못한 것이 분명했다. 나는 민첩하게 첨병분대를 덤불 숲 속으로 숨게 하고 약 50m 뒤로 물러나게 한 다음, 덤불 숲 속에 매복시켰다. 이렇게 첨병분대를 지휘하는 한편, 나는 전령을 보내 선두 소대를 전개하도록 했다. 이러한 조치가 취해지기 전에 루마니아군이 소총으로 사격을 가해 왔다. 첨병분대는 이에 대항하여 응사했으며, 몇 분 후에 1소대가 지원사격을 시작했다. 병력 미상(未詳)의 적이 우리보다 높은 지형에서 하향사격을 하고 있었기 때문에 협곡에 몰려 있는 우리 첨병분대는 매우 불리했다. 이렇게 불리한 상황에서 오랫동안 총격전을 계속한다면 우리의 피해는 막심해질 것이다. 그래서 이 병력 미상의 적을 공격하는 것만이 최상의 방책이라 생각하고 공격을 개시했다. 전과는 예상외로 컸다. 우리가 돌진하자 적은 투항했고, 포로 7명과 몇 마리의 동물을 노획했다. 우리의 피해는 하나도 없었다.

우리는 퇴각하는 적을 추격하여 경사지로 돌진해 올라가 정상에 도달했다. 이때 우리는 적의 치열한 사격을 받았다. 나의 왼쪽에서 용감한 전령 에플레르Eppler가 머리에 총탄을 맞고 쓰러졌다. 나는 중기관총소대와 2개 소총소대를 배치한 다음, 삼림을 뚫고 북쪽으로 나 있는 도로 양쪽을 따라 공격해 내려갔다. 적을 발견하지 못했으므로 우리는 서서히 전진했다. 보이지는 않지만 적의 총성이 우리 귓전을 울렸다. 우리가 전진하면 할수록 적의 총성은 더욱 심해졌다. 드디어 전방 약 300m 되는 지점에서 적의 요새 진지를 발견하였다. 적의 저항이 너무나 완강하여 더 이상 공격할 수가 없었다. 우리와 적과의 사이에는 낮은 안부(鞍部)가 가로놓여 있고, 전사면의 우리 위치는 공격에 매우 불리했다.

불필요한 손실을 막기 위하여 나는 중기관총소대의 엄호하에 뒤편 능선으로 소총병들을 철수시켰다. 철수를 완료하고 보니 작은 고지를 점령하고 있는 적과의 거리는 약 400m 되었다. 총격전이 서서히 약화되었고 얼마 안 가서 산발적인 총성만이 들려왔다.

좌·우측 부대와 접촉을 유지하지 못해서 우리는 방어지역의 중앙에 예비소대와 중기관총소대를 배치하고 호를 파 진지를 구축했다.

땅거미가 질 무렵 우리는 좌측에서 리브 부대가 약 800m 떨어진 숲 속의 개간지에 위치하고 있다는 것을 알아내고 유선을 가설했다.

나는 우선 리브 중위와 현 상황을 검토하고, 뒤이어 대대장 스프뢰세르 소령과 상의했다. 적의 강력한 요새 진지를 2개 중대로 정면 공격한다는 것은 승산이 별로 없었다. 승리할 수 있는 길은 동남쪽으로부터 적을 포위하는 것뿐이었다.

야간에 쉬로프Schropp 중사가 적 진지의 남단을 철저하게 정찰을 실시했다. 지형이 험난해서 정찰하는 데 매우 힘들었다. 날이 새기 서너 시간 전에 쉬로프 중사는 다음과 같은 훌륭한 적정을 가지고 돌아와 보고했다.

"우리는 동북쪽으로 이동하여 깊은 협곡을 횡단한 다음, 적과 조우하지 않고 적진 후방의 능선에 도착하였음. 그다음 우리는 루마니아군의 차량이 붐비는 한 도로를 횡단하였음."

나는 정찰결과를 대대장에게 보고했다. 대대장은 보고를 받은 다음, 나에게 증강된 2개 중대로 포위공격을 실시하도록 명령했다. 공격개시 시간은 새벽으로 정했다. 우리 부대가 포위공격을 시작한 후 리브 부대는 정면 공격을 실시하기로 했다. 눈이 심하게 내리기 시작했다.

날이 밝을 무렵에는 벌써 눈이 10cm나 쌓여 있었다. 눈을 안고 있는 먹구름이 고지를 뒤덮었다. 6중대가 증원부대로 도착했다. 나는 정면에서 사격으로 적을 고착시킴과 동시에 돌격 제대에 관심을 쏟지 못하도록 적을 기만하는 임무를 휘겔Hügel 소대에게 부여하고 구 진지 뒤에 잔류시

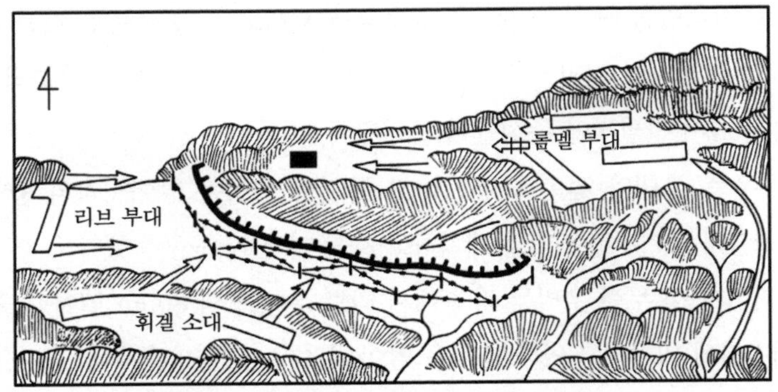

【그림 17】 1917년 1월 6일 포위 상황(남쪽에서 본)

켰다. 나는 증강된 1개 중대와 1개 중기관총소대를 이끌고 동쪽으로 이동하여 깊은 협곡으로 내려갔다. 야간정찰을 다녀온 쉬로프 중사가 접근로를 잘 알고 있어서 선두에서 길을 안내했다.(그림 17)

휘겔 소대가 자기 진지에서 사격을 개시했고, 우리의 공격을 예상한 루마니아군도 치열하게 응사했다. 총격전이 벌어지고 있는 동안 우리는 은밀히 협곡을 횡단하여 동북쪽으로 올라갔다. 간신히 기어 올라가 마침내 능선에 도달했다. 능선에는 루마니아군이 밟고 지나간 눈길이 새로 나 있었다.

안개 때문에 시계가 50m밖에 안 되었다. 언제라도 적과 조우할 것만 같았다. 나는 2중대에게 배낭을 즉시 벗어 놓고 공격대형을 갖추도록 명령했다. 2중대와 중기관총소대를 제1선에, 그리고 6중대를 제2선에 배치했다. 좌측에서 휘겔 소대가 사격하는 총성이 간간이 들려왔다.

우리는 능선도로의 양측에서 은밀하게 전진하여 숲을 지나 서쪽과 후방에서 적을 향해 접근했다. 갑자기 전방 어디에선가 안개 속에서 말소리가 들려왔다. 나는 일단 부대를 정지시키고 중기관총소대로 하여금 사격준비를 하게 했다. 그리고 우리는 조심스럽게 서서히 앞으로 나아갔다.

숙영한 자리에 아직도 모닥불이 타고 있었지만 루마니아군은 간 곳이 없었다. 우리는 계속 전진해서 숲 속의 개간지에 도착했다. 여기서 루마니아군 몇 명이 태연하게 거동하고 있는 것을 발견했다. 적의 병력은 얼마나 될까? 우리는 단지 몇 명의 적과 대치하고 있는지, 아니면 대대 병력과 대치하고 있는지 알 수 없었다. 만일의 경우를 대비하여 나는 중기관총소대에게 명령, 안개 속에서 움직이는 형체에 사격하도록 했다. 몇 초 후에 적을 향해 힘껏 함성을 지르며 우리 모두가 돌진했다.

몇 명의 루마니아군이 있었는데 그들은 대항하여 싸우려 하지 않고 도주해 버렸다. 우리는 그들을 내버려두고 서쪽으로 도로를 따라 달려갔다. 우리는 위치 불명의 적으로부터 사격을 받기 시작했고, 그 후 몇 분이 지나서 리브 부대가 접근하면서 지껄이는 말소리를 들었다.

우리는 안개와 숲을 뚫고 접근하는 리브 부대에 사격하지 않도록 무척 신경을 써야 했다. 우리는 이 어려운 문제를 잘 해결했으며, 아군 사이에 끼여 있던 적은 제거되었다. 대부분의 루마니아군이 생포를 면하기 위하여 언덕 아래로 달아나 버려 2중대는 겨우 26명의 적을 포로로 잡았다. 적은 포로의 신세를 일시적으로 면했을 뿐 사흘 후 우리 부대가 푸트나 *Putna*에 도착했을 때 500명의 대대 병력이 숲에서 나와 전원 투항했다.

한 명의 희생자도 없이 공격을 성공적으로 마친 다음, 리브 부대는 1001고지로 전진했다. 나는 2중대에 명령하여 벗어놓았던 배낭을 다시 메고 전진하도록 했다. 눈이 바람에 날려 쌓이고 안개는 점점 짙어만 갔다.

1001고지 정상에 접근했을 때 리브 부대는 바람을 피해 진지에 숨어 있는 루마니아 예비대를 발견하였다. 우리 산악부대의 과감한 공격으로 이들을 가볍게 무찔렀다. 루마니아군은 약간의 피해를 입고 고지를 포기했다. 이들은 바람으로 눈이 깊게 쌓인 진지를 탈환하기 위한 역습도 하지 않았다.

차가운 바람이 1001고지에 휘몰아쳤다. 얼음 조각이 얼굴을 바늘처럼 찔렀다. 기상조건이 너무 나빠서 우리 부대는 고지에서 동쪽으로 약간 내려가 경사면에 자리잡고 있는 쉬툴 타르니타*Schitul Tarnita* 수도원으로 대피해야 했다. 적은 우리의 진로를 차단하지 않았다. 물론 이 수도원은 우리에게 충분한 잠자리와 식량을 제공하지 못했으나, 혹독한 추위는 면할 수 있었다. 하지만 이러한 즐거움도 곧 사라졌다.

한 시간 후에 바바리아 근위보병부대의 일부 병력이 수도원에 도착하여 이곳이 자기들의 숙영지라고 주장했다. 바바리아 근위보병부대는 우리의 상급부대이므로 수도원을 양보해야 했다. 바바리아 장교는 리브와 나보다 상위계급이어서 우리는 이동해야 했다. 리브 중위는 자기 병사들을 수도원에 적당히 머물게 했으나, 우리 병사들은 수도원 근처 지붕이 낮고 불을 피울 수도 없는 움막에서 추위를 피해야 했다. 이곳에서 살을 에이는 혹독한 추위에 떨며 하룻밤을 지샌 다음 나는 가능한 한 빨리 이동해서 계곡 근처의 민가가 있는 곳을 찾기로 결심했다.

교훈

쌍안경으로 적의 진지와 배치를 관찰하고 연구할 수 있었다. 이러한 활동은 중대가 전진 중에 실시되었고, 이로써 얻은 결과는 전투 정찰대가 수집한 결과만큼 중요했다.

숲이 우거진 깊은 협곡에서 적과 조우했을 때 산악부대의 과감한 공격은 전술적으로 불리한 지형과 상대적인 위치의 약점을 보완하고도 남았다.

루마니아군의 요새 진지에 대한 우리의 전반야 공격은 적 전 약 300m 지점에서 좌절되었다. 희생을 막기 위해 나는 중기관총의 엄호사격하에 전사면의 소총소대를 보다 유리한 위치로 철수시켰다. 철수 중 피해는 없었다. 이와 유사한 상황에서는 연막차장도 효과적일 수 있다. 적은 처음에 연막을 뚫고 사격을 맹렬하게 가했다. 그러나 자기들이 의도한 결과를 얻지 못하여 적은 사격을 중지했다. 이때가 바로 전투에서 이탈할 수 있는 순간이었다.

야간 전투정찰(쉬로프 중사)의 훌륭한 성과로 우리는 1917년 1월 6일에 적의 후방으로 침투할 수 있었다. 이러한 경험으로 다음과 같은 원칙을 세웠다.

"정찰은 부대가 휴식을 취하고 있는 동안이라도 계속적이고 적극적으로 실시해야 한다."

우리가 포위를 하는 동안 적을 기만하고 견제하며 고착시키기 위해 휘겔 소대로 하여금 오랫동안 사격을 계속하도록 했다. 안개를 뚫고 병력 미상의 적을 포위 공격하는 최종 단계에서 우리는 중기관총을 충분히 전방에 배치함으로써 능선상의 적을 완전 소탕했다.

눈이 바람에 날려 쌓이고 있을 때 루마니아군 예비대는 1001고지의 한 경사면에서 바람을 피하고 있었다. 이들은 일선 부대와의 통신 연락도 취하지 않고, 게다가 경계병조차 배치하지 않았다. 이러한 허점을 이용하여 리브 부대는 강력한 적에게 쉽사리 기습을 가했다. 적은 모두 분산 도주하였다.

V 가게스티 마을 공격

1917년 1월 7일 일찍 나는 가게스티*Gagesti* 마을 양쪽에 있는 푸트나 계곡으로 정찰대를 내보냈다. 30cm의 눈이 쌓이고 날씨는 매서울 정도로 추웠으며, 안개마저 짙게 끼어 있었다. 10:00시경 정찰 나간 취사반장 푀플레Pfäffle 하사가 다음과 같이 보고했다.

"계곡을 따라 4km까지 가는 동안 적과 한 번도 조우하지 않았으며, 4km 되는 지점에 도달했을 때 계곡으로부터 많은 병사들의 말소리와 소음이 들려왔습니다. 짙은 안개로 육안 관찰이 불가능했지만 적은 철수하고 있음이 분명합니다."

나는 이 사실을 대대장에게 유선으로 보고하고 증강된 2중대를 이끌고 가게스티 방면의 적과 접촉할 수 있도록 대대장의 허락을 요청했다.

한 시간 후에 우리는 일렬 종대로 삼림을 지나 계곡으로 내려갔다. 안개 때문에 시계가 약 100m로 제한되었다. 우리는 경계 제대를 전위와 후위로 구성했다. 유능한 휘겔 중사(신부)가 지휘하는 1개 첨병분대의 전위가 중대 전방 100m 앞에서 전진하고, 중기관총소대는 기관총을 말에 싣고 중대 중앙에 위치했다.

30분 걸려 삼림지대를 벗어난 다음, 우리는 키가 약간 자란 무성한 묘목장 한가운데 뻗어 있는 작은 길에 이르렀다. 나는 본대의 선두에서 중대를 지휘했다. 안개가 약간 걷혔다.

갑자기 전방에서 총성이 울렸다. 휘겔 중사는 작은 길에서 루마니아군의 척후병과 조우했다고 보고했다. 휘겔 중사는 적의 첨병들을 사살했고, 나머지 7명은 생포했다. 한편 중대는 경계가 필요한 것 같아서 전개했다. 아마 포로들은 적의 경계병들인 것 같았다. 휘겔은 계속 전진했다. 몇 분 안 되어 그는 묘목장의 동쪽 끝에 도달했다는 것과, 중대 규모의 적이 산개하여 100m 전방에서 접근하고 있다는 것을 보고했다. 나는 즉시 첨병소대로 하여금 묘목장의 끝 작은 길 양쪽에 전개하여 사격하도록 명령했다. 적이 맹렬하게 응사하여 총탄이 수풀을 뚫고 비 오듯 날아왔다. 우리는 할 수 없이 땅에 엎드렸다. 중기관총소대에 문제가 생겼다. 소대장은 기관총이 얼어서 녹여야 한다고 보고했다. 묘목장의 동쪽 끝 몇 m 앞에서 치열한 총격전이 벌어졌다. 상황을 판단하건대 적은 수적으로 우리보다 우세하였다. 조그마한 골짜기에서 중기관총소대는 기관총을 알코올로 녹이느라 분주했다. 작은 나무들을 뚫고 적탄이 날아 왔다. 이렇게 위급한 때 중기관총을 사용할 수 없다는 것은 정말로 안타까웠다. 적이 우리의 좌측이나 혹은 우측으로 포위해 왔더라면 우리는 어쩔 수 없이 철수해야 했을 것이다. 2소대와 3소대가 각각 좌측과 우측을 경계했다.

드디어 기관총 한 정이 사격할 수 있게 되어 지면에 거치했으나, 이미 사격할 기회를 놓치고 말았다.

안개가 짙어지자 적이 전투로부터 이탈하여 우리의 표적은 곧 사라졌다. 안개 속으로 무작정 사격한다는 것은 탄약을 낭비하는 것에 불과했고, 또한 보급 추진이 곤란한 산악부대에게는 더욱 적절하지 못했다. 중기관총의 엄호 사격하에 나는 1개 소대를 이끌고 작은 집이 있는 약간 높은 언덕으로 나갔다. 집 주위에는 포도밭이 있고 울타리가 쳐져 있었다. 총격전은 없었다. 우리의 건너편 나무 없는 경사면에서 수많은 루마니아군이 지휘자가 없는지 이리저리 서성대고 있었다. 우리는 손수건을 흔들어 총 한 방 쏘지 않고 20명의 포로를 순식간에 잡았다. 루마니아군은 불리한 전황(戰況)에 지쳐 있었다. 포로 몇 명은 우리를 도와 그들의 전우를 생포해 주었다.

중대가 도착했다. 우리의 현 위치는 어떤 방향이든 적이 공격해 올 경우 매우 불리했다. 그래서 사방으로 경계병과 정찰병을 내보내고 사주방어로 진지를 편성했다. 정찰대가 포로를 더 잡아왔다. 브뤼크네르Brückner 상병이 포도밭 건물에서 5명의 루마니아 병사를 기습하여 무장을 해제시켰다. 하우세르Hausser 소위와 나는 현 위치보다 적당한 장소를 찾아보려고 전방으로 나갔다. 농장이 있었으면 했다. 기온이 영하 10도나 되어 우리는 추위와 배고픔에 고생이 말이 아니었다. 이곳 근처에서는 농장을 찾지 못했다. 그러나 울타리 친 포도밭 한복판에 깊숙한 골짜기가 있었는데 바로 북쪽에 좋은 장소를 찾아냈다. 이 부근 한가운데 작은 집이 하나 있었다. 집을 수색해 보니 불도 안 땐 단칸방에 중상을 입은 루마니아 병사가 혼자 외롭게 누워 있었다. 렌츠Lenz 군의관이 최선을 다했지만 이 중상병(重傷兵)을 살리지는 못했다. 중대가 이곳으로 이동했다.

계곡을 타고 깊은 골짜기를 따라 내려가면 가게스티에 다다를 수가 있었다. 동쪽과 북쪽 지형은 작은 덤불이 하나 있을 뿐 100m 앞까지는 탁 트였다. 안개가 아직도 엷게 끼어 있었다. 그래도 200m까지는 볼 수 있었다. 좌측의 경사면에서 무슨 소리가 들려왔다. 나와 렌츠 군의관은 그쪽 방향으로 기어갔다. 수백 m 전방에서 대대 규모의 루마니아군이 과수원 뒤 개활지에서 휴식을 취하고 있었다. 수백 명의 병사와 말·차량 등이 협소한 지역에 집결해 있었다. 모닥불이 한참 타고 있었다.

안개를 이용해서 적에게 발각되지 않고 접근하는 동안 나는 이 지형이 우리의 화력을 최대한도로 집중할 수 없다고 판단하여 적을 공격하지 않기로 결심했다.

14:00시였다. 날이 어두워지려면 한 시간 반 정도 시간이 남아 있었다. 날씨가 너무 추워서 야지에서 숙영할 수가 없었다. 가게스티는 어디 있을까? 우리는 기진맥진하여 쉬툴 타르니타 수도원으로 돌아가지 않고 밤을 보낼 만한 마을을 점령하기로 했다. 잠자리 외에 먹거리도 필요했다. 배가 고픈 탓으로 병사들은 더욱 적극적인 행동을 취했다.

렌츠 군의관과 그의 전령을 데리고 나는 깊이 약 3m 되는 도랑의 좌측 둑을 따라 중대의 동쪽으로 이동했다. 파이페르Pfeiffer 중사는 3~ 4명의 병사를 대동하고 우리의 우측 약 50m 떨어진 곳에서 우리와 나란히 이동했다.

약 400m도 채 못 가서 작은 집 근처 도랑의 북쪽에서 상당수의 루마니아군을 발견했다. 전투전초일까? 우리 일행이 가지고 있는 화기라야 고작 칼빈 소총 5정에 불과하였으나, 적을 향해 달려나가며 손수건을 흔들면서 큰 소리로 투항하라고 외쳤다. 루마니아군은 움직이지도 않고 사격도 하지 않았다. 우리는 30m 앞까지 접근했다. 이제 뒤로 물러설 수도 없게 되었다. 나는 지금부터 어떻게 될 것인지 은근히 걱정했다. 루마니아군은 소총을 소지하고 밀집대형으로 서서 서로 몸짓을 하며 이야기하고 있었다. 그러나 우리를 전혀 해칠 의사가 없다는 듯이 사격은 하지 않았다. 우리는 적에게 다가가서 총을 빼앗았다. 나는 그들에게 전쟁이란 정의와 강자에 의하여 반드시 끝이 나게 마련이라는 이야기를 해 주고 파이페르 중사에게 30명의 포로를 인계했다.

우리 3명은 계곡을 향해 동쪽으로 계속 이동했다. 전방 건너편 안개 속에 전개한 중대 규모의 적이 희미하게 보였다. 적과는 50m 떨어져 있었지만 또 한번 모험하기로 결심했다. 우리는 손수건을 흔들고 소리를 지르며 접근해 갔다. 적병들이 깜짝 놀랐다. 장교가 흥분한 목소리로

"Foc! Foc!"('사격개시'의 루마니아어)

하고 외쳤고, 병사들이 무기를 버리려고 하자 마구 때리기 시작했다. 우리는 극히 위험한 상황에 놓이게 되었다. 루마니아군 중대는 조준사격을 시작했다. 총탄이 소리를 내며 스쳐갔다. 우리는 땅에 바싹 엎드렸다. 그리고 렌츠 군의관과 나는 군의관의 전령이 엄호 사격하는 동안 뒤로 신속하게 빠졌다. 안개 때문에 적은 우리에게 더 이상 조준사격을 하지 못했다. 적의 일부가 우리 뒤를 추격했고, 일부는 닥치는 대로 안개 속을 향해 난사했다.

적의 맹렬한 추격을 받으면서 가까스로 파이페르 분대에 도착했다. 아직까지도 30명의 포로는 그들의 무기 옆에 서 있었다. 우리는 추격해 오는 적의 사격을 피할 수 있는 도랑으로 포로들을 끌어 넣고 우리 중대 지역으로 달려가도록 몰아댔다. 적이 도랑 쪽으로 사격을 가했더라면 우리는 도랑에서 빠져나왔어야 했을 것이다. 루마니아군의 사격술은 형편없었다. 우리는 한 명의 피해도 없이 30명의 포로와 함께 중대에 도착했다.

중대로 돌아오자 곧 전 중대는 넓게 산개하여 전진해 오는 적을 사격으로 저지하였다. 100m의 거리를 사이에 두고 치열한 총격전이 벌어졌다. 중기관총의 사격으로 우리가 화력에 있어서 훨씬 우세하였다. 현 상황하

에서 비록 공격에 성공하더라도 상당한 피해가 있을 것 같았다. 어두워지기 시작했다. 쌍방의 사격이 점점 약화되고 산발적인 사격만이 계속되었다. 이 혹독한 추위 속에서 밤을 보낼 수 있는 잠자리와 따뜻한 먹거리를 구한다는 것은 불가능했다. 3중대의 홀Hohl 소위가 우리 중대의 현황을 알아보려고 말을 타고 왔다. 그는 우리로부터 80명의 포로를 인수하여 후방으로 호송했다. 그리고 쉬툴 타르니타에 위치한 대대지휘소로 돌아가서 내가 가게스티까지 야간행군을 실시하기로 했다는 것을 보고했다.

한 시간 정도가 지나면서 날씨는 맑게 개었다. 그러나 추위는 더욱 심해졌다. 차가운 하늘에는 별들이 빛나고 덤불과 나무들이 흰 눈을 배경으로 검은 영상으로 나타났다. 칼빈 소총과 기관총 사격으로 적에게 작별을 고하고 이 지역을 떠났다. 우리는 서북쪽 방향으로 좁은 산길을 따라 조용히 이동했다. 행군하는 동안 전위와 후위가 경계를 담당했고, 중기관총소대는 중대의 중앙에 위치했다. 사격으로 따뜻해진 중기관총을 얼지 않게 하려고 모포와 개인천막으로 감쌌다. 약 600m 행군한 후에 방향을 북쪽으로 전환했다. 북극성이 나침반 역할을 했다. 우리는 검은 가시나무 울타리를 따라 이동했기 때문에 적에게 발각되지 않았다. 이야기는 일절 금지시켰다. 후위는 상당수의 루마니아군 분견대가 우리 뒤를 쫓아오고 있다고 보고했다. 이 보고를 받고 나는 검은 덤불 숲에서 행군을 멈추고 중기관총 한 정을 거치했다. 이러한 나의 행동은 필요 없었다. 후위대장은 자신의 독단적인 판단으로 적절한 장소에 매복하고 있다가 총 한 방 쏘지 않고 적을 모두 생포했다. 그 수는 무려 25명이나 되었다. 이 포로들은 우리에게 아무런 쓸모가 없어서 나는 몇 명의 병사를 붙여 쉬툴 타르니타 수도원에 위치한 대대 본부로 후송했다.

우리는 계속 북쪽으로 행군했다. 약 800m 지나서 다시 동쪽으로 방향을 전환했다. 행군을 계속하기 전에 나는 지도를 철저하게 연구했다. 우

【그림 18】 가게스티 마을 외곽의 적 진지

리는 이미 가게스티의 북쪽 끝자락에 도달했다. 중대를 조용히 전개시킨 다음 3개 소대를 병진(竝進)시켰다. 나는 중앙에 위치한 중기관총소대와 함께 행동했다. 우리 중대는 첩첩이 얽힌 덤불 숲을 뚫고 서서히 전진했다. 지형이 푸트나 계곡 쪽으로 약간 경사졌다. 우리는 수차에 걸쳐 전진을 멈추고 쌍안경으로 주위를 세밀히 관찰했다.

달이 우측에서 솟아오르고 우리 전방 계곡 좌측에서 불빛이 보이기 시작했다. 그 후 곧 약 700m 떨어진 곳에서 수십 명의 루마니아군이 불을 피우고 그 주위에 모여 있는 것을 발견했다. 그리고 좀더 멀리 떨어진 곳에서는 적 부대가 아마 가게스티로 가려는지 좌측에서 우측으로 행군하고 있었다. 가게스티 마을은 긴 능선에 가려 보이지 않았다. 이 능선을 쌍안경으로 관찰한 결과 띄엄띄엄 나무가 서 있었다. 우측 정면은 꽤 넓은 과수원들 때문에 볼 수가 없었다.(그림 18)

굶주린 늑대처럼 산악부대는 겨울밤 추위에 아랑곳하지 않고 서서히 기어갔다. 계곡의 좌측 정면에 있는 적을 공격할 것인가? 아니면 적을 우회하여 가게스티 마을로 직행할 것인가? 어느 한쪽을 택해야 했다.

후자가 더 유리한 것 같았다. 검은 관목(灌木) 울타리에 바싹 붙어서 3개 제대는 조심스럽게 서서히 기어가서 불모능선 약 300m까지 접근했다. 이 능선은 우리가 서 있는 현 위치보다 약 30m 정도 높았다.

50여 명의 루마니아군이 좌측 300m 되는 지점에서 불을 피우고 앉아 있었다. 우리 병사 몇 명이 전방 능선에서 무엇인가 움직이는 것을 보았다고 말했다. 그러나 쌍안경으로 보았지만 아무것도 보이지 않았다.

우리는 관목 울타리를 따라 기어가서 능선의 하단에 도달했다. 이곳은 능선 위에서는 관측이 불가능한 곳이었다. 중대가 집결하는 동안 정찰대를 능선 위쪽으로 내보냈다. 정찰대의 보고에 의하면 중대 전방 약 100m 되는 지점에 루마니아군 보초가 배치되었다는 것이다. 중기관총소대가 도착할 때까지 기다릴까 하고 생각해 보았다. 몇 명 안 되는 적에게 기관총까지 사용할 필요는 없었다. 나는 가능한 한 기관총을 사용하지 않고 이 능선을 기습하여 탈취하고 싶었다. 많은 적이 주둔하고 있으리라고 판단되는 가게스티 마을의 서북부에도 기습공격을 가하고 싶었다.

각 소대장에게 임무를 부여하고 우리는 조용히 전진했다. 호루라기나 구령, 말소리 하나 내지 않고 은밀히 정숙 보행(靜肅步行)으로 행동했다. 산악부대는 마치 땅속에서 솟아 나온 것같이 루마니아군 보초 앞에 갑자기 나타났다. 너무나 돌발적인 사태에 당황해서 적의 보초들은 경고사격도 할 겨를이 없었다. 보초들은 허겁지겁 능선 아래로 도망쳤다.

능선 정상을 완전 장악했다. 우전방에서 달빛이 가게스티 마을의 건물 지붕에 반사되고 있었다. 이 마을까지는 약 800m 정도 되었다. 가장 가까운 농장은 200m 떨어져 있었고, 고도 차는 30m 정도였다. 농장의 건물과 건물 사이의 간격은 상당히 떨어져 있었다.

경종이 가게스티 마을 북쪽에서 울리기 시작했다. 군인들이 거리로 달려나와 집합했다. 잃어버린 능선을 되찾기 위하여 적은 많은 병력으로 역습해 올 것이라고 예상했다. 우리는 적의 공격에 만전을 기했다. 중기관총은 연속사격이 가능하도록 탄약을 장전했고, 소총병들을 200m 전방에 배치했으며, 1개 소대는 예비로 좌측 후방에 대기시켰다.

시간은 흘러갔다. 마을이 조용해졌다. 우리가 능선에 노출되지 않고 사격도 가하지 않으니까 경종 소리에 비상 소집되었던 적의 부대는 마지못해 떠났던 따뜻한 막사로 다시 돌아갔다. 우리는 놀라지 않을 수 없었다. 적의 보초들까지도 자기 초소로 돌아오려고 하지 않았다. 보초들이 저 아래 농장에 머무르고 있음이 분명했다.

현재 시간 22:00시였다. 가게스티 마을의 따뜻한 가옥들을 보면서도 우리는 추위와 배고픔을 참아야 했다. 무슨 조치를 취해야 했다. 이 큰 마을의 최북단 농장을 적으로부터 탈취하기로 결정했다. 이렇게만 하면 농가에 들어가 몸을 녹이고 배불리 먹고 적어도 동이 틀 때까지는 휴식을 취할 수 있을 것이라고 생각했다.

나는 휘겔 중사(신부)로 하여금 우측 소대에서 2개 분대를 차출하여 돌격조를 편성, 제일 가까운 농장을 공격케 했다. 휘겔 중사의 돌격조가 검은 울타리를 따라 접근하는 동안 만약 적으로부터 사격을 받으면 곧 응사하고 중대의 화력 지원하에 좌측 소대와 합동으로 농장을 급습하기로 계획을 세웠다. 중대의 다른 소대에도 각기 임무를 부여했다. 휘겔 중사가 돌격조를 이끌고 출발했다.(그림 19)

돌격조가 농장 50m까지 접근했을 때 적으로부터 사격을 받았다. 중대의 모든 기관총과 잔네르Janner 소대가 즉시 사격을 개시했고, 좌측 소대는 함성을 지르며 마을로 돌진했다. 산악부대가 마을에 돌입했다. 휘겔의 돌격조는 루마니아군이 건물에서 나오기 전에 반대쪽에서 돌격해 들어갔다. 증강된 중대의 잔여 병력도 대대 병력과 맞먹을 정도로 함성을 힘껏 질렀다. 중기관총소대는 이미 아군이 가게스티의 북단 농장에 돌입했

【그림 19】 **가게스티 농장 공격** (a) 휘겔 돌격조.

기 때문에 그쪽으로는 사격할 수가 없게 되었다. 그래서 사격 방향을 우측으로 돌려 3~4분 동안 마을 전체에 일제 사격을 가했다.

마을의 북단이 이상할 정도로 조용했다. 짤막한 교전이 있었을 뿐이었다. 루마니아군이 투항했다. 나는 소총소대와 중기관총소대를 이끌고 그쪽으로 달려갔다. 내가 농가에 도착했을 때 포로들을 집합시키고 있었다. 포로가 100명이 넘었다. 총격전에서 우리 병사가 한 명도 피해를 입지 않았다는 것이 무엇보다도 통쾌한 일이었다. 농장 주위에서 총 한 방 날아오지 않았다. 다만 우리의 기관총소대만이 산발적으로 지붕 위로 사격을 가했다. 모든 것이 계획한 대로 잘 되어 나는 중대를 이끌고 농가를 수색했다. 우리는 더 이상 저항하지 않고 투항하는 적을 모두 생포했다. 사주경계를 철저히 취하고 포로와 이들을 감시할 소대를 중앙에 위치시키고 나는 전 중대를 이끌고 마을 도로를 따라 남쪽으로 이동했다. 포로가 200명이나 되었다. 그러나 이것이 전부는 아니었다. 산악부대 병사들은 농가의 대문을 두드리고 새로운 포로를 계속 잡아냈다. 마을 교회에 도착했다. 포로의 수는 우리 중대 병력의 3배나 되는 360명에 이르렀다.

교회는 작은 언덕 위에 위치해 있었다. 이 언덕에서 동쪽으로 200m

내려가면 아랫마을이 있었다. 교회 주위에 반달 모양으로 민가가 서 있었다. 이곳이 밤을 보내기에 가장 적당한 장소라고 생각했다. 포로는 교회에 몰아넣고 우리 중대는 주위 민가에 숙영했다. 나는 오도베스티 *Odobesti*–비드라*Vidra* 도로가 지나가는 아랫마을을 정찰했다. 그러나 루마니아군을 발견하지 못했다. 모든 상황으로 미루어보아 윗마을에서 벌어진 총격전을 보고 적은 푸트나의 동쪽 제방으로 숙영지를 옮긴 것 같았다. 나는 읍장을 만났다. 이 읍장은 독일어를 할 줄 아는 유태인을 데리고 와서 읍 청사의 열쇠를 나에게 바치고 싶다고 말했다. 독일군이 이곳에 입성할 것을 예상하고 마을 사람들은 300개의 빵을 준비하고 소도 몇 마리 잡고 술도 푸짐하게 준비해 놓았다. 나는 마을 사람들을 시켜 숙영지로 정한 윗마을 교회로 우리 병사들이 충분히 먹을 수 있을 만큼 음식물을 가져오도록 했다. 자정이 지나서야 중대의 마지막 부대가 도착했다. 보초를 세우고 병사들에게는 마음 놓고 잠을 자라고 일렀다.

아군의 전선으로부터 약 6km나 진출하여 나왔기 때문에 좌·우측의 우군과 접촉이 불가능했다. 날이 샐 때까지는 가게스티에서 숙영하는 것이 안전하다고 생각했다. 그러나 나는 낮을 대비하여 날이 새기 전에 가게스티의 바로 동쪽 감제고지를 점령하고 싶었다. 이렇게 되면 적의 병력과 배치를 자세히 알 수가 있을 것 같았다.

병사들은 양껏 먹고 잠을 잤다. 나는 간단한 전투경과 보고서를 작성해서 전령 편에 쉬툴 타르니타에 있는 대대지휘소로 02시 30분에 발송했다. 아울러 리브 중위에게 갖다 줄 맛좋은 붉은 포도주 한 병도 들려 보냈다.

밤을 무사히 보냈다. 날이 밝기 전에(1월 8일) 나는 전 중대를 이끌고 가게스티 교회 바로 동쪽 고지로 올라갔다. 날이 밝았을 때 주위를 살펴보니 눈이 덮인 이 지역에는 적이 없는 것 같았다. 그러나 푸트나의 동쪽 제방에서 적이 호를 파고 있었다. 나는 교회 근처 숙영지로 돌아와서 사방으로 정찰대를 보냈다.

퇴플레 하사와 나는 아침에 아랫마을을 지나 오도베스티 쪽으로 말을 타고 정찰을 나갔다. 지난밤에 우리가 가게스티로부터 진격해 왔을 때 말이 울면 우리의 행동이 폭로될까 우려되어 짐 싣는 말을 쉬툴 타르니타로 돌려보냈다. 퇴플레 하사가 날이 밝은 후에 분견대를 데리고 왔다. 나는 푸트나 서쪽에 있는 아군과 접촉하기 위해 오도베스티로 달려갔다.

가게스티의 아랫마을을 지나갈 때 총 한 방 날아오지 않았다. 차가운 아침 공기를 마시며 말을 타고 달리니 기분이 좋았다. 나는 경쾌하게 말을 달리면서 주위의 적정에는 관심을 두지 않고 말에만 신경을 썼다. 퇴플레 하사가 10m 뒤에서 나를 따랐다. 우리가 가게스티에서 약 1.1km 달려왔을 때 바로 앞 도로에서 무엇인가 움직였다. 고개를 들어 바라보니 놀랍게도 약 15명으로 편성된 루마니아의 정찰대가 대검을 꽂고 우리 앞에 나타났다. 도망갈 의사를 보이기만 하면 적탄이 나를 관통할 것 같아 말머리를 돌려 달릴 수도 없었다. 나는 결심했다. 말의 속도를 그대로 유지한 채 정찰대로 달려가서 친절하게 인사를 했다. 나는 무기를 버리고 동료 포로 400명이 있는 교회로 가자고 설득했다. 내 언동을 이들이 들어줄 것이라고 생각하지는 않았다. 그러나 나의 침착한 태도와 친절한 어조가 그들을 충분히 설득시켰다. 15명의 적은 도로 위에 무기를 버리고 들판을 가로질러 우리가 지시한 방향으로 걸어갔다. 나는 100m 더 달려 나갔다가 뒤로 돌아 지름길을 택해서 중대로 돌아왔다. 앞으로 두 번 다시 이처럼 어리석은 적을 만날 수는 없을 것이다.

오전 중에 제1중대와 제3기관총 중대가 증원차 도착하여 내 지휘하에 들어왔다. 이제 롬멜 부대는 2개 소총중대와 1개 기관총중대로 구성되었다. 그리고 하우세르 소위가 부관이 되었다.

정찰대가 많은 포로를 잡아왔다. 09:00시쯤 전투가 재개되었다. 루마니아군과 러시아군 포병이 푸트나 동쪽 고지에서 가게스티 마을에 맹렬한 교란사격을 가해 왔다. 마을이 넓어서 포탄 낙하 예상지역을 피해 안전한 곳으로 대피했다. 그래서 적의 포격으로 인한 손실은 없었다.

오후가 되면서부터 적의 포격은 점점 심해져서 서부전선을 연상케 했다. 포탄이 쉴 새 없이 떨어졌다. 우리 부대의 지휘소로 쓰고 있던 집에도 포탄이 떨어졌다. 도망간 적병이 우리에 관한 정보를 제공하여 이와 같은 광적인 포격이 이루어진 예는 전에도 역시 있었던 일이었다. 상황이 우리에게 대단히 불리했다. 우리 부대는 가게스티의 외곽을 점령하고 호를 팠다. 적이 공격해 올까?

적의 포격이 한창 치열할 때 대대장이 말을 타고 가게스티 마을에 도착했다. 그리고 곧 오도베스티-비드라 도로를 연한 전선에 대대지휘소를 설치했다. 적의 포병은 어두워질 때까지 조금도 쉬지 않고 사격을 계속했다. 특히 러시아군의 장기(長技)인 야간공격을 예상하여 취약지역에 특별경계를 실시했다.

교훈

묘목장에서 첨병분대와 루마니아군 정찰대 간에 벌어진 전투는 몇 발의 총탄으로 끝을 냈다. 이러한 상황에서는 경기관총은 자물쇠를 풀고 언제든지 사격할 수 있는 자세를 취하며 적에게 접근해야 한다. 선제사격을 가하고 동시에 탄약을 많이 쓴 자가 전투에서 승리한다.

몇 분 후에 우세한 적과 총격전이 벌어지는 결정적인 순간에 그만 중기관총이 얼어붙었다. 교전현장에서 중기관총을 알코올로 녹여야 했다. 이후부터는 중기관총이 얼지 않도록 모포로 감쌌다.

적에게 치열한 사격을 잠시 가한 후에 우리는 야음을 이용, 전투로부터 이탈했다.

눈 위에 비친 달빛 아래, 가게스티 마을에 대한 야간공격은 중기관총의 강력한 화력 지원하에 2개 방향에서 실시되었다. 공격이 성공한 후에도 중기관총소대는 민가의 지붕 위로 간접사격을 가하며 소총병의 전진을 지원했다. 물론 중기관총의 소사에 적이 피해를 입은 것은 별로 없다. 그러나 따뜻한 잠자리에 누워 있는 적에 대한 심리적 효과는 대단해서 적은 조금도 저항하지 않고 포로가 되었다. 가게스티 마을의 전투에서 우리에게는 희생자가 한 명도 없었다.

VI 비드라

자정에 우리 부대는 산악군단의 다른 부대와 교대하고 밝은 달빛 아래 계곡 도로를 따라 북쪽으로 이동했다. 우리는 10km를 행군했다. 행군 도중 우리는 새로 구축한 루마니아군과 러시아군 진지에서 1.1km 떨어진 지점을 가끔 통과했지만 적으로부터 공격을 받지 않았다. 우리는 여기서 적에게 대항하지 않았다. 날이 밝을 무렵 뷔르템베르크 산악대대와 롬멜 부대의 본부가 비드라*Vidra*에 도착했다. 우리는 처음으로 낮에 편안한 막사에서 휴식을 취하게 되었다.

다음과 같은 명령을 받기 전까지 나는 편안한 시간을 보냈다.

"적이 비드라 북방 산악지대로 침투해 오고 있다. 롬멜 부대는 제296 예비보병연대에 배속되는 동시에 비드라의 북방 625고지로 이동할 준비를 하라."

이 명령은 인간능력의 한계를 벗어난 처사였다. 우리 부대는 4일 동안 여러 가지 악조건하에서 전투를 계속했고, 바로 얼마 전에 야간행군을 끝냈다. 기진맥진한 병사들은 막 잠자리에 들었다. 이러한 병사들을 비드라의 북방 눈 덮인 산악지대로 투입, 전투에 또 참가시키다니 그만 말문이 막혔다.

집결지에서 나는 롬멜 부대의 각 중대장들에게 우리가 부여받은 새로운 임무를 간단히 설명해 주었다. 그리고 우리 부대는 산악지대를 향해 북쪽으로 이동했다. 나는 하우세르 소위, 푀플레 하사와 전령을 대동하여 말을 타고 앞으로 나아갔다. 말은 힘차게 달려 나갔으며, 눈이 쌓인 긴 산간목장을 지나 위험지대에 들어섰다.

가용예비대가 충분해서 우리 부대는 전투에 참가하지 않았다. 눈 덮인 산 속에서 불을 피우고 추운 밤을 보냈다. 이튿날 비드라로 돌아오라는 대대 명령을 수령했다. 우리 병사들은 고향에서 온 편지가 기다리고 있는 안락한 막사를 향해 발걸음도 가볍게 행군했다.

뷔르템베르크 산악대대는 상급사령부의 명령에 따라 다음 날 저녁 가게스티의 적 전선을 지나 오도베스티로 이동했다. 그다음 며칠 동안 우리는 폭사니 요새를 지나 행군했다. 이 요새는 우리 부대와 부자우 근처에 도착한 림니쿨 사바트 부대에 의해 함락되었다.

폭설 때문에 철로가 일시 불통되었으나, 마침내 우리 대대는 군용열차를 타고 서부로 달렸다. 난방장치가 안 된 열차를 타고 10일 동안을 달렸다. 추위에 견딜 수가 없었다. 보즈*Vosges*에서 군 예비로 수주일을 보냈다. 그다음 스토스바이헤르*Stossweiher*－묀쉬베르크*Mönchberg*－라이차케르코프*Reichackerkopf* 지역으로 이동했다.

대대의 1/3병력(2개 소총중대, 1개 기관총중대)은 나의 지휘하에 빈젠하임*Winzenheim*에서 군단예비대로 지정되어 그곳에 머무르게 되었다. 스프뢰세르 소령은 이 기간을 이용하여 전투력을 전과 같은 수준으로 올리도록 지시했다. 즉 교육과 전투훈련을 시키라고 지시했다. 이것은 대단히 적절한 조치였다. 그 후 몇 주 동안 나는 대대의 전 중대를 훈련시켰다. 훈련

내용은 다양하고 실전에 임할 수 있는 내용으로 계획을 세웠다. 훈련과목에는 야간경계, 야간행군, 요새 진지에 대한 공격, 독일 병사가 직면할 것으로 예상되는 각종 형태의 전투 등이 포함되었다.

1917년 5월 나는 힐센 능선*Hilsen Ridge*의 한 정면을 인수하였다. 6월 초 프랑스군이 2일간 광정면에서 우리를 강타했다. 1년 이상 걸려 구축한 진지가 몇 시간 만에 완전히 붕괴되었다. 그러나 프랑스의 보병은 공격에 실패했다. 우리의 최후 방어사격이 적의 공격기세를 꺾었다. 파괴된 진지를 보수하기 전에 우리 대대는 또 새로운 임무를 수령했다. 우리 대대는 사기 왕성했고, 전투력이 최고조에 달했을 때 보즈 고원을 떠났다. 뷔르템베르크 산악대대의 애창곡 "카이제르-예게르"*Kaiser-Jäger*(황실 근위대)가 다시 한번 빈젠하임에 울려 퍼졌다.

제8장
코스나 산 초기 작전

I 카르파치 산맥 전선 접적 행군

러시아 혁명으로 동부전선의 연합군 전세가 약화되기는 했지만, 독일군의 대병력은 1917년 여름까지도 이 전선에 고착되어 있었다. 동부전선의 적을 완전 섬멸해야만 이 지역에 배치된 독일군을 서부전선으로 이동시켜 일대 결전을 기도할 수 있었다. 이 목적을 달성하기 위하여 세레트 *Sereth*의 하단부와 폭사니 서북쪽 32km 떨어진 산맥 사이에 배치된 제9군이 러시아-루마니아 군 전선의 좌익을 남쪽에서 공격하고 산맥의 좌측에 배치된 게르크*Gerck* 군단이 서쪽에서 적을 공격하기로 했다.

콜마르*Colmar*에서 출발한 후 하일브론*Heilbronn*, 뉘른베르크*Nürnberg*, 켐니츠*Chemnitz*, 브레슬라우*Breslau*, 부다페스트*Budapest*, 아라드*Arad* 및 크론스타트*Kronstadt*를 경유, 1주일간의 열차행군을 마치고 나의 지휘하에 제1·2·3중대는 1917년 8월 7일 정오쯤에 베레츠크*Bereczk*에 도착했다. 우리들은 대대 중 끝에서 두 번째로 도착하는 부대였다. 역에 도착한 후에야 나는 오즈토즈*Ojtoz* 계곡의 양쪽 고지에 대한 게르크 군단의 공격이

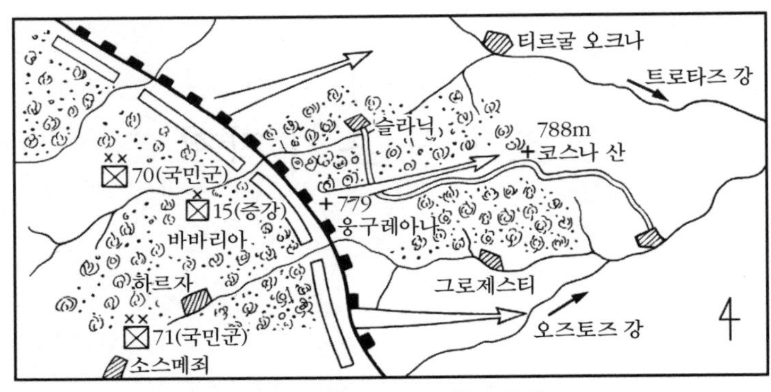

【그림 20】 오즈토즈 협로 공격

8월 8일 아침에 개시될 예정이라는 것을 알았다.(그림 20)

내가 지휘하는 3개 중대는 휴대용 식량을 지급받고 오즈토즈 협로를 지나 소스메죄*Sosmezö*를 향하여 3시간의 차량행군을 했다. 소스메죄는 당시 헝가리와 루마니아의 국경선 근처에 위치하고 있었다. 후속 보급부대들도 소스메죄로 집결하였다.

소스메죄에서 우리는 오전 중에 오즈토즈 계곡의 북쪽 산악지대를 행군해 온 대대의 계곡분견대와 만났다. 대대 본부와의 유선이 불통이어서 한 병참 하사가

"롬멜 부대는 즉시 하르자*Harja*–1020고지를 경유하여 764고지로 이동하라"

는 대대 명령을 구두로 전달했다.

오스트리아·헝가리·바바리아 군대가 이 계곡을 점령하고 있었으며, 대구경포를 포함한 많은 포대가 계곡 도로의 양쪽에 사격진지를 점령하고 있었다. 보급대가 도착할 때까지 산악행군을 할 수 없어서 협소한 지역에서 숙영하도록 명령했다.

오스트리아군 보초가 착검을 하고 감시를 철저히 해서 우리 병사들이

지역사령관(오스트리아)의 감자밭에 들어갈 수가 없었다. 이러한 예방대책은 그 당시 식량사정이 극도로 악화되었기 때문에 불가피했다.

밤이 되자 대대 군악대가 모닥불 주변에서 한 시간 동안 위문공연을 했다. 루마니아에서 있었던 지난 동계작전의 풍부한 경험은 앞으로 닥쳐올 전투에서도 우리들에게 자신감을 갖게 했다.

22:00시에 모닥불을 끄고 병사들은 잠자리에 들어갔다. 앞으로도 며칠 동안 계속 피나는 노력과 불굴의 투혼이 요구되므로 휴식은 꼭 필요했다.

보급대가 자정에 도착하여 두 시간 정도밖에 취침을 하지 못했다. 자정이 지나자 나는 곧 병사들을 깨워 천막을 걷고 4일분의 전투식량을 분배하는 등 출동준비를 서둘렀다. 모든 차량이 소스메죄에 있었기 때문에 각 중대와 부대는 탄약·식량, 그리고 기타 짐을 운반하는 데 말을 이용하였다. 이렇게 해서 우리 부대는 하르자를 경유, 행군을 시작하여 달이 밝게 비치는 훈훈한 밤에도 묵묵히 앞으로 전진했다. 새벽이 되면 적이 관측할 것으로 예상되는 1020고지와 그 계곡 일대를 정찰하고 싶었다. 하르자로부터 삼림으로 통하는 도로는 미끄럽고 경사가 심했다. 날이 밝을 무렵 우리 부대는 고지 전투에 투입한 오스트리아군의 1개 포대를 산 위까지 끌어 올려줌으로써 한바탕 기세를 올렸다.

오전 중 피아 포병은 많은 포탄을 퍼부었다. 뷔르템베르크 산악대대는 우리가 배속된 제15바바리아 보병여단이 실시하는 돌파작전에 참가할 수 있게 될지 걱정이 되어 강행군을 했지만 정오가 지나서야 764고지에 도착했다.

부대를 휴식시키고 나는 전화로 대대장에게 도착했음을 보고했다. 그랬더니 대대장은 우리 부대를 대대 본부가 위치한 672고지로 이동하여 여단예비가 되라고 명령했다. 672고지에 도착한 후 나는 제6중대와 3개 기관총중대를 지휘하게 되었다. 우리는 제10바바리아 예비보병연대가 격전 끝에 웅구레아나*Ungureana*에 있는 루마니아군의 최전방 진지를 탈취했다는 전투현황을 들었다. 루마니아군이 이번에는 예상과는 달리 매우 용감하게 싸웠으며, 모든 호와 대피호를 완강히 고수했다고들 말했다. 돌파작전은 성공하지 못했다.

우리 부대는 야간을 대비하여 진지를 구축하고 천막을 치고 저녁 식사를 준비하고 있었다. 이때 3개 보병중대와 1개 기관총중대를 인솔하고 웅그레아나(775고지) 서쪽 지점으로 진출하라는 명령을 받았다. 대대장이 앞서가고 나는 4개 중대를 인솔하여 뒤따랐다. 칠흑 같은 어둠을 헤치고 좁고 습한 길을 일렬로 터벅터벅 걸어갔다. 전방 능선에서 조명탄이 밤하늘로 오르고 기관총 소리가 간간이 들려오며 포탄이 떨어졌다. 우리는 잠시 후에 목적지에 도착했다. 도착 보고를 한 다음, 나는 주 통로 바로 북쪽 얕은 계곡에서 숙영하라는 명령을 받았다.

각 중대장들에게 숙영지를 할당하고 또 해야 할 여러 가지 과업을 부여했다. 부대가 아직도 좁은 통로에 길게 줄지어 대기하고 있는데 좌우측 경사면에 포탄이 떨어지기 시작했다. 루마니아 포병의 집중 기습사격이었다. 사방에서 터지는 포탄의 불빛은 어두운 밤을 밝혀 주고, 공중에서 파편이 날리며 흙덩이와 돌덩이가 비 오듯 쏟아졌다. 말들은 고삐를 끊고 짐을 실은 채 혼비백산하여 어둠 속으로 도망쳤다. 10분간의 집중포격이 끝날 때까지 우리 병사들은 경사면에 엎드려 적의 포격을 견뎌냈다. 다행히도 사상자는 없었다.

중대는 각각 자기 할당지역으로 신속하게 이동했다. 이곳에 도착하자마자 내리기 시작한 찬비를 맞으면서도 낮에 고역을 치른 덕분에 외투와 개인천막을 덮고 풀밭에 쓰러져 단잠을 잤다.

Ⅱ 능선도로 공격(1917년 8월 9일)

기습적인 집중포격이 재개되어 우리는 날이 밝기도 전에 급히 잠자리에서 일어났다. 부관 하우세르 소위와 나는 얕은 골짜기 위쪽에서 숙영했다. 짐 실은 말들을 골짜기 아래쪽에 매어 놓았는데 여기에 포탄이 몇 발 떨어졌다. 말들이 고삐를 끊고 우리를 뛰어넘어 어둠 속으로 달아났다. 포탄이 쉴 새 없이 우리 주위에 떨어졌고, 그중 몇 발은 바로 옆에 떨어져 현 위치에 그대로 있을 수밖에 없었다. 포격이 뜸해지자 우리는 엄폐가 양호한 계곡으로 달려 내려갔다.

적의 포격은 잠시 후에 끝났다. 이번 포격으로 부상자가 몇 명 생겨서 렌츠 군의관은 이들을 치료해야 했다. 날이 밝아오자 나는 대대지휘소로 갔다. 그곳에서 뜨거운 커피 한 잔을 마시자 간밤의 공포와 긴장감이 싹 풀리는 것 같았다. 05:00시경에 우리는 웅구레아나의 남쪽 경사면을 타고 올라가 제18바바리아 예비연대와 병진하여 공격을 계속하라는 명령을 받았다.

적의 심한 교란사격을 받으며 우리는 교통호 또는 포탄 구덩이를 이용, 웅구레아나의 서쪽 경사면을 횡단하여 위험이 덜한 수목이 우거진 남쪽 경사면에 도착했다. 도착 즉시 나는 다시 1중대와 2중대를 이끌고 웅구레아나 정상에서 남쪽으로 800m 떨어진 계곡 쪽에 수목이 우거진 조그마한 평지에서 적을 축출하라는 명령을 받았다.

나는 우선 지난밤에 경사면 상부에서 100m의 교통호를 판 제18바바리아 예비연대의 우익과 접촉을 유지했다. 우리의 공격목표인 계곡 고원 부근에 대한 정찰을 하지 못해 루마니아군의 배치상황이 어떻게 되어 있는지 알 수가 없었다. 이곳에 도착한 후에야 비로소 지형을 분석할 수 있었고, 아울러 도상 연구도 철저하게 했다. 우리와 고원 사이에는 깊은 협곡

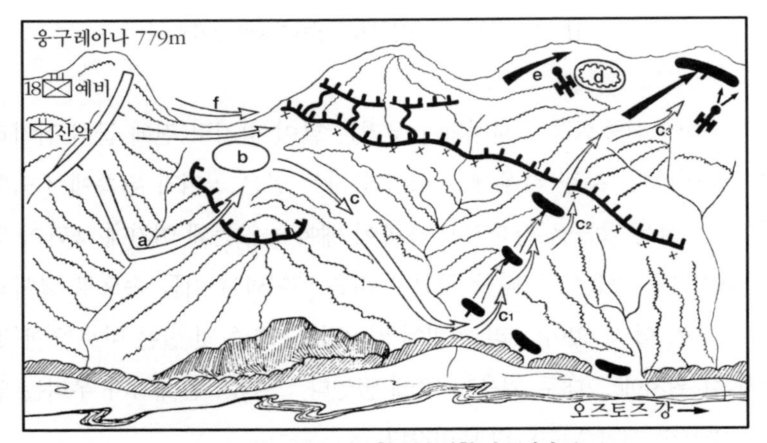

【그림 21】 1917년 8월 9일 상황(남쪽에서 본)
(a) 고원 탈취, (b) 정오 휴식, (c) 오후 공격, (d) 야간 진지, (e) 적 역습, (f) 제18바바리아 예비연대 및 산악대대 공격.

이 가로놓여 있었고, 고원과 협곡은 수목과 잡목으로 뒤덮여 있었다.

나는 적 배치상황을 탐색하기 위해 하사관에게 소총병과 통신병을 대동시켜 전방으로 보냈다. 15분 후에 적이 고원의 거점을 포기했다는 보고를 받았다. 이 보고를 접수하자 즉시 전화선을 따라 일렬 종대로 2개 중대를 투입하여 적이 포기한 진지를 점령하고 사주방어를 했다. 나는 적이 이곳을 재탈환하기 위하여 어느 방향에서든지 역습을 해올 것이라는 것을 예견하지 않을 수 없었다. 임무수령 후 고원을 점령했다는 것을 대대장에게 보고했을 때 시간은 거의 30분이 지났다.(그림 21)

오전 중에는 주로 남쪽(오즈토즈 계곡)과 동쪽 방면의 수목이 우거지고 도로도 없는 지역을 정찰했다. 정찰 중 포로 2명을 잡고 정오에 헝가리의 예비 국민군과 교대했다. 제3중대의 증원을 받은 우리 부대는 대대 명령에 따라 삼림을 지나 웅구레아나 산의 동남쪽 400m 지점의 능선을 향해 북쪽으로 이동했다. 우리는 전과 같은(통신병을 포함한 정찰대) 경계대책을 세웠다. 도착 즉시 양 측방의 아군과 접촉을 유지할 수도 없고 불쾌한 적의 기습을 방지하기 위해서 사주경계로 자체 방어를 수립하였다. 우리는 적이 웅구레아나 산에서 동쪽과 동북쪽으로 약 800m 떨어진 주 능선에 강력한 진지를 구축하고 있다는 첩보밖에 입수하지 못했다. 단시간의 포병 준비사격에 이어 15:00시에 적 진지를 공격, 적을 웅구레아나 산에서 동쪽으로 약 1.6km 떨어진 능선도로의 안부 너머로 격퇴하는 작전계획이 수립되었다. 제18바바리아 예비연대는 능선을 따라 공격하고 뷔르템베르크 산악대대는 능선의 남쪽에서 공격하기로 했다. 우리 부대는 최선두에서 공격을 선도하라는 임무를 부여받았다.

모든 중대가 서쪽 깊은 계곡에서 휴식과 식사를 즐기고 있을 때 나는 전화기를 휴대한 몇 개조의 정찰대를 오후에 공격할 목표 방향으로 출발시켰다. 파이페르 중사와 2명의 병사는 최남단의 정찰조로서 능선도로의 안부로부터 남쪽으로 뻗은 능선에 배치된 적 수비대의 위치와 병력을 탐색하기 위하여 떠났다.

계곡의 고원에 구축된 적 진지의 상태로 보아 나는 적이 시간이 부족하여 동쪽 경사면에 견고한 진지를 구축하지 못했을 것으로 판단했다. 고지와 계곡의 진지는 견고하게 잘 구축되어 있었으나, 경사면의 진지들은 빈약하고 서로 연결이 잘 안 되어 있는 것처럼 보였다. 이 진지들은 적의 방어편성에 있어서 한 취약점을 드러냈다. 그리하여 과감한 우리 부대들은 빛나는 전과와 신속한 승리를 거둘 수가 있었다.

북쪽을 탐색하던 정찰대가 발견한 진지는 모두 철조망이 가설되어 있었다. 그러나 파이페르 중사는 출발 30분 후에 루마니아군 75명을 생포하고 기관총 5정을 노획했다고 보고했다. 이와 같은 놀라운 전과는 아직까지 정찰대의 총성을 듣지 못한 우리로서는 믿기 어려웠다. 파이페르 중사는 유선으로 다음과 같이 보고했다.

"아군의 숙영지로부터 동북쪽으로 600m 되는 지점에 위치한 협곡에 적은 경계병도 없이 휴식을 취하고 있었다. 우리는 내려가면서 적을 발견하여 2명의 소총병이 공격하면서 투항하도록 명령했다. 루마니아군은 한쪽에 무기를 놓아두었기 때문에 무방비 상태가 되어 포로가 되지 않을 수 없었다."

나는 파이페르 중사의 전과를 대대장에게 보고하고 정상에 대한 정면 공격이 개시될 때에 나도 우리 부대를 이끌고 북쪽 경사면의 취약한 진지를 돌파하겠다고 건의했다. 나의 공격이 성공하여 도로 안부의 능선을 탈취한다면 전과를 확대할 수도 있고, 나아가서는 웅구레아나 산의 동쪽에 있는 적의 강력한 진지 후방으로 진출하여 적으로 하여금 그들의 방어진지를 포기하도록 압박을 가할 수 있을 것이라고 믿었다. 대대장은 나의 건의를 여단에 보고했다. 잠시 후에 나는 2중대와 3중대를 지휘하여 내가 건의한 대로 공격을 실시해도 좋다는 허락을 받았다. 그러나 유감스럽게도 중기관총은 한 정도 지원받지 못했다.

우리 부대는 즉시 파이페르 중사의 분대를 앞세우고 전화선을 따라 조용히 내려갔다. 파이페르 중사는 적을 발견하지 못했다. 우리는 계곡으로 내려가 활엽수와 잡목으로 뒤덮인 울창한 삼림을 통과했다. 경사가 너무 심해 나는 파이페르 중사 뒤를 바짝 따라야만 했다. 파이페르 중사는 400m를 내려가 오즈토즈 계곡으로 우리를 안내했다.

오즈토즈 계곡으로부터 100m 되는 지점에 가까스로 도달하자 나는 파이페르 중사를 붙잡고 동북쪽의 돌출부로 올라가도록 명령했다. 나는 하우세르 소위와 몇 명의 전령을 대동하고 선두로 나섰다. 잠시 후에 무엇인가 잘못된 것 같아서 나는 앞으로 급히 더 나아갔다. 수목이 그다지 울창하지 않은 삼림지에서 파이페르 중사가 약 200m 전방에 있는 몇 명의 루마니아군 보초를 가리켰다. 그들 뒤에는 루마니아군의 진지가 보였다. 이들 보초는 계곡 도로 양쪽의 나무 없는 지역만을 감시하고 있었다.

우리는 이들 보초를 그대로 두고 숲이 우거진 서쪽의 급경사면을 꿰뚫은 좁은 통로를 따라 돌출부 방향으로 기어 올라갔다. 올라가는 동안 루마니아군 진지에 도달할 것만 같았다. 그래서 나는 적과 접촉하면 곧 엄폐하는 동시에 본대의 전진을 엄호하라고 파이페르 중사에게 명령했다. 전위는 적으로부터 공격을 받지 않는 한 사격하지 말라고 했다. 나의 의도는 루마니아군을 기만하여 그들로 하여금 1개 정찰대와 조우한 것으로 착각하게 함으로써 우리는 경사면을 충분히 올라가고, 공격을 준비할 수 있는 시간적 여유를 갖자는 데에 있었다. 이러한 사전 조치를 취한 후에 루마니아군을 기습하고 싶었다.

계곡의 아래쪽에서부터 150m 올라갔을 때 전위 부대는 경사면 상부에 위치한 진지로부터 사격을 받았다. 이들은 명령대로 응사하지 않고 엄폐했다. 나는 신속히 3중대를 우, 2중대를 좌로 하는 공격대형으로 부대를 전개했다. 무성한 잡목 때문에 우리의 계획이 적에게 노출되지 않고 공격준비를 완료할 수 있었다. 나는 공격명령을 하달했다.

"2중대는 협소한 길 양쪽에서 공격한다. 2중대의 공격은 양동(陽動)작전으로 적을 기만하고 소총 사격과 수류탄으로 적을 고착시켜야 한다. 공격 방향은 경사면의 서부 상단이다. 동시에 3중대는 적의 우측을 포위한다. 나는 3중대와 함께 행동한다."

루마니아군 정찰대 몇 개조가 우리 집결지로 접근해 왔다. 그래서 우리는 공격준비가 완료되기 전에 행동을 취해야 했다. 적의 정찰대를 격퇴시키고 나는 즉각 2중대에 공격개시 명령을 내렸다. 2중대는 50m 올라갔을 때 적 진지와 마주쳤다. 총격전과 수류탄전이 계속되는 동안에 나와 3중대는 무성한 수풀을 지나 동쪽으로 약 100m 올라가서 아무런 저항도 받지 않고 적의 측방에 도달했다. 적의 병력은 소대 규모였고, 그들은 정면에서 벌어진 총격전에만 온 신경을 집중했다. 우리의 공격을 받고 적은 진지를 버리고 경사면을 따라 도주했다. 울창한 삼림, 제한된 시계, 그리고 더 이상 전진하면 2중대의 사계 안으로 들어가기 때문에 적을 추격할 수 없었다. 그래서 나는 3중대의 추격을 일단 중지시켰다.

2중대는 적의 완강한 저항을 받을 때마다 2중대 특유의 전술을 반복 사용하여 패주하는 적을 계속 압박했다. 3중대도 2중대와 같이 적을 추격했다. 퇴각하는 적은 2중대의 소총 사격과 수류탄 공격으로 땅에 엎드려야 했기 때문에 몸을 돌려 응사할 겨를이 없었다. 이러한 상황은 3중대에게 우측으로 포위하라는 신호 역할도 했다. 뜨거운 8월의 태양 아래 이와 같은 전투는 무거운 배낭을 짊어지고 가파른 경사를 기어 올라가야 하는 병사들에게는 무척 힘겨운 고통이 아닐 수 없었다. 몇 명의 병사가 지쳐서 그만 쓰러졌다.

우리는 점점 강력하게 구축된 5개의 축차진지에서 적을 축출했으며, 추격전에 끝까지 가담한 것은 하우세르 소위와 나, 그리고 병사 10~12명뿐이었다. 한쪽 방향으로 일정하게 사격하고, 함성을 지르며, 수류탄을 던졌기 때문에 우리는 잡목을 뚫고 도주하는 루마니아군을 계속 추격하면서도 총탄과 파편을 피할 수 있었다. 이런 방법으로 우리는 잘 구축되고 장애물로 보강된 축차진지의 적을 격파했고, 그들로 하여금 저항하지 못하게 했다. 진지 건너편에 있는 삼림은 별로 울창하지 않았으며, 경사가 급하지도 않았다. 우리는 개간지에 도착했다. 우측에는 길고 풀이 무성한 언덕이 있고, 적이 이 언덕을 넘어서 능선 정상을 향하여 동북쪽으로 퇴각하고 있었다. 우측 저편에서는 루마니아군의 1개 산악포대가 안전지대로 급히 빠져나가려고 후방으로 이동 중에 있었다. 우리들은 숲 속에서 퇴각하는 적을 향해 신속하게 사격을 개시했다. 다행히도 적은 우리의 병력 규모를 판단할 수가 없었다. 적이 근처 삼림이나 골짜기로 사라지자 나는 하우세르 소위에게 가용한 모든 병력을 이끌고 적을 계속 추격하라

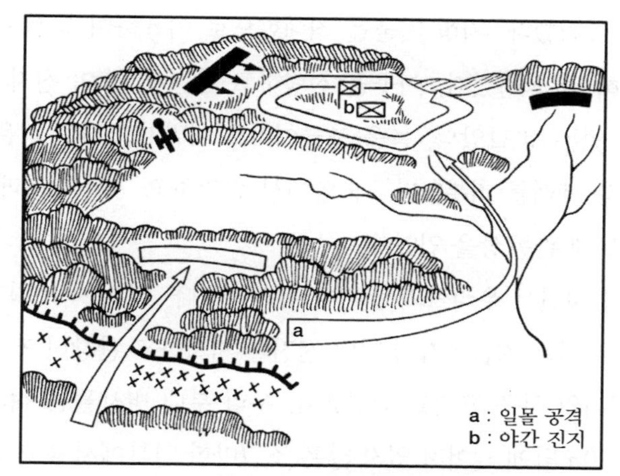

〔그림 22〕 **1917년 8월 9일 일몰 공격**(남쪽에서 본)

고 명령했다.

우리 산악부대 병사들이 숲 속에서 나오자 루마니아군의 산악포대가 약 400m 떨어진 개간지의 서북쪽 모퉁이 좌측 정면에서 산탄사격을 가해 왔다. 우리는 큰 나무 뒤에 숨었다. 잠시 후 2중대와 3중대의 선두가 숨이 차서 헐떡거리며 경사면 위로 올라왔다. 나는 이들을 엄폐하기 좋은 우측 골짜기로 산개시켰다.(그림 22)

우리의 공격목표인 돌출부 부근의 능선까지는 불과 800m밖에 남지 않았다. 적이 너무 성급하게 도주하여 우리도 부대상황을 고려하지 않고 계속 추격했다. 웅구레아나에서 잠시 동안 치열한 총격 소리가 들려왔다. 바바리아 군과 뷔르템베르크 산악대대의 공격이 어느 정도 성공하고 있는 것 같았다.

소총과 기관총 사격을 받아 우리는 정상으로 더 이상 전진할 수가 없었다. 우리가 공격을 잠시 중단한 사이에 적 지휘관은 이 기회를 이용하여 부대를 재편성하고 새롭게 전열을 가다듬었다.

우리는 2개 중대가 모두 한 정의 기관총도 보유하고 있지 않았기 때문에 대단히 불리했다. 지형 지물을 최대한으로 이용하여 능선 정상을 향하여 서서히 접근해 갔다. 이곳을 점령하고 있는 적은 이 진지의 중요성을 잘 알고 있는 것 같았다. 몸을 조금이라도 내밀기만 하면 적은 즉각 소총과 기관총 세례를 퍼부었다. 내 옆에서 관측하고 있던 뷔틀레르Büttler 중사가 복부에 관통상을 입었다.

저녁놀이 지면서 우리들의 전진이 유리해졌다. 날이 어두워지기 바로 전에 롬멜 부대는 지금까지 우리의 전진을 저지하고 완강히 저항하던 적의 정상 진지의 서쪽 고지를 점령했다. 우리 부대 병사들은 적의 총구로부터 불과 70m밖에 떨어져 있지 않은 조그마한 안부에서 호를 파기 시작했다. 그러나 다행히도 이곳은 적으로부터 차폐되어 있었다. 우리가 판 호는 동향이었다. 다른 부대도 서쪽에 인접한 숲을 점령했다. 이 숲의 동쪽과 북쪽에 적이 배치되어 있었다.

루마니아군도 전력을 다하여 고지로부터 우리를 축출하려고 역습을 가해 왔다. 그러나 우리는 맹렬하게 칼빈 소총으로 사격을 가해 적을 격퇴시켰다. 우리는 이미 능선도로를 차단했기 때문에 우리의 동쪽과 서쪽에 위치한 적의 진지는 양분되었다. 전투하면서 전진할 때 애써 가설한 유선이 끊겨 나는 대대에 목표를 점령했다는 보고를 신호탄으로 알렸다.

나는 어둠을 이용하여 부대를 재배치하고 어떤 방향에서 적이 역습을 해 오더라도 격퇴할 수 있도록 철저히 사주경계를 펴고 호를 팠다. 나의 직접지휘하에 1개 소대를 차출하여 예비대로 지정하고 지휘소 옆 참나무 숲에 대기시켰다. 상황이 허락하는 한 여러 곳에 전투전초를 배치했다.

우리는 대대와의 접촉을 유지하지 못했다. 오후에 실시한 정면 공격이 소기의 목적을 달성하지 못한 것 같았다. 돌출부(우리 부대는 돌출부에서 550m 동쪽에 위치했다)와 웅그레아나 고지 사이에서 치열한 전투가 계속되고 있었다. 이와 같이 다른 부대의 공격이 성공하지 못하자 우리 부대는 적진 후방 약 1.1km 지점에 놓이게 되었다.

나는 개인천막 안에서 전등불을 이용하여 하우세르 소위에게 전투상보를 받아쓰게 했다. 불빛이 비치기만 해도 즉각 적의 총격을 받았다. 그렇지만 산악대대의 용사들은 특기할 만한 많은 공적을 세웠다. 슈마케르 Schummacher 상병(2중대)과 동료 병사가 개인천막으로 임시 들것을 만들어 중상을 입은 뷔틀레르 중사를 오즈토즈 계곡(고도 차 400m) 아래로 운반했다. 여기서부터 그들은 계속 야간에 뷔틀레르 중사를 소스메죄까지 옮겼다. 소스메죄에서 수술을 받고 뷔틀레르 중사는 생명을 건졌다. 어둠, 험준한 지형, 운반거리(직선거리 12km) 등을 고려할 때 이것이야말로 성실성의 산 표본이 되고도 남았다.

보고서를 완성하기 전에 서쪽 방향으로 내보낸 정찰대로부터 제18바바리아 예비연대와 접촉을 이루었다고 보고가 들어왔다. 그래서 나는 8월 10일 새벽 우리가 당면할 상황에 대하여 염려할 필요가 없게 되었다. 제18바바리아 예비연대는 9일 오후에 포병의 화력 지원을 받으며 뷔르템베르크 산악대대의 일부 부대와 함께 정면 공격을 실시했다. 그러나 적이 진지를 완강히 고수했기 때문에 더 이상 전진할 수가 없었다. 그때 치열한 총격전 소리에 이어 밤하늘에 핀 신호탄의 불꽃을 우군과 적군이 보고서야 롬멜 부대의 공격만이 성공했음을 서로 알게 되었다. 고립되는 것이 두려웠는지 루마니아군은 야음을 이용하여 웅구레아나와 돌출부 사이의 진지를 포기하고 슬라닉*Slanic* 계곡으로 내려가는 경사면을 따라 동북쪽으로 철수했다.

자정이 되기 전에 나는 전령을 시켜 전투상보를 웅구레아나 고지에 있는 대대 본부에 전달했다. 이와 동시에 새로이 전화선을 가설하도록 명령했다. 저녁 공기는 무척 쌀쌀했다. 땀에 젖은 옷을 그대로 입고 있었기 때문에 추위를 견딜 수가 없어 나는 02:00시에 일어나 주위를 서성거렸다.

하우세르 소위를 대동하고 전방으로 나가 적정을 정찰했다. 적은 약 90m 떨어진 산림이 울창한 작은 고지 동쪽에서 우리와 대치하고 있었다.

탄약 보급이 곤란하니 불필요한 사격을 하지 말라는 지시를 내렸기 때문에 적은 안심하고 경계를 소홀히 했다. 적의 보초는 평시와 같이 태연하게 초소로 이동했으며, 밝아오는 동쪽 공제선(空際線)*sky line*에 그들의 모습이 뚜렷하게 나타났다. 이런 적을 사격한다는 것은 누워서 떡 먹기였지만 잠시 후로 연기했다. 날이 밝은 후 적진을 세밀히 정찰한 결과 루마니아군은 페트라이*Petrei*로부터 삼림을 뚫고 북쪽으로 뻗은 일련의 연속된 진지를 점령하고 있는 것으로 단정했다.

교훈

롬멜 부대가 예비대로 있던 지역에 루마니아군 포병이 8월 8일과 9일 이틀 동안에 걸쳐 야간사격을 가해 왔다. 우리 부대는 약간의 손실을 입었다. 호를 팠더라면 이러한 피해도 입지 않았을 것이다.

8월 9일에 전화선을 가설해 가며 정찰대가 실시한 전투정찰은 수목이 울창한 산에서 그 효과가 입증되었다. 나는 정찰대를 언제라도 호출해서 몇 분 안에 적정을 입수할 수 있었고, 새로운 명령을 하달하거나 정찰대의 일부를 복귀시킬 수도 있었다. 뿐만 아니라 정찰대가 가설한 전화선을 따라 이동할 수가 있어 주력부대는 신속히 전진하여 진지를 점령할 수 있었다. 산악지대에서는 통상 시간이 많이 걸려 전령에 의한 보고방식은 사용하지 않았다. 전령을 대체하는 선결조건으로서 무엇보다 전화기와 유선을 충분히 확보하는 것이다.

삼림 속 급경사지를 기어오르며 고지에 배치된 적을 공격했다. 이 공격은 상당히 곤란한 전투였다. 우리는 맹렬한 사격을 가하고 함성을 지르며 수류탄을 투척하는 등 우리의 주공을 기만함으로써 적의 예비대를 그릇된 방향으로 투입하도록 유도했다. 3중대가 적의 측방과 후방으로 돌입하자 승패는 결정되었다. 이와 같은 방법으로 적의 5개 진지를 축차적으로 점령했다. 2개 중대 규모의 적병력이 다섯 번째 진지를 방어하고 있었다. 우리의 공격속도가 너무 빨라서 적은 재편성할 시간을 얻지 못했다.

루마니아군은 병력과 장비에 있어서 훨씬 우세했다. 그러나 열세한 롬멜 부대는 지형 지물을 잘 이용, 적 진지 후방 1.1km까지 침투하여 고지를 점령하고 이를 고수했다. 이러한 결과로 제18바바리아 예비연대를 비롯하여 뷔르템베르크 산악대대와 대치하던 적은 야간에 그들의 진지를 포기하고 철수해야만 했다.

목표를 탈취한 후 롬멜 부대는 사주경계를 취하면서 신속하게 호를 팠다. 호를 파지 않았더라면 적의 포격과 역습으로 상당한 피해를 입었을 것이다. 호를 판 결과 우리는 전사 2명, 중상자 5명, 경상자 10명으로 피해를 줄일 수 있었다.

Ⅲ 1917년 8월 10일 공격

8월 10일 06:00시쯤 대대와 우리 부대 사이에 유선이 가설되었다. 대대장이 우리 부대의 상황보고를 받고 대대 병력을 인솔, 돌출부 쪽으로 출발했다는 것을 행정장교를 통해서 알게 되었다.

07:00시쯤 대대장은 뷔르템베르크 산악대대의 잔여 중대를 이끌고 와서 롬멜 부대가 8월 9일에 세운 빛나는 전과를 극찬했다.

나는 직접 부대 전방 동쪽 상황을 설명했다. 이곳 루마니아군 보초들은 대낮에도 경계를 소홀히 했다. 사실 루마니아군 수비대의 일부는 페트라이 고지와 참나무 숲 사이에 야간에 파놓은 진지 옆에서 햇볕을 쬐고 있었다. 우리 부대는 적과는 매우 대조적이었다. 나는 예하 중대의 모든 경계병들에게 적으로부터 관측되지 않도록 철저히 은폐하고 적의 공격을 받기 전에는 절대로 먼저 사격하지 말라는 명령을 내렸다.

적 진지는 페트라이 고지(693) 서쪽 불모능선으로부터 시작하여 참나무

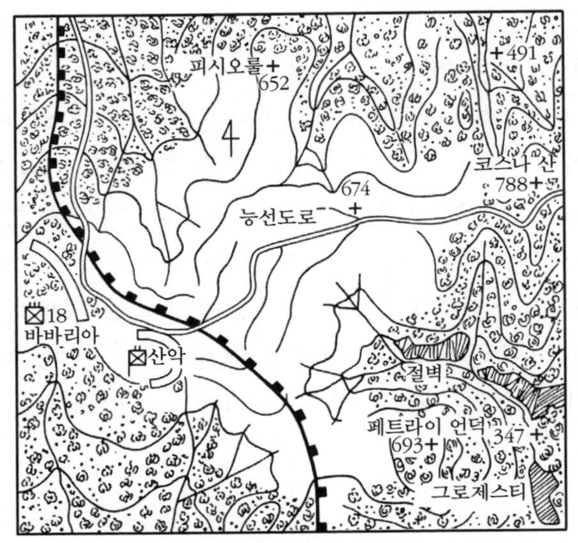

【그림 23】 1917년 8월 10일 능선도로 공격

숲으로 올라가는 능선 쪽으로 뻗어 있었다. 참나무 숲에 이르는 능선은 덤불 숲이 몇 군데 있을 뿐이었다. 참나무 숲은 강력하게 요새화된 것 같았고, 서쪽과 남쪽, 그리고 북쪽 방면을 감제할 수 있었다. 참나무 숲의 북쪽 진지는 잡목을 뚫고 슬라닉 협곡으로 뻗어 있었다. 이 진지는 개인호와 거점들로 이루어져 상호 지원이 가능하며 전면의 불모능선들을 감제할 수 있는 곳이었다.(그림 23)

07:00시 조금 지나서 수령한 여단 명령에 따르면

"산악대대는 공격을 계속하여 674고지에서 서쪽으로 400m 떨어진 도로 분기점을 탈취하라"

는 것이었다. 적을 진지로부터 축출해야 했다. 포병을 전방으로 추진시키는 데 시간이 걸린다고 하여 이번 공격은 포병의 지원을 받지 않고 감행해야 했다. 대대장 스프뢰세르 소령은 공격준비와 실시에 관하여 상세하게 설명하고 나에게 제1·3·6산악중대와 제2·3기관총중대를 직접 지휘하도록 했다. 매우 큰 부대를 지휘하게 되었다.

나의 공격계획은 정오 무렵 기관총으로 무방비상태의 적에게 기습사격을 가하여 참나무 숲 남쪽 400m에서 북쪽 300m까지 배치된 적의 수비대를 고착시키는 동시에, 일부 병력으로 참나무 숲을 돌파한 후 좌·우측으로 갈라져 적의 퇴로를 차단하는 것이었다. 이러한 1단계 작전이 성공하면 나는 계속해서 주력부대로 하여금 일제히 공격을 개시, 전과를 확대하기 위하여 고지로 진격할 계획을 수립했다.

공격준비는 지루하고 시간이 걸렸다. 오전 중 나는 직접 적의 관측을 피해 중기관총 10정을 멀리 우회이동시켜 사격진지에 배치시켰다. 몇 정은 우리 일선 부대의 직후방 숲이 우거진 고지에 거치시켰고, 나머지는 남쪽 경사면의 개울과 골짜기에 거치시켰다. 나는 기관총마다 사격목표를 부여하고 공격 전과 공격 간, 그리고 공격 후에 실시할 화력계획을 수립했다. 나는 공격개시를 12:00시로 정하고 돌출부에 가장 가까이 위치한 소대를 기준 소대로 삼았다.

롬멜 부대는 11:00시경에 공격준비를 완료했다. 나는 참나무 숲 남쪽 끝을 돌파지역으로 선정했다. 참나무 숲에서 서남쪽으로 90m 떨어진 저지대에 제1·3·6중대와 1개 중기관총중대로 구성된 공격부대가 은밀히 집결했다. 나는 3중대에서 차출한 1개 돌격조와 양동공격을 실시할 3중대 주력, 그리고 주공부대에게 명령과 지시를 내렸다.(그림 24)

공격개시 10분 전에 우편물이 도착하여 각자에게 신속하게 나누어 주었다.

12:00시 정각, 나는 사전에 약정한 신호에 따라 기준 기관총소대에 사격개시 명령을 내렸다. 몇 초 후에 10정의 중기관총이 일제히 사격을 개시했다. 숲 속에는 엄폐물이 많이 있었다. 적을 기만하고 신속히 병력을 투입하도록 하기 위하여 3중대의 좌측 소대는 기관총을 사격하는 동시에

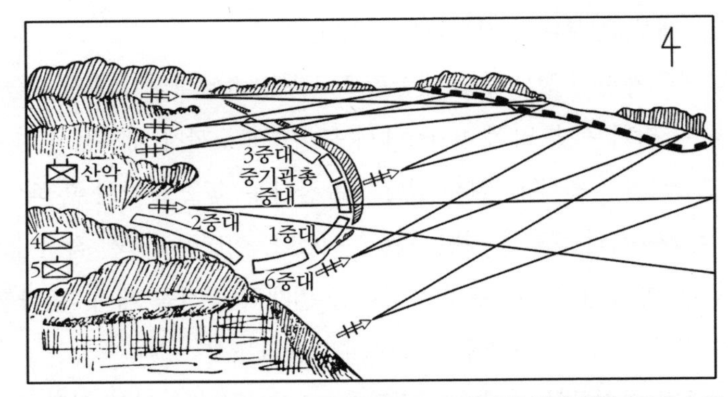

【그림 24】 1917년 8월 10일 공격을 위한 중(重)기관총 화력계획(남쪽에서 본)

함성을 질렀고, 참나무 숲 서북쪽 모퉁이로 수류탄을 수없이 던졌다. 이 모든 행동은 피해를 최소한으로 줄이기 위하여 엄폐된 장소에서 수행했다. 루마니아군이 즉각 응사해 왔다.

3중대의 돌격조는 적탄을 무릅쓰고 숲의 서남쪽 모퉁이로 100m 전진하여 수많은 수류탄이 폭발할 때 생긴 뿌연 연기 속에 은폐했다. 중기관총중대들은 부여된 임무를 잘 수행했다. 나는 이들 기관총중대에 사격 방향을 좌측과 우측으로 전환하여 돌격조가 예정된 목표로 은밀히 접근할 수 있도록 통로를 열어 주도록 명령했다. 나와 나의 참모는 돌격조 직후방에 위치했고, 돌격조를 제외한 3중대와 1개 중기관총소대가 우리 뒤를 따랐다. 사방에서 포탄과 총탄이 비 오듯 쏟아졌다.

우리가 공격을 개시한 지 약 2분이 경과했다. 10정의 중기관총은 계속 사격을 가했고, 도로 좌측에서 격전이 벌어졌다. 돌격조는 참나무 숲으로 돌진했다. 참나무 숲에 도착하고 보니 돌격조는 산악보병의 전매특허(專賣特許)인 적의 호를 소탕하고 있었다. 호에서 적의 저항을 받아 돌진할 수 없게 되면 돌격조는 방향을 바꾸어 거점을 포위했다. 돌격조가 돌진할 때 적을 고착시켰던 기관총소대들이 이번에는 진지 소탕을 지원했다.

전령 한 명이 불과 15m 거리에서 나를 조준하고 있던 루마니아 병사를 사살했다.

우리가 참나무 숲의 적 진지를 장악하는 순간 동북쪽으로부터 적의 강력한 역습을 받았다. 우리는 중기관총을 한 정도 가져오지 못했을 뿐만 아니라 지형의 기복이 심해 후방의 중기관총도 역습해 오는 적에게 사격을 가할 수 없었다. 적은 수류탄 투척거리 내로 접근해 왔다. 우리는 장교, 사병 할 것 없이 모두 일제히 칼빈 소총으로 사격했고, 또한 수류탄으로 대항했다. 병력에 있어서 열세였지만 현 위치를 끝까지 사수했고, 중기관총소대가 전투에 가담하자 전세는 우리에게 유리하게 전개되었다. 그래서 나는 본연의 임무로 돌아가 부대를 지휘했다.

3중대와 중기관총 1개 소대가 참나무 숲의 남쪽과 북쪽을 장악하였다. 나는 잔여 부대(제1·6중대 및 돌파성공 후 이용 가능한 2개 기관총중대)에게 674고지 방향으로 능선을 돌파하라는 임무를 부여했다. 중기관총 몇 정으로 참나무 숲의 양측 진지에 배치된 적을 고착시키고, 다른 부대는 주력으로 하여금 674고지를 급습할 수 있도록 돌파구의 양측 견부(肩部)를 차단했다. 674고지가 우리의 유일한 목표였다. 우리는 제1중대를 선두로 종대 대형으로 전진했다. 1중대의 선두는 잠시 후 아무런 저항도 받지 않고 674고지에서 서쪽으로 약 400m 떨어진 작은 언덕에 도달했다.(그림 25)

나는 1중대의 선두대열에서 함께 행동했다. 내가 막 작은 골짜기를 넘고 있을 때 우측으로부터 기관총 사격을 받고 땅에 바싹 엎드렸다. 잔디 위에 탄알 구멍이 생겼다. 우리는 이 총탄의 사격진지가 674고지에서 남쪽으로 약 900m 떨어졌고, 우리로부터는 1.3km 이상 떨어진 경사면에 위치하고 있을 것으로 판단했다. 나는 작은 웅덩이 안으로 몸을 피했다. 기관총 사격이 멈추어 앞으로 돌진하려는 순간 나는 뒤에서 날아온 총탄에 팔을 맞았다. 피가 콸콸 흘러나왔다. 주위를 돌아보았다. 루마니아군

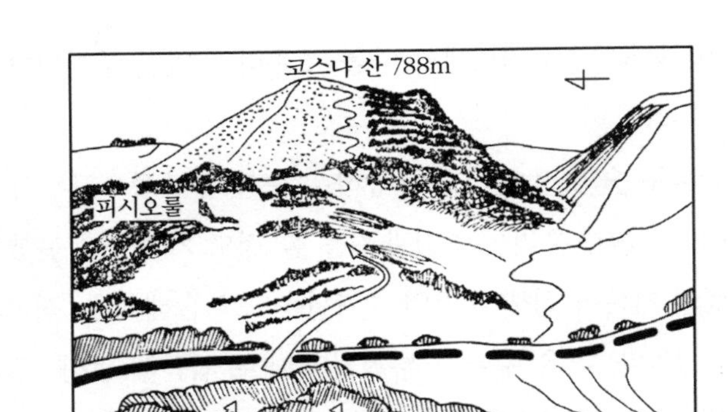

【그림 25】 **674고지 공격**(서쪽에서 본)

의 한 정찰대가 우리 후방 90m 떨어진 덤불 숲에서 나타나 1중대의 선두병에게 사격을 가하고 있었다. 나는 이 위험한 상황에서 벗어나려고 전방에 있는 작은 언덕으로 지그재그로 달려갔다. 여기서 나의 뒤를 따라오던 1중대는 자체방어를 하면서 서쪽의 루마니아군과 약 10분간 치열한 백병전을 벌여 이를 처리했다. 루마니아군을 지휘하던 프랑스 장교는

"독일 놈들을 죽여라!"

하며 몇 번이고 외쳤다.

훨씬 후방에서 격전이 벌어졌다. 루마니아군은 전투 공포로부터 제정신을 회복하고 지방예비군을 보충받아 역습으로 잃어버린 진지를 재탈환하려고 했다. 그러나 산악부대 소총병들의 비길 데 없는 용맹성과 장교들의 불굴의 투지는 역습하는 적을 격퇴하였다.

1중대와 6중대가 더 이상 심한 적의 저항을 받지 않고 674고지를 탈취했다. 렌츠 군의관이 부상당한 내 팔을 붕대로 감아 주었다. 그다음 나는 모든 부대에게 탈취한 현 지역을 급편 방어하기 위해 부대를 재편성하도록 명령했다. 명령은 다음과 같다.

"제6중대는 알딩게르Aldinger의 중기관총소대를 증원받아 674고지를 점령하고, 기타 부대는 674고지로부터 서쪽으로 400m 떨어진 도로 북방 넓은 계곡에서 대기하고 유사시에는 내가 직접 지휘한다."

심한 출혈로 고통과 피로가 대단했지만 나는 부대 지휘를 포기하지 않았다. 목표 탈취를 대대장에게 유선으로 보고했다.

이 무렵 긴 대열이 코스나*Cosna* 산으로부터 능선도로를 따라 우리 쪽으로 다가오고 있었다. 그래서 우리는 방어진지를 편성하고 호를 파기 시작했다. 나는 즉시 접근해 오는 적에 대하여 긴급 포병사격을 요청했다. 그러나 모든 포병이 전방으로 이동 중이어서 나의 포격 요청은 이루어지지 않았다. 적은 아무런 방해도 받지 않고 점점 접근해 왔다.

괴슬러Gössler 대위가 뷔르템베르크 산악대대의 잔여 중대들을 인솔하여 도착했다. 우리는 대대를 둘로 나누어 지휘했다. 롬멜 부대는 제1선에 제5·6중대와 알딩게르 중기관총소대를, 그리고 제2선에 제2·3중대와 제3기관총중대로 편성하여 방어 배치했다. 괴슬러 부대는 제1·4중대와 제1기관총중대로 편성되었으며, 674고지의 서쪽 약 300m 떨어진 지점에서 호를 팠다. 우리의 예상과는 달리 코스나 산에서 접근해 오던 루마니아 보병은 역습을 감행하지 않았다. 루마니아군은 강력한 정찰대를 파견하여 우리 진지를 탐색하는 것으로 만족했다. 그러나 우리는 적의 정찰대를 쉽게 격퇴하였다. 그 후에 루마니아군은 5중대와 6중대의 정면을 마주보는 한 능선을 점령하였다. 적의 진지는 우리 진지로부터 약 800m 떨어졌으며, 방어 정면은 약 2km 가량 되었다. 이런 상황하에서 제1선 중대를 증강시킬 필요가 없었다. 5중대와 6중대는 약 700m의 방어 정면을 담당했으며, 나머지 측면은 제2선 중대가 담당했다. 괴슬러 부대가 6중대와 접촉을 유지하고 남쪽 경사면의 경계를 담당하는 반면, 우리 부대의 잔여 중대가 5중대의 북쪽 측면을 경계했다. 그리고 종심 깊은 전투전초를 운용함으로써 모든 방어지역의 경계를 보강했다.

루마니아군이 페트라이 고지로부터 참나무 숲을 지나 슬라닉 계곡의 서쪽 건너편 언덕까지 잇는 전선에서 철수하였다. 우리는 좌·우측의 우군과 접촉할 수가 없었다. 루마니아군의 치열한 포격이 시작되자 갑자기 유선이 끊겼으며, 전령도 움직일 수 없게 되었고, 참나무 숲과 674고지 사이 능선도로의 양쪽 지역이 차단되었다. 5중대와 6중대로 통하는 전화선은 몇 차례 반복해서 수리했다. 이 작업은 통신병에게는 어렵고도 위험한 일이었다. 적은 오후 내내 쉬지 않고 맹렬한 포격을 퍼부었다. 그러나 전방과 예비대 지역에 배치된 중대들은 크게 불편을 느끼지 않았다. 오후 늦게 오스트리아 포병이 포격을 시작했다. 무엇보다도 특기할 만한 것은 305mm 포탄이 코스나 산정에 몰려 있던 적에 명중했다(후에 밝혀졌지만 이들은 루마니아와 프랑스의 장교들이었다). 다행히도 12:00시에 공격을 개시한 이후 지금까지 우리가 받은 피해는 경미했다. 적의 포격을 받으면서 나는 674고지에서 서쪽으로 400m 떨어진 급경사면에 설치한 지휘소에서 보고서를 작성했다. 적의 포격은 어두워진 후에야 멈추었다. 그때 보급대가 식량과 탄약을 가지고 왔다.

나는 심한 출혈로 몹시 피곤했다. 부상당한 팔을 붕대로 단단히 감고 외투를 어깨 위에 걸쳐 입었기 때문에 행동하기가 매우 거북스러웠다. 지휘권을 누구에게 인계할까 하고 생각도 해보았지만 우리 부대가 처한 입장이 매우 어려워서 당분간 그대로 지휘하기로 했다.

다른 부대가 스프뢰세르 소령 지휘하에 추가로 편입되었다. 스프뢰세르 소령의 지휘소는 674고지의 서남쪽 200m 떨어진 참나무 숲에 설치되었다. 거기에는 스프뢰세르 소령의 예비대(제18바바리아 예비연대의 일부 병력)와 포병 연락장교들의 관측소가 있었다.

날이 저물었다.

교훈

1917년 8월 10일 루마니아군의 요새화된 감제진지에 대하여 롬멜 부대는 포병이나 박격포의 화력 지원 없이 공격을 감행해야 했다. 다만 중기관총만이 이 공격을 지원할 수 있었다. 공격은 성공했고, 병력 손실도 적었다. 원인은 다음 두 가지로 설명할 수 있다. 첫째, 3중대의 돌격조가 돌파하기로 예정한 지점에 집중적으로 기관총에 의한 공격준비 사격을 실시했고, 둘째, 돌격하고 있는 동안과 돌격 후에도 계속 기관총 사격으로 적을 고착시켰다.

8월 9일 루마니아군은 경사면 진지에서 경계를 소홀히 하였지만 10일에는 그와 같은 과오를 범하지 않았다. 이 지역은 엄폐물도 없고, 또한 인접 고지로부터 기관총 사격으로 제압되기 때문에 경사면 중턱에 있는 적 진지에 대한 8월 10일의 돌파작전은 성공할 가망이 거의 없었다.

★ **전투정찰**—8월 10일 밤과 이른 새벽에 실시한 적 진지에 대한 세밀한 정찰은 훌륭한 결과를 가져왔다. 적의 진지 전면시설과 수비대의 활동상황을 정확하게 탐지했다. 적을 자극하는 행동은 일절 금했고, 우리의 공격준비를 탐지하지 못하게 하기 위하여 정찰대를 내보내지 않았다. 그러나 적은 그들의 진지 전방지역을 정찰하지 않음으로써 큰 과오를 범했고, 사실 그들은 평화 시와 다름없이 행동했다(보초와 수비대가 모두 노출되어 관측이 용이했다). 그러므로 우리는 청천벽력과 같이 적에게 기습공격을 가할 수 있었다.

3중대의 돌격조는 여러 정의 중기관총 준비 사격으로 참나무 숲까지 이르는 통로를 확보할 수 있었다. 이들 중기관총은 돌파지점으로부터 서쪽으로 200m 떨어진 진지에서 참나무 숲 속의 적을 제압했고, 그 후 3중대의 선두 분대에게 위해(危害)가 되지 않도록 사격 방향을 좌우로 전환했다. 공격이 진행됨에 따라 이들 중기관총은 돌격조의 전면에 근접사격을 가하여 적 진지를 제압하는 데 큰 역할을 했다.

돌파지점으로부터 좌측으로 100m 떨어진 위치에서 완전 은폐하에 함성을 지르고 수류탄을 던지며 실시한 기만작전은 참나무 숲에 배치된 적의 최후 방어사격을 이 방향으로 유도하는 동시에 예비대의 조기투입을 강요했다. 이 기만부대(欺瞞部隊)는 돌격조를 지원하는 임무를 충실하게 완수했다. 이 작전의 성공으로 돌격조가 전혀 피해를 입지 않았다. 적도 동북쪽에서 우리의 돌파구에 대하여 신속하고 과감한 역습을 감행했지만 우리 산악 소총병들이 역습을 격퇴하였다. 여기서도 산악 소총병들의 전투력이 우세하다는 것을 또 한번 과시했다.

루마니아군은 예비대와 함께 교통호로 연결된 진지 후방의 고지 정상을 점령하고 있었다. 예비대는 우리의 기습돌파에 속수무책이었고, 진지 내에서 제압되었다. 이들이 저항을 계속하고 또 역습을 해 왔지만 산악부대의 막강한 병사들에 의해서 손쉽게 격퇴되었다. 우리 산악부대는 이미 5개 중대가 돌파구를 통과했고, 괴슬러 부대와 4개 중대가 그 뒤를 따르고 있었다. 이로써 기습부대는 필요한 병력을 확보하게 되었다.

목표를 탈취한 후 우리는 급편 방어에 들어갔다. 전방 중대들은 은폐를 잘하고 호를 팠다. 북쪽과 남쪽의 개활지는 예비중대에서 전투전초를 차출하여 경계를 담당했다. 원거리까지 정찰대를 보내는 것은 현명하지 못했다. 멀리 정찰대를 보내면 루마니아군 후방진지의 수비대에 의해 저격되거나 포로가 될 우려가 있었다. 그러나 여러 곳의 관측소에서 적 진지를 철저하게 감시했다. 목표를 탈취한 후 곧 우리 부대는 참나무 숲과 674고지 사이의 능선에서 철수했다. 병사들은 기복이 심한 지형에서 측면으로 호를 팠다. 오후에 적은 치열한 포격을 가해 왔지만 우리는 별로 피해를 입지 않았다.

능선을 따라 롬멜 부대의 공격을 받은 적은 부득이 오후에 돌파된 진지를 포기하고 새로운 진지로 철수하지 않을 수 없었다.

충분한 예비병력과 강력한 포병을 보유하고, 또 남쪽의 지형과 마찬가지로 북쪽의 지형도 역습하기에 유리했지만 적은 방어만 취하고 결정적인 역습을 감행하지 않았다.

Ⅳ 코스나 산 탈취(1917년 8월 11일)

전선은 조용했고, 우리는 루마니아군 정찰대에 의하여 방해도 받지 않았다. 22:00시쯤 대대장이 다음 날 11:00시에 포병의 화력 지원하에 코스나 산을 공격하라는 명령을 여단으로부터 수령했다고 말하면서 건의할 것이 없느냐고 나에게 물었다.

지형을 분석하건대 산 정상에는 나무가 없어서 포병과 기관총의 지원사격을 쉽사리 받을 수 있기 때문에 서쪽과 서북쪽에서 공격하는 것이 가장 유리할 것이라고 생각했다. 특히 능선도로의 북쪽 지형은 작은 계곡이 많아서 공격부대의 양호한 접근로가 될 수 있었다.

대대장은 내가 부상을 입었음에도 불구하고 하루만 더 남아 서쪽과 서북쪽에서 공격하는 공격 제대를 지휘하도록 요청했다. 제2·3·5·6산악중대와 제3기관총중대 및 제11예비연대의 제1기관총중대가 내 지휘하에 들어왔다. 괴슬러 대위가 지휘하는 남쪽 공격 제대(제1·4산악중대, 제1기관총중대 및 제18바바리아 예비연대의 제2·3대대)가 674고지와 693고지를 경유, 남쪽과 서남쪽에서 코스나 산을 공격하기로 했다. 이 새로운 임무는 어려웠지만 마음이 끌려 나는 대대에 남기로 결심했다.(그림 26)

나는 상처가 너무 쑤셔서 내일 할 중요한 일을 낮에 구체적으로 지시하지 않았기 때문에 마음이 초조하여 밤에 잠을 이룰 수가 없었다. 날이 밝기 전 하우세르 소위를 깨워 5중대와 6중대가 있는 전방 지역으로 나갔다. 그리고 아침 일찍 지형을 연구하고 공격계획을 수립했다.

적의 진지는 우리 진지로부터 동쪽으로 800m 떨어진 능선도로 양쪽에 걸쳐 구축되어 있었다. 적의 경계병들은 나무 뒤나 덤불 숲에 숨어 있었다. 능선도로 북쪽에 최근에 구축된 진지에서 상당히 조밀한 교통호를 발견하였다. 수비대의 병사들은 떼를 지어 서 있었다. 아군이나 적군이

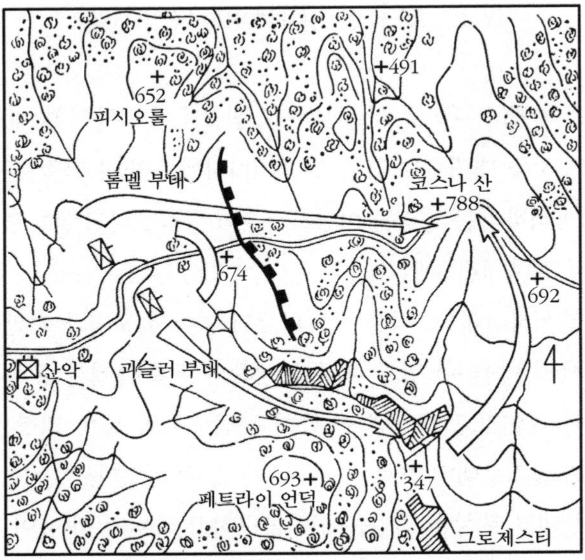

【그림 26】 1917년 8월 11일 공격계획

나 모두 고요한 아침의 침묵을 깨뜨리지 않았다. 우리 진지는 잘 은폐되어 있어 적에게 거의 노출되지 않았다.

접근로는 내가 생각했던 것처럼 그렇게 우리에게 유리하지는 않았다. 전방과 남쪽의 풀이 무성한 능선들은 적의 사격에 그대로 노출되었다. 능선도로 북쪽 700~900m 떨어진 지형이 접근로로서는 더 양호한 것 같았다. 피시오룰*Piciorul* 고지에 이르는 능선의 풀밭 경사면에는 상당히 큰 덤불 숲이 여기저기 산재해 있었다. 5중대의 좌측에 있는 능선도로에서 북쪽으로 1.6km 떨어진 피시오룰 고지(652)는 큰 활엽수로 뒤덮여 있었다.

뾰족하고 우뚝 솟은 코스나 산의 정상이 떠오르는 아침 햇살에 그 모습을 희미하게 드러냈다. 바로 이 정상이야말로 8월 11일의 공격목표였다. 우리가 이 목표를 탈취할 수 있을까? 어떤 일이 있더라도 꼭 탈취해야지. 나는 적을 향해 6개 중대의 큰 병력을 지휘해야 하기 때문에 부상의 아픔마저 잊어버렸다. 나는 어렵고도 책임이 따르는 이 임무를 자신과 새로운 힘으로 착착 진행했다.

나는 진지에 이미 투입된 중대로 하여금 08:00시부터 적을 고착시키고 기만하며 적 진지의 서북쪽에 위치한 계곡들을 적이 사전에 정찰하지 못하게 하는 일련의 계획을 세웠다. 아침 일찍 나는 주력부대를 피시오룰 고지의 남쪽으로 이동시켜 능선도로 북쪽에 위치한 적을 공격할 수 있도록 공격거리 내로 접근시키기로 했다. 이러한 이동을 실시하는 데 가능한 모든 엄폐물을 최대한으로 이용해야 했다. 주력부대가 공격대기 지점으로 이동한 후 나는 11:00시에 포병지원 사격하에 공격을 개시하고 적진을 돌파, 일제히 코스나 산까지 돌진하기로 작전계획을 수립했다. 674고지를 점령하고 있는 부대들도 우리의 공격과 동시에 정면 공격을 실시하기로 했다.

나는 융Jung 중위로 하여금 5중대, 6중대 및 알딩게르 기관총소대를 지휘하도록 했다. 그리고 하우세르 소위를 통해서 융 중위에게 나의 작전계획과 융 부대의 공격임무를 지시했다. 나는 대대와 통신 연락을 유지하고 포병과의 협조를 위해 하우세르 소위를 융 부대에 잔류시켰다.

06:00시에 나머지 4개 중대를 인솔하고 울창한 관목 숲을 지나 북쪽으로 이동했다. 이동하면서 융의 전투부대와 전화선을 가설하였다. 약 700m 이동 후에 나는 부대의 선두를 동쪽으로 돌려 얕은 계곡을 기어올라 674고지와 피시오룰 고지 사이에 있는 능선에 접근했다. 이 능선에는 독립수(獨立樹)와 덤불 숲이 간간이 있었다. 가끔 부대를 정지시키고 지형을 관찰했다. 모든 능선에 걸쳐 적의 전투전초가 깔려 있는 것을 보고 깜짝 놀라지 않을 수 없었다. 루마니아군은 그들의 새로운 진지 전방으로 전투전초를 내보냈다. 적의 전투전초 좌측에 배치된 5중대와 예비중대에서 차출한 척후분대들이 이 전투전초를 발견하지 못했던 것이다.

이러한 상황하에서 서북쪽으로부터 루마니아군 주 진지에 기습공격을 가한다는 것은 거의 불가능했다. 만일 우리가 적의 전투전초를 제압하고 전진한다면 674고지의 동쪽 주 진지를 점령한 적은 이미 경계태세를 취하고 대기할 것이다. 그렇게 되면 우리의 공격은 기습효과를 상실하게 되고 성공할 전망이 희박해질 것이다.

우리는 적으로부터 은폐된 곳에서 일단 정지했다. 주위지형을 세밀하게 분석한 다음, 나는 전방의 전투전초를 기만하기로 결심했다. 우리는 온 길로 되돌아갔다. 얼마 가지 않아 북쪽으로 방향을 돌려 적과 조우하지 않고 피시오룰 고지의 서북쪽 경사면의 조밀한 삼림지대에 도달했다. 여기서 우리는 다시 동쪽으로 방향을 바꿔 울창한 잡목 숲을 지나 적의 전투전초를 향해 이동했다.

나는 종심 깊게 경계대책을 세웠다. 최전방에 3중대의 유능한 중사를 정찰차 앞세워 손짓과 낮은 목소리로 그를 지휘했다. 나의 지시에 따라 중사의 무거운 배낭을 그의 소대장인 훔멜Hummel 소위가 대신 어깨에 짊어지고 갔다. 나는 중사의 3~4보 뒤에 서고 내 뒤에는 10보 간격을 유지하면서 10명의 척후병이 뒤따랐다. 그 뒤 160m 떨어져서 4개 중대가 일렬로 따라왔다. 이러한 거리는 내가 선두 부대에 정지하라고 신호했을 때 후속 중대가 적에게 노출되지 않고 따라올 수 있는 거리였다. 물론 대열의 길이가 약 800m나 되므로 절대로 조그마한 소리도 내지 못하도록 했다. 모든 병사는 어떠한 소음도 내지 않으려고 노력했으며, 적의 전투전초에 발각되지 않고 이동해야 한다는 것을 잘 알고 있었다.

우리는 신호에 따라 걸음을 멈추었다가 잠시 후 또 보행을 계속했다. 몇 분 동안 귀를 기울여 적의 거동을 살핀 결과 루마니아군의 2개 전투전초 위치를 찾아냈다. 우리가 한 발짝 한 발짝 접근하고 있을 때 적의 초병들은 이야기를 나누며, 목청을 가다듬고, 기침을 하는가 하면, 휘파람을 불어댔다. 적의 초소와 초소의 거리는 100~150m였으나, 잡목이 너무 무성해서 볼 수가 없었다. 나는 첨병분대를 인솔하고 초소와 초소의 중간지점으로 이동했다. 적의 보초와 일직선상에 들어왔을 때 우리는 숨을 죽였다. 좌·우측의 적은 이야기를 계속했다. 나는 조심스럽게 4개 중대를 이들 사이로 무사히 통과시켰다. 동시에 융 전투부대와 계속 전화선을 가설했으며, 이 유선은 또한 대대지휘소와도 연결되었다. 바로 코 앞에 있는 적은 경계를 소홀히 했다.

울창한 덤불 숲을 계속 뚫고 침투하여 우리는 서쪽 전면만을 바라보고 있는 적의 보초와 전투전초의 후방 피시오룰 고지의 북쪽 경사면에 도달했다. 한편 작전계획에 따라 우측에서 융 부대가 소총과 기관총으로 사격을 개시했다.

우리와 루마니아군 주 진지 사이에는 깊은 협곡이 가로놓여 있었다. 우리는 아직까지 관측하지 못한 장애물을 통과해야만 했다. 협곡을 내려가면서 우리는 여러 개의 소로를 횡단했다. 그러나 다행히도 루마니아군과 마주치지 않았다. 674고지 근처 능선에 도달했을 때 루마니아군 포병이 융 부대 진지에 맹렬하게 포격을 가하고 있었다. 루마니아군은 그쪽에서 공격해 올 것이라 판단하고 이 공격의 기세를 제압하기 위하여 어떤 대책을 세우고 있음이 분명했다.

8월의 이글거리는 태양 아래 무거운 배낭(중기관총 사수들은 약 50kg의 짐을 지고 있었다)을 지고 가파른 비탈길을 기어 올라간다는 것은 참으로 힘겨운 일이었다. 거의 11:00시가 되어서 우리는 협곡의 최하단부에 도착하여 다시 맞은편 돌 투성이의 급한 경사면을 기어오르기 시작했다. 지형이 너무 험난해서 서서히 기어 올라갔다. 우리 포병은 11:00시 정각에 공격준비 사격을 개시했다. 포병 사격은 우리가 보기에도 확실히 미약했고, 우리가 공격할 지역은 강타하지 못했다. 반면, 5중대와 6중대의 사격은 점점 치열해졌고 적은 포격으로 맞섰다.

이러는 사이에도 우리는 사력을 다하여 경사면을 기어 올라갔다. 부상당한 팔이 아파서 올라가기가 대단히 힘들었다. 그래서 아주 험난한 곳에서는 전령들이 나를 부축해 주었다.

아군의 공격준비 사격은 11시 30분쯤 끝났다. 이때 3중대에서 차출된 유능한 한 중사가 정찰 도중 작은 숲으로부터 사격을 받았으나, 그는 지시대로 적에 응사하지 않고 신속하게 엄폐했다. 나는 선두 부대에 정지하도록 명령하고 선두 부대 약 50m 아래에서 올라오는 본대를 엄호하도록 지시했다. 이렇게 하면서 나는 융 중위에게 유선으로 30분 내에 공격하겠다고 연락하였다. 나는 대대장과도 연락을 취하여 포병지원을 요청하려고 했으나 전화가 불통이었다. 피시오룰 고지에 있는 적이 전화선을 발견하고 끊어버렸음이 분명했다.

대대장과 포병, 그리고 융 전투부대와 연결된 유선이 결전을 앞두고 끊겼다는 것은 대단히 불길한 징조였다. 통신망을 다시 유지한다는 것은 거의 불가능했고, 장시간의 작업이 필요했다. 나는 이 불운한 사태를 그대로 감수해야 했다. 우리가 공격할 적 진지의 위치는 추측한 것에 불과했다. 나는 적 진지의 위치를 루마니아군 보초로부터 중사가 저격당한 지점 근처라고 판단했다. 지형 지물을 이용하여 우리는 적에게 돌진할 수 있는 양호한 은폐지로 집결하였다. 기관총을 높은 장소에 거치하여 지원사격을 할 만한 이상적인 지형도 없었고, 융 부대와도 연락할 길이 없어 우리의 공격을 엄호할 수 없게 되었다. 그러나 나는 융 중위가 작전계획대로 임무를 수행할 것으로 굳게 믿었다.

나는 3중대의 1개 소대와 그라우Grau 기관총중대를 인솔하여 약 100m 넓이의 정면에 전개시켰다. 2중대는 우측 후방에서, 그리고 3중대의 잔여 2개 소대와 제11예비연대의 제1기관총중대는 좌측 후방에서 각

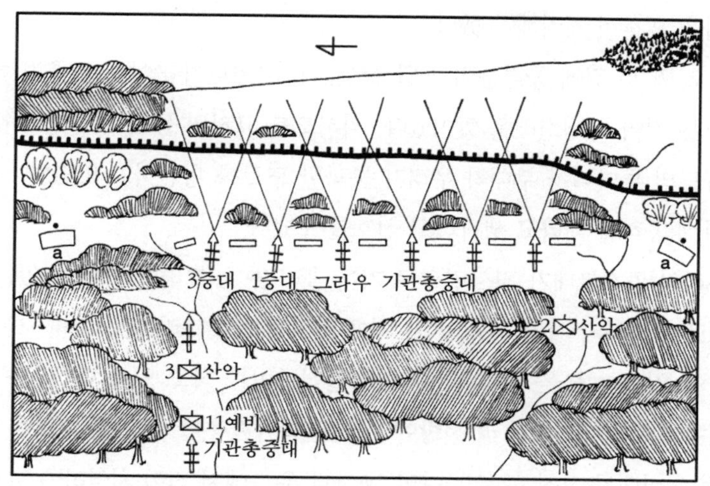

【그림 27】 1917년 8월 11일 공격준비(서쪽에서 본) (a) 수류탄투척분대.

각 공격 대형을 취했다.(그림 27)

나는 공격명령을 하달했다.

"나의 공격신호에 따라 제1선 돌격 제대(3중대의 1개 소대와 그라우 기관총중대)는 양치*ferns*가 무성한 곳을 통과, 경사면 상부의 적 진지를 향해 은밀히 기어 올라간다. 적 수비대의 경계병들이 사격을 개시하면 즉각 그라우 기관총중대는 일제히 연속사격으로 적 진지를 소사하고 약 30초 후에 나의 신호에 따라 사격을 중지한다. 이때 3중대의 1개 소대와 근접해 있는 다른 부대들은 함성을 지르지 말고 적 진지로 돌입한다. 1소대의 각 분대는 침투구의 양측 견부를 즉시 봉쇄하고 주력은 적의 방어지대를 돌파하여 최초 목표인 능선을 탈취한 다음 동남쪽으로 전진하기 위해 준비를 한다. 우리의 돌파지점을 적이 알지 못하게 하고 적의 최후 방어사격을 분산시키기 위해 돌파지점의 양쪽 적 진지를 수류탄분대들이 공격한다."

이와 같은 준비와 지시는 적의 보초로부터 불과 100m 거리에서 은밀하게 이루어졌다. 나는 하우세르 소위를 융 전투부대에 잔류시켰으므로 모든 일을 혼자서 처리해야 했다.

정오 몇 분 전에 공격준비가 완료되었다. 루마니아군이 우리를 방해하지 않는 것이 다행스러운 일이었다. 피시오룰 고지의 동쪽 경사면에서 소대 규모의 루마니아 부대가 우리가 통과한 도로를 횡단하고 있었다. 이때가 바로 공격할 때라고 생각하고 신호를 보냈다.

우리의 공격부대가 경사면으로 기어 올라갔다. 그러나 가까이 있는 적 진지로부터 즉각 사격을 받았다. 이에 반사적으로 그라우 중대의 모든 기관총이 일제히 불을 뿜었다. 우리가 돌격준비를 하고 있을 때 좌우측에서 수류탄이 터졌다. 우리 전방에 배치된 중기관총이 사격을 가하여 정면의 적 수비대를 고착시켰고, 다만 좌측과 우측에서 적이 치열하게 사격을 가해 왔다. 나는 중기관총의 사격을 중지시켰다. 산악부대는 경사면을 물밀 듯이 차고 올라가 전혀 피해를 입지 않고 적 진지로 돌입하여 몇 명의 포로를 잡고 이 지역을 봉쇄한 다음, 우측으로 돌진하여 적의 방어진지로 돌입했다. 만사가 평시 훈련 때와 같이 1초도 틀리지 않고 정확하게 진행되었다.

곧 우리 전방의 덤불 숲이 트이기 시작했다. 우리가 100m 또 전진했을 때 적의 치열한 기관총 사격을 받아 우측 경사면에 대한 우리의 공격이 저지되었다. 적은 넓은 풀밭지대를 건너 약 600m 떨어진 고지에서 필사적으로 사격을 가했다.

3중대의 1개 소대와 그라우 중기관총중대가 총격전을 벌였고, 3중대의 잔여 소대와 제11예비연대의 제1기관총중대는 좌측으로 전개했다. 삼림 전단의 적은 증강되었고, 우리도 수십 정의 기관총으로 대항했다. 그러나 우리는 몹시 지쳐서 완강히 대항하기가 힘들었고, 게다가 적의 사계 내에 있는 풀밭지대를 횡단하여 전진을 계속한다는 것은 거의 불가능했다.

적의 예비대는 포병의 지원사격을 받으며 역습을 감행했고, 주공 방향

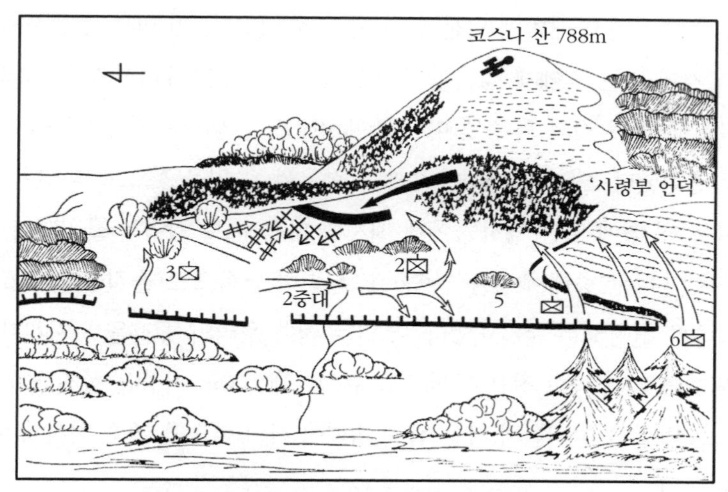

【그림 28】 코스나 산 상황(1917년 8월 11일, 서쪽에서 본)

을 우리의 좌측에 두었다. 산악병사들은 결사적으로 진지를 사수했다. 그들은 적에 굴복하고 싶지 않아 맹렬한 사격으로 적의 역습을 격퇴하였다.(그림 28)

적은 점점 더 많은 기관총으로 우리에게 사격을 퍼부었다. 그래서 우리는 놀라울 정도로 사상자가 많이 나왔고, 우리의 상황은 시시각각으로 위태로워졌다. 나는 3중대의 우측 전방에 위치했다. 좌측에서 알브레히트Albrecht 중기관총소대가 격전을 벌였다. 2중대는 예비로 적의 사계 내에 있지 않은 직후방 덤불 숲에서 대기했다. 예비대를 투입해야 할까? 예비대의 투입으로 전세를 역전시킬 수 있을까? 투입해서는 안 된다. 철수 명령을 내릴까? 이것도 안 된다. 철수하게 되면 우리의 사상자는 적의 수중에 들어갈 것이고 우리는 현 위치로부터 협곡으로 밀려 내려가 루마니아군에게 손쉽게 전멸되고 말 것이다. 전세는 우리에게 절망적이었다. 이 순간 나는 위급한 상황을 극복하든지, 아니면 현 진지를 사수하든지 아무튼 결단을 내려야 했다.

우측 경사면 아래쪽에 덤불 숲이 몇 군데 있었다. 이 덤불 숲을 이용하면 고지에 있는 적에게 접근할 수 있다는 생각이 떠올라서 나는 우리를 압박하고 있는 적의 좌측에 마지막 예비대를 투입하여 기습공격을 가하기로 결심했다. 이러한 기동이 승패를 좌우할 수 있을 것으로 믿었다.

나는 내 옆에 있는 병사들에게 지시한 다음 뒤로 기어서 물러났다. 몇 초 후에 나는 2중대(예비)를 인솔하고 신속히 남쪽으로 돌진했다. 사느냐 죽느냐를 결정하는 순간이었다. 우리는 적이 우리의 공격을 눈치채기 전에 덤불 숲의 무력한 적을 무찌르고 순식간에 100m 이상을 돌진했다. 동쪽으로 방향을 돌리면서 나는 잔여 병력이 적의 역습을 계속 저지해 주기를 바랐다.

내가 적의 좌측을 공격하려고 하는 순간 융 부대의 병사들이 2중대의 직후방에 나타났다. 융 소위가 자기에게 부여된 오전 임무를 계속 수행하고 능선도로의 양측에 위치한 적을 공격하려고 하는 순간이었다. 적은 우리의 3중대와 2개 기관총중대에 이미 모든 예비대를 투입하여 측방과 후방으로부터 공격해 오는 3개 산악중대에 대항할 병력이 없었기 때문에 융 부대의 도착은 전세를 결정적으로 호전시켰다. 루마니아군은 상당수의 기관총을 진지에 버리고 황급히 고지에서 퇴각했다.

674고지 동쪽 700m 떨어진 삼림 전단에서 평소 중대원으로부터 존경받고 용맹스럽기 비할 바 없는 융 중위가 복부에 치명상을 입었다. 제2·3중대와 기관총중대 병사들은 능선도로를 따라 넓은 계곡으로 혼비백산하여 퇴각하는 적에게 계속 사격을 가했다. 이와 때를 같이하여 나는 5중대와 6중대를 지휘하여 능선도로의 남쪽과 능선고지를 넘어 적을 추격했다. 롬멜 부대의 잔여 부대들에게 전령을 보내어 5중대와 6중대의 뒤를 되도록 빨리 따라오라는 명령을 내렸다.

6중대가 코스나 산정에서 서쪽으로 800m 떨어진 '사령부 언덕'

*Headquaters Knoll*이라고 늘 불렀던 언덕을 점령했을 때 5중대는 능선도로의 서쪽과 남쪽 진지에서 200명이 넘는 포로를 잡았고, 여러 정의 기관총을 노획하였다. 우리와 코스나 산 사이에는 아직도 넓은 계곡이 가로놓여 있었다.

루마니아군의 대부대가 서쪽 경사면으로 내려가는 도로를 따라 퇴각하고 있었으며, 6중대가 이들에게 사격을 가했다. 루마니아군 부대가 아직도 코스나 산정 진지를 확보하고 있어서 그들은 소총과 기관총으로 맹렬하게 사격을 가했다. 이때 나의 훌륭한 부관 하우세르 소위가 가슴에 부상을 당했다.

속속 '사령부 언덕'으로 중대가 집결했다. 병사들은 모두 기진맥진했다. 06:00시부터 지금까지 걷고, 험난한 경사지를 기어오르며, 공격을 감행했기 때문에 극도로 피로한 것은 당연했다. 휴식을 취한다는 것은 한낱 꿈에 지나지 않았다.

코스나 산의 가파른 고지 위에 잘 구축된 진지를 점령하고 있는 적에 대하여 극도로 피로한 병사들을 이끌고 공격한다는 것은 거의 불가능했다. 나는 코스나 산정 진지에 대한 공격을 생각하기 전에 병사들을 휴식시키고 재편성하기로 결심했다. 2중대는 휴식지역의 경계를 담당했고, 6중대에서 차출된 정찰대는 전화선을 끌고 가면서 코스나 산의 진지에 이르는 접근로를 정찰했다. '사령부 언덕'에서 우리는 동북쪽 계곡에 위치한 티르굴 오크나*Tirgul Ocna*를 볼 수 있었다. 티르굴 오크나까지는 직선거리로 약 5km 정도였고, 티르굴 오크나 역에는 많은 열차가 운행되고 있었다.

13:00시쯤에 스프뢰세르 전투단의 참모가 '사령부 언덕' 서쪽에 예비대(제18예비연대의 2대대와 3대대)와 함께 도착했다. 참나무 숲에 있던 지휘소로부터 롬멜 공격부대의 뒤를 따라간 스프뢰세르 소령은 우리가 단숨

에 코스나 산을 탈취할 수 있을 것이라고 생각했다.

이때까지 괴슬러 부대의 활동상황에 대해서 전혀 알지 못했다. 나는 한 시간 내로 산정 진지에 대한 공격을 계속하겠다는 것을 말하고 2개 바바리아 대대 중 1개 대대의 기관총 지원사격을 요청했다. 그리고 공격계획은 오전의 성공적인 기동계획과 동일하다고 말했다. 스프뢰세르 소령도 동의했다.

협조된 시간에 제18바바리아 예비연대의 제2대대가 적진에 대하여 사격을 개시했다. 이와 때를 같이하여 나는 제2·3·5·6중대, 제3기관총중대 및 제11예비연대의 제1기관총중대를 지휘하여 동쪽 협곡으로 기어 내려가 '사령부 언덕'에서 북쪽으로 100m 전진했다. 우리는 정찰대가 이미 가설된 전화선을 따라 무성한 덤불을 지나 아주 가파른 경사면을 내려갔다. 얼마 안 되어 우리는 맞은편의 경사면을 올라가 6중대에서 차출된 정찰대와 만났다. 한낮의 내려 쪼이는 태양 때문에 경사면을 기어오르기가 매우 힘들었으며, 몹시 지친 병사들을 이끌고 계곡의 꼭대기까지 오르는 데에는 여러 시간 걸렸다.

오전과 동일하게 경계대책을 세우고 우리는 한 발짝 한 발짝 적에 서서히 접근하여 작은 덤불과 개울을 지나 기어 올라갔다. 이렇게 하는 동안 정상의 적 수비대는 '사령부 언덕'의 제2바바리아 대대와 치열한 총격전을 벌이고 있었다. 아군과 적군의 총탄이 우리 머리 위를 스쳐 날아갔다.

'사령부 언덕'의 바바리아 부대로부터 약 200m 떨어진 곳에 루마니아군의 한 전투전초가 배치되어 있었다. 우리는 드디어 산정으로부터 약 80m 떨어진 조그마한 계곡에 도착했다. 바바리아 부대는 우리 부대에 피해를 입히지 않기 위하여 적의 정상 진지에 대한 사격을 중지했다. 적도 사격을 멈추었다. 나는 면밀하게 공격계획을 수립했다. 최전방에 2개 소총소대와 6정의 중기관총을 배치하고 2개 중대는 양측 후면에 배치했다.

공격준비는 오전의 공격준비와 동일했다. 포복하여 기어오르고 중기관총이 계속 사격을 가하며 적의 화력을 분산시키기 위하여 좌익과 우익에 수류탄을 투척하고 그다음 최후 돌격을 실시하기로 했다.

아직도 공격준비가 완료되지 않았음에도 서남쪽에서 칼빈 총소리가 들렸는데 이 총소리는 괴슬러 부대로부터 들려왔다. 그래서 나는 즉각 공격신호를 올렸다. 잠시 연속사격을 퍼붓고 산악부대는 정상 진지로 돌진하여 몇 분 후에 코스나 산의 서쪽 경사면에서 적을 완전 소탕했다. 적은 기습공격을 받고 당황해서인지 별로 저항도 하지 않았으며, 우리는 몇 명의 사상자만을 냈을 뿐 정상을 탈취할 수 있었다. 우리는 수십 명의 포로를 잡았고, 몇 정의 기관총도 노획했다. 그러나 수비대의 대부분은 정상 진지를 포기하고 코스나 산 동쪽 경사면으로 황급히 도주했다. 우리가 추격을 시작하여 동쪽 불모능선에 도달했을 때 적의 맹렬한 기관총 사격을 받았다. 적은 코스나 산정에서 동쪽으로 600~700m 떨어진 692고지를 남북으로 잇는 한 능선에서 사격을 가했다. 이 진지는 잘 구축되어 있었고 넓게 장애물도 설치되어 있었다. 우리가 이 능선을 횡단하여 동쪽 경사면으로 내려가기 전에 강력한 포병과 기관총의 지원사격이 필요했다. 그러나 우리는 루마니아의 산천을 멀리서 바라볼 수 있는 정상을 탈취한 것으로 만족할 수밖에 없었다.

우리는 곧 남쪽으로부터 코스나 산정(788m)을 향해 가파른 경사면을 올라오던 제1중대(괴슬러 부대)와 접촉했다. 롬멜 부대는 1중대와 함께 능선도로의 남쪽 경사면에서 호를 팠다. 5중대와 6중대는 정상과 서북쪽으로 내려가는 능선도로의 북쪽에 배치했다. 제11예비연대의 기관총중대를 3개 조로 나누어 최전방에 위치한 3개 중대에 배속시키고 2중대는 중앙 후방에 위치시켜 내가 직접 지휘했다. 3중대와 제3기관총중대는 좌측 후방에 배치했다.

코스나 산을 탈취한 지 한 시간 후에 스프뢰세르 소령은 2개 바바리아 대대를 인솔하고 올라왔다. 괴슬러 부대는 647고지 근처의 루마니아 진지를 탈취한 다음, 포병의 맹렬한 지원사격을 받으며 동쪽으로부터 밀집 대형으로 공격해 오는 막강한 적과 싸우게 되었다. 괴슬러 부대는 심한 피해를 입고 철수해서 코스나 산정까지 연결된 암석 협곡의 동쪽 기슭에서 재편성해야만 했다. 좌측 슬라닉 계곡에 우군인 헝가리 제70예비국민사단이 위치해 있었지만, 그들과의 거리가 몇 km나 떨어져 있어 우리와는 도저히 접촉할 수가 없었다. 초저녁에 우리는 코스나 산정에 앉아 슬라닉 계곡의 북쪽에서 벌어진 피아 포병전을 목격했고, 772고지에 포진하고 있던 루마니아 보병의 이동을 관측했다.

나는 야간에 대한 준비를 철저히 했다. 우선 괴슬러 부대와 접촉하기 위하여 정찰대를 내보냈다. 각 중대에 임무를 부여했다. 나는 너무 지쳐서 대대장에게 보낼 전투보고서를 작성할 수가 없었다. 그래서 신임부관 슈스터Schuster 소위를 시켜 구두로 주간 전투 결과를 보고했다.

심신이 몹시 피로했지만 밤에 휴식을 취할 시간이 없었다. 23:00시경에 6중대 진지에 수류탄이 마구 떨어졌다. 고함소리, 소총·기관총 소리가 뒤범벅되어 한바탕 소동이 벌어졌다. 상황보고를 기다리지 않고 나는 3중대를 지휘하여 6중대 지역으로 달려갔다. 그러나 우리가 도착하기 전에 6중대는 이미 적을 격퇴시켰다.

어떻게 된 것일까? 루마니아의 돌격분대들이 6중대를 기습했으나, 6중대의 경계병들은 이들을 격퇴했다. 그러나 이 전투에서 제11예비연대의 기관총중대 사수 몇 명이 포로로 잡혀 갔다.

교훈

8월 11일의 공격계획은 아침 일찍 실시한 정찰 결과를 토대로 수립되었다. 중기관총과 포병의 지원사격을 받으며 실시하기로 한 능선도로 양측에 대한 정면 공격은 지형이 개활지여서 그만두기로 했다. 이 공격을 감행했더라면 적에게 사전에 발각되었을 것이고, 아마도 심한 피해를 입고 격퇴되었을 것이다.

루마니아군은 실전에서 얻은 전투경험을 바탕으로 주 진지를 확보하기 위하여 전투전초를 배치했다. 이러한 적의 대응책은 접근이동 시 세밀한 관찰을 통해 몇 차례에 걸쳐 확인되었다.

실전경험이 풍부한 부대를 인솔하고 주간에 적의 전투전초를 은밀히 뚫고 지나갈 수 있었다.

산악지대에서 이러한 종류의 우회이동에 소요되는 시간과 거리를 정확하게 계산한다는 것은 극히 어려운 일이었다. 여기서는 험준한 지형 외에도 예기치 못한 적이 나타났다.

결정적으로 중요한 시기에 유선이 두절되었기 때문에 공격 중 포병과의 협조가 불가능했다. 연락이 가능했더라면 포병은 롬멜 부대의 공격을 위해 충분한 화력 지원을 하였을 것이다. 돌파에 성공한 후 우리에게 당면한 어려운 상황을 예비중대를 투입해서 해결했다. 우세한 적의 측방과 후방에 예비중대를 기습적으로 투입함으로써 우리에게 불리한 전세를 역전시켰다. 사실상 우리는 융 부대와 접촉할 수 없었음에도 불구하고 출발 전에 융 부대에 공격계획을 전달한 것이 천만다행이었다. 도주하는 루마니아군에 사격을 가할 뿐만 아니라 롬멜 부대는 계속 근접해서 추격했다. 그러나 추격전은 곧 적의 후방 감제고지로부터 사격을 받고 끝났다.

피로에 지친 공격부대가 휴식을 취하고 있을 때 1개 정찰분대는 코스나 산의 정상 진지에 이르는 접근로를 정찰했다. 여기서도 전화선이 대단히 유용하다는 것이 입증되었다.

정오에 실시한 적 진지 돌파와 초저녁에 있었던 산정 진지 돌파는 후방 진지로부터 포병이나 중기관총의 지원사격을 받지 않고 실시했다. 다만 공격부대와 함께 전방에 배치된 기관총만이 돌파를 엄호했다. 이 공격에서도 수류탄분대들이 적 수비대의 사격을 분산시켰다. 돌파할 때 우리가 입은 피해는 매우 경미했다.

후방진지에 남아 있던 루마니아군 수비대는 정오 돌파 시와 코스나 산정 탈취 시 달아난 자기네 병사들을 모아 우리의 추격을 저지했다.

V 1917년 8월 12일 전투

자정이 조금 지나서 달이 떴다. 괴슬러 부대를 찾기 위해 내보냈던 정찰분대가 괴슬러 부대의 좌익을 지나 코스나 산정으로부터 약 800m 떨어진 지점에서 발견하였다고 보고했다. 괴슬러 부대는 병력손실이 대단했고, 600m 전방에 적이 강력한 진지를 점령하고 있어서 긴급지원을 요청했다.

01:00시에 나는 몇 명의 장교를 대동하고 우리의 진지 중앙에서 우익에 이르는 전방지형을 정찰하기 위해 출발했다. 날이 밝기 전에 1개 중대로 하여금 괴슬러 부대와 우리 부대 우익 사이에 벌어진 간격을 메우고, 또한 코스나 산의 동쪽에 위치한 적 진지를 공격하기 위하여 공격거리 내로 우리 부대를 전방으로 이동시키고자 했다. 그러나 대대장이 허락하지 않았다. 대대장은 2개 바바리아 대대에 명령하여 새벽에 코스나 산의 동북쪽 적 진지를 돌파하도록 하는 한편, 내가 지휘하는 산악부대는 제2선에서 바바리아 대대를 뒤따라 돌파구를 니코레스티*Nicoresti*까지 확대할 준비를 하도록 했다.

일출 직전에 우리는 서북쪽, 즉 좌측 후방으로부터 맹렬한 포격을 받기 시작했다. 이 포격은 슬라닉 계곡의 건너편 고지에서 날아왔다. 파편의 살상효과는 별로 없었지만, 지름 6m의 포탄 구덩이가 생겼고, 부드러운 모래 진흙땅에 생긴 포탄 구덩이의 깊이가 약 3m나 되었다. 그리고 포탄이 폭발할 때 지름 100m 지역 내에 흙덩이가 떨어졌다. 우리는 포탄이 점점 가까이 떨어져서 잠을 잘 수 없었음은 물론 곧 이동해야 했다. 동쪽과 북쪽에 위치한 적 포대들은 코스나 산을 목표로 맹포격을 가했다. 그래서 상황이 대단히 불안하고 위급해졌다.

동이 트기 전에 스프뢰세르 소령에게 배속된 헝가리의 예비국민사단 예하 2개 대대가 정상에 도착했다. 이 중 1개 대대는 도착 즉시 전개하여 우리 부대를 지나, 명령도 받지 않고 동쪽의 루마니아군 진지를 공격했다. 그러나 이 대대는 막심한 병력손실을 입었고, 이 공격으로 인하여 적의 포격이 더욱 기승을 부리는 결과를 가져왔다.

나는 제2·3·5중대, 제3기관총중대, 1개 국민군중대, 그리고 1개 국민군 기관총중대로 구성된 롬멜 부대를 적의 포격 집중지역으로부터 구출했을 때 안도의 숨을 내쉬었다. 바바리아의 2개 대대는 날이 밝을 때까지 코스나 산의 동북쪽 루마니아군 진지를 돌파하기 위하여 우리 부대보다 앞서 출발하였다. 돌파가 성공하면 평원에 이르는 도로가 개통될 것이고, 오즈토즈 계곡의 남북으로 걸쳐 있는 루마니아군의 전선을 조속히 붕괴시킬 수가 있을 것으로 생각했다.

우리 부대는 산정 밑에서 약 600m에 달하는 행군종대로 코스나 산의 서쪽 경사면을 횡단하였다. 행군 도중 우리 주위에 헤아릴 수 없이 떨어지는 루마니아군의 각종 구경 포탄세례를 가끔 받았다. 그러나 신선한 아침 공기를 마시며 행군하니 매우 유쾌했다. 가파른 경사면의 잡목을 뚫고 약 30분 동안 행군한 후에 우리는 788고지에서 491고지로 내려가는 능선에 도달했다. 큰 전나무가 동북쪽의 가파른 경사면을 뒤덮고 왼쪽 아래에는 군데군데 전나무 숲이 있었다. 포격하에서도 우리는 바바리아의 2개 대대가 침투하기로 된 코스나 산의 동북쪽 루마니아군 진지를 훤히 내려다볼 수 있었다. 루마니아군 진지는 참호(塹壕)로 잘 구축되어 있었고, 또한 전방에는 넓은 장애물지대가 계속 이어서 설치되어 있었다. 수많은 교통호가 불모능선을 지나 동쪽 경사면의 삼림지대까지 뻗어 있었다. 우리 부대와 적 진지 사이에는 작은 계곡이 가로놓여 있었다. 이 계곡의 양 측면은 관목으로 뒤덮여 있었고, 서북쪽으로 갈수록 점점 넓어졌다. 전방의 적 진지는 우리의 목표가 아니었다. 바바리아 2개 대대는 우리 북방 1.2~1.6km 떨어진 지점에서 루마니아군 진지 수비대와 격전을 벌이고 있었다.

우리는 제18예비연대의 부상병들이 모여 있는 곳을 지나면서 전방 상황이 불리하다는 말을 들었다. 연대의 선두 대대가 갑자기 적 진지의 수비대와 조우하여 막대한 손실(약 300명 부상)을 입었고, 그 결과 적 진지의 돌파는 실패로 돌아갔다.

나는 우리 부대의 행군대열을 일단 해체한 다음, 휴식을 취하도록 하였으며, 전화선이 가설되었다는 것을 스프뢰세르 소령에게 보고하고 코스나 산의 북쪽 상황도 아울러 보고했다. 바바리아 부대가 실패한 것으로 보아 우리 부대가 코스나 산의 동북쪽에 있는 강력한 적 진지를 탈취하려면 포병 지원사격이 절대로 필요하다고 생각했다. 공격을 위하여 포병 지원을 약속받았으나 막상 포병 관측장교가 없었다. 그러나 나의 현 위치가 관측소의 위치로서는 적격이어서 내가 사격을 수정하겠다고 제의했다.

우리는 적에 발각되지 않고 계곡으로 내려갈 수 있는지를 정찰했지만 나무가 별로 없어서 은폐된 접근로를 발견하지 못했다. 나는 11시 30분에 포병 사격을 수정했고, 우리 부대는 이 시간에 개인 간의 거리 20보를 유지하면서 횡대로 내려가기 시작했다. 나의 기도는 단시간에 맹렬한 집중포격을 가한 다음, 코스나 산정의 동북쪽 500m에 위치한 적 진지를 일격에 분쇄하는 것이었다.

사격을 수정하는 데는 시간이 걸렸으나, 마침내 1개 오스트리아 포대의 탄착 중심을 루마니아군 진지에 명중시켰다. 그러나 모든 포병이 진지를 이동하고 있었고, 탄약이 부족하여 낮에는 더 이상 사격할 수 없다고 나에게 전해 왔다. 내가 사격 수정을 하고 있는 동안 롬멜 부대는 루마니아군의 계속되는 포격을 받으며 계곡의 동남부에 도착했다. 적이 700명이나 되는 대병력을 그냥 둘 리가 없었다. 우리는 적의 장애물로부터 약 300m 떨어진 덤불 숲에 은폐하여 적의 관측시계(觀測視界)에서 벗어났다. 우리 부대가 계곡을 내려갈 때 단 한 명만이 경상을 입었다. 나는 부대가 있는 곳으로 내려가면서 전화선이 가설된 것을 확인했다.

상황은 그렇게 낙관적인 것은 아니었다. 적은 철조망을 치고 잘 구축된 진지를 점령하고 있으므로 적절한 포병의 지원사격 없이는 경계태세를 갖추고 있는 적을 공격한다는 것은 거의 불가능했다. 적은 우리를 일일이 관측하면서 포병과 기관총으로 우리 부대를 강타할 수 있는 화력을 가지고 있어서 낮에 코스나 산 동북쪽 가파른 경사면을 따라 공격한다는 것이 마음에 썩 들지 않았다. 병사들은 경사면을 뛰어 내려갈 수는 있어도 맞은편 고지를 오를 때는 서서히 기어가야 하므로 이때 루마니아군의 포병과 기관총의 표적이 될 것은 뻔한 노릇이었다.

적이 우리가 위치한 계곡에 야포와 박격포로 일제 사격을 가한다면 막대한 손실을 면치 못할 것이다.

상황이 대단히 불리했지만 나는 포병의 지원사격을 받지 않고 루마니아군 진지를 공격하기로 결심했다. 우리 병사들은 능히 이 어려운 일을 해낼 수 있을 것으로 확신했고, 이러한 때에 우물쭈물하고 있느니보다는 쇠망치로 단숨에 내려치는 것이 유리하다고 생각했다. 정찰분대가 민첩하게 적의 장애물과 그 장애물 뒤의 진지를 정찰했다. 예상되는 적의 포화를 뚫고 공격하기 위하여 나는 덤불을 헤치고 적 진지로부터 200m 내로 부대를 이동하여 이곳 작은 골짜기에서 공격준비를 실시했다. 기관총중대들은 지원사격을 가할 수 있는 우측의 경사면에 배치되었다. 정찰 결과 상황이 우리에게 그렇게 불리한 것만은 아니었고, 적은 우리의 공격을 눈치채지 못했다. 내가 2개 기관총중대를 선정된 진지로 이동시키려고 명령을 내리려는 순간 스프뢰세르 소령은 유선으로 다음과 같이 명령했다.

"러시아군이 슬라닉 계곡을 북쪽에서 침투하여 우리 후방으로 접근하고 있다. 롬멜 부대와 바바리아의 2개 대대는 코스나 산의 서쪽 800m 떨어진 능선으로 즉각 철수하라."

스프뢰세르 전투단 본부가 그곳에서 출발했고, 나는 지시에 따라 이 명령을 제18바바리아 예비연대의 제1·3대대에 전달하고 이들의 철수를 엄호했다.

아주 불리한 상황이었다.

낮에 적의 시계 내에서 계곡으로부터 철수한다는 것이 가장 어려운 기동이라고 나는 생각했다. 러시아군이 우리의 철수 이동을 탐지한다면 그들은 기관총과 포병 지원하에 우리에게 공격을 가해 올 것이 확실하며, 이렇게 되면 우리는 막대한 손실을 입을 것이다. 우리가 루마니아군보다 먼저 능선에 도달할 수 있을 것으로 기대는 하지만 만일 적보다 한 발짝이라도 늦게 도달하는 경우에는 이들을 능선에서 축출하기 위해 신속하고 맹렬한 일격을 가하는 예비계획도 세워야 했다.

나는 2개 국민군중대를 뷔르템베르크 산악대대의 베르네르Werner 중위에게 넘겨주고 코스나 산의 동북쪽 경사면을 기어올라 정상으로 이동하도록 명령했다. 그리고 나머지 4개 중대를 인솔하여 덤불 숲을 뚫고 491고지 방향으로 이동한 다음 '사령부 언덕'으로 향했다. 루마니아군이 491고지 근처에서 기관총으로 사격을 가해서 몇 명의 사상자가 나왔다.

491고지 근처에 이르렀을 때, 나는 3중대에게 788고지와 491고지 사이를 연결하는 능선 아래쪽을 점령하라는 명령을 내리고 장교 전령에게 스프뢰세르 전투단장의 명령을 수령하고 철수하는 바바리아의 2개 대대를 그곳에 집결시켜 놓으라고 지시했다. 불행하게도 전투단 본부와의 유선통신이 두절되었다. 우연히 나는 491고지 근처에서 통화내용을 엿들었는데 그 내용인즉, 불리했던 상황이 다시 유리하게 호전되어 가는 기미가 보인다는 것이었다.

이 말을 듣고 나는 '사령부 언덕'으로부터 북쪽으로 뻗은 능선으로 최단거리를 따라 2중대를 이동시켰다. 2중대는 '사령부 언덕'의 북쪽 600m 떨어진 능선에서 진지를 구축하며 경계를 실시하고 슬라닉 계곡 일대를 정찰하도록 했다. 3중대만을 제외하고 모든 부대에게 '사령부 언덕'으로 다시 이동하도록 명령하고 그 동안 나는 3중대와 남았다. 그 후 한 시간도 못 되어 바바리아의 2개 대대는 적으로부터 이탈하는 데 성공했다.

바바리아 부대가 성공하는 것을 보고 나는 3중대를 인솔하고 코스나 산으로 출발했다. 1중대와 6중대는 아직도 코스나 산정에 있었으며, 산정은 적의 치열한 포격으로 포탄 구덩이가 마치 벌집과 같이 무수하게 많이 생겼다. 나는 3중대로 고지 수비대를 보강하고 이 사실을 '사령부 언덕'에 위치한 전투단 본부로 보고하는 한편, 몹시 피로해서 더 이상 부대 지휘가 불가능하니 후송을 허락해 달라고 요청했다. 아침부터 지금까지 왼쪽 팔에 맨 붕대를 갈지 못했다. 나는 우리 부대의 지휘권을 인계하고 전투단 본부 근처에서 휴식하기 위해 롬멜 부대를 떠났다. 칠흑같이 캄캄하고 무더운 여름밤이었다.

제9장
코스나 산 후기 작전

I 방어전투(1917년 8월 14~18일)

자정이 되기 직전에 스프뢰세르 소령은 나를 전투단 본부로 호출했다. 본부에 가보니 많은 장교들이 모여 있었다. 스프뢰세르 소령은 사태가 대단히 위태롭다고 말했다. 헝가리 제70국민군사단의 독립된 부대들(제1·3 근위기병부대, 제1국민군중대)의 보고에 의하면 이날 오후에 강력한 러시아군과 루마니아군이 사단 방어선을 뚫고 슬라닉 계곡의 북쪽으로 전진하여 코스나 산과 웅구레아나 산을 연결하는 능선을 등지고 남쪽으로 이동할 준비를 하고 있다고 했다. 스프뢰세르 전투단은 웅구레아나 산의 직후방에 전투단 예하부대를 배치하지 못하여 만약의 경우 고립될지도 모른다는 가정하에 대책을 세워야 했다. 스프뢰세르 소령은 나의 의견을 물었다.

나는 야간에 코스나 산과 웅구레아나 산을 잇는 전선을 공격한다는 것은 거의 성공할 수 없으며, 지금부터 4시간 후 날이 밝아서야 공격이 가능할 것이라고 의견을 말했다. 현 진지를 확보하는 것이 전세 만회에 중요한 기회가 되므로 전투단의 5개 대대 정도면 어떠한 적과 싸우더라도 코스나 산과 웅구레아나 산을 잇는 전선을 점령, 확보할 수 있을 것으로 생각했다. 현 시점에서 단지 우군으로부터 입수한 적에 관한 정보 보고만을 믿고 그 동안 막대한 물자와 노력을 들여 쟁취한 이 지역을 싸워 보지도 않고 적에게 양보할 수는 없는 일이었다.

나는 즉각 다음과 같이 재편성할 것을 건의했다.

"산악대대는 코스나 산-'사령부 언덕'-674고지에 이르는 능선을 방어한다. 전투단의 잔여 대대들은 674고지와 웅구레아나 산 사이의 능선을 탈취하고 이를 확보한다. 모든 부대는 슬라닉 계곡 방향에 대하여 적극적인 정찰을 실시함과 동시에 경계부대를 차출한다."

또한 산악대대의 배치에 관하여 다음과 같이 건의했다.

"전투전초(기관총으로 증강된 1개 소총소대)는 코스나 산의 남부를 점령한다. 포탄으로 쑥밭이 된 정상은 점령하지 않는다. 동쪽과 동남쪽을 정찰한다. 1개 소총소대와 1개 중기관총소대는 '사령부 언덕'을 점령하고 적이 코스나 산정을 점령하지 못하게 한다. 1개 소총중대는 코스나 산과 674고지 사이에 북쪽으로 내려 뻗은 2개의 능선을 점령한다. 북쪽 방향에 대하여 정찰과 경계를 실시한다. 모든 잔여 중대는 '사령부 언덕' 서남쪽에 집결하여 전투단장의 지휘하에 들어간다."

스프뢰세르 소령은 나의 건의를 받아들이고 내가 전에 이 지형을 공격해서 탈취했기 때문에 나에게 뷔르템베르크 산악대대를 지휘하여 담당구역을 방어하도록 명령했다. 상황이 매우 위급했고 산악병사들에 대한 나의 애정은 여전했으며, 또 어려운 이 과업을 수행해 보겠다는 호기심 때문에 나는 새로운 임무를 맡겠다고 쾌히 승낙했다.

전투단의 구두 명령에 따라 즉각 재편성이 시작되었다. 나는 제1·2·3·5·6소총중대, 뷔르템베르크 산악대대의 제3기관총중대, 제11예비연대의 제3중대(중기관총 6정을 장비했음)로 코스나 산의 할당구역을 방어하기로 했다.

전투단 본부는 웅구레아나 산 동북쪽 1.6km 떨어진 참나무 숲(돌출부)으로 이동했다. 나는 중대장들과 함께 상황을 자세히 검토하고 다음과 같이 명령을 하달했다.

"3중대는 즉시 코스나 산으로부터 '사령부 언덕'으로 이동하고 1개 소대를 차출, 코스나 산의 제1중대와 교대한다. 이 소대는 제11예비연대 제3중대에서 경기관총 6정을 지원받아 삼림이 우거진 남쪽 능선을 점령하고 코스나 산의 동쪽에 위치한 적 진지를 정찰한다. 적이 공격해 오면 이 소대는 자기 진지를 가능한 한 오래 지탱하고, 포위되어 사태가 위급할 시에 한하여 '사령부 언덕'으로 철수한다. 그 후에 다시 소대장에게 명령을 내리겠다."

"3중대의 다른 1개 소대와 알브레히트 중기관총소대는 코스나 산정과 서쪽 경사면을 엄호할 수 있도록 '사령부 언덕'에서 진지를 구축한다. 이 두 소대는 적이 주간에 코스나 산의 불모지대를 횡단하지 못하게 하고 좌측에 위치한 적의 전투전초에게 위협을 가한다."

"2중대는 '사령부 언덕'(후에 '러시아 언덕'으로 개칭됨)에서 북쪽으로 700m 떨어진 작은 언덕을 점령한 다음, 슬라닉 계곡을 정찰하고 척후분대를 차출하여 코스나 산의 전투전초와 야간접촉을 유지한다. 2중대는 적을 기만하고 적의 포격을 다른 방향으로 돌리기 위하여 코스나 산의 서북쪽 경사면에 불을 피운다."

"5중대는 1개 중기관총소대를 증원받아 674고지의 서북쪽 800m 떨어져 있는 언덕을 점령하고 사주 방어에 임한다. 5중대는 슬라닉 계곡 일대를 정찰하고 2중대와 674고지 및 피시오룰 고지의 인접부대와 접촉을 유지한다. 적을 기만하고 적 포병의 사격 방향을 다른 곳으로 돌리기 위하

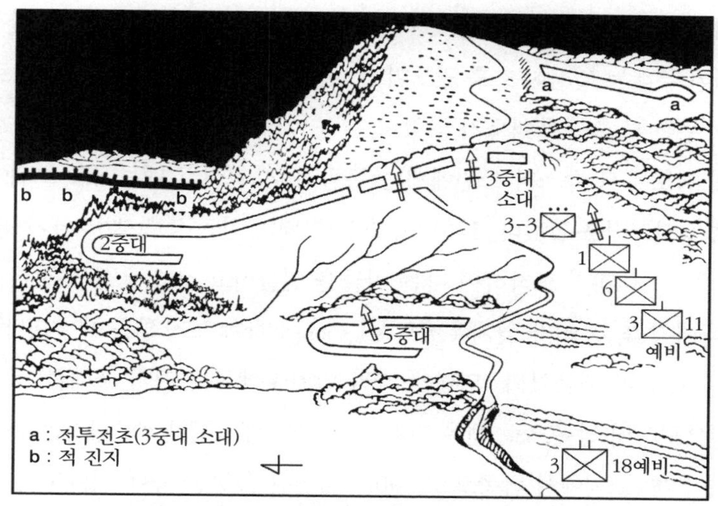

【그림 29】 **코스나 산의 적 배치 상황**(1917년 8월 13일, 서쪽에서 본)

여 5중대는 '사령부 언덕'에서 서북쪽으로 800m 떨어진 계곡에서 밤새 불을 피운다."

"3중대의 1개 소대, 알딩게르 기관총소대, 뷔르템베르크 산악대대의 1중대와 6중대 및 제11예비연대의 제3중대는 '사령부 언덕'과 서남쪽으로 약 400m 떨어진 경사면 사이에 위치한 예비대 집결지역으로 이동한다. 그로제스티*Grozesti* 방향에 대하여 경계하고 정찰한다. 세부적인 명령은 차후에 하달한다."(그림 29)

"롬멜 부대 지휘소는 '사령부 언덕' 서쪽 60m 지점에 위치한다. 통신소대는 전투전초와 2중대 및 5중대에 유선을 가설한다."

지휘관들은 명령 복창과 동시에 행동을 개시하였다. 바바리아 부대와 국민군부대가 철수하고 뷔르템베르크 산악대대의 중대들이 그 뒤를 따랐다. 돌발상황에 대처하기 위하여 현장에서 개별명령을 하달해야 하기 때문에 취침한다는 것은 생각할 수도 없었다. 3시간 후에 전 중대가 새로운 진지로 이동했다. 코스나 산과 '사령부 언덕'의 서북쪽 계곡에서는 명령대로 불을 피우기 시작했고, 각 제대 간에 접촉이 이루어졌다. 진지에 배치된 부대는 열심히 호를 팠으며, 예비대는 휴식을 취했다. 정찰대로부터 아무런 보고도 들어오지 않았다.

내 참모로서 슈스터 소위에게는 부관직을, 그리고 베르네르 소위에게는 행정장교직을 맡겼다. 17:00시경에 몇 명의 관측장교(헝가리의 자이들레르 중위도 포함됨)가 도착하여 나는 이들을 인솔하고 코스나 산의 전투전초로 나아갔다. 우리가 알가우에르Allgauer 소대에 도착했을 때 지평선 위로 막 태양이 떠올랐다. 명령에 따라 알가우에르는 자기 소대를 코스나 산정으로부터 남쪽으로 뻗은 가파른 능선에 배치했다. 이 진지는 소대의 좌익이 788고지에서 남쪽으로 200m 떨어진 울창한 숲에 이르도록 편성했다. 엷은 안개 속으로 루마니아군 진지가 보였고, 진지는 약 800m 떨어진 불모능선에 있었다. 적 수비대의 철모에서 햇빛이 반사되었다. 그러나 우리는 사격하지 않았다. 적군을 매서운 눈초리로 감시하는 경계병들만 남아 있고, 휴식을 취하지 못한 병사들은 새로 판 개인호 안에서 모두 잠을 자고 있었다. 소대 진지 전방의 경사면은 동쪽으로 급경사가 졌고 작은 관목들로 뒤덮여 있었다. 능선과 능선의 서쪽 경사면은 거목들이 들어서 있을 뿐 은신(隱身)할 만한 덤불은 거의 없었다.

긴급탄막 사격과 교란사격에 관하여 포병 관측장교들과 의논하고 있는데 여러 초소로부터

"루마니아군이 현 진지로부터 코스나 산 쪽으로 전진하고 있다"

고 보고하여 왔다. 잠시 후에 루마니아군이 기관총으로 코스나 산의 능선을 향해 맹렬하게 사격을 가했고, '사령부 언덕'에는 포탄이 마구 떨어지기 시작했다. 나는 우리 포병에게 코스나 산의 동쪽에 위치한 루마니아군 진지에 교란사격을 가하도록 요청했다.

"강력한 적이 우리의 전투전초 전방에 접근하여 좌측 능선을 기어 올

라오고 있다"
는 보고가 또 들어왔다. 수류탄이 터지고 칼빈 소총과 기관총을 난사하는 것으로 보아 이 보고는 틀림이 없었다. 가파른 동쪽 경사면에 경계대책을 제대로 세우지 않아 적의 반격을 받고 있었다. 나는 3중대의 예비소대와 알딩게르 기관총소대에게 유선으로, 구보로 이동하여 전방에 배치한 전투전초를 증원하라고 명령했다. 그 후 곧 전투단에 긴급 탄막 사격을 요청했다. 내가 전선에 나아가 상황을 파악해 보니 루마니아군은 이미 능선에 붙어서 전투전초에 측방 사격을 가하고 있었다. 적의 정면 공격은 모두 격퇴되었고, 아군 포병은 불모경사면에 집결한 루마니아군의 증원 병력을 분쇄했다. 좌측 '사령부 언덕'에서는 중기관총과 소총사격으로 루마니아군이 코스나 산의 정상과 서북쪽 경사면을 횡단하지 못하게 저지했으며, 그리고 좌익의 전투전초를 엄호해 주었다.

나는 알가우에르 중사에게 증원부대가 올 때까지 진지를 사수하라고 명령하고 증원부대를 빨리 보내도록 하기 위하여 후방으로 달려갔다. '사령부 언덕'에는 적 포탄이 무수히 계속 낙하했고, 여기서 출동준비 중인 2개 소대를 만나 이들을 인솔하여 구보로 전방까지 달려갔다. 총격전은 더욱 치열했다. 나는 알가우에르 중사가 진지를 고수하고 있기를 바랐다.

'사령부 언덕'과 코스나 산 사이의 안부에 도착했을 때 우리는 알가우에르 소대의 일부 병력, 즉 제11예비연대 제3중대의 경기관총 사수 몇 명을 만났다. 알가우에르 소대가 진지를 고수한다는 것은 역부족이었다. 나는 기관총 사수들에게 동정의 눈길도 주지 않고 우리를 따라오도록 명했다.

안부에서 동쪽으로 100m 전진했을 때 알가우에르의 전 소대가 우리를 향해 철수해 오고 있었다. 알가우에르 중사는 루마니아군 대부대가 능선으로 밀어 올라왔고, 전방과 좌측방으로부터의 치열한 사격으로 할 수

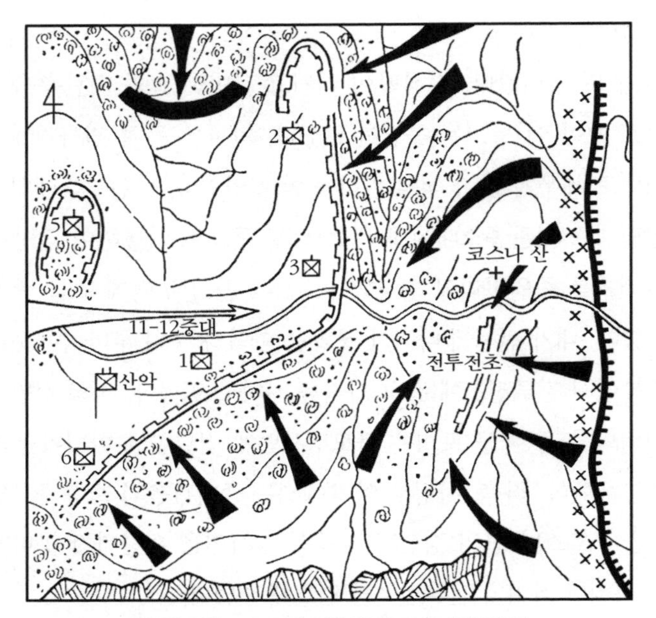

【그림 30】 1917년 8월 13일 코스나 산 방어

없이 진지를 포기하지 않을 수 없었다고 보고했다.

나는 코스나 산을 그렇게 쉽게 적에게 넘겨줄 수는 없다고 생각하고 역습을 실시하기 위하여 부대를 재편성했다. 알딩게르 소위는 중기관총 2정을 가지고 우측의 숲 속에 기관총을 거치하고 지금까지 알가우에르 소대가 점령하고 있던 능선에 계속 사격을 가했다. 이와 동시에 우리는 경사면을 기어올라 무성한 덤불을 헤치고 능선에 도달했다. 능선에 도착한 우리는 능선으로부터 기습하여 적을 동쪽으로 격퇴시키고 우측 하단부에 있는 돌출부도 탈취했다.(그림 30)

그러나 루마니아군은 완강히 저항하고 물러서지 않았다. 우리 아래쪽 반 비탈진 사면에서 루마니아군 지휘관들의 명령 소리가 뚜렷하게 들려왔다. 곧이어 치열한 수류탄전이 여기저기서 벌어졌다. 경사가 너무 급해서 우리가 던진 수류탄은 125m 아래에서 재공격준비 중인 적의 머리 위에서 폭발하지 않고 훨씬 더 멀리 굴러 내려가 폭발하였다. 칼빈 소총으로 적을 조준하려면 머리와 어깨를 적에게 노출시켜야 했다. 이러한 사격자세는 근거리에서 대단히 위험했다. 희생자가 점점 늘어나는데다 렌츠 군의관은 현지에서 응급처치를 취해야 했다.

산악부대 병사들은 용감하게 전투를 수행했다. 많은 부상병들이 붕대로 상처를 감고 다시 제자리로 돌아갔다. 루마니아군의 모든 능선 점령지역은 우리의 즉각적인 역습으로 완전 소탕되었고, 최전방 산악부대 용사들에 의해 탈환되었다. 치열한 근접전이 몇 시간 동안 계속되어 적은 막대한 사상자를 냈다. 우리는 탄약과 수류탄이 점점 모자라는 데 반해 '사령부 언덕'에 대한 적의 포격은 점점 심해졌다. '사령부 언덕'과 전투전초 진지 간의 유선이 끊겼다. 전투전초 진지를 고수하려면 추가적인 병력·탄약·수류탄을 즉시 보내 주어야 했다. 사태를 호전시키기 위해(유선이 절단되었음) 나는 3중대장 스텔레히트Stellrecht 중위에게 부대지휘를 맡기고 내가 '사령부 언덕'으로 되돌아올 때까지 현 진지를 사수하라고 명령했다. '사령부 언덕'의 상황은 다음과 같았다.

3중대의 1개 소대와 알브레히트 중기관총소대는 코스나 산정으로부터 우리의 전투전초를 위협하고 있는 적에 대하여 사격을 계속한 결과 보유탄약을 거의 다 소모했다. 나의 예비대들(산악대대의 1중대와 6중대, 제11예비연대의 3중대)은 강력한 적이 그로제스티로부터 협곡을 따라 '사령부 언덕'으로 올라오고 있다는 보고를 받자 나의 명령을 기다릴 것도 없이 자진해서 '사령부 언덕'의 남쪽 경사면을 점령하였다.

예비중대의 차후 투입을 위하여 준비하고 있을 때 나는 강력한 루마니아 부대가 남쪽과 북쪽에서 '사령부 언덕'과 코스나 산 사이에 위치한 안부를 향해 전진해 오고 있으며, 전투전초가 코스나 산을 포기하고 '사령부 언덕'으로 철수하고 있다는 보고를 받았다. 몇 분이 지난 후(내가 직접 지휘할 수 있는 병사들은 없었다) 격렬한 총격전 소리가 '사령부 언덕'까지 가깝게 들려왔고, 3중대의 소총병들이 우세한 적으로부터 공격을 받아 '사령부 언덕'으로 철수해 오고 있었다. 이들 3중대 병사들은 전우들이 적의 수중에 들어가지 않게 하기 위하여 사상자들(훔멜 소위도 포함)을 등에 업고 철수했다. 수류탄과 기관총 탄약이 다 떨어지고 칼빈 소총 탄약이 모자라 양 측면으로부터 포위될 위험에 직면했다.

탄약과 수류탄의 부족으로 우리는 '사령부 언덕'을 공격해 오는 루마니아의 대병력을 저지하기가 대단히 어려웠다. 중기관총 사수들도 권총과 수류탄으로 진지를 사수해야 했고, 심지어 본부 전령들도 위급한 곳에 보내서 싸우게 했다. 각 중대지역에서 격전이 벌어졌다. 이때 나는 '사령부 언덕'에서 서북쪽으로 700m 떨어진 계곡의 삼림 속에서 루마니아군의 대병력을 발견하였다. 나는 2중대와 5중대에게 유선으로 그들의 측방과 후방이 새로 위협을 받게 되었다는 것을 알려주었다.

전 지역에 걸쳐 치열한 전투가 계속되었지만 철수는 생각할 수도 없었다. 탄약이 다 떨어지면 '사령부 언덕'은 어떻게 될까? 적이 유리한 진지를 장악하게 되면 전 대대는 대단히 위태로운 상황에 놓이게 되고 전 방어선은 붕괴되고 말 것이다. 이러한 사태가 벌어지도록 모든 것을 그대로 내버려 둘 수는 없었다. 전투단과의 유선은 아직도 통하고 있어서 나는 우리의 긴박한 상황을 보고하고 소화기와 탄약을 포함해서 긴급지원을 요청했다. 나는 무엇보다도 시간이 촉박함을 강조했다. 앞으로 30분 동안에 어떤 사태가 벌어질지 예측할 수 없었다. 그러나 내 시계로 11:00시에 11중대와 12중대, 바바리아 군의 제18예비연대 및 1개 중기관총소대가 증원차 현지에 도착했다. 중기관총소대를 배속받은 12중대를 '사령부 언덕'에 배치했으며, '사령부 언덕'의 서쪽 300m 떨어진 경사면에 11중대를 예비로 대기시키고 지휘소를 그곳에 설치했다. 이 지휘소로부터 모든 전투지역을 한눈에 관측할 수가 있었다.

나는 예비중대로 하여금 전방진지에 탄약과 수류탄을 운반하도록 했다. 적과 교전하고 있지 않은 모든 병사들은 사력을 다해 호를 팠다. 코스나 산의 감제고지에서 적이 기관총으로 사격을 가해 와 '사령부 언덕'과 능선에 배치된 아군이 일대 위협을 느꼈다. 나는 전방에서 알딩게르 중기관총소대를 차출하여 지휘소 근처 방어진지에 배치했다. 또한 나는 탄약 보급소를 설치하고 보급업무를 정상화시켰다.

'사령부 언덕'과 '러시아 언덕'을 둘러싼 쟁탈전이 쉴 새 없이 장시간 계속되었다. 적은 여러 차례에 걸쳐서 우리의 빈약한 방어선에 새로운 병력을 투입하고 적 포병은 '사령부 언덕'의 서쪽 경사면에 화력을 집중하여 전선과의 접촉을 차단하고 유선을 단절시켰다. 전선에 배치된 바바리아 부대와 산악대대는 진지를 고수했고, 아군의 포병은 주간에 위험지점에 대한 긴급 탄막 사격을 실시하여 보병부대에 큰 도움을 주었다. 아군의 포격이 밀집대형으로 공격 개시선에 대기하고 있던 루마니아군을 무력화시켰다.

몇 개 포대의 사격으로 '사령부 언덕' 서북쪽 약 800m 떨어진 계곡으로 후퇴하는 적을 분쇄하였다. 집중포격은 언제나 준비되어 있어서 사격요청에 따라 실시했다. 포병의 적극적인 협조에도 불구하고 전방에는 관측장교가 부족하고 포대와의 유선연락도 잘 안 되었다.

정오가 되자 '사령부 언덕'의 전방에는 루마니아군의 사상자가 산더미처럼 쌓여 있었다. 제18예비연대의 12중대도 피해가 심해 11중대의 병력으로 보충해야 했다. 그 후에 제2산악중대도 11중대에서 더 많은 병력을 보충해야 했다.

'사령부 언덕'의 방어편성은 전방에 소수의 경계부대만을 배치하고 적이 돌파를 기도하는 어떤 지점에 대해서도 이를 격퇴할 수 있도록 방어진지의 보다 취약한 지역 근처의 엄폐된 장소에 강력한 역습부대를 집결시켰다. 지형의 특수성을 고려하여 이와 같은 방어형태를 채택했다.

오후에 제18예비연대의 10중대가 증원차 도착했다. 나는 10중대에게 '사령부 언덕'으로부터 지휘소까지 교통호를 파도록 명령했다. 루마니아 부대는 주공을 '러시아 언덕'으로 전환했다. '러시아 언덕'에 배치된 휘겔 소대는 루마니아군의 구 진지에서 사주방어로 진지를 편성했으며, 10 대 1로 우세한 적이 동쪽과 북쪽에서 휘겔 소대를 공격했다. 적은 수주일 동안에 걸쳐서 구축한 자기들의 진지를 재탈환하려고 여러 차례에 걸쳐 공격을 시도했다. 지휘소 근처에 배치된 알딩게르 중기관총소대는 서쪽에서 휘겔 소대를 공격하는 적을 격퇴시켰고, 2중대도 용감하게 진지를 고수했다.

격렬한 총격전이 오후 늦게까지 계속되었다. 세 번째로 나는 전선에 탄약과 수류탄을 운반하도록 명령했다. 짙은 포연(305mm 포가 최후방어 사격에 가담했다) 속에 코스나 산의 경사면에서 우리 쪽으로 내려오는 루마니아군의 대부대를 발견했다. 2중대의 피해가 너무 심해 '러시아 언덕'으로부터 철수하지 않을 수 없다고 보고를 받고 즉시 나는 2중대를 지원하기 위하여 제18예비연대의 11중대 잔여 병력을 급파했다. 이와 동시에 나는 2개 중기관총소대에게 '러시아 언덕'에 진내 사격을 준비하도록 명령했다. 준비가 완료되자 나는 2중대에게 '러시아 언덕'에서 즉각 철수하라고 명령했다. 예상한 대로 적은 밀집대형으로 텅 빈 '러시아 언덕'으로 단숨에 올라왔다. 바로 이때 중기관총소대는 진내 사격을 개시하여 적을 완전 격멸시켰다. 적의 생존자들은 죽을힘을 다하여 위험한 '러시아 언덕'에서 뛰어 재빨리 도망쳤다. 그 후 곧 증강된 2중대는 다시 '러시아 언덕'을 점령하고 잠깐 휴식을 취했다.

얼마 후 '사령부 언덕'의 서북쪽 800m 떨어진 계곡에 장시간 집결하고 있던 루마니아군 부대가 남쪽에서 경사면으로 올라오기 시작했다. 미리 계획된 포병 지원사격을 요청하여 적을 삼림 하단부까지 격퇴하였다. 한편 제2·12·5중대가 이 적을 맞아 소총과 기관총 사격으로 대응했다. 3개 중기관총소대는 참가할 필요가 없었다.

교전 중 전투지역에서 보고가 잇달아 들어왔다. 부관과 행정장교가 최선을 다해 지원사격 요청을 처리하고 탄약을 보급하며 스프뢰세르 소령에게 시시각각으로 전황을 보고했다. 전화 2회선이 전방 위험지역과 스프뢰세르 소령 지휘소 간에 가설되었고, 지칠 줄 모르는 통신병들이 빗발치듯 쏟아지는 기관총과 포병 사격을 뚫고 유선 보수작업을 한다는 것은 목숨을 건 매우 위험한 일이었다.

막대한 병력손실에도 불구하고 루마니아군은 밤에도 공격을 계속했다. 그러나 한 치의 땅도 탈환하지 못했다. 밤에 전투가 조금 뜸해지자 사방에서 부상병들의 신음소리가 처절하게 들려왔다. 우리의 위생병들이 이 부상병들을 후송하려고 했으나 그만 적으로부터 사격을 받아 그대로 물러서야만 했다.

적은 보다 강력한 포병 지원사격하에 새로운 병력을 투입하여 8월 14일 공격을 계속할 것으로 나는 판단했으며, 8월 13일에 우리가 입은 막대한 손실을 또다시 되풀이해서는 안 되겠다고 생각했다. 그래서 나는 짧은 밤시간을 이용하여 진지를 보강하고 방어진지를 재편성하도록 명령했다. 나는 소대장과 중대장들을 집합시켰다. 이들 중 몇몇 지휘관은 전투경험이 별로 없었다. 그래서 나는 땅 위에 주 저항선을 그려놓고 지형에 따라 어떤 형태의 방어진지를 구축해야 하는가를 자세히 설명했다. 야간에 여러 곳에 사계청소(射界淸掃)를 실시해야 했다. 더욱이 소총병과 중기관총진지를 선정(選定)할 때는 적이 코스나 산의 감제진지를 점령하고 있다는 것을 고려해야 했다. 나에게 배속된 제233공병중대는 날이 밝기 전에 현지에 도착하여 '사령부 언덕'에서 전면적인 진지 보강작업을 실시했다.

자정에야 비로소 각 중대에게 담당할 방어 정면을 할당해 주고 즉시 공사에 착수하도록 했다. 지휘소로 돌아오니 심신이 몹시 피곤했다. 그러나 따뜻한 식사를 하고 나니 몸이 한결 가벼워졌다. 취침한다는 것은 생각조차 할 수 없었다. 부상병들을 돌보아야 했고 날이 밝기 전에 탄약과 수류탄을 일선 중대에 추진 보급하는 한편, 탄약 보급소로 추가 탄약을 운반해 와야 했다. 휴대식량을 각 중대로 올려 보내주고 이 밖에도 통신소대로 하여금 포병사격지휘소까지 2중으로 유선을 가설하도록 지시한 다음, 8월 13일의 전투보고서를 스프뢰세르 전투단장에게 제출해야 했다.

모든 일을 완료한 뒤 04:00시에 잠을 좀 청하려고 했다. 그러나 날씨가 추워서 그만두기로 했다. 나는 베르네르 소위를 데리고 야간 작업진도를 확인하기 위하여 새벽에 진지를 순찰했다. 5일간 구두를 한 번도 벗어보지 못해서 발에 물집이 심하게 생겼다. 또한 왼팔의 붕대를 새로 갈 여유도 없었고, 어깨에 걸친 피묻은 외투를 갈아입을 시간도 없었다. 심신이 몹시 쇠약해졌다. 그러나 나에게 부여된 중책 때문에 이 자리를 떠날 생각은 조금도 없었다.

8월 14일 동이 틀 무렵 경기관총을 장비한 1개 국민군중대가 도착했다. 나는 이 중대를 1중대 및 3중대와 교대하도록 명령했다. 그리고 1중대와 3중대는 예비로 지휘소의 서쪽에 대기시켰다. 제18예비연대 11중대는 '사령부 언덕' 진지를, 그리고 12중대는 능선도로 양측의 진지를 인수하였다. 나는 제18예비연대 10중대에게 '러시아 언덕'에서 서북쪽으로 300m 떨어진 삼림 속에서 현 진지를 방어하도록 했다. 10중대는 슬라닉 계곡으로 경계부대를 보냈다. 우리는 전투준비를 완료하였으므로 전투가 언제 다시 시작되더라도 별 지장이 없다고 생각했다.

오전 내내 루마니아군의 포병은 '사령부 언덕', 능선도로, '러시아 언덕'

에 맹렬히 포격을 가했다. 그러나 아군의 피해는 별로 없었다. 전 방어지역에서 작업을 열심히 하여 진지를 보강했다. 정오에 강력한 루마니아군이 모든 전선에 걸쳐 공격해 왔지만 우리는 이들을 손쉽게 격퇴시켰다.

'러시아 언덕'에 배치된 2중대는 1.6km 떨어진 개활지에 포진하고 있는 루마니아군의 1개 포대로부터 맹렬한 포격을 받아 막대한 피해를 입었다. 우리 방어지역에는 포병 관측장교가 한 명도 없어서 우리가 유선으로 포병 사격을 수정했다. 그러나 사격 수정에 실패하여 적 포대를 파괴하지 못했다. 적은 코스나 산 서쪽 경사면에 진지를 강화했고, 우리 방어선 전방에서는 부상당한 적병들이 계속 신음하고 있었다. 8월 14일 우리가 입은 피해는 경미했고, 다음 날은 조용했다. 나는 이틀간을 틈 타 2명의 제도병에게 내가 축척 1:5,000으로 그린 코스나 산 사경도를 제작케 하고 그 지도 안에 격자선을 긋도록 했다. 전투단의 포병 지휘관과 포병 관측장교가 이 지도를 수정했고, 포병은 지도를 더 복사하여 전 포대에 분배했다. 산악이나 삼림지대에서는 일반 군사지도상에서 육안으로 조준점이나 목표를 선정하기가 어렵다. 예를 들면

"65~66지역에 긴급 탄막 사격을 요청함"

이라고 나는 지역 포병에게 알린다. 만일 이 사격 요청이 사거리 밖에 있으면 요망된 지역으로 사격이 신속히 지향될 수 있도록 하기 위해 포병은 요청부대에 다음과 같이 통보한다. 즉

"65~66지역에 요청한 긴급 탄막 사격은 74~75지역에 있는 포병에게 요청할 것."

우리 부대와 전투단 본부 간에 전투 정보를 교환함에 있어서도 상당히 간략하게 이루어졌다. 예로서

"루마니아군 포대가 234a 내에 있음."

8월 15일 밤에 뵈흘레르Wöhler 중위의 박격포중대가 도착하여 야간정

찰을 실시하고 사격진지를 점령하기 시작했다. 내가 1주일 동안 한번도 휴식을 취하지 못해서 괴슬러 대위가 교대차 현지에 도착했다. 그러나 지휘권은 나에게 그대로 있었다. 오후에 4중대가 증원부대로서 추가로 도착했다. 이렇게 되고 보니 롬멜 부대의 병력은 16개 중대로 증가했으며, 1개 연대보다 더 큰 병력을 지휘하게 되었다.

우측에는 제11예비연대가 있었으나, 좌측에는 부대가 전혀 없었다. 여단 본부에서는 연결된 일련의 방어선을 유지하려고 무척 노력을 했지만 병력이 부족했다. 슬라닉 계곡의 가파르고 나무가 많은 경사면들을 방어하려면 상당한 병력이 필요했다.

무더운 열기가 지나간 다음 날인 8월 16일에 심한 뇌우(雷雨)가 일며 번개·천둥소리가 산 속에서 잇달아 메아리쳤고, 곧이어 낮게 깔린 구름에서 폭우가 쏟아졌다. 루마니아군이 전에 만들어놓은 유개호가 지휘소의 서쪽에 있어서 참모와 예비대가 그곳으로 대피했으나 그것도 잠깐이었다. 유개호에 물이 차서 호 밖으로 나와야 했다. 사방에서 번개와 천둥이 쳐서 우리는 엎드렸다. 바로 이때 각종 구경의 포탄이 갑자기 떨어졌고, 그 폭음은 천둥소리보다 더 요란했다. 전선에서 소총과 기관총의 치열한 총격전이 벌어지고, 곧이어 수류탄이 폭발했다. 루마니아군은 폭우를 이용하여 우리를 기습하려고 했다. 나는 현 방어지역이 계속 고수되고 있는지 아니면 돌파되었는지 알 길이 없었다. 비가 억수같이 쏟아져 몇 m 앞도 잘 보이지 않았다. 나는 전방에서 보고가 들어오는 것을 기다릴 것이 아니라 현지에 나아가 직접 확인하기로 했다. '사령부 언덕'이 적의 목표였다. 나는 몇 분 후 '사령부 언덕'의 서쪽 한 지점에 도착했다. 내가 인솔한 6중대는 착검하고 반격을 준비했다. 아군의 포병은 루마니아군의 대병력이 공격해 오는 지역에 탄막 사격을 가했다. 비상 전화선이 가설되어 우리는 부대 본부와 전방의 각 중대와도 연락할 수가 있었다. 루마니아군의 공격은 곳곳에서 저지되었고, 날이 어두워지자 폭우 속에서 벌어진 격전은 끝났다. 막대한 사상자를 내고 병력손실을 입은 적은 우리 진지 앞에서 퇴각했다.

전투지휘를 끝내고 지휘소로 돌아와 보니 천막을 가설했던 곳이 적의 포격으로 쑥대밭이 되었다. 그래서 300m 우측으로 지휘소를 옮겼다. 그리고 우리는 포로로 잡은 루마니아군 병사가 마련한 모닥불에 젖은 옷을 입은 채로 서서 말렸다. 우리는 사기가 충천했다.

교훈

8월 13일 산악대대가 코스나 산 서쪽 고지대를 방어한다는 것은 대단히 어려운 임무였다. 양 측방에 있는 인접부대와 접촉도 없이 산악대대는 정면과 양 측면으로부터 공격해 오는 막강한 적을 격퇴시켜야 했다. 또한 불모능선의 양 측면은 기복이 심하고 삼림이 울창해서 적이 공격거리 내로 접근하기가 용이했다. 더욱이 루마니아군 포병은 산악대대 주변에 반원형으로 전개하고 있었다.

이와 같은 상황하에서는 종심 깊은 방어진지와 강력한 예비대의 확보가 최선책이었다.

적의 공격기도를 탐지하기 위하여 날이 밝기 전에 남쪽, 동쪽 및 북쪽으로 전투정찰을 실시해야 했다. 정찰하지 못한 전방지형은 계속 철저하게 관측해야 했다. 전투전초와 마찬가지로 관측을 게을리한 곳에서는 불의의 기습을 당했다.

전투전초 진지에서의 전투는 대단히 어려웠다. 전투전초는 코스나 산의 험한 능선으로부터 적의 개활진지까지 양호한 사계를 가지고 있었으나, 바로 전방의 가파르고 수목이 울창한 반원형 경사면은 제압할 수가 없었다. 전투전초의 경계대책은 적절하지 못했다. 바로 이곳에서 루마니아군이 대병력으로 주간공격을 준비했다. 전투전초 진지에 대한 적의 공격은 예기치 못한 기습공격이었다.

'사령부 언덕'에서 기관총과 소총으로 불모 정상과 코스나 산의 나무가 적은 서쪽 경사면에 사격을 가하여 전투전초 진지의 좌익을 상당시간 엄호했다. '사령부 언덕'에 있는 탄약이 완전히 소모되었을 때야 비로소 적은 코스나 산에 발을 붙일 수 있었다.

1개 중기관총소대의 신속한 지원사격하에 별로 피해를 입지 않고 전투전초의 최후방어선을 재탈환할 수 있었다. 돌격부대의 사격과 기동은 적시에 이루어졌다.

전초선과 '사령부 언덕'에서의 전투는 결정적 시기에 탄약이 모두 떨어졌을 때 신속성이 얼마나 중요한 것인가를 보여준 매우 훌륭한 사례였다. 이러한 경우에 (특히 산악지대에서는) 재보급은 가능한 한 신속하게 이루어져야 한다. 또한 대대는 탄약과 근접 전투무기를 보유하고 있어야 한다. 대대보급소는 전선의 탄약량을 항상 파악하고 있어야 하며 재보급해야 한다. 8월 13일 전투에서는 보급이 원활하게 이루어졌다.

8월 13일 치열한 전투가 벌어져 예비대가 급히 필요했다. 예비대가 없었더라면 진지를 고수할 수 없었을 것이다. 주 전투지역의 손실이 막대해서 몇 번이고 예비대에서 인원을 보충해야 했다. 예비대가 탄약과 근접 전투무기를 일선 중대로 운반했다. 전투 중에 예비중대가 대대지휘소로부터 전투의 결전장인 '사령부 언덕'까지 교통호를 팠다. 교통호가 없었더라면 보급을 추진하는 데 코스나 산의 감제고지로부터 적의 사격을 받아 극심한 피해를 입었을 것이다.

방어전투가 시작될 때 산악대대는 주 전장에 종심 깊게 배치되었다. 5중대·2중대 및 '사령부 언덕'에 배치된 부대는 상호 지원사격을 할 수 있었다. 전투 간 결전장('사령부 언덕'과 '러시아 언덕')에 대기하고 있던 예비대들은 방어지역의 종심을 증가했다. 만일 전방진지에 모든 부대를 일선으로 배치했더라면 큰 과오를 범했을 것이고, 일선 중대가 입은 손실은 더욱 컸을 것이다. 또한 전 부대를 강력하게 편성하여 배치했다 하더라도 많은 손실을 피할 수는 없었을 것이다. 일선 배치된 방어선을 돌파한다는 것은 쉬운 일이다.

8월 16일 포병과의 협조는 매우 만족스러웠다. 전투지역에 포병 연락장교와 전방 관측장교가 있었더라면 더 좋은 결과를 얻었을 것이다. 방어기간 중에 작성한 격자 사경지도는 대단히 유용했으며, 이는 오늘날(1937)의 평판*plane table*이나 또는 방안판*plotting board*에 맞먹는 것이었다.

Ⅱ 코스나 산 2차 공격(1917년 8월 19일)

며칠 동안 격전을 벌인 끝에 좌측 인접부대(제70국민군사단)는 슬라닉 계곡의 북쪽으로 진격했다. 오즈토즈와 슬라닉 계곡 양측의 광정면에 걸쳐 8월 18일에 공격을 계속하기로 계획되었다. 코스나 산을 재차 공격하여 동쪽 진지를 탈취한다는 것이 전반적인 공격계획의 일부였다. 그래서 상급사령부에서는 돌파작전을 계획했다. 코스나 산을 공격하기 위하여 마드룽*Madlung* 전투단(제22예비연대)을 우측에, 스프뢰세르 전투단(뷔르템베르크 산악대대와 제18예비연대의 1대대)을 좌측에 배치했다. 8월 17일 나는 스프뢰세르 전투단의 제1선 부대에게 모든 공격준비를 완료하라는 명령을 받았다. 나는 또한 마드룽 전투단의 연대장과 대대장들에게 그들이 공격할 지역을 설명해 주도록 지시받았다. 그래서 나는 새벽부터 날이 저물 때까지 동분서주 뛰어다녔다.

지휘소에 돌아온 후 나는 루마니아군이 치열한 포병 공격준비 사격을 실시한 다음, 슬라닉 계곡, 즉 우리 진지의 좌측방으로부터 피시오룰에 대하여 공격을 개시했다는 것을 알았다. 바바리아군 제18예비연대의 1대대가 공격해 오는 적과 대치하고 있었고, 교전하는 총소리로 미루어 보아 루마니아군이 상당히 전진한 것 같았다. 우리 부대의 측방과 후방이 위협을 받았으며, 혹시 전투단과의 연결이 차단되어 우리 부대가 고립되지 않을까 걱정이 되었다. 나는 사전조치로서 예비대의 일부(2개 소총중대와 1개 기관총중대)를 구보(驅步)로 674고지 근처로 이동시켜 덤불 숲에 은폐시킨 다음, 역습준비를 했다. 그러나 전투단 본부에서 피시오룰에 배치시킨 바바리아 부대가 적을 저지하였으므로 우리 예비대를 투입할 필요가 없다고 연락이 왔다.

코스나 산에 대한 공격이 하루 연기되었다. 8월 17일 밤에 우익에 배치

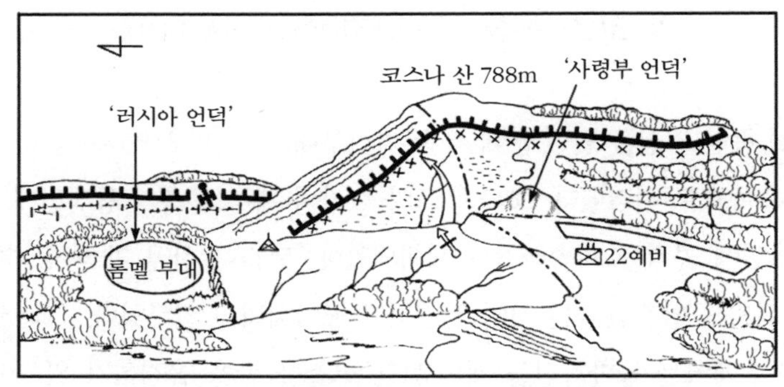

【그림 31】 1917년 8월 19일 코스나 산 상황(서쪽에서 본)

된 중대들을 제2선으로 이동시켰다. 8월 18일 2중대는 제18예비연대의 예하중대와 함께 '러시아 언덕'의 북쪽 600m 떨어진 능선으로부터 루마니아군을 몰아냈다. 이날은 비가 내렸다. 나는 독일과 오스트리아의 포병 관측장교들을 인솔하고 '러시아 언덕' 주위를 순찰하면서 8월 19일에 코스나 산 북부를 공격하는 데 필요한 포병 화력계획을 수립했다.

8월 19일 날이 밝기 전에 스프뢰세르 전투단의 공격부대가 '사령부 언덕'의 서북쪽에 위치한 계곡으로 집결했다. 부대를 새로 편성했다. 나는 제1·4·5중대 및 제2·3기관총중대, 그리고 돌격분견대와 1개 공병소대로 구성된 공격부대를 지휘하게 되었다. 괴슬러 대위는 제2선에서 제2·6중대 및 제1기관총중대를 지휘하여 뒤를 따르게 되었다. 스프뢰세르 전투단장도 제18예비연대 제1대대를 직접 지휘했다.

우리 부대는 '러시아 언덕'의 서쪽 덤불 숲과 삼림지대에 집결했고, 스프뢰세르 전투단의 다른 부대는 서쪽으로 더 떨어져 집결했다. 적은 참호를 연결하여 진지 앞에 장애물을 설치하였다. 쌍안경으로 세밀하게 관측한 결과 우리는 적 진지 일부와 덤불 사이에 설치한 장애물을 발견했다.(그림 31)

사단 작전명령에 의하면 이 진지는 최초 한 시간의 공격준비 사격 후에 탈취하고, 그다음 또 한 시간의 포격을 가한 후, 코스나 산정의 동쪽 800m 지점에 위치한 적과 요새 진지를 계속하여 탈취하도록 되어 있었다. 이 진지는 우리가 8월 13일에 점령했던 진지였다. 나는 아군의 포병 지원사격하에 코스나 산의 적 진지로 침투하여 조금 전진하고 아군의 포격을 루마니아군의 제2진지로 사격을 연신시킨 다음, 이 진지를 공격하는 작전계획을 수립했다.

8월 19일 여름 날씨로는 상당히 쾌청했다. 이른 아침 코스나 산 지역에서 전투가 없었고, 우리 공격부대는 숲 속에서 은폐하고 있었다. 06:00시경 나는 5중대의 프리델Friedel 중사에게 10명의 소총병과 1개 통신분대를 주고 나의 공격계획을 설명한 다음, 아래와 같은 임무를 부여했다.

"프리델 정찰분대는 덤불과 계곡을 이용해서 '러시아 언덕'으로부터 협곡을 지나 동쪽으로 이동, 저 계곡(현 지형을 직접 지시)으로 들어간다. 그곳에서부터 다시 돌파 예정지로 이동하여 진지 전방의 장애물을 정찰한다. 출발 시에는 철조망 절단기를 휴대하고 적과 조우할 경우 유선으로 부대지휘소와 계속 연락을 유지해야 한다."

30분 후 나는 프리델 정찰대가 코스나 산의 서쪽 경사면을 기어 올라가는 것을 목격했다. 한편 나는 돌파 예정지점 근처의 참호 안에 있는 루마니아군 보초를 발견했다. 프리델 정찰대와의 유선에 이상이 없어서 나는 프리델 중사에게 정찰대 위쪽의 적 진지에서 일어나는 새로운 상황들을 수시로 알려줄 수 있었다. 또한 그에게 정찰대와 적 진지와의 거리를 알려주기도 하고, 돌파 예정지로 정찰대를 유도하기도 했다. 이렇게 하여 정찰대는 최단시간 내에 적의 장애물에 도달했다.

참호 안에 있던 루마니아군 경계병들의 거동이 이상하기에(이들은 우리의 정찰대를 발견했거나 아니면 소리를 들었음이 분명했다) 나는 정찰대를 철조망으로부터 200m 물러서게 하고 뵈흘레르 박격포중대로 하여금 돌파 예정지점에 사격을 가하도록 명령했다.

뵈흘레르 박격포중대가 사격을 가하는 동안 나는 프리델 중사에게 탄착 지점으로부터 50m 떨어진 적의 철조망을 절단하여 통로를 개척하도록 명령했다. 철조망 절단작업은 적의 방해를 받지 않고 신속하게 이루어졌다.

포병의 공격준비 사격은 11:00시로 계획되었다. 09:00시에 나는 공격부대를 인솔하고 프리델 정찰대가 전진하면서 전화선으로 표시한 통로를 따라 이동했다. '러시아 언덕'으로부터 동쪽 협곡으로 내려가는 경사면에 햇빛이 비쳤고, 은폐물로 이용할 덤불 숲이 많지 않아 루마니아군이 우리의 이동을 곧 발견했다. 개인 간의 거리를 넓히고 속보로 이동하였지만 적의 기관총 사격을 받아 약간의 사상자가 나왔다. 그러나 코스나 산 서쪽 반원형 경사면은 적의 사격으로부터 차폐되고 또한 관측으로부터도 은폐되었다.

나와 함께 공격부대 선두가 프리델 중사가 있는 곳에 도착했을 때 정찰대는 적의 철조망을 몇 가닥 남기지 않고 거의 다 절단했다. 공격부대가 전진할 때 '러시아 언덕'에 남아 관측을 계속하던 뵈흘레르 중위는 적 진지에서 일어나고 있는 새로운 상황을 계속해서 보고했다. 나의 사격요청에 따라 가끔 뵈흘레르 중위는 교란을 목적으로 박격포를 몇 발씩 발사했다.

나는 돌파지점으로부터 50m 떨어진 곳에 우리 부대를 집결시키고 선정한 돌파지점으로 좀더 접근해서 공격을 개시할 수 있는가를 조사하기 시작했다. 괴슬러 부대도 우측 계곡으로 올라오고 있었다. 시계는 10시 30분을 가리켰다. 제18예비연대 제1대대는 아직도 이동 중에 있었다. 포병의 공격준비 사격이 시작된 후 곧 공격을 감행할 예정이었다. 시간이 얼마 남지 않아 공격계획을 다음과 같이 수립하고 준비를 서둘러야 했다.

"제2기관총중대와 5중대의 1개 소대는 우리가 공격할 진지에 배치된

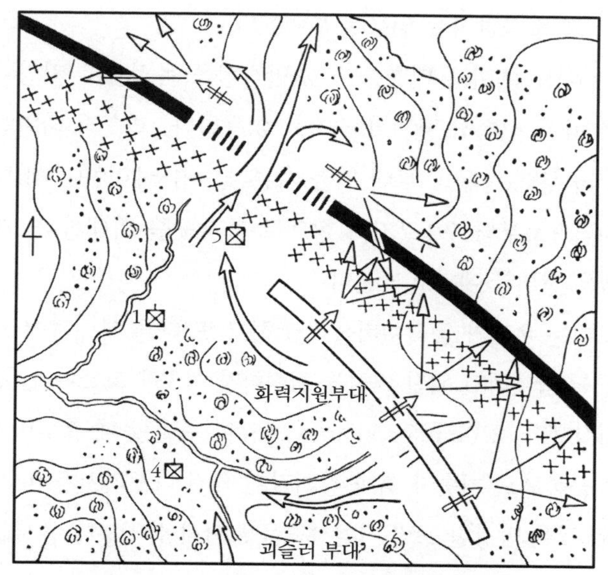

【그림 32】 코스나 산 적 전사면 진지 돌파(1917년 8월 19일)

적의 수비대를 기만하고 주의를 다른 방향으로 돌리도록 하여 적을 고착시킨다. 기만부대는 오직 명령에 따라 사격을 실시하고 엄폐를 이용하여 전방진지로 이동한다. 기만부대의 좌익은 철조망 절단지점 바로 위쪽에 위치한다. 이들 부대가 사격을 개시한 후 몇 초 있다가 프리델 정찰분대는 자기들이 개척한 철조망의 통로 밑으로 공격을 개시, 적 진지로 침투한 다음 침투구의 양쪽을 견제한다. 나는 5중대의 잔여 병력, 로이제 Leuze 소위의 중기관총소대 및 우리의 잔여 부대를 지휘하여 프리델 정찰분대의 뒤를 바짝 따른다. 침투가 성공한 다음 나는 5중대를 지휘하고 양 측방의 전투결과는 개의치 않고 앞으로 곧장 돌진하여 동북쪽의 능선을 탈취한다. 내 뒤에 제3기관총중대와 제1·4중대, 공격분견대 및 공병소대가 따른다."(그림 32)

로이제 중기관총소대에게 돌파지점을 중심으로 좌·우측의 적 진지를 중기관총으로 소사하라는 임무를 부여했다.

"다른 부대는 예비로 대기한다. 기만작전을 목적으로 지정된 부대는 우리 뒤를 따라 신속히 탈취한 진지로 이동한다. 괴슬러 대위와 합의한 대로 괴슬러 부대는 우리 부대 뒤를 따른다. 제18예비연대 제1대대 병력은 돌파지점으로부터 491고지 방향으로 돌파구를 확대한다. 제1대대의 잔여 병력은 전투단 예비로 남는다."

우리 포대는 우리가 공격준비를 완료하고 또 다른 부대들이 그들이 만든 돌파구를 확대하기 위한 지점을 점령하기 이전에 코스나 산 진지를 맹타하기 시작했다. 210mm와 305mm 포탄이 폭발할 때 흙더미가 간헐식 분수처럼 공중으로 치솟자 흙과 갈기갈기 찢긴 나뭇가지가 비 오듯 쏟아졌다. 이와 같은 막강한 포병 지원사격을 보면서 산악부대 용사들은 몹시 흡족해 했다.

사전에 계획한 대로 포병은 돌파지점에 사격을 가하지 않았다. 박격포도 공격준비 사격을 성공적으로 수행했다. 포병 사격이 시작되고 5분이 지난 후 나는 우리 부대에게 공격개시 명령을 내렸다.

기관총부대도 일제히 사격을 개시했고, 몇 초 후에 프리델 정찰분대가 철조망의 통로를 따라 돌진하여 적 진지로 들어갔다. 그다음 우리 부대의 선두 부대가 뒤를 따르기 시작했다. 바로 옆에서 수류탄이 폭발하여 우측에서 벌어지고 있는 총격전 소리는 들리지 않았다. 연막과 포연을 뚫고 몇 발자국 전진한 후에 우리는 적의 호에 도달했다. 프리델 분대는 훌륭히 임무를 수행했지만 돌격대 선두에서 뛰어가던 용감한 프리델 중사가 불행하게도 루마니아 기병 대위가 쏜 권총에 머리를 맞아 현장에서 전사하고 말았다. 그러나 산악부대 용사들은 더욱 맹렬하게 공격을 했고, 백병전으로 적을 제압했다. 기병대위와 10명의 병사를 포로로 잡은 다음, 돌격분대는 좌우로 2개조로 나누어 양 측면을 견제했다. 나는 우리 부대 선두에서 지휘를 하며 적의 호에 도달했다. 우측 상부의 호에 있던 적 수비대는 우리가 공격해 오는 줄 알고 계속 저항했다. 이 지역의 지형과 무성한 덤불 숲 때문에 적의 수비대는 우리 부대가 이미 자기들 진지에 돌입했다는 것을 알지 못했고, 또한 자기들의 방어선에 돌파구가 생겨 그 사이로 우리 중대가 잇달아 구보로 돌진해 오는 것도 알지 못했다.

일대 혼전이 벌어졌다. 사방에서 수류탄이 터졌으며, 소총과 기관총으로 덤불 숲에 교차사격이 가해지고 포탄이 바로 옆에서 수없이 떨어졌다. 돌격분대는 적의 진지에 40m 남짓하게 돌파구를 형성하고 양 측면을 견제했다. 아래쪽의 적 진지를 손쉽게 분쇄할 수 있었으나 이것은 최초 계획대로 후속 부대에게 맡겼다. 작전계획대로 임무를 수행했다면 5중대는 벌써 덤불 숲을 지나 동북쪽으로 인접 능선을 따라 돌진하고 있어야 했다. 로이제 소위가 저지진지로부터 중기관총으로 교통호를 따라 적 수비대에 일제 사격을 개시했다. 나는 5중대를 지휘, 적의 저항을 별로 받지 않고 적의 방어진지 안으로 돌진했다. 나의 부관이 돌파에 성공했다는 상황을 전투단 본부에 보고하고 아울러 대구경 포병 사격을 코스나 산 동쪽 진지로 전환해 주도록 요청했다.

적의 방어진지 깊숙이 돌진해서 우리는 루마니아군 예비대를 공격했다. 그 결과 100명 이상의 포로를 잡았고, 나머지 적은 도주했다. 추격 도중 305mm 포탄이 바로 옆에 떨어져 중대 병력이 들어갈 수 있을 정도의 커다란 포탄 구덩이가 생겼다. 이 포탄으로 피해는 안 입었지만 약간 불안하였다. 우리 부대는 계속 돌진했다. 우리 부대가 공격 개시선으로부터 동북쪽으로 400m 떨어진 능선에 이르렀을 때 약 700m 아래에 위치한 다음 목표를 볼 수 있었다. 독일군의 포탄이 전방 계곡에 수없이 떨어졌고, 루마니아군 몇 개 중대가 우리의 포격을 뚫고 앞을 다투어 퇴각했다.

나는 즉시 1개 중기관총소대에게 퇴각하는 적을 사격하도록 명

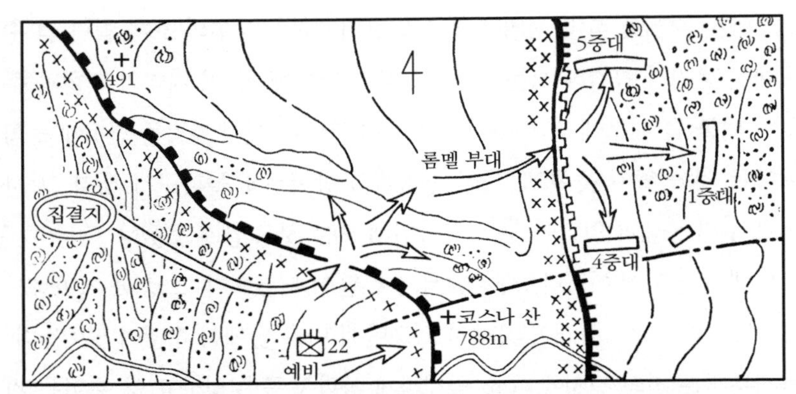

【그림 33】 코스나 산 북쪽 사면의 적 제2진지에 대한 롬멜 부대 전과 확대(1917년 8월 19일)

령하는 동시에 나머지 공격부대에게는 계곡으로 내려가 퇴각하는 적을 추격하도록 명령했다. 유선(공격하면서 가설했음)으로 나는 76·75·74·73·72·62·52·42지역에 강력한 포병 사격을 요청했다. 나는 작전계획대로 단시간의 포병 지원사격을 받은 후 루마니아군 제2진지를 급습하기로 했다. 그러나 상황이 달라졌다.

사격 요청과 사격을 준비하는 데 몇 분밖에 걸리지 않았다. 독일군의 첫 포탄이 계곡 저 아래로 떨어졌다. 루마니아군이 치열한 기관총 사격을 받으면서 협소한 통로를 따라 숲이 있는 새로운 진지로 달려갔다. 이와 같이 근거리에서 사격을 가한다는 것은 그 효과가 대단했다. 나는 적의 공포심을 이용, 제2진지까지 맹렬히 추격하여 적을 제압하는 것이 어떤지 혼자서 자문자답해 보았다. 아군의 305mm 포탄이 우리 부대 주변에 떨어졌다. 그러나 우리 부대는 아무 피해 없이 간신히 위기를 모면했다. 우리의 앞을 가로막을 불리한 상황은 더 이상 없었다.(그림 33)

우리는 있는 힘을 다해서 아래쪽으로 달려 내려갔다. 곡사포탄이 계곡에 떨어졌고, 아군의 기관총 사격이 철조망의 좁은 통로를 따라 달아나는 적을 제압했다. 나는 우리 부대의 선두와 함께 적의 뒤를 바싹 쫓아갔다. 전투에 골몰한 나머지 좌·우측과 뒤에 떨어지는 아군의 포탄에 신경을 쓸 여유가 없었다. 우리 앞에 있던 적은 황급히 달아났다. 도주하는 적 가운데 아무도 추격하는 우리에게 총구를 돌리는 자가 없었다. 적은 우리가 어느 정도로 가까이 접근했는지 모르고 있는 것 같았다. 루마니아군 사상자가 여기저기 흩어져 있었다. 아군의 중기관총은 사격 방향을 좌측으로 돌렸고, 우리는 장애물을 통과, 곧 적의 제2진지에 도달했다. 총격전과 수류탄전을 잠시 벌인 후 적 수비대는 도주했다. 나는 후속 중대가 도착하자 즉시 다음과 같이 명령했다.

"1중대는 동쪽, 5중대는 북쪽, 4중대는 남쪽을 담당한다. 각 중대는 현 위치로부터 적 진지를 향해 160m까지 전진 소탕하고 일단 정지한다. 그다음에 진지를 점령하고 방어 편성한다. 각 중대는 자기 전방에 대하여 적극적인 정찰을 실시하라."

몇 분 후에 나는 각자가 받은 모든 임무를 다 완수하였다는 보고를 받았다. 4중대와 대치한 루마니아군이 가장 완강하게 저항했고, 심지어 역습으로 잃어버린 진지를 재탈환하려고 했다. 그러나 산악대대는 일단 점령한 진지는 결코 포기하지 않기 때문에 적의 역습은 모두 수포로 돌아갔다. 동쪽과 북쪽의 루마니아군은 퇴각했고, 포병까지도 능선 후사면에 있던 진지에서 황급히 철수했다. 그러나 코스나 산의 마드룽 전투단 전면의 적은 계속 완강히 버티고 있었다.

제2진지 좌측에 위치한 적은 역습에 실패한 후 현 진지만을 고수하려고 노력했다. 좌측 전방 적의 방어선에 널따란 간격이 있음을 보았다. 가용 예비대를 모두 투입했더라면 우리는 비교적 쉽게 돌파할 수 있었을 것이다.

전투단 본부와 전화가 가설되었다. 통신부대도 공격부대와 마찬가지로 용감했고 임무를 훌륭하게 수행했다. 나는 즉각 전투단에 전방의 상황을 보고하는 동시에 모든 예비대의 전방 추진과 우리 공격 정면에 있는 적의 제2진지에 대한 포병 사격을 중지해 줄 것을 요청했다. 마드룽 전투단이 코스나 산의 적 진지를 아직도(11시 45분) 탈취하지 못했다고 나에게 알려 주었다. 괴슬러 부대와 제18예비연대 제1대대를 신속히 추진시키겠다고 약속했다.

나는 나의 가용병력을 가장 효율적으로 운용하여야 했다. 코스나 산이나 아니면 북쪽으로부터 적의 역습이 반드시 있을 것으로 예견하지 않을 수 없었다. 공병소대에게 4중대 지역의 진지를 보강하도록 지시했다. 4중대는 수목이 우거진 조그마한 언덕까지 동쪽으로 방어 정면을 넓혔다. 이 언덕에서 1개 중기관총소대가 니코레쉬트(약 2.5km 떨어져 있음) 근처의 적 포대를 향하여 사격을 시작했다. 그러자 적 포대는 말에 끌려 사격진지에서 황급히 철수했다. 동쪽에서는 1중대의 정찰분대들이 작은 삼림 속으로 도주하는 적을 압박했고, 북쪽에서는 공격분견대가 5중대를 초월하여 적 진지를 소탕했다. 이 분견대는 신속하게 전방으로 전진했다. 티르굴 오크나가 같은 북쪽 방향으로 3.2km 떨어진 곳에 위치하고 있었다. 이 마을은 심한 포격을 받고 있었고, 역에 정차 중인 긴 열차만큼이나 끝없이 늘어선 자동차 종대를 볼 수 있었다. 우리는 30분이면 충분히 이 마을에 도달할 수 있을 것이고, 대부분의 루마니아군에게 보급품이 수송되는 계곡 보급로를 여기서 차단할 수 있을 것으로 생각했다.

나는 괴슬러 부대와 제18예비연대의 제1대대가 도착하기를 초조하게 기다렸다. 전투단 본부의 통보에 의하면 2개 부대가 오래 전에 출발했다는 것이다. 시간이 무척 더디게 흘렀다. 그러나 증원부대는 도착하지 않고 우측 후방에서 코스나 산을 탈환하기 위하여 치열하게 교전하는 소리만 들려왔다. 우리 부대는 400명의 적을 포로로 잡았고 수십 정의 기관총을 노획했다. 적의 제2진지에 대하여 공격을 개시한 지 2시간 이상이 흘러갔다. 북쪽의 루마니아군은 전투 공포심에서 제 정신을 회복하여 우리 부대를 격퇴하려고 역습을 개시했다. 이와 때를 같이하여 사퉅누*Satul Nou* 지역의 루마니아군 포대가 4중대를 향해 약 400발의 포탄을 퍼부었다. 그러나 대부분의 포탄은 원탄이 되어 코스나 산의 북쪽 경사면에 떨어졌다. 남쪽에 있는 적은 역습을 시도하지 않고 맹렬하게 기관총 사격만을 가했다. 우리들은 할 수 없이 호와 교통호로 대피해야 했다. 산발적으로 수류탄전도 벌였지만 적은 전세를 크게 역전시키지는 못했다.

괴슬러 부대가 16:00시(공격개시 후 4시간 30분이 지났다)에 도착했다. 이때 강력한 루마니아군이 북쪽으로부터 역습을 가해 왔다. 나는 즉시 1중대와 5중대 사이로 6중대를 투입했다. 예비대가 부족해서 계곡을 공격할 수가 없었다. 북쪽으로부터 공격해 오는 적은 백병전으로 격퇴시켰다.

18시 30분에 전투단 본부에서 마드룽 전투단도 코스나 산의 남부를 탈취하고 제2진지를 공격하기 위하여 협곡을 따라 동쪽으로 전진 중이라고 통보해 왔다.

날이 어두워지기 직전에 우리는 니코레쉬트와 사퉅누 근처에서 루마니아군 보병이 후퇴하고 있는 것을 발견하였고, 몇 개의 열차가 계속해서 티르굴 오크나 역을 출발하여 동쪽으로 달리는 것도 관측했다. 우리는 제22예비연대와 접촉했다. 그런데 이 연대의 좌익부대가 692고지의 루마니아군 진지를 탈취했다. 내일 평야까지 진격하기로 하고 나는 동쪽으로 길게 뻗은 전초선에 우리 부대를 배치하고 니코레쉬트까지 정찰대를 보냈다. 북쪽에서는 강력한 적이 여전히 5·6중대와 대치하고 있었다.

나는 식량과 탄약을 보급하며 전투보고서를 작성하느라 자정까지 눈코 뜰 새 없이 바쁜 시간을 보냈다. 자정이 넘어서야 괴슬러 대위와 함께 같은 천막에서 잠자리에 들었다.

교훈

1917년 8월 19일 800m나 멀리 떨어진 철조망으로 보호된 루마니아군 요새 진지를 공격한다는 것은 뷔르템베르크 산악대대장에게는 아직까지 경험하지 못한 새로운 형태의 임무였다. 2개의 축차진지를 각각 한 시간의 포격이 끝난 후에 탈취해야 했다. 산악부대 병사들은 제1진지에 포격이 계속되고 있는 동안에 적은 손실로 제1진지를 돌파하고, 이어서 700m 정면에서 제2진지로 돌입, 500명의 루마니아 병사를 포로로 잡았다. 그리하여 루마니아군이 코스나 산의 동쪽 저지대에서 제3의 축성진지를 준비할 수 없게 만들어 우리는 동쪽으로 이어지는 돌파구를 형성했다. 그러나 예비대가 너무 늦게 도착했고, 또한 병력도 적었기 때문에 이 돌파구를 확대할 수가 없었다.

이곳 지형에 적합한 특이한 전술이 필요했다. 코스나 산정 바로 밑의 적 진지를 침투한 후 '러시아 언덕'으로부터 중기관총의 지원사격을 받을 수 있었기 때문에 서북쪽의 가파른 경사면에 위치한 적 진지를 손쉽게 분쇄할 수 있었다.

선두 부대가 최단시간 내에 최대거리를 침투했다는 것과 제1진지에 돌입할 때 병력을 분산시키지 않았다는 것, 이 두 가지가 무엇보다도 중요했다. 사실 예비대가 도착하기 전에 우리는 제2진지를 공격하면서 전과를 확대하기 위하여 가용한 최대 병력을 집결시켰다.

사전계획을 철저하게 수립한 결과 포병·박격포·중기관총의 협조가 잘 이루어졌다. 박격포중대는 포병의 공격준비 사격 이전에 돌파 예정지점의 적을 완전 고착시켰고, 프리델 돌격분대로 하여금 철조망을 절단하여 침투 통로를 개척하게 했다. 포병 사격으로 적이 머리를 들지 못하게 한 다음 롬멜 부대는 돌파를 감행했고, 1개 기관총중대와 5중대의 1개 소대가 돌파지점 양측의 적에게 사격을 퍼부어 적으로 하여금 돌파를 저지하지 못하게 하였다.

아군의 포병이 적의 제1진지에 맹렬하게 공격준비 사격을 실시한 결과 루마니아군의 강력한 예비대가 제2진지로 황급히 철수했다. 롬멜 부대는 이러한 전술적 상황을 이용하여 맹렬하게 추격했고, 도주하는 적을 바짝 뒤쫓아 적의 제2진지로 돌입했다. 적을 지나치게 바짝 추격하다 보니 산악부대 병사들은 신속하게 사격 방향을 전환할 수 없었던 아군의 포격에 노출되었다.

Ⅲ 2차 방어

8월 20일 03:00시 적은 다수의 포대를 투입하여 맹렬하게 지원사격을 가하여 코스나 산을 탈환하려고 공격을 개시했다. 헤아릴 수 없이 많은 포탄이 지휘소와 예비대 지역 근처에 떨어졌다. 그래서 우리는 위험지역을 벗어나 788고지에서 북쪽으로 800m 떨어진 계곡으로 대피했다. 루마니아군은 우리가 코스나 산의 동쪽 진지에 있으리라 예상하고 그쪽으로 대량포격을 가했다. 적의 포격으로 이 진지는 이미 쑥대밭이 되어 나는 호 속에 몇 명의 병사만 남겨 놓았다.

07:00시 적은 1중대가 점령한 종심 깊은 전초 진지에 공격을 개시했고, 니코레쉬트 근처 계곡에는 루마니아군이 집결하기 시작했다. 북쪽에 위치한 6중대는 자기 중대 전방에서 적이 공격준비를 하고 있는 것을 관측했다고 보고했다. 여러 가지 상황을 판단한 결과 루마니아군이 어제 빼앗긴 진지를 재탈환하려고 공격준비를 하고 있는 것으로 결론을 내렸다. 바로 이때가 방어로 전환할 절호의 기회였다.

나무가 무성하고 험악한 지형에 연속된 방어선을 구축해야 했고, 노출된 북쪽 측면에 특별한 방어대책이 필요했다. 루마니아군의 구 진지는 오전 내내 적의 포격을 받았고, 적의 사거리 내에 있으며, 루마니아군이 너무도 잘 알고 있기 때문에 이 진지를 점령하지 않기로 결심했다. 이 진지를 방어하는 경우 우리 부대는 막대한 피해를 입을 것이다. 강력한 적과 대결하기까지 시간도 별로 없고 작업량도 많았지만 나는 동쪽 수목이 우거진 전사면으로 이동하기로 했다.

나는 현장에서 필요한 명령을 하달했다. 1중대의 전초가 지연전을 실시하고 있을 때 다른 중대들은 호를 구축했다. 땅이 양토질이라 호 파기가 용이했다. 예비대까지 투입하여 일선 중대 진지에 이르는 교통호도 구축했기 때문에 전투전초가 우리의 방어진지까지 밀려왔을 때는 모든 방어준비를 완료했다. 적의 1차 공격을 쉽게 격퇴하였다. 그래서 루마니아군은 우리 전방 약 50m 지점에서 호를 파기 시작했다. 루마니아군 포병이 우리의 전사면 진지에 포격을 가하려고 했으나 자기 보병부대에도 포탄이 떨어질 위험성이 있어서 사격을 포기해야 했다. 그러므로 루마니아군 포병은 능선 위 자기들의 구 진지만을 사격했다.

나는 동쪽 방어 정면(1중대와 4중대)은 별로 염려하지 않았지만 북쪽과 서북쪽 정면은 사정이 달랐다. 이쪽 방어 정면에는 넓은 간격이 있었다.

우리는 코스나 산의 동북쪽 경사면과 491고지에서 정상에 이르는 능선으로 좌측 인접부대(바바리아의 제18예비연대 제1대대)와 접촉했고, 루마니아군은 계곡을 타고 기어올라 우리 부대의 후방에 접근했다. 예비로 대기하던 3중대를 5중대의 좌익과 제18연대 제1대대와의 사이에 투입했다. 3중대는 수적으로 열세하고 진지도 빈약했으며, 시계도 형편없었지만 자기 진지를 고수했다. 시시각각으로 전투는 점점 치열해졌다. 적은 하루에 20회나 공격을 감행했다. 어떤 때는 포병의 공격준비 사격을 실시하는가 하면 어떤 때는 실시하지 않았다. 루마니아군이 우리 부대를 반원형으로 포위하고 있어서 우리는 예비대를 위험지점을 따라 이동시켜야 했다. 적의 포격으로 능선이 쑥대밭이 되었지만 산악부대 용사들은 조금도 동요하지 않았다. 우리의 손실은 적에 비해 경미했다. 사상자의 총수는 20명이었다. 나는 지난 며칠 동안 계속해서 쉬지 않고 뛰어다녀야 했기 때문에 거동할 수 없을 만큼 심신이 피곤했다. 그래서 누워서 명령을 내릴 수밖에 없었다. 오후에는 몸에서 열까지 올라 헛소리를 하기 시작했다. 이런 상태에서는 더 이상 부대를 지휘할 수가 없었다. 초저녁에 나는 지휘권을 괴슬러 대위에게 인계하고 그와 함께 현 상황을 토의했다. 날이 어두워진 후 나는 코스나 산을 가로지른 능선도로를 따라 내려가 '사령부 언덕'에서 서남쪽으로 400m 떨어진 전투단 지휘소로 갔다.

뷔르템베르크 산악대대는 8월 25일까지 루마니아군의 모든 공격에 대항해서 진지를 고수했다. 산악대대는 8월 25일 제11예비연대와 진지를 교대하고 후방으로 이동하여 사단예비가 되었다.

코스나 산 전투에서 신병들이 무수히 전사했다. 산악대대는 2주일간의 전투에서 500명의 부상자가 생겼고, 60명의 용감한 산악부대 용사들이 전사하여 루마니아 땅에 묻혔다. 주 임무를 달성하지도 못했고, 또 적의 남쪽 측면을 분쇄하지 못했지만, 산악부대는 완강하게 저항했고 장비가 우수한 적을 맞이하여 부여된 임무를 모두 능숙하게 수행했다. 나는 이러한 부대의 지휘관으로서 전투에 임한 것을 대단히 자랑스럽게 생각하며 지금도 기쁨을 감출 수가 없다.

발틱 해안의 휴양지에서 몇 주일 동안 쉬고 나니 나는 완전히 회복되었다.

교훈

1917년 8월 20일에 실시한 방어전투에서 예상되는 루마니아군의 포격을 무력화하기 위해 주 저항선을 전사면(前斜面)의 수목이 울창한 삼림지대로 옮겼다. 이것은 완전히 적중했다. 전투 중에 적은 포격으로 우리의 은폐된 주 저항선을 제압할 수 없었다. 전투전초가 지연전을 실시하는 동안 주 방어진지를 구축했고, 예비중대들을 투입, 주 저항선으로 이어지는 교통호를 팠다. 이 교통호를 이용하여 모든 보급품을 추진했고, 적의 사격하에서도 부상병들을 안전하게 후송했다. 이와 같이 중요한 교통호를 모두 판 후에 예비대는 지정한 장소에서 자기들의 호를 팠다.

또한 수시로 돌발하는 위험지역에 예비대를 적시에 투입했다. 돌파당할 위험성이 있는 곳에 예비대를 투입하여 방어 종심을 증가시켰다. 예비대를 최전방 방어지역에 증원하는 것은 가능한 한 피했다.

제10장
톨마인 공세
(제1일)

I 접적 이동 및 12차 에존트소 강 전투준비

10월 초 나는 원대 복귀하여 다시 부대를 지휘했다. 우리 부대는 마케도니아를 경유, 아름다운 카린치아*Carinthia*에 주둔했다. 코스나 산의 전투에서 잃은 병력을 모두 보충했고, 더욱이 신형 경기관총이 지급되어 소총중대의 화력이 현저하게 증강되었다. 짧은 휴식기간에 새로운 무기를 철저하게 숙달시켰다.

우리는 상급사령부의 작전계획에 대하여 전혀 아는 바가 없었다. 에존트소*Isonzo* 전선으로 출동하는 것이 아닐까?

트리에스테*Trieste*는 1915년 5월 전쟁발발 이후 이탈리아군의 작전목표가 되어 왔다. 이탈리아군이 에존트소 강[1] 하류에서 10차에 걸쳐 전투를 벌여 오스트리아군을 서서히, 그러면서도 계속적으로 밀어냈다. 1916년 8월, 6차 에존트소 전투를 치른 결과 이탈리아군이 괴르츠*Görz* 근처 동쪽 강변에 교두보를 설치하고 괴르츠 시를 점령했다.

1) 미국에서는 카포레토*Caporetto* 전투로 알려져 있음.

카도르나 장군(이탈리아)[2]은 서부전선의 작전형태를 모방해서 11차 에존트소 작전계획(1917년 8월)을 세웠다. 5,000문의 포 지원사격하에 50개 보병사단이 괴르츠와 해안 사이의 협소한 전선에서 반격했다. 오스트리아군의 선전으로 이탈리아군의 1단계 공세는 저지되었다. 그러나 2단계 공세에서 이탈리아군은 에존트소 강의 중류를 도하하여 바인시차 *Bainsizza* 고원을 점령하였다. 이 고원에서 우리 동맹군이 잘 싸워 적의 공격을 저지했다. 이탈리아군의 전면공세는 9월 초까지 계속되었다. 카도르나 장군은 12차 에존트소 전투를 준비하기 시작했다. 이탈리아군은 에존트소 강의 중류 동쪽 지역을 점령했기 때문에 차기 전투의 전망은 밝았다. 이탈리아군의 목표인 트리에스테가 드디어 공격거리 내로 들어왔다. 오스트리아군은 이탈리아군에 대한 차기 반격을 감행할 수 없다고 판단했는지 독일군에게 지원을 요청하지 않을 수 없었다. 서부전선(플랑데르 *Flander*와 베르덩*Verdung*)에서 막대한 병력손실을 입었지만 독일군 최고사령부는 7개 전투사단으로 구성된 1개 군을 투입했다. 에존트소 강의 상류에 대하여 독일군과 오스트리아군이 합동공격을 계획했는데, 그 목적은 전세회복에 있었다. 구체적으로 합동공격의 목적은 이탈리아군을 제국 영토 내에서 몰아내고 가능하다면 타랴멘토*Tagliamento* 강 너머로 축출하는 것이었다.

뷔르템베르크 산악대대는 신편된 제14군에 편입된 후 산악군단에 배속되었다. 10월 18일 우리 대대는 크라인부르크*Krainburg* 근처의 집결지에서 전선으로 접적 이동을 시작했다. 칠흑같이 어두운 밤을 이용하여(가

---

2) Luigi Cadorna(1850~1928).
1914~17 : 이탈리아군 참모총장
1915~17 : 이탈리아군 총사령관
1916 : 에존트소 작전 및 괴르츠 점령
1917. 10 : 에존트소 작전 실패로 해임
1924 : 육군 원수

끔 비가 억수같이 쏟아졌다) 스프뢰세르 소령의 전투단(뷔르템베르크 산악대대와 제4뷔르템베르크 산악곡사포부대)은 비쇼플라크*Bischoflak*, 살리로*Salilog*, 포드보르도*Podbordo*를 경유하여 10월 21일에 크네차*Kneza*에 도착했다. 적이 공중정찰을 하기 때문에 일출 전에 행군 목적지에 도착해야 했고, 낮에는 모든 병사들과 동물들이 상상할 수없이 불편하고 적절하지 못한 장소에서 숨어 있어야 했다. 식사도 제대로 못하고 이와 같이 야간행군만을 계속한다는 것은 그 고생이 말이 아니었다.

롬멜 부대는 3개 산악중대와 1개 기관총중대로 구성되었다. 나는 항상 긴 행군대열의 선두에서 참모와 함께 도보로 행군했다. 크네차는 톨마인*Tolmein* 근처의 전선에서 동쪽으로 약 9km 떨어진 곳에 위치했다. 10월 21일 오후 스프뢰세르 소령과 각 중대장들은 중대에 할당된 집결지를 정찰했다. 집결지는 톨마인 남쪽 1.6km 떨어진 부체니카*Buzenika* 산의 북쪽 경사면에 위치했다. 이 경사면은 에존트소 강 쪽으로 급경사를 이루고 있었다.

이탈리아군은 자기들의 유리한 감제고지를 이용하여 우리들의 후방에 포병 교란사격을 가할 수 있었다. 이탈리아군의 포병은 탄약을 많이 보유하고 있는 것 같았다. 할당된 집결지가 너무 협소해서 전투단(11개 중대)을 충분히 수용할 공간이 못 되었다. 경사면이 너무 험해서 거의 통과할 수가 없었다. 그래서 우리는 암반의 전단과 에존트소 강으로 급경사진 계곡에서 공격준비를 해야 했다. 적이 톨마인 북쪽 므르즐리*Mrzli* 정상에 있는 감제진지에서 부체니카 산의 북쪽 경사면을 전부 측면으로부터 관측할 수 있다는 것이 몹시 불안했다. 또한 집결지 위의 급경사면에 적의 포탄이 떨어졌을 때 돌덩이가 굴러 내려오는 것도 고려해야 했다. 대대가 약 30시간 동안 집결지에서 대기하는 동안 우리는 이 작전의 장차 결과에 대하여 회의적으로 생각했다.

톨마인 분지에 많은 병력이 집결하여 모든 불리한 여건을 참고 있어야 했다. 우리는 유독 성 루치아*Luzia*와 바차-디-모드레자*Baza-di- Modreja* 협로상에만 지향되는 치열한 교란사격을 뚫고 대대로 돌아왔다. 이날 체코의 반역자 한 명이 톨마인 작전에 관한 완전한 작전명령과 지도를 훔쳐 가지고 적 쪽으로 도망갔다. 그러나 이번 작전계획에 대해 우리가 가지고 있는 지식이라고는 달아난 반역자보다 아는 바가 거의 없었다.

대대는 10월 22일 밤에 최종 집결지로 이동했다. 콜로브라트*Kolovrat*와 제차*Zeza* 고지의 이탈리아군 진지에서 적은 우리의 행군 대열에 탐조등을 비추었다. 가끔 적의 포탄이 우리 부대에 마구 떨어졌고, 탐조등이 우리의 진로를 비추어 몇 분 동안 그대로 엎드려 있어야 했다. 탐조등 불빛이 지나가면 우리는 위험 지역을 뚫고 신속히 전진했다. 이렇게 전진하면서 우리는 대단히 공세적이고 우수한 장비로 무장한 적의 유효 사거리 내에 들어왔다고 모두 피부로 느꼈다. 보급품을 운반하는 동물들은 부체니카 산의 동쪽 경사면에 대기시키고 이동해야 했다. 자정이 조금 지난 후, 우리 부대는 무거운 장비와 기관총 그리고 탄약을 짊어지고 암반 경사면을 오르자니 고생이 이만저만이 아니었다. 우리는 짐을 내려놓았다. 한 명의 부상자 없이 여기까지 올라온 것을 다같이 기뻐했다. 날이 밝기 전에 호를 파고 은폐할 곳을 찾아야 했기 때문에 휴식은 생각할 수도 없었다. 나는 각 중대에게 중대지역을 할당했다. 참모와 2개 소총중대는 암반 경사면으로부터 20~40m 떨어져서 호를 팠다. 우리가 있는 이 장소에는 좁은 길이 있었고, 서북쪽으로부터 어느 정도 차폐되어 있었다. 나머지 2개 중대는 동쪽으로 100m 떨어진 좁은 계곡을 점령했다. 장교와 병사들이 모두 열심히 작업을 했고, 날이 밝자 경사면은 쥐 죽은 듯이 고요했다. 병사들은 잡목과 나뭇가지로 은폐된 개인호에서 간밤에 자지 못한 잠을 보충하려고 했다.

그러나 고요한 적막은 오래가지 못했다. 이탈리아군이 포격을 가해 왔고, 돌덩이가 우리 옆으로 굴러 에존트소 강으로 떨어졌다. 이런 상황에서 잠을 잔다는 것은 꿈 같은 이야기였다. 적이 혹시 우리의 공격준비를 탐지하고 수정 사격을 하는 것이 아닌가 하고 은근히 걱정했다. 이와 같은 가파른 경사면에 포격을 집중했더라면 우리의 피해는 엄청나게 컸을 것이다.

적의 포격이 몇 분간 계속되더니 잠잠해졌다. 15분 후에 적은 다른 곳에 포격을 가하기 시작했다. 우리 주변지역은 얼마 동안 조용했다.

이탈리아군 포병은 에존트소 계곡에 집중사격을 가했다. 하루 종일 적의 대구경포는 톨마인 근처의 아군시설과 접근로에 대대적으로 포격을 가했다. 그러나 아군의 포병은 적 포병과 비교가 안 될 정도로 드문드문 한 번씩 응사를 가했다. 철석같이 나를 믿고 있는 병사들의 안전에 나는 온 신경을 집중했다. 이날은 몹시 지루하게 흘러갔다.

우리는 현 집결지에서 이탈리아군의 전방진지를 잘 관측할 수가 있었다. 적의 진지는 톨마인 서쪽 2.5km 되는 지점에서 에존트소 강을 가로질러 성 다니엘의 바로 동쪽을 지나 월츠차크*Woltschach*의 동단까지 에존트소 강 남쪽을 따라 이어져 있었다. 특히 철조망이 가설된 적의 진지는 잘 구축되어 있는 것 같았다. 구름이 끼고 음침한 날씨여서 다른 진지를 더 관찰하여 연구할 수가 없었다.

적의 제2진지는 톨마인 서북쪽 7.6km 지점에 위치한 셀리스체*Selisce*로부터 에존트소 강을 건너 에브닉*Hevnik*을 지나 제차까지 연결되었다. 적의 제3진지(이탈리아군의 가장 강력한 진지)는 마타주르*Matajur*(1,643m), 므르츨리 봉(1,356m), 골로비*Golobi*, 쿡*Kuk*(1,243m), 1192고지, 1114고지, 클라부차로*Clabuzzaro*, 음*Hum* 산을 연결하여 에존트소 강의 남쪽까지 구축되었다. 적의 이 같은 진지는 항공사진에 의하여 판명되었다. 적의 진지와

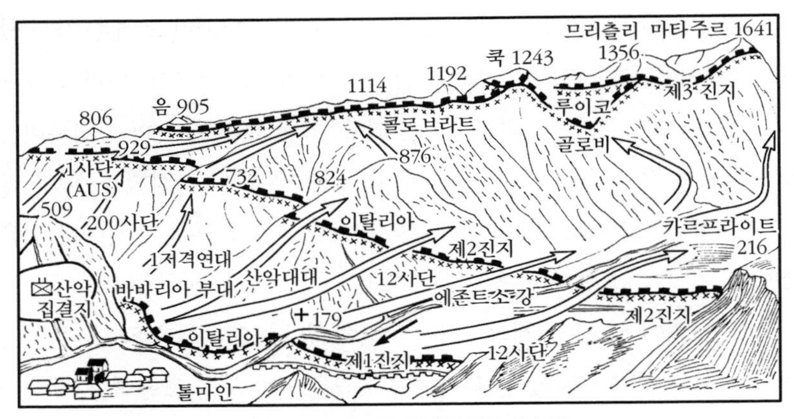

[그림 34] 제14군 공격(동북쪽에서 본)

진지 사이에는 군데군데 강력한 거점이 있었다.(그림 34, 35)

제14군 부대배치는 다음과 같다.

★ **크라우스***Kraus* **군단**(집단)(제22근위보병사단, 에델바이스 사단, 제55근위사단, 독일 저격사단)—플리츠*Flitsch*에 집결, 스톨*Stol* 위에 있는 사가*Saga* 돌출부를 공격하기 위하여 준비를 한다.

★ **스타인***Stein* **군단**(집단)(제12보병사단, 산악군단, 제117보병사단)—톨마인 부근과 톨마인의 남쪽 교두보 진지에 집결하여 주공부대가 된다. 제12보병사단은 에존트소 강의 양쪽 계곡을 따라 카르프라이트*Karfreit* 방향으로 돌파를 실시한다.

★ **산악군단**—에존트소 강 남쪽 고지군 진지와 쿡, 그리고 마타주르를 탈취한다.

★ **베르레르***Berrer* **군단**(제200사단, 제26사단)—제차와 성 마르티노를 경유, 시비달레*Cividale*를 향하여 전개한다.

★ **스코티***Scotti* **군단**(제1근위사단, 제5보병사단)—제차의 남쪽 진지를 먼저 점

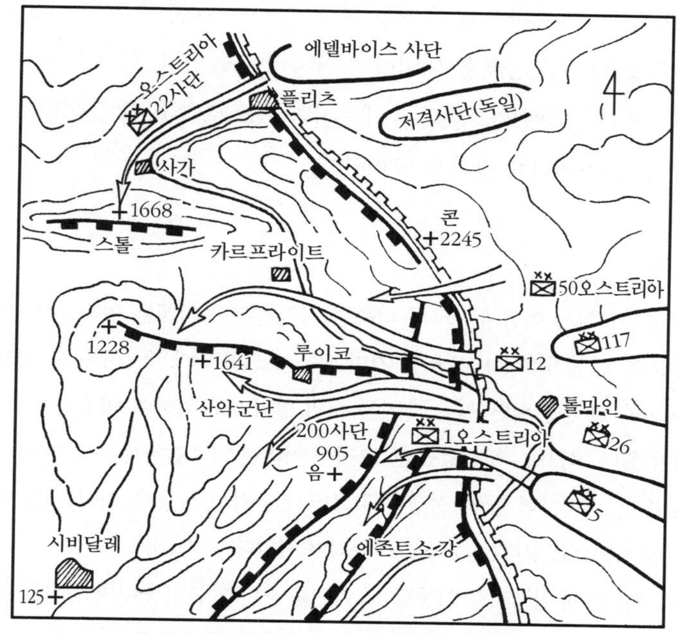

【그림 35】 **제14군 공격목표**(톨마인 정면)

령한 다음, 글로보칵*Globocak*과 음 산으로 진출한다.

에존트소 강의 남쪽 교두보 진지(산악군단 지역)에서 바바리아 근위보병연대와 제1저격연대는 오스트리아군과 부대 교대를 한다.

바바리아 근위보병연대의 공격목표—코박*Kovak*, 에브닉, 1114고지 및 콜로브라트 능선을 경유하여 골로비*Golobi*, 루이코*Luico* 및 마타주르로 연결되는 도로까지 진격한다.

제1저격연대의 공격목표—동남방으로부터 월츠차크의 서쪽 고지, 732고지 및 1114고지를 공격한다.

뷔르템베르크 산악대대는 근위보병연대의 우익을 엄호하고, 포니*Foni* 부근의 적 포병을 격멸, 근위보병연대를 후속하여 마타주르까지 진격한다.

10월 23일 저녁이 되자 안개가 끼고 습기가 찬 쌀쌀한 날씨로 변했다.

취사반이 날이 어두워진 후에 도착했다. 우리는 배불리 먹고, 으슥한 곳에서 앞으로 다가올 공격을 대비하여 잠자리에 들었다. 자정이 지나서 가랑비가 내리기 시작했다. 우리는 개인천막 속으로 머리만 들이밀고 잠을 계속 잤다. 공격하기에 알맞은 날씨였다.

교훈

톨마인에서 접적 이동과 공격준비를 실시했는데 여기에는 여러 가지 어려운 점이 많았다. 직선거리로 100km를 거의 비를 맞으며 밤에만 강행군하여 카라반켄*Karavanken* 산맥을 횡단했다. 낮에는 적의 항공기를 피하여 비좁은 장소에 숨어 있어야 했다. 식사는 형편없었다. 그러나 이러한 악조건하에서도 병사들의 사기는 높았다. 과거 3년 동안 전쟁을 치르면서 우리 병사들은 사기를 잃지 않고 어려운 고난을 참고 견디는 것이 습성화되어 있었다.

10월 22일 밤에 집결지로 이동할 때 기관총중대와 산악중대의 병사들이 기관총 예비탄약을 벨트에 차고 운반했다. 코스나 산 전투에서 우리는 산악지대에서 탄약보급이 얼마나 어려운가를 실제로 체험했다.

적의 치열한 포격을 피하기 위하여 우리는 집결지에서 밤에 호를 팠고, 날이 밝기 전에 새로 만든 진지를 위장했다.

집결지를 점령하고 있던 각 중대에게 식사를 낮에 운반해다 줄 수가 없어서 밤에만 운반하였다.

Ⅱ 제1차 공격 ; 에브닉 및 1114고지

1917년 10월 24일 02:00시 지금까지 침묵을 지키던 아군 포병이 드디어 포문을 열고 공격준비 사격을 개시했다. 밤은 어둡고 비가 내렸다. 1,000여 문의 포가 톨마인 양쪽에서 불을 뿜었다. 적 진지에서 포탄이 계속해서 낙하했고, 폭음은 천둥소리 못지않게 산으로 메아리쳤다. 우리는 이와 같이 가공할 만한 포격을 바라보면서 그저 어안이 벙벙했다. 이탈리아군은 탐조등을 비추었으나 비가 와서 제 구실을 못했다. 톨마인 지역에 대한 적의 제압사격을 예상했지만 적은 다만 몇 개 포대로 응사할 뿐이었다. 이것은 매우 고무적이어서 우리는 졸면서 엄폐된 곳으로 대피했다. 아군의 포격도 차차 약화되었다. 날이 밝자 아군의 포격이 다시 치열해졌다. 아군의 포병과 박격포 사격이 점점 더 치열해져 성 다니엘 아래쪽에 있는 적 진지와 장애물이 파괴되었다. 반면에 적의 포격은 상당히 약해진 것같이 보였다.

날이 밝은 후 곧 뷔르템베르크 산악대대는 출발하여 앞이 잘 안 보일 정도로 억수같이 쏟아지는 비를 맞으며 전진했다. 앞서 간 스프뢰세르 소령의 본부 뒤를 좇아 롬멜 부대는 둥근 돌로 뒤덮인 경사면을 따라 에존트소 강으로 내려갔다. 아래까지 다 내려간 후 우리 부대는 에존트소 강의 가파른 기슭 위에서 바바리아 근위보병연대의 우익 뒤를 따라 이동했다.

긴 행군대열의 좌우에 몇 발의 포탄이 떨어졌으나 피해는 없었다. 행군대열은 전선 바로 뒤에서 정지했다. 우리는 비에 흠뻑 젖어 몸이 얼어붙었다. 장병들은 모두 마음속으로 공격개시 시간이 연기되지 않기를 바랐다. 지루한 시간이 흘러갔다.

공격개시 15분 전에 포격은 절정에 달했다. 포탄이 폭발할 때 생긴 흙더미와 연기로 수백 m 전방의 적 진지가 보이지 않았다. 에브닉*Hevnik* 산과 콜로브라트 산의 정상이 낮은 비구름으로 가려 있었다.

08:00시 직전에 우리 앞에 위치한 돌격분대가 진지를 출발, 적을 향해 전진했다. 포화의 소용돌이 속에서 적은 돌격분대들을 발견하지 못했고 대항도 하지 않았다. 우리 부대는 돌격분대들이 떠난 장소를 이용하여 공격준비를 실시했다.

08:00시! 포병과 박격포가 사격연신(射擊延伸)을 했다. 우리 앞에서 근위보병연대가 공격을 개시했다. 근위보병연대의 우익 바로 뒤를 좇아 우리 부대는 우전방으로 전진해서 성 다니엘 주위의 적 진지를 점령했다. 진지 수비대의 생존자들이 파괴된 진지에서 겁에 질린 얼굴로 두 손을 번쩍 들고 우리 쪽으로 투항해 왔다. 우리는 에브닉 산의 북쪽 경사면에서 조금 떨어진 평지에서 진격했다. 에브닉 산의 동쪽 돌출부에서 적의 기관총 사격을 받아 우리 부대는 진격하는 데 방해를 받았다. 그러나 우리 부대는 개활지를 향해 진격을 계속했다.

근위보병연대가 에브닉 산의 동쪽 경사면으로 이동하는 동안 우리 부대는 동북쪽 경사면으로 스프뢰세르 소령과 참모를 따라 이동했다. 병사들은 무거운 배낭과 기관총, 또는 탄약을 짊어졌기 때문에 빠른 속도로 이동할 수가 없었다.

179지구부터는 에브닉 산의 울창한 삼림 경사면 때문에 우리 부대의 좌익은 고지로부터 날아오는 적의 탄환을 피할 수가 있었다.

롬멜의 전 부대가 엄폐된 경사면에 도착했다. 스프뢰세르 소령의 명령에 따라 롬멜 부대는 에브닉 산의 북쪽 경사면에 위치한 뷔르템베르크 산악대대의 전위로서 포니*Foni*로 가는 비탈길을 따라 올라갔다. 자이체르 Seitzer 중사가 1중대에서 차출된 첨병분대를 지휘했다. 본대는 제대 간(梯隊間) 간격을 150m로 유지하면서 첨병분대를 뒤따랐다. 첨병분대 뒤를 이어 제1기관총중대의 1개 소대, 부대 본부, 제1중대, 제2중대, 제1기관총중대의 잔여 소대 순으로 대형을 갖추었다. 신임부관 스트라이케르 Streicher 소위와 나는 첨병분대 바로 뒤 4~5m 떨어져서 뒤따라갔다.

포니를 향해 올라가는 작은 길은 비좁고 잡초가 우거졌으며, 적이 이 길을 걸어간 흔적은 보이지 않았다. 길 양측은 가파르게 경사가 졌고 나무가 울창하였다. 나무는 단풍이 져 있었다. 잡목이 너무 무성해서 몇 m

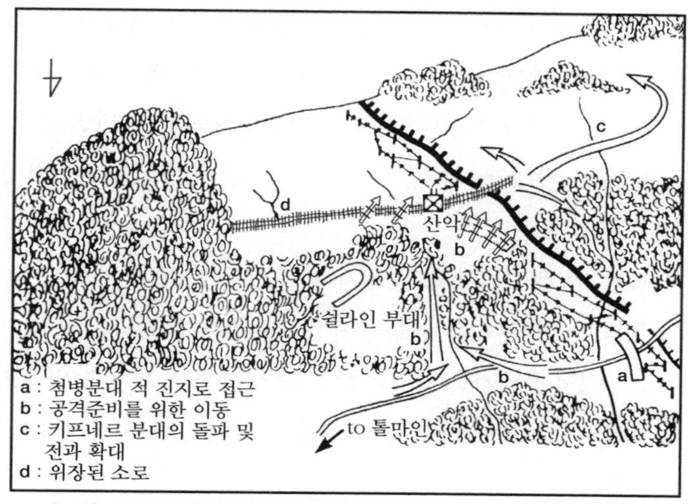

【그림 36】 이탈리아군 제2진지 돌파(1917년 10월 24일, 북쪽에서 본)

앞밖에 볼 수 없었고, 계곡은 전혀 보이지 않았다. 몇 갈래의 깊은 냇물이 에존트소 강으로 흘러갔다. 독일군 포탄이 계곡과 근위보병연대가 위치하고 있으리라고 예상되는 좌후방에 떨어져 폭발하는 소리가 육중하게 메아리쳤다. 우리 전방의 경사면은 이상하리 만큼 조용했다. 어느 때라도 적이 나타날 것만 같았다. 삼림이 울창한 산악지대에서 우리의 전진을 엄호해 줄 수 있을 정도로 전방으로 추진된 포병은 하나도 없었다. 우리 부대는 고립되었으므로 독자적으로 모든 것을 해결해야 했다.

첨병분대는 경계를 철저히 하고 가끔 정지하여 숲 속에 귀를 기울인 다음 다시 이동을 계속했다. 이렇게 경계를 철저히 했지만 매복한 적에게는 어쩔 도리가 없었다. 우리 부대가 824고지로부터 1km 동쪽으로 전진했을 때 우리는 아주 가까운 거리에서 불시에 적의 기관총 사격을 받았다. 첨병분대로부터 다음과 같은 보고가 왔다.(그림 36)

"우리 전방에 철조망이 가설된 견고한 적 진지를 발견하였음. 첨병분대는 5명의 부상자를 냈음."

적은 잘 구축된 호 속에 숨어 경계를 철저히 하고 있었다. 무성한 덤불과 장애물을 통과하여 가파른 경사면의 통로 양쪽에서 포병의 지원사격 없이 이러한 적을 공격한다는 것은 거의 불가능했고, 만일 공격을 감행한다 하더라도 막대한 피해만 입을 것이다. 그래서 나는 다른 방향에서 공격하기로 결심했다.

첨병분대는 현 위치에서 적과 대치하여 접촉을 유지하도록 하고 나는 1중대에서 새로 첨병분대를 차출하여 적으로부터 약 200m 떨어진 바위 계곡을 따라 기어 올라가도록 명령했다. 나의 의도는 좌측과 위쪽으로부터 적을 우회, 포위하자는 것이었다. 나는 스프뢰세르 소령에게 나의 계획을 보고했다.

바위 계곡을 기어 올라가기가 대단히 어려웠다. 나와 스트라이케르 소위는 새로 편성한 첨병분대를 40m 간격을 두고 뒤따랐다. 한 정의 중기관총을 분해해서 기관총분대원들이 어깨에 메고 우리 뒤를 따랐다.

바로 이때 위에서 50kg 가량 되는 바윗돌이 굴러 내려왔다. 우리가 기어 올라가고 있는 협곡은 넓이가 3m밖에 되지 않아 피할 수도 없을뿐더러 그렇다고 다른 뾰족한 수가 없었다. 이 바윗돌에 맞기만 하면 누구든지 그 자리에서 박살이 날 것이다. 우리는 모두 왼쪽 벽에 바싹 붙었다. 바윗돌은 우리들 사이로 데굴데굴 굴러 내려가 다행스럽게 한 사람도 다치지 않았다.

이탈리아군이 우리를 향해 바위를 굴린 줄로 생각했는데 앞서 올라가던 첨병분대가 실수로 이 바위를 굴렸다는 것을 알았다.

경사면 위로 상당히 올라갔을 때 돌이 하나 또 굴러 내려와 나의 오른쪽 발뒤꿈치를 스치고 지나갔기 때문에 오른쪽 발을 몹시 다쳤다. 그래서 30분간 2명의 병사가 나를 부축해 주었다. 고통이 이만저만하지 않았다.

마침내 우리는 주위를 세밀하게 관찰하고 또한 귀를 기울이면서 무성한 덤불을 헤치고 다시 경사면을 기어 올라갔다.

전방의 삼림 사이에 훤하게 틈이 생겼다. 지도를 펴 보니 우리의 현 위치는 824고지에서 동쪽으로 800m 떨어져 있었다. 우리는 삼림 경계선으로 조심스럽게 서서히 이동했다. 삼림 경계선에는 동쪽 경사면으로 내려가는 통로가 있었고, 이 통로는 위장이 잘 되어 있었다. 이 통로 건너편 불모경사면에는 철조망이 가설된 일련의 진지가 라이체*Leihze* 봉으로 이어져 있었다. 이 진지는 비어 있는 것같이 보였고, 독일군의 포격도 받지 않았다. 나는 삼림 전단에 좌익 부대를 배치하고 중기관총으로 공격준비 사격을 짧게 실시한 후, 기습공격을 감행하기로 결심했다. 현 상황은 1917년 8월 12일부터 19일까지 실시한 코스나 산 전투 직전의 상황과 아주 흡사했다.

숲 속 은폐된 장소에 배치한 1개 중기관총소대의 엄호하에 나는 적의 장애물 전방 60m 떨어진 한 작은 골짜기까지 중대를 접근시켰다. 산악부대 병사들의 훌륭한 전투군기(戰鬪軍紀) 덕분에 억수같이 쏟아지는 빗속에서 잡음 하나 내지 않고 부대가 이동했다. 저멀리 에존트소 강 계곡에서 총격 소리가 들려왔고, 능선의 좌후방에서는 근위보병연대가 격전을 벌이고 있는 것 같았으나, 우리 주위와 계곡의 아래쪽 벌판은 고요하기만 했다.

우리는 가끔 적 진지와 그 후방에서 몇 명의 적병이 움직이는 것을 목격했다. 이러한 적병의 거동으로 보아 적은 우리가 여기까지 접근했다는 것을 탐지하지 못하였음이 분명했다. 우리 후방 600m 지점에 독일군 포탄이 몇 발 떨어졌다. 우리 전방의 적 진지는 그 방향으로 보아 우리가 40분 전에 통과한 포니 통로의 양쪽에 구축된 진지와 연결되어 있음이 틀림없었다. 나는 이 진지가 적의 제2진지의 일부라고 판단했다. 잡목 속에서 잡음을 내지 않고 더 이상 접근할 수가 없었다. 우리 부대는 공격준비를 완료하였다. 나는 공격개시 여부를 결정해야 했다. 우리와 적 철조망 사이에는 60m의 덤불 숲이 가로놓여 있었다. 만일 적이 경계태세를 갖추고 있을 경우에는 나는 손쉽게 승리를 거둘 수 없을 것이라고 생각했다.

삼림 경계선을 따라 자연 위장이 잘 된 통로를 보고 생각이 떠올랐다. 이 통로는 성 다니엘 근처에 있는 이탈리아군의 일선 진지와 에브닉 산의 동쪽 사면에 배치된 수비대로 통하거나, 아니면 그곳에 위치한 포병 관측소로 가는 연락통로로 이용되고 있을 가능성이 충분히 있는 것 같았다. 우리 부대가 이곳에 도착한 후 아무도 이 통로를 지나가지 않았다. 이 통로는 굴곡이 심했고 통로 남쪽 부분은 자연 위장이 잘 되어 있어서 이 통로를 지나가도 발견할 수 없을 만큼 고지나, 이탈리아군 진지 방향에 대하여 잘 은폐된 곳이었다. 적의 방해를 받지 않는다면 우리는 이 통로를 따라 30초 내에 적 진지로 돌입할 수 있을 것 같았다. 우리가 신속하게 돌격한다면 총 한방 쏘지 않고 적 수비대를 포로로 잡을 수 있을 것이다. 역전의 용사들은 이 공격을 훌륭하게 해낼 것이다. 적이 저항할 경우에는 기관총중대의 엄호사격하에 공격을 감행하기로 했다.

나는 키가 매우 큰 2중대 소속 키프네르Kiefner 상병을 지명하여 그에게 다음과 같이 지시했다.

"병사 8명을 줄 것이니 보초근무를 마치고 돌아오는 이탈리아 병사처럼 행동하여 진지에 침투한 후 통로 양측의 적 수비대를 생포하되, 키프네르 분대는 총탄과 수류탄을 최소한으로 사용하라"

고 했다. 적과 전투가 벌어지면 전 부대가 지원사격을 실시하여 엄호해 주겠다고 다짐했다. 키프네르 상병은 나의 계획을 숙지한 다음, 8명의 대원을 선발했다. 그리고 그는 몇 분 후에 분대원을 이끌고 위장된 통로를 따라 아래쪽으로 내려갔다. 그들의 발소리가 사라진 후 우리는 그들의 성공을 마음속으로 빌었다. 우리는 즉각 공격을 하거나 또는 지원사격을 할 수 있는 준비를 하고 초조하게 귀를 기울이며 대기했다. 한 발의 총성이라도 들리기만 하면 3개 중대가 일제히 공격에 가담할 태세를 갖추었다. 또다시 1분 1초가 초조하고 지루하게 흘러갔다. 나무 위에 떨어지는 빗소리만이 들렸다. 드디어 발소리가 점점 가까워졌다. 한 병사가 나지막한 목소리로 보고했다.

"키프네르 척후분대는 적의 대피호를 기습, 15명의 포로를 잡고 한 정의 기관총을 노획했습니다. 적의 수비대는 아직도 우리의 행동을 눈치채지 못하고 있습니다."

이 보고를 받고 나는 롬멜의 전 부대(1·2중대 및 제1기관총중대)를 이끌고 통로를 따라 내려가 적 진지로 돌입했다. 키프네르 척후분대가 침투에 성공하기 직전에 우리 부대와 합류한 쉴라인*Schiellein* 부대(3·6중대 및 제2중기관총중대)가 우리 뒤를 따라왔다. 우리 부대가 통로의 양측에서 50m 전진할 때까지 돌격조들은 침투구를 확대했다. 노련한 산악부대 병사들이 폭우를 피해 대피소에 들어가 있던 수십 명의 이탈리아 병사들을 생포했다. 경사면 위쪽의 적은 완전히 엄폐하고 있었기 때문에 6개 중대가 침투한 것을 전혀 몰랐다.

지금 돌파구를 더 확대할 것인가, 아니면 에브닉 봉 방향으로 계속 돌파할 것인가를 결정해야 했다. 나는 후자를 택하기로 했다. 우리가 에브닉 봉을 점령한다면 이탈리아군 진지를 쉽게 격파할 수 있을 것이다. 우리가 적 방어지대로 침투하면 할수록 적 수비대는 경계가 더욱 허술했고, 따라서 전투는 그만큼 더 용이했다. 나는 좌·우 인접부대와의 접촉을 별로 염려하지 않았다. 뷔르템베르크 대대의 6개 중대는 측면을 보호할 능력을 갖추고 있었다. 나는 명령을 하달했다.

"우리는 현 위치와 후방에 강력한 예비대를 보유하고 있으니 공간과 시간에 구애됨이 없이 서쪽으로 계속 진격하라."

적과 교전할 경우 강력한 화력 지원을 받기 위하여 제1기관총중대를 훨씬 전방에 위치시켰다. 우리가 경사면을 빨리 기어 올라갈 수 있느냐, 없느냐는 오로지 40kg의 기관총과 탄약을 어깨에 짊어진 중기관총 사수에게 달려 있었다. 이와 같은 기상조건하에서 중기관총 사수와 비슷한 짐을 지고 높은 산을 빙 돌아 올라간 사람만이 중기관총 사수의 고충을 이해할 것이다.

1km에 달하는 우리의 전진대열은 억수같이 쏟아지는 비를 맞으며 힘차게 나갔다. 덤불 숲 속을 통과하고 나무가 무성한 골짜기에 은폐하여 가파른 사면을 기어 올라가 적 진지를 하나씩 하나씩 차례로 점령하면서 앞으로 전진했다. 조직적인 적의 저항은 없었고, 우리는 대부분 적 진지를 후방에서 공격 탈취했다. 우리들의 기습을 받고 투항하지 않은 적병들은 무기를 버리고 아래 숲 속으로 부리나케 도주했다. 우리는 산 정상에 배치된 적 수비대가 놀라지 않도록 도주하는 적에게 사격을 가하지 않았다.

전진 도중 우리 부대는 여러 차례에 걸쳐 아군의 치열한 포격을 받았다. 적의 수비대에게 노출될까봐 우리는 사격을 연신해 달라는 신호탄을 공중에 발사하지 않았다. 아군의 포격으로 바윗돌이 굴러 병사 한 명이 부상을 입었다.

우리는 가스탄에 맞은 210mm 1개 포대를 노획했으나, 포수들은 흔적도 없이 사라졌다. 거포 옆에는 포탄이 산적해 있었고, 암석을 뚫고 만든 대피호와 탄약고는 파괴되지 않고 그대로 있었다. 약 100m 더 올라가서 우리는 1개 중포대를 발견했다. 이 포대(砲臺)의 포들은 포격에도 절대 안전한 암반포대 위에 거치되었고, 포대에는 작은 포구만이 뚫려 있었다. 이곳에도 포수는 없었다.

11:00시에 우리는 에브닉 봉에서 동쪽으로 뻗은 능선에 도달하여 근위보병연대 제3대대와 접촉했다. 우리는 얼마 동안 제3대대와 같이 에브닉

봉을 향해 능선을 따라 올라갔다. 그런데 에브닉 봉은 독일군의 맹렬한 포격을 받고 있었다. 근위보병연대의 사격 연신을 기다리며 휴식하는 동안 나는 우리 부대를 이끌고 에브닉 봉의 북쪽 경사면 쪽으로 방향을 돌린 다음, 계속 올라가 12:00시에 에브닉 봉에 도달했다. 전진 도중 우리는 이탈리아군 병사들이 떼를 지어 여기저기 흩어져 있는 것을 목격했고, 상당수의 이탈리아군 병사들을 포로로 잡았다.

비는 멎었고 낮게 뜬 구름이 걷히면서 1114고지와 콜로브라트 능선을 간간이 볼 수가 있었다. 어디에서 사격하는지는 몰라도 맹렬한 포격이 에브닉 산에 가해지고 있었다. 우리 부대가 1114고지 전방에 위치한 이탈리아군 관측수에게 발각되었음이 분명했다. 불필요한 손실을 피하고자 나는 부대를 위험지역으로부터 북쪽으로 이동시킨 다음, 에브닉 산과 포니 사이의 적 포병 진지를 소탕하라는 임무를 수행했다. 정찰대가 에브닉 산의 남쪽 기슭과 에브닉 봉으로부터 300m 떨어진 나라드*Nahrad* 안부를 장악했다. 우리는 대구경포 12문을 포함해서 17점에 달하는 전리품에 분필로 우리 부대명을 표시했다. 이탈리아군이 다 지어 놓은 식사와 통조림 과일을 먹고 허기를 채웠다.

근위보병연대 병사들이 15시 30분경에 나라드 안부에 도착했고, 나는 이들을 우리 2개 부대에 합류시켰다. 30분 후에 근위보병연대 제3대대(3개 소총중대)는 1066고지를 경유, 위장해 놓은 주 통로를 따라 1114고지로 올라가기 시작했다. 제3대대 우익을 보호하는 것이 우리의 주 임무라는 것을 상기하고 나는 6개 산악중대를 이끌고 제3대대를 따라갔다. 롬멜 부대가 앞서 가고 쉴라인 부대가 뒤따랐다.

나와 스트라이케르 소위는 우리 부대 선두에 섰다. 날씨가 맑게 개었다. 콜로브라트 능선, 1114고지 및 1114고지에서 제차에 이르는 능선이 뚜렷하게 나타났다. 17:00시에 근위보병연대 선두 중대가 1066고지에 접

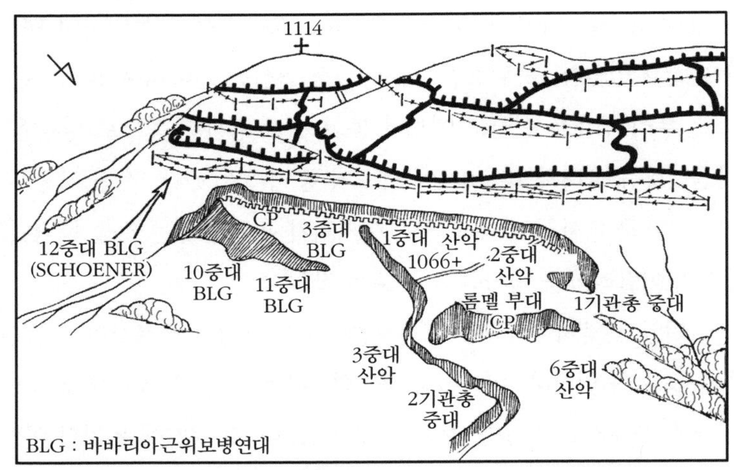

【그림 37】 1114고지의 전면 배치상황(동북쪽에서 본)

근했을 때 적으로부터 사격을 받았다. 나머지 2개 중대는 통로의 동쪽 절벽 아래에 엄폐했다.

나는 롬멜 부대에게 통로 우측의 엄폐물을 이용해서 제3대대의 제2선 높이까지 전진해 올라가도록 명령하고 나와 스트라이케르 소위는 1066고지 근처를 정찰했다. 여기에서 우리는 바바리아 제12근위보병연대가 1114고지와 이 고지에서 서북쪽으로 600m 떨어진 고지 위에 일련의 양호한 진지를 점령하고 있는 강력한 적과 총격전을 벌이고 있는 것을 목격했다. 이 진지들은 주변 일대를 모두 감제할 수 있고, 철조망이 잘 가설된 것 같았다. 또한 이탈리아군은 제12중대 우익을 지나는 도로의 그 우측에 진지를 점령하고 있었다. 나는 즉각 트리비히Triebig 소위 지휘하에 제1중대를 전방으로 이동시키고 1중대로 하여금 1066고지의 서북쪽 지역을 통하는 도로의 우측 진지에 있는 적을 소탕하라고 명령했다. 1중대는 부여된 임무를 신속하고 철저하게 완수했고, 우리는 아무런 피해 없이 적 진지를 탈취하였다. 그리고 장교 7명과 사병 150명을 포로로 잡았다.(그림 37)

한편 내 명령에 따라 2중대와 제1기관총중대는 1066고지 서쪽에서 호나 대피호, 그리고 관측소 안에 머물고 있던 적을 소탕했다. 쉴라인 부대가 올라와 1066고지 서북쪽 100m 되는 지점과 우리가 적을 완전 소탕한 산봉우리 바로 아래에서 예비대로 대기했다.

나와 스트라이케르 소위는 제12근위중대 우측으로 달려갔다. 우리는 12중대의 진지가 1066고지를 관측하는 데 우리의 현 위치보다 양호하다고 생각했고, 또한 제3근위대대와 보다 긴밀한 연락을 유지하고 싶었다. 최전방에 도착했다. 1066고지로부터 50m도 못 되는 곳에서 제3근위대대의 장교 몇 명을 만났다. 이들은 우리들에게 저 멀리 계곡에서 행동하고 있는 1개 정찰분대를 가리켰다. 이 정찰분대는 1114고지와 이곳으로부터 서북쪽 600m 떨어진 고지 사이의 안부에 이르는 작은 계곡을 따라 가장 가까운 적 진지로 향하여 기어 올라가고 있었다. 이 정찰분대가 풀 하나 없는 적 철조망 앞의 전사면에 도달했을 때 기관총 사격을 받고 있었기 때문에 몹시 불리한 상황에 놓여 있었다. 이 지역의 적 수비대는 사기가 왕성한 것같이 보였고, 한치의 땅도 양보하지 않을 것 같았다.

제3근위대대의 장교들과 스트라이케르 소위, 그리고 나는 1114고지와 이 고지에서 서북쪽 600m 떨어진 고지 위의 강력한 적 진지는 오직 포병과 협동작전을 해야만 점령할 수 있다는 의견의 일치를 보았다. 아직까지 이 두 고지는 포격을 받지 않았다. 1114고지 어디엔가 거치된 한 정의 적 기관총이 가끔 사격을 가해 관측을 할 수 없도록 방해했지만, 나는 쌍안경으로 적 진지의 세부 구조를 면밀하게 관측했다.

날이 서서히 어두워졌다. 1중대가 114고지의 서북쪽 600m 떨어진 고지를 탈취하려고 악전고투했지만 모두 실패하고 말았다. 뷔르템베르크 산악대대의 내 부대는 야간을 대비하여 만반의 준비를 했고, 1중대 후방에 위치한 이탈리아군의 구 포병 관측소가 롬멜 부대의 지휘소가 되었다.

나는 스트라이케르 소위와, 제3근위대대 장교들과 1114고지와 콜로브라트 능선에 대한 공격계획을 서로 토의했다. 이때까지 근위대대 10중대와 11중대는 전투에 참가하지 않았으며, 12근위중대가 1114고지를 공격했는데 그 성공 여부는 확인되지 않았다.

19:00시에 제3근위대대장인 카운트 보트메르Count Bothmer 소령이 나를 대대지휘소로 호출했다. 그는 조금 전에 현장에 도착했다. 대대지휘소는 내 지휘소로부터 100m 떨어진 대피호에 자리잡고 있었다. 나는 내 지휘하에 있는 6개 산악중대의 배치현황을 보고했다. 그랬더니 카운트 보트메르 소령은 그 자리에서 자기 지휘하에 들어오라고 요청했다. 나는 근위대대장보다 선임인 스프뢰세르 소령으로부터 직접 명령을 받고 있다는 것과 스프뢰세르 소령이 언제라도 나의 지휘소에 올 수 있으니 서로 상의하는 것이 좋을 것이라는 것을 체면 불구하고 말했다. 카운트 보트메르 소령은 내 부대가 서쪽이나 1114고지 쪽으로 이동하거나 진출하는 것을 금지한다고 말하면서 이 정면은 근위대대의 전투정면이라고 되풀이 강조했다. 그리고 우리 부대가 10월 25일에 있을 공격에서 근위대대보다 앞서 갈 수 없으며, 제2선에서 자기를 따라오라고 점잖게 말했다. 나는 그의 조치를 나의 대대장에게 보고하겠다고 말한 다음 그곳을 떠났다.

지휘소로 돌아오는 도중 아무리 생각해도 불쾌하기 짝이 없었다. 제2선에서 싸운다는 것은 우리 산악부대에게는 도저히 용납되지 않는 일이었다. 그래서 나는 우리 부대를 완전히 자유롭게 운용할 수 있는 방법을 모색했다. 그러나 스프뢰세르 소령이 이곳에 도착할 때까지 기다리는 수밖에 별도리가 없었다.

21:00시에 대대 보급장교인 아우텐리트Autenrieth 소위가 우리 부대 지휘소에 도착했다. 그는 제3근위대대 지휘소를 경유, 제12근위중대로부터 여기에 온 것이다. 제3대대 지휘소에서 그는 10월 25일에 실시할 공격

에 대한 작전회의에 참석하고 오는 길이었다. 이 공격의 목표는 콜로브라트 능선이었고 포병 지원사격이 계획되었다. 그는 스프뢰세르 소령이 바렌베르게르*Wahrenberger* 부대를 지휘하여 포니를 계속 공격했고, 어두워지기 직전에 포니를 탈취했다고 말했다. 그는 또한 제12보병사단이 에존트소 강 계곡에서 상당히 진격했다는 것도 아울러 나에게 알려주었다. 나는 1114고지에 대한 상황과 근위대대와의 관계를 자세히 설명한 다음, 이 사실을 스프뢰세르 소령에게 가능한 한 빨리 보고하고 날이 밝기 전에 혼자라도 좋으니 1066고지로 와서 내 부대가 자유롭게 작전할 수 있다는 보장을 받을 수 있도록 해달라고 간곡히 부탁했다. 아우텐리트 소위는 나의 부탁을 기꺼이 받아들이고 전투단 지휘소로 출발했다. 그러나 칠흙같이 어두운 밤에 적이 완전히 소탕되지 않은 지역을 통과해야 하기 때문에 이는 대단히 어려운 부탁이었다.

옷은 비에 젖고 찬바람까지 불어와 1066고지를 점령한 뷔르템베르크 산악대대의 병사들은 몹시 불편하게 밤을 보냈다. 전방 중대의 야간정찰대가 적 장애물 전방에서 수십 명의 적을 포로로 잡아 끌고왔다. 그러나 야간정찰대가 장애물을 통과하여 적의 최전방 진지를 뚫지는 못했다. 이탈리아군 보초들은 경계를 철저히 했고, 신속하게 기관총을 발사하고 수류탄을 던졌다.

1066고지 북쪽에 위치한 근위보병 제3대대는 자기 예비중대를 동북쪽 경사면 좌측으로 투입하여 732고지를 공격하고 있는 제1저격연대와 접촉을 유지하려고 시도했으나 실패했다고 저녁 늦게서야 우리에게 이 사실을 알려주었다. 그러나 쇠르너 중위가 지휘하는 제12근위중대가 1114고지를 탈취했다는 사실을 우리에게 일절 알려주지 않았다.[3]

---

3) 쇠르너Ferdinand Schörner는 1114고지를 점령한 공로로 최고 무공훈장인 *Pour le Mérite*를 받았으며, 제2차 세계대전 말기에 육군 원수로 승진했다. 그는 아주 강인한 군인으로서 1114

딱딱한 침대에 누워 눈을 감고 나는 앞으로 실시할 공격에 관하여 곰곰이 생각했다. 정면 공격을 할까? 정면 공격을 하려면 포병의 지원이 필요하다. 그런데 포병지원은 10월 25일 일출 전까지는 불가능하다. 더구나 제3근위대대는 우리가 현 위치로부터 콜로브라트 방어진지를 공격하는 것을 원치 않고 있다. 그래서 대안을 생각했다. 이 대안은 포병의 지원하에 지금까지 공격을 받지 않은 지역 내의 적을 공격하는 것이다. 나는 이러한 공격의 목표로 1114고지의 동쪽이나 동남쪽으로부터 약 1.1km 떨어진 이탈리아군 제3진지를 선정했다. 이 진지는 쿡 고지까지 연결된 콜로브라트 능선의 단구형 불모고지군(段丘形不毛高地群)을 가로질러 1114고지의 서쪽까지 뻗어 있었다. 1114고지의 서쪽을 성공적으로 돌파하게 되면 아래 진지들을 제압할 수가 있었다. 이러한 공격은 뷔르템베르크 산악대대의 진취적인 모든 장교와 사병들에게 매우 매력적인 가능성을 제공하는 계획이었다. 1114고지는 동남쪽의 적 진지를 감제하고 있었다. 동남쪽으로 돌파해 내려가 보았자 1114고지의 적에게 별로 영향을 줄 수 없을 것이고, 또한 카운트 보트메르 소령의 명령에 따라 모든 작전행동이 제한된 뷔르템베르크 산악대대로서는 생각할 수 없는 작전이었다. 단 한번의 짤막한 수류탄전이 있었을 뿐 밤은 조용히 흘러갔다.

아침 일찍이 적 진지로 정찰대들을 보냈지만 그 결과는 간밤에 야간정찰대가 거둔 정보에 불과했고, 이탈리아군 경계병들에게 쫓겨왔다. 근위보병 제3대대는 야간에 일어난 상황을 우리에게 알려주지 않았다. 캄캄한 05:00시에 스프뢰세르 소령이 나의 지휘소에 도착했다. 뷔르템베르크

고지 정상을 공격하는 동안 한 병사가 과로로 쓰러져 사망할 정도로 그의 부대를 다그쳤다. 제2차 세계대전 중 그는 용맹한 것으로 명성을 떨쳤다. 핀란드 북부에서 노르웨이 주둔 산악군단을 지휘할 때 "북극은 존재하지 않는다"라는 구호로 휘하 부대를 독려했다. 그 후 동부전선에서 그는 너무나 가혹한 규율을 적용함으로써 독일군 병사들의 원한을 샀다. 1974년 그가 사망했을 때 서독 정부는 아무런 조의도 표하지 않고 침묵을 지켰다.

산악대대의 잔여 부대(4중대와 제3기관총중대)가 그의 뒤를 따라왔다. 나는 스프뢰세르 소령에게 1114고지의 상황, 근위보병부대와의 관계, 그리고 앞으로 4개 소총중대와 2개 기관총중대가 수행하게 될 나의 공격계획에 관하여 설명했다.

스프뢰세르 소령은 이탈리아군의 제3진지에 대한 나의 작전계획에 동의했다. 그러나 그는 공격에 성공할 경우 추가적인 지원을 약속하면서 이번 작전에는 2개 소총중대와 1개 기관총중대만으로 공격하라고 했다. 내가 공격준비를 하고 있을 때 스프뢰세르 소령은 내 지휘소로 찾아온 제3근위대대장과 작전에 관한 협조를 마치고 서로 양해를 구했다.

교훈

성 다니엘의 이탈리아군 제1진지는 수많은 호와 대피호, 그리고 첩첩이 에워싼 철조망으로 구축된 일련의 참호로 구성되어 있었다. 제1진지와 제2진지 사이에는 기관총 진지와 거점이 있었다. 일선 진지는 위장이 잘 되어 있지는 않았지만, 제1진지와 제2진지 사이의 부대시설들은 식별할 수 없을 정도로 잘 위장되었다.

독일 포병의 공격준비 사격으로 이탈리아군 제1진지를 분쇄했으나, 이 진지의 수비대는 건재하였다. 아군의 공격준비 사격에도 불구하고 제1진지와 제2진지 사이에 있던 몇 개의 기관총 진지는 파괴되지 않고 그대로 있었다. 적은 광정면에 걸쳐 공격하는 아군 부대를 몇 정의 기관총만으로는 저지할 수 없었다. 이탈리아군이 제1진지와 제2진지 사이에 수많은 기관총 진지를 확보하고 있었다면 독일군의 공격은 아마도 저지당했을 것이다. 종심 깊게 구축된 적의 현대적인 방어진지를 분쇄하기 위하여 대구경 포병의 공격준비 사격도 필요했다.

우리 첨병분대가 가파르고 수목이 무성하며 협소한 통로에서 이탈리아 제2진지와 조우하여 5명이 부상당했다. 개인 간의 거리를 좀더 넓혔더라면 손실을 줄일 수 있었을 것이다. 루마니아에서 러시아의 코사크*Cossack* 첨병분대들은 개활지를 이동할 때 개인 간의 거리를 200m 이상 유지했다. 선두 병사에게 무슨 일이 일어나면 그다음 병사가 이 사실을 보고했다. 보병의 첨병분대는 이와 같이 운용해야 하고 첨병분대장은 대원이 밀집되지 않도록 노력해야 한다.

포니로 전진 중 우리 전방의 이탈리아군 수비대는 경계를 철저히 했지만, 동남쪽으로 800m 떨어진 수비대는 경계를 소홀히 하였다. 호 내에서 경계하는 것만으로는 불충분하다. 특히 기상이 나쁘고 지형의 기복이 심하며 엄폐물이 많을 경우에는 진지 전방을 항상 순찰대로 경계해야 한다.

10월 25일 날이 밝았을 때 전투상황은 다음과 같았다.

플리츠*Flitsch* 분지에서 공격하던 크라우스 군단은 10월 24일 저녁에 계곡 아래로 적을 추격, 사가Saga까지 진격했다. 이 군단은 10월 25일 아침에 스톨*Stol* 고지를 공격하기 시작했다.(그림 38)

에존트소 강 계곡에서는 제12사단(안개가 끼고 비가 오는 날씨 때문에 고지에서부터 계곡으로 사격하는 적의 화력은 그 위력을 발휘하지 못했다)이 10월 24일 이데르스코*Idersko*와 카르프라이트*Karfreit*를 지나 크레다*Creda*와 로빅*Robic* 근처의 나티소네*Natisone* 계곡까지 진격했다. 아이크홀츠*Eichholz* 전투단(2개 대대와 1개 포병반)은 루이코 협로 방면으로 진격했다. 10월 25일 아침 제12사단의 소부대

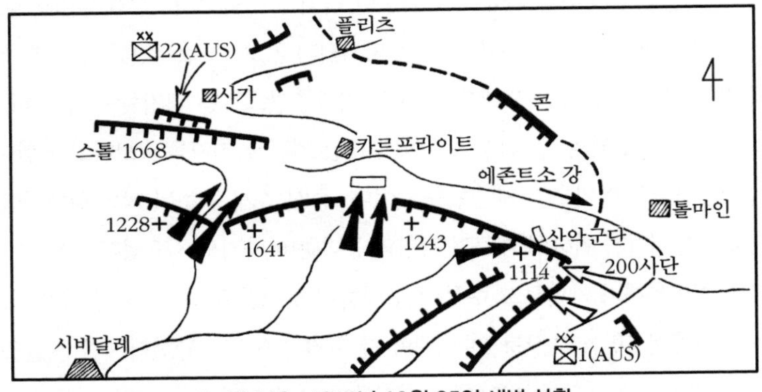

【그림 38】 1917년 10월 25일 새벽 상황

는 마타주르 단층지괴(斷層地塊)의 북쪽 돌출부를 기어 올라갔고, 아이크홀츠 전투단은 수적으로 대단히 우세한 이탈리아군과 격전을 벌였다.

산악군단의 바바리아 근위보병연대와 뷔르템베르크 산악대대는 1114고지의 이탈리아군 제3진지에서 전투 중이었다. 쇠르너 중대(제12근위보병)는 고지 정상을 탈취했지만 이탈리아군은 고지 주변의 진지를 확보하고 잃어버린 진지를 역습으로 재탈환하려고 시도하고 있었다. 제1저격연대는 732고지 일대에서 이탈리아군 제2진지를 탈취하기 위하여 계속 교전 중에 있었다.

제200사단의 제3저격연대는 제차를 이미 탈취했고, 제4저격연대는 497고지 서쪽에서 이탈리아군 제2진지를 탈취하기 위하여 싸우고 있었다.

스코티 군단은 제1근위사단과 협동으로 이탈리아군 제1진지와 제2진지를 격파하고 오스트리*Ostry*–크라스*Kras*–푸스노*Pusno*–스레드네*Srednje*–아브스카*Avska*를 잇는 선에 도달했다.

요약

에존트소 강의 남쪽 험준한 고지군에 구축된 이탈리아군 제3진지(마타주르·므르츨리 봉·골로비·쿡·1192고지·1114고지·라심·음 산)는 1114고지의 일부를 제외하고 그대로 이탈리아군이 장악하고 있었다. 이 진지의 수비대는 신병들이었고, 예비대를 충분히 보유하고 있었다. 또한 이 진지는 독일 포병의 사격을 받지 않았다.

제11장
톨마인 공세
(제2일)

I 콜로브라트 진지 기습돌파

1917년 10월 25일 동이 트기 직전에 나는 제2중대와 제1기관총중대를 이끌고 1066고지의 바위 정상을 출발하여 가파르고 협소한 계곡을 따라 50m 아래로 내려가 덤불 숲으로 이동했다. 이동 도중에 적이 우리를 발견하고 기관총 소사를 가해 우리 부대는 피해를 입었다. 그러나 우리는 목적지에 도착하여 롬멜 부대 소속인 3중대와 합류했다. 이때 1114고지에서 격전이 벌어졌다.

부대가 출발하기 전에 각 중대장들에게 자세한 기동계획을 설명했다.

"나의 계획은 능선의 북쪽 가파른 경사지를 따라 서쪽으로 이동하여 콜로브라트 진지 아래 200~400m 떨어진 지점에까지 내려간다. 이는 곧 우리 부대가 1114고지의 격전지로부터 2km 떨어져 있게 되는 셈이다. 그 다음에는 지형 여하에 따라 양호한 공격대기 지점을 선정하여 적의 제3진지를 기습공격할 수 있는 좋은 기회가 올 때까지 대기한다. 기습공격이 성공하려면 우리 부대가 경사지를 횡단할 때 이탈리아군에게 발각되지 말아야 한다."

루트비히Ludwig 제2중대는 첨병분대를 앞으로 보냈고, 나는 손짓으로 이 첨병분대를 유도했다. 나의 참모(부관·전령 및 통신병)와 나는 첨병분대의 30m 후방에서 전진했다. 우리 뒤 50m 후방에서 제2중대, 제1기관총중대, 제3중대가 종대 대형으로 따라왔다. 통신병들은 분주하게 1066고지에 위치한 스프뢰세르 소령의 지휘소와 유선을 가설했다.

젖은 옷을 입고 추운 밤을 보낸 탓인지 아침에 일어나 팔다리를 움직이니 마음이 한결 가벼워졌다. 아침 커피를 대신하여 이탈리아군의 과일 통조림을 먹었다. 날이 점점 밝아지자 1114고지와 1066고지 근처에서의 전투가 점점 치열해졌다. 우리 부대는 전투 소리를 멀리하며 덤불에서 덤불로, 경사지에서 경사지로 은밀히 이동했다. 처음에는 수목이 울창한 지형을 이용하여 적 진지 200m 전방까지 접근하여 그 앞을 통과했다. 그다음에는 콜로브라트 능선의 불모돌출부(不毛突出部)에서 예기치 않은 장애물에 부딪쳐 시간과 힘을 낭비해 가며 경사면 아래로 우회 이동해야 했다. 장애물의 위쪽과 장애물 앞에는 우리 부대가 이동하고 있는 경사면을 살피기 위하여 수많은 경계병들이 배치되어 있었다. 그들 중 한 병사라도 우리 부대를 발견하고 경보를 울렸다면 전멸까지는 당하지 않았다 하더라도 적어도 나의 기습공격이 실패로 돌아갔을 것이다.

우리는 안전이 위태롭다고 느낄 때마다 정지해서 반드시 정찰을 실시했다. 부대의 안전은 정확한 방향을 찾고 이를 유지하는 데 달려 있다. 여러 개의 깊숙한 협곡을 조심스럽게 횡단하여 풀이 무성한 경사면으로 계속 전진했다. 전 종대가 적의 관측으로부터 은폐되어야 했으므로 어려운 점이 많았다. 우리는 고지에 배치된 적의 입장에 서서 우리가 지금 통과하고 있는 지형은 아마 은폐를 제공할 수 있을 것이라고 단순히 추측하

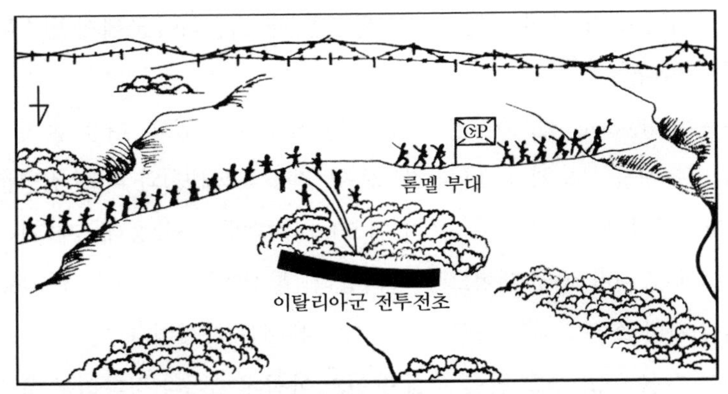

【그림 39】 **이탈리아군 전투전초 기습**(1917년 10월 25일, 북쪽에서 본)

면서 이동했을 뿐이었다. 우리는 또한 적의 장애물이 견고하게 설치되었기 때문에 적 진지도 강력하게 편성되었을 것이라고 추측하지 않을 수 없었다. 산 위로 높이 올라갈수록 덤불 숲이 점점 줄어 이용할 수 있는 엄폐된 접근로는 경사면의 작은 골짜기밖에 없었다. 1066고지를 출발한 지 한 시간 후에 우리는 직선거리로 약 2km 이동했고, 그 동안에 한 번도 적의 사격을 받지 않았다. 1114고지에서는 아직도 총성이 들려왔다. 이 총성으로 미루어 보아 근위보병연대가 공격을 개시한 것이 틀림없었다.

콜로브라트 능선 돌출부에 위치한 요새 진지가 머리 위에서 아침 햇살에 반짝이고 있었다. 가을 아침의 아름다운 정경이었다. 무거운 침묵만이 주위에 감돌았다. 첨병분대는 몇 개의 덤불을 지나 적의 철조망으로부터 약 200m 떨어진 작은 계곡으로 전진하고 있었다. 약 100m 전방에 위치한 가파른 저 불모능선을 횡단할 수 있을까, 또 어느 지점을 택하여 횡단할 것인가를 생각하고 있을 때 내 뒤에서 약간의 소음이 들려왔다. 뒤를 돌아다 보니 2중대의 병사 서너 명이 첨병분대가 통과한 통로 아래쪽 커다란 덤불 숲으로 들어가고 있었다.(그림 39)

어떻게 된 일일까? 2중대의 선두 부대가 경사면 아래 덤불 숲에서 잠을 자고 있던 이탈리아 병사들을 발견했다. 눈 깜짝할 사이에 2중대 병사들은 병력 40명과 2정의 기관총으로 편성된 이탈리아군의 전투전초를 처치했다. 한 발의 총성이나 외마디 고함소리도 들리지 않았다. 적병 몇 명이 죽을힘을 다해서 아래로 도망쳤다. 그러나 다행히도 그들은 당황한 나머지 사격이나 함성으로 위에 있는 진지 수비대에 경보 신호를 보내지 않았다. 내가 지시한 대로 2중대 병사들은 도주하는 적에게 사격을 가하지 않았다.

적의 전투전초는 에존트소 강 계곡 방향으로부터 콜로브라트 능선 진지가 기습을 당하지 않도록 경계임무를 띠고 이곳에 배치되었음이 분명했다. 아마도 우리 아래쪽 100m 되는 위치에 적의 전투전초가 또 있는지 모르겠다. 그러나 있다고 해도 그들은 에존트소 강 계곡 아래쪽 방향에 대해서만 경계를 하고 있을 것이 분명하며, 우리가 1066고지로부터 서쪽 방향으로 전진해서 올 것이라고는 생각하지 못했을 것이다.

콜로브라트 진지를 방호하기 위하여 배치된 적의 전투전초를 쥐도 새도 모르게 해치웠기 때문에 적의 장애물에 접근하기가 그만큼 쉬워졌다. 드디어 적 진지로부터 관측되지 않는 골짜기의 첫째 하단부에 첨병분대가 도달하였다. 지형과 여러 가지 상황을 판단한 끝에 나는 고지 위에 있는 적으로부터 관측이 되지 않는 바로 이 지점을 돌파하기로 결심했다.

포로들을 부대 후미로 보낸 다음, 첨병분대로 하여금 골짜기를 따라 적의 장애물로부터 100m 이내로 접근하도록 명령했다. 나는 철조망의 철주 상단부분을 볼 수 있었다. 첨병분대는 우리가 점령할 집결지를 경계했다. 나는 우리 부대를 은밀하게 골짜기 안으로 이동시켜 공격을 준비하도록 했다. 집결지가 너무 협소해서 부대를 밀집시켰다. 각 지휘관에게 명령을 하달하고 부대를 적 100m까지 접근한 첨병분대 뒤로 이동시켰다. 우리는 반원형의 가파른 경사면 위로 이동했다.

전방의 적 진지에서는 적의 활동이 전혀 없었지만 1114고지에서는 아직도 격전 중이었다.

부관 스트라이케르 소위가 우리 앞에 놓여 있는 장애물의 강도를 알아보고 필요하다면 장애물을 제거하기 위하여 정찰하는 것이 어떠냐고 건의했다. 나는 부관에게 경기관총 한 정과 2중대에서 5명을 차출하여 정찰대를 편성하도록 했다. 그리고 부득이한 경우 외에는 일절 사격을 하지 말라고 지시했다. 부관은 대원을 인솔하고 경사면을 기어 올라갔다. 부관과의 연락을 유지하기 위하여 루트비히 소위가 몇 명의 소총병을 데리고 뒤따라갔다.

때마침 통신분대는 스프뢰세르 소령의 지휘소까지 전화를 가설했다. 그래서 나는 현재까지의 활동상황과 1192고지로부터 800m 떨어진 콜로브라트 진지를 돌파하기로 결심했다는 것을 스프뢰세르 소령에게 보고했다. 또한 우리의 돌파가 성공할 경우 조속히 증원병력을 보내달라고 요청했고, 그는 나의 요청을 쾌히 승낙했다. 스프뢰세르 소령은 그의 지휘소에서 쌍안경으로 우리의 활동을 모두 지켜보고 있었다. 그는 1114고지에서는 전세가 역전되어 강력한 이탈리아 부대가 오히려 근위보병연대를 공격하고 있다고 말했다. 포병 지원하에 근위보병연대가 공격을 실시했으나 실패하고 말았다.

내가 수화기를 놓고 이탈리아 빵을 먹고 있을 때 스트라이케르 소위는 "정찰분대가 적 진지를 돌파했으며, 적병을 생포하고 포를 노획했다"고 짤막하게 보고했다. 적 진지에서는 고요한 침묵만이 감돌았고 한 발의 총성도 들리지 않았다. 나는 신속하고 민첩하게 전 부대를 투입, 돌파를 개시했다. 1초라도 지연되면 손안에 들어온 절호의 기회를 놓치고 말 것이다.

골짜기를 벗어나 가파른 경사면을 기어 올라가기가 대단히 힘들었다.

몇 분이 지난 후 우리는 적의 장애물을 통과하여 적 진지로 돌진했다. 이탈리아군의 중포 포신이 우리 앞에 어렴풋이 그 모습을 드러냈고, 스트라이케르 소위의 대원들이 몇 개의 대피호를 소탕하고 있었다. 포 옆에는 수십 명의 포로가 모여 있었다. 스트라이케르 소위는 목욕하고 있던 포수들을 기습하여 이들을 생포했다고 보고했다.

우리는 폭이 좁은 안부에 도달했다. 수많은 진지가 콜로브라트 능선의 불모고지군에 깔려 있었고, 여러 개의 교통호가 북쪽 경사면을 따라 요새 진지로 뻗어 있었다. 그리고 우리의 현 위치에서부터 남쪽으로 100m 떨어져서 루이코·쿡·1114고지를 지나 크라이*Crai*에 이르는 주 도로가 지나가고 있었다. 이 도로는 지상과 공중 관측 시 노출을 피하기 위하여 위장이 철저하게 되어 있었다.

롬멜 부대의 1/3병력이 우리가 위치한 안부에 도착했다. 그들은 가파른 경사면을 뛰어 올라왔기 때문에 숨이 차서 헐떡거렸다. 콜로브라트 진지의 적 수비대는 여전히 우리가 자기들 진지에 돌입하여 들어온 것을 모르고 있었다. 아직도 잠을 자고 있을까? 50m 넓이의 안부에서 이미 잡은 포로의 숫자로 판단하건대 콜로브라트 진지에는 상당수의 병력이 배치되고 있음이 확실했다. 결정적인 이 순간이야말로 우리의 운명을 좌우할 것으로 생각했다.

나는 명령을 내렸다.

"롬멜 부대는 동쪽을 봉쇄하고 서쪽으로 진격한다."

"스파딩게르 중사는 2중대의 1개기관총분대를 지휘하여 적 진지의 북쪽 고지를 봉쇄하고 능선도로를 차단한다. 그리고 서쪽으로 진격하는 롬멜 부대의 후방을 엄호한다."

"루트비히 소위와 2중대는 북쪽 경사면의 서쪽에 위치한 적 진지를 돌파한다. 사격은 가능한 한 하지 말라."

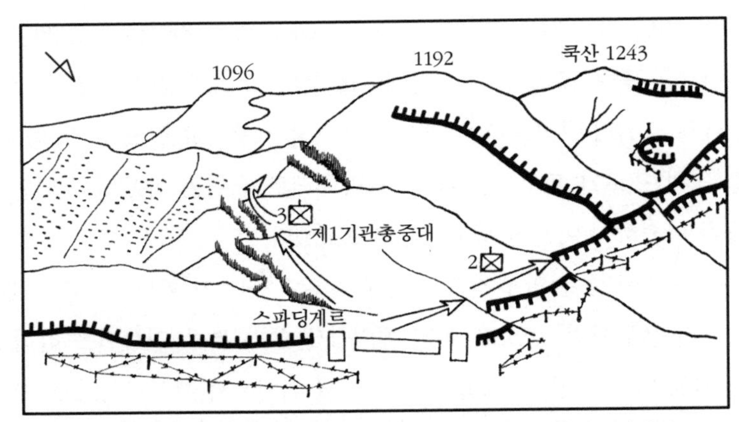

【그림 40】 **콜로브라트 능선 진지 돌파**(1917년 10월 25일, 동북쪽에서 본)

"제3중대와 제1기관총중대는 나를 따라 능선도로로 내려가 서쪽으로 진격한다. 스트라이케르 소위가 지휘하는 정찰대는 전진 중 경계를 담당한다."

"될수록 신속하게 전진하라."(그림 40)

우리 부대의 각 제대는 질서 정연하고 신속하게 자기의 임무를 수행했다. 유능한 루트비히 소위가 지휘하는 제2중대의 돌격분대들은 초소와 대피호를 차례로 소탕했다. 대부분의 적 수비대가 대피호 안에 있었다. 한 명의 산악부대 병사만으로도 충분히 대피호 안에 있는 적을 투항시키고 무장을 해제시킨 다음, 이들을 후송하기 위하여 포로들을 집합시킬 수 있었다. 초소의 경계병들은 여전히 아침 햇살에 아름답게 비치는 에존트소 강 계곡과 그 계곡의 양쪽 고지(1,950m) 방향만을 열심히 관측하고 있었다.

초소 뒤에서 산악부대 병사가 유령같이 갑자기 나타났기 때문에 경계병들은 공포에 질려 전신이 마비되어 공격 직전에 생포한 적의 전투전초와 같이 경계신호를 울리지 못했다. 포로의 숫자는 급격히 늘어나서 곧 수백 명에 이르렀다.

우리 부대의 주력도 능선도로를 따라 순조롭게 전진했다. 도로 양측의 자연 위장물 덕분에 동쪽과 서쪽 고지의 적으로부터 은폐되어 천만다행이었다. 우리는 암벽을 뚫고 구축해 놓은 여러 개의 포 진지를 탈취했다. 우리와 약 2km나 떨어져 있는 1114고지에서 들려오는 총격전 소리를 들으며 고요한 아침에 갑자기 들이닥치자 적 수비대는 완전히 당황하고 말았다. 나의 최초 목표는 예비대 집결지를 기습공격하는 것이었고, 2중대를 지원할 수 있는 위치까지 전진해서 2중대가 직면할 어떠한 적의 저항도 이를 격파할 수 있게 하는 것이었다. 그러나 상황은 달라졌다.

콜로브라트 진지를 돌파한 후 약 10~15분이 경과했다. 3중대의 첨병분대가 능선도로를 따라 전진하여 1192고지 동쪽 300m 떨어진 안부에 접근하고 있을 때 사방으로부터 사격을 받았다.

1192고지에서 동쪽으로 300m 떨어진 안부에 이미 도착한 스트라이케르 소위의 정찰대도 1192고지의 남쪽 경사면으로부터 기관총 사격을 받았고, 곧 이어서 1192고지의 동남쪽 경사면으로부터 공격해 오는 이탈리아군 보병에 의하여 압박을 받았다. 적은 스트라이케르 정찰대를 능선도로 너머 북쪽으로 몰아내기 위하여 공격했다. 정찰대는 할 수 없이 1192고지의 동북쪽 경사면을 포기했다.

제3중대와 제1기관총중대는 능선도로를 따라 전진하던 중 1192고지로부터 치열한 기관총 사격을 받아 전진이 저지되었다. 기관총중대는 신속하게 기관총을 거치하고 응사했지만 적의 사격에 압도되었다. 적의 기관총탄은 자연 위장물들을 뚫고 능선도로의 좌측에 떨어졌다. 우리는 콜로브라트 능선의 엄폐되지 않은 남쪽의 급경사면으로 이동해야 했기 때문에 능선도로의 한쪽만 이용하여 공격한다는 것은 매우 어려운 일이었다. 이러한 일이 있은 후, 2중대가 현재 위치하고 있을 것으로 예상되는 우측 전방에서도 총격 소리가 점점 치열하게 들려왔다. 산악부대의 치열한 칼빈 총소리가 들리더니 곧이어 수류탄이 폭발했다. 전 중대원이 백병전을 벌이고 있는 것 같았다.

소리만 들릴 뿐 교전현장은 볼 수가 없었다. 1192고지로부터 적 기관총 사격을 받지 않고서는 능선도로의 우측에 있는 불모고지로 올라갈 수가 없었다. 2중대가 적을 견제하고 있는지 의문이었다. 2중대는 병력 80명에 경기관총 6정밖에 보유하고 있지 않았다. 만일 2중대가 현 위치를 고수하지 못할 경우, 적은 북쪽 경사면의 잃어버린 그들의 진지를 손쉽게 재탈환할 것이고 우리의 퇴로를 모두 차단할 것이며 포로들을 구출할 수 있을 것이다. 총탄 발사량으로 미루어 보아 우리는 강력한 적과 대치하고 있음이 분명했다. 몇 분 안에 전세가 역전되어 모든 것이 우리에게 불리하고 심각한 상황으로 돌변할 것 같았다. 이와 같이 우세한 적과 싸워서 그 동안 우리가 기습에 의하여 탈취한 콜로브라트 진지의 일부를 고수할 수 있을지 의문이었다. 가장 긴급한 일은 동쪽의 도로를 우선 차단하고, 위협받고 있는 2중대를 지원하는 것이었다. 적은 동쪽과 서쪽에서 수많은 기관총으로 2중대로 가는 지름길을 집중적으로 소사했다. 도로를 따라 1192고지를 서쪽 방향에서 공격할 경우, 적으로부터 기관총 사격을 받게 되어 성공할 확률은 매우 희박했다. 그래서 나는 다른 해결책을 찾아야 했다.

1192고지에 사격을 가하고 있던 1개 기관총소대와 3중대의 일부 병력으로 하여금 서쪽의 능선도로를 차단하도록 했다. 나는 3중대와 기관총중대의 잔여 병력을 인솔하고 능선도로를 따라 1192고지에서 동쪽으로 800m 떨어진 안부로 신속히 이동했다. 철저하게 잘 만들어진 위장물들은 동쪽과 서쪽에 위치한 적이 우리의 이동을 관측할 수 없게 했으며, 또한 지향사격도 불가능하게 했다. 수시로 적은 이 위장지역에 위협사격을 가했지만 우리가 이동하는 데는 별로 지장을 주지 못했다. 드디어 우리는 안부(鞍部)에 도착했다.

이 안부에서 유능한 스파딩게르 중사와 8명의 대원이 동쪽 진지의 이탈리아군 수비대를 견제하고 있었다. 이곳을 지나면서 나는 그에게 2개 분대를 더 증원했다. 우리는 2중대가 앞서 소탕한 이탈리아군 진지를 지나 서쪽으로 사력을 다하여 달려갔다. 160m 달려갔을 때 우리는 2명의 우리 병사가 진지와 철조망 사이에 있는 지역에서 약 1,000명의 포로를 감시하고 있는 것을 보았다. 나는 2명의 병사에게 포로들을 즉각 철조망 아래 경사면으로 이동시키도록 명령하고 모든 것을 그들에게 일임했다. 그들은 지시받은 임무를 훌륭히 수행했다. 동쪽과 서쪽에서 사격하는 이탈리아군 기관총탄이 우리 위의 고지를 스치고 지나갔기 때문에 포로들은 겁이 나서 더 빨리 이동했다.

우리 전방 약 300~400m에 위치한 2중대 근처에서 전투 소리가 갑자기 크게 들렸다. 수류탄의 폭음, 계속적으로 꾸준히 사격하는 기관총성, 속사를 가하는 칼빈 총성이 더욱 요란했다. 내 뒤를 따라오고 있던 중대원들에게 더욱 빠른 속도로 이동하라고 명령했다. 나는 1192고지에서 동쪽으로 400m 떨어진 고지에서 일단 상황을 파악하기로 했다.

2중대는 동북쪽 경사면의 일부 참호진지를 고수하다가 5배나 우세한 이탈리아군 1개 예비대대에게 서쪽·남쪽, 그리고 동쪽으로부터 포위되었다. 적의 최선두 부대가 벌써 50m 이내로 접근했다. 2중대 후방에는 높고 넓은 이탈리아군 장애물이 설치되어 있어서 북쪽 경사면으로 철수할 수가 없었다. 2중대는 중단하지 않고 맹사격을 가하면서 적의 대대와 결사적으로 대항하여 진지를 사수했다. 적이 2중대의 사격을 뚫고 공격을 계속 감행했더라면 불과 80명밖에 안 되는 2중대는 전멸했을 것이다. 나는 적의 포화를 뚫고 막 도착한 부대를 즉각 전투에 투입하는 것은 옳지

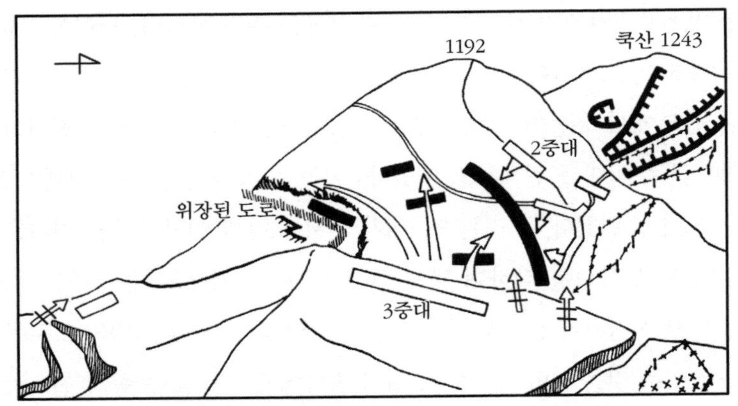

【그림 41】 **1192고지 공격**(1917년 10월 25일, 동쪽에서 본)

않다고 생각했다.

2중대를 구출할 수 있는 길은 오직 적의 측방과 후방에 대하여 전 병력으로 기습공격을 가해야만 가능하다고 판단했다. 이러한 위급한 상황하에서도 우수한 전투력을 가지고 있는 산악부대 병사들은 충분히 이 어려운 과업을 수행할 수 있을 것으로 나는 확신했다.

공격의 선두 중대가 단숨에 깊게 판 참호 안으로 돌진했고, 뒤이어 기관총중대의 선두 병사들이 기관총을 분해해서 메고 따라갔다. 예하 각 지휘관들에게 상황을 간단히 설명하고 임무를 부여했다. 3중대를 참호 좌측 얕은 골짜기에 집결시켰다. 1개 중기관총조가 우측에 기관총을 거치하고 전투준비를 완료했다고 보고했다. 다른 1개조가 또 숨을 헐떡거리며 올라왔고, 3중대도 공격준비를 완료했다.(그림 41)

두 번째로 도착한 중기관총조가 기관총을 거치할 때까지 나는 기다릴 수가 없었다. 적은 100m 떨어진 참호에서 기어나와 장교의 독전을 받으면서 밀집대형으로 포위된 2중대를 향하여 한발 한발 다가가고 있었다. 나는 3중대와 제1기관총중대에게 공격개시 신호를 보냈다.

첫 번째 도착한 기관총조가 적에게 연속사격을 가하고 있을 때 뒤에 온

기관총조가 곧 사격에 가담했고, 좌측의 산악부대 병사들은 적의 측방과 후방에 대하여 결사적으로 돌진했다. 함성이 산을 진동했다. 후방과 측방에 대한 기습공격이 적중했다. 이탈리아군은 2중대에 대한 공격을 중단하고 3중대로 공격 방향을 전환하려고 시도했다. 그러나 2중대는 기회를 놓칠 새라 참호에서 뛰어나와 적의 우익을 공격했다. 적은 양면공격을 받고 협소한 지역으로 쫓겨 할 수 없이 무기를 버리고 투항하였다. 우리가 적에게 3~4m 내로 접근할 때까지 이탈리아군 장교들은 권총으로 대항했다. 그러나 그들도 마침내 손을 들고 말았다. 나는 산악부대 용사들이 격분한 나머지 적의 장교들을 사살하려고 했기 때문에 그런 짓을 못하게 말렸다. 장교 12명, 사병 500명 이상으로 편성된 1개 대대의 전 병력이 1192고지 동북쪽 300m 떨어진 안부에서 모두 투항했다. 콜로브라트 진지에서 우리가 생포한 포로는 모두 1,500명에 달했다. 우리는 드디어 1192고지의 정상과 남쪽 경사면을 탈취했으며, 이탈리아군 중포대를 또 하나 노획했다.

승전의 기쁨을 나누기에 앞서 너무 많은 전우를 잃어서 슬픈 마음을 이루 다 표현할 수가 없었다. 상당수의 병사들이 부상을 입은 것은 물론, 2명의 용사를 잃은 것이 무엇보다 가슴 아픈 일이었다. 2중대의 키프네르 상병은 어제 에브닉 전투에서 빛나는 전공을 세우고 장렬하게 전사했고, 3중대의 크노이레Kneule 중사는 백병전에서 젊은 청춘을 바쳤다.

09시 15분쯤에 롬멜 부대는 1192고지를 포함해서 콜로브라트 진지의 800m 지역을 완전 점령했다. 이렇게 해서 적의 주 진지에 이르는 넓은 돌파구가 생겼다. 적은 예비대를 투입, 부분적으로 1차 역습을 시도했으나 아군에 의하여 격퇴되고 말았다. 그러나 적은 잃어버린 진지를 되찾기 위하여 앞으로 몇 차례 더 역습해 올 것이 분명했다. 역습할 테면 해보라지. 우리 산악부대는 격전 끝에 탈취한 지역을 적의 역습으로 빼앗긴 적은 없었다.

적은 서쪽, 동남쪽, 그리고 동북쪽으로부터 우리가 점령한 고지를 기관총 사격으로 위협했다. 음 산과 산 서쪽에 포진하고 있던 이탈리아군 포병도 콜로브라트 진지의 돌파지역과 1192고지에 맹렬한 사격을 실시했다. 우리는 적의 거센 포격을 피하여 북쪽 경사면으로 이동했다.

우리는 가용한 예비대가 부족해서 즉시 공격을 계속할 수가 없었다. 그래서 지원부대가 도착할 때까지 우리가 탈취한 진지만을 확보하기로 했다. 2중대와 기관총중대의 반은 1192고지의 서쪽에 배치했다. 스파딩게르는 1개 소대를 지휘, 80m 떨어진 돌파구의 동쪽 측면을 봉쇄했다. 3중대와 나머지 기관총중대의 반은 1192고지의 동북쪽 경사면에서 우리가 새로 점령한 진지에 예비로 대기시켰다.

그다음 나는 1192고지 정상에서 주변의 상황을 살폈다. 첫눈에 쿡 산 방향의 서쪽 진지가 매우 위험한 것처럼 보였다. 적은 수십 정의 기관총을 쿡 산의 동북쪽 단구형 감제진지(段丘型瞰制陣地)에 걸어놓고 우리에게 사격을 퍼붓는 것 외에도 산 정상과 동남쪽 경사면에 강력한 예비대를 집결시키고 있었다. 곧이어 상당수의 공격대열이 쿡 산의 동쪽 넓은 경사면을 지나 우리 쪽으로 전진하기 시작했다. 나는 전진하는 적의 병력을 1~2개 대대로 추산했다. 남쪽을 살펴보니 음 산은 개미집같이 대병력이 우글거렸으며, 막강한 적 포병이 사격을 하고 있었다.

시비달레로부터 음 산으로 이어지는 능선도로에는 차량들이 분주하게 오가고 있었다. 또한 능선도로의 양측에는 밀집대형의 적이 전선으로 이동하고 있었다. 동쪽을 살펴보니 1142고지로 완만하게 이어져 내려간 콜로브라트 능선이 모두 한눈에 들어왔다. 이탈리아군이 공격할 것으로 예상되는 1142고지의 남쪽과 서남쪽의 경사면에는 적의 대병력이 밀집해 있었다. 그리고 긴 행렬의 차량들이 크라이로부터 예비대를 수송하

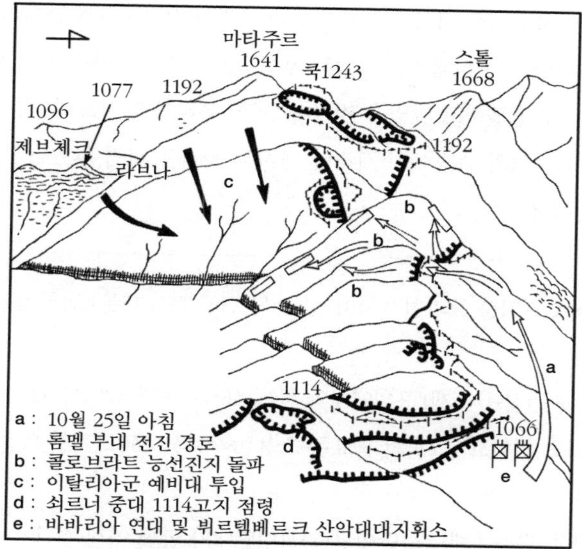

【그림 42】 쿡 산 진지의 적 예비대(동쪽에서 본)

여 1114고지의 서쪽 경사면에 하차시키고 있었다. 또한 적군이 능선도로를 따라 이동한 다음, 작은 고지들을 횡단하여 동쪽에서 우리 쪽으로 전진 중이었다. 이와 같은 적정을 종합 검토한 결과 적은 2개 방향에서 동시에 공격하기로 기도한 것 같았다.(그림 42)

교훈

1917년 10월 25일에 실시한 콜로브라트 진지에 대한 기습돌파는 루마니아군이 코스나 산에서 여러 차례 저질렀던 것과 같이 이탈리아군도 제3진지의 전방지역을 철저히 경계하지 않아 성공할 수 있었다.

또한 진지의 수비대도 전투준비를 갖추지 않고, 모든 병사들이 1114고지의 교전현장이 2.5km 떨어져 있었기 때문에 조금도 위험하지 않다고 생각하고 있었다. 그래서 산악부대는 손쉽게 돌파할 수 있는 기회를 포착하였다.

이탈리아군의 예비대대가 악착같이 역습을 시도하였지만 병력도 형편없이 부족한 2중대의 사격으로 저지되었다. 그러나 우리가 결정적인 순간에 강력하고 밀집된 이탈리아군의 예비대대를 측방과 후방으로부터 공격하는 것이 실패했다면 2중대는 아마도 전멸하고 말았을 것이다. 또한 우리가 만일 소수 병력으로 공격을 감행했거나, 적의 측방에서 사격만 가하고 돌격을 하지 않았다면 참으로 큰 과오를 범했을 것이다.

콜로브라트 진지를 돌파한 후(1917년 10월 25일 09시 15분) 전투상황은 다음과 같았다.

★ **크라우스 군단**(집단)—제1근위연대와 함께 사가로부터 3개 제대로 나누어 공격을 실시하고 있었고, 그들의 목표는 스톨(1668)과 1450고지를 잇는 적의 방어선이었다.

★ **스타인 군단**(집단)—제12사단이 제63보병연대와 함께 어제 저녁에 로빅과 크레다 근처에 접근했고, 또한 적의 전위 부대를 격퇴시켰다. 쉬니베르 부대는 마타주르 산 정상에서 북쪽으로 100m 되는 지점까지 접근했다고 보고했다.[1)] 아이크홀츠 전투단은 루이코 협로로부터 가해 온 우세한 이탈리아군의 공격을 받았으나 결사적으로 방어하여 골로비의 북쪽 진지를 고수했다.

★ **산악군단**—롬멜 부대가 콜로브라트 진지를 돌파하는 데 성공하고 1192고지의 동쪽 800m까지 진격하였다. 한편 뷔르템베르크 산악대대의 주력은 1066고지에서 1192고지로 이동 중에 있었다. 근위보병연대는 완강한 이탈리아군의 역습을 격파하고 10월 24일 저녁에 점령한 1114고지 근처의 진지를 고수했다. 제1저격연대는 732고지를 탈취하고 슬레멘 샤펠*Slemen Charpel* 방향으로 진격하고 있었다. 제200사단의 제3저격연대는 제차의 서쪽 942고지를 탈취했다.

★ **스코티 군단**—제1근위사단의 제7산악여단이 글로보칵*Globocak*을 공격하고 있었다.

---

1) 쉬니베르Schnieber는 델라코로나 산을 마타주르 산으로 착각했다.

Ⅱ 쿡 산 공격 ; 루이코-사보냐 계곡 차단 및 루이코 협로 개통

내가 예상한 것과는 반대로 적은 쿡 산의 동쪽 경사면에 대한 여러 차례에 걸친 파상공격을 실시하더니 이를 중단했다. 적이 다만 우리의 진격을 봉쇄하려는 것인지, 아니면 추가적인 공격을 더 준비하려는 것인지 알 수 없었다. 적의 소총병들이 쿡 산의 북쪽 진지와 연결해서 동쪽 경사면 위에 3단계로 호를 구축하는 것으로 보아 적은 우리의 진격을 봉쇄하려는 것이 분명했다. 나는 적이 강력한 진지에 배치된 상당수의 기관총 지원사격하에 공격해 올까봐 은근히 걱정했다. 스프뢰세르 소령이 뷔르템베르크 산악대대의 주력을 인솔하고 1192고지로 이동 중에 있었으므로 적이 공격을 중단하고 방어로 전환한 것은 우리에게는 천만다행이었다.

주력부대가 1192고지에 도착하는 대로 나는 쿡 산을 공격하기로 했다. 적이 견고하게 방어진지를 구축하면 적을 공격하기가 그만큼 어려워지기 때문에 가능한 한 조속히 공격함으로써 적에게 시간적 여유를 주지 않기로 했다. 계획된 공격을 철저하게 준비하기 위하여 가용한 시간을 최대한으로 이용하는 것이 무엇보다도 중요했다.

기습의 효과를 얻기 위하여 나는 적의 호 구축작업을 사격으로 방해하지 않았다. 암석지대라 호 파기가 대단히 곤란했다. 대대 본부가 이동 중에 있어 나는 부득이 1066고지에 설치된 통신교환대를 거쳐 산악군단 사령부에 우리의 작전결과를 보고하고, 1192고지에 증원부대가 도착하면 공격을 계속하겠다고 했다. 나는 산악군단의 일반 참모 마이르Meyr 대위에게 쿡 산에 대한 공격계획을 설명하고 강력한 포병 지원을 요청했다. 나의 요청이 채택되어서 몇 분 후에 톨마인 근처 포병부대의 화력통제 장교와 전화로 협조했다. 쿡 산의 동쪽 광활한 경사면과 동북쪽 경사면의 진지에 11시 15분부터 45분까지 중포대에 의한 공격준비 사격을 실시하기로 합의했다. 포병 지원이 확보되었다. 암석지대에 대구경 포탄이 터지면 많은 돌덩이가 굴러 포격의 부수적 효과가 크므로 포병 지원사격에 큰 기대를 걸었다.

보병의 화력계획도 세웠다. 나는 2중대의 경기관총과 제1기관총중대의 전 병력을 1192고지의 남쪽과 북쪽 경사면에 배치했다. 이들 진지는 쿡 산의 적으로부터 은폐되었다. 이번 공격에 있어서도 소수 돌격조를 운용하기로 계획했고, 자동화기는 쿡 산의 적을 고착시키도록 했다. 모든 자동화기에게 일일이 사격목표를 부여했다.

스프뢰세르 소령이 10시 30분에 제4·6중대와 제2·3기관총중대를 인솔하고 1192고지의 동쪽 안부에 도착했다. 나는 그에게 지금까지의 상황과 쿡 산에 대한 공격준비가 완료되었다고 보고한 다음, 공격에 필요한 병력을 달라고 요청했다. 적의 상황을 검토한 스프뢰세르 소령은 홀Hohl 중위의 6중대에게 1114고지 방향 콜로브라트 능선의 적 진지를 소탕하는 임무를 부여했다. 스프뢰세르 소령은 쿡 산에 대한 나의 공격계획을 승인하고 제2·3중대와 제1기관총중대 외에 제4중대와 제2·3기관총중대도 지휘하도록 허락했다.

루트비히 중위 지휘하의 전 자동화기부대(6정의 경기관총, 제1·2기관총중대)는 1192고지의 북쪽과 남쪽 경사면 진지에 은폐하여 11:00시까지 쿡 산의 적 수비대에 대한 사격준비를 완료했다. 2개 분대로 편성된 2중대 돌격조는 1192고지의 북쪽 경사면에서, 그리고 동일 규모의 3중대 돌격조는 남쪽 경사면에서 각각 돌진할 준비를 끝냈다. 이들 돌격조의 임무는 포병과 기관총의 강력한 지원사격이 개시됨과 동시에 쿡 산과 1192고지 사이의 안부를 탈취하고 쿡 산의 북쪽 경사면 진지나 동남쪽 경사면의 작은 계곡을 따라 가능한 한 깊숙이 쿡 산의 수비대를 뚫고 돌진하는 것이었다. 나는 돌격조들을 이용하여 적 진지를 탐색하고 싶었다. 제3·4중대와 제2·3기관총중대를 1192고지의 동쪽 안부 예비진지에 은폐시킨 후 최선두 돌격조의 성공에 따라 북쪽이나 남쪽 경사면으로 투입하기로 했다.

공격개시 직전에 근위보병연대의 선두 부대가 1192고지의 동쪽 안부에 도착했다. 제2근위보병대대는 포병 지원사격을 기다리다 못해 1114고지로부터 콜로브라트 능선진지를 공격했으나, 1114고지에서 서북쪽으로 500m 떨어진 이탈리아군 진지로부터 저지사격을 받고 그만 공격에 실패했다. 그 후 근위보병연대는 콜로브라트 능선의 북쪽 경사면에 뷔르템베르크 산악대대가 개척한 통로를 따라 이동했다. 이 통로는 1114고지와 1192고지에서 동쪽으로 약 800m 떨어진 안부 사이의 진지 아래로 지나갔다. 이동 도중 근위보병연대는 롬멜 부대가 생포한 1,500명의 포로를 후송하고 있는 몇 명의 산악부대 병사들과 마주쳤다.

11시 15분 정각 톨마인 분지에서 공격준비 사격의 첫 포성이 요란하게 울려왔고, 곧 이어서 쿡 산의 동쪽 경사면에 새로 구축한 이탈리아군 방어진지 한가운데서 포탄이 터졌다. 돌덩이가 아래로 굴러 떨어졌다. 공격개시부터 성공적이었다. 1192고지의 기관총부대도 사격을 개시했고, 1192고지의 북쪽과 남쪽 경사면에서 대기하던 돌격조도 공격을 개시했다. 나는 긴장한 가운데 돌격조의 돌진을 지켜보았다.(그림 43)

쿡 산의 적이 우리의 기관총 사격에 응사해 옴으로써 1192고지의 우리 부대와 이탈리아군 간에는 기관총 사격전이 벌어졌다. 서로의 총성으로 귀가 찢어지는 것 같았다. 적 진지에 포탄이 계속 떨어졌다. 포탄의 파편과 돌 세례는 적 수비대를 몹시 긴장하게 만들었다. 음 산의 적 포병도 동시에 좌측 방향에서 응사했지만 우리의 기관총들은 깊이 판 호 안에 거치되었기 때문에 포격효과를 별로 거두지 못했다. 루트비히 중대의 돌격조가 적 진지로의 통로를 개척할 때 북쪽 경사면의 우측 아래에서 수류

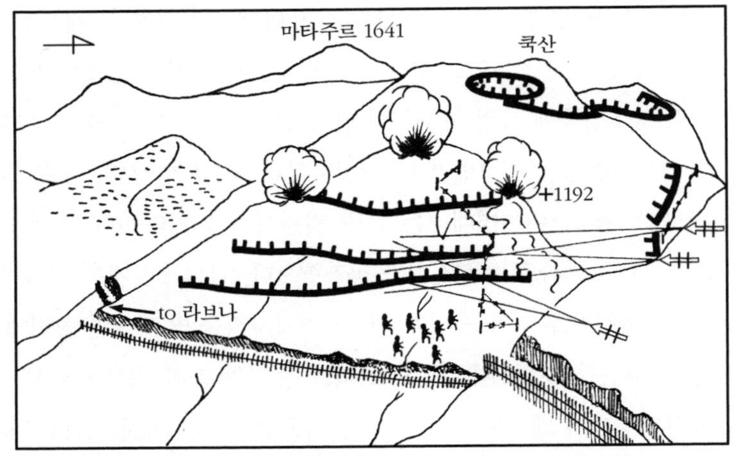

【그림 43】 **쿡 산 공격**(1917년 10월 25일, 동쪽에서 본)

탄이 터졌다. 이탈리아군 수비대가 완강히 저항하여 우리 부대들은 내리막으로 공격하고 있는데도 그 속도는 매우 느렸다.

1192고지의 남쪽 경사면에서는 상황이 전혀 다르게 전개되었다. 3중대의 돌격조는 진지에서 뛰어나와 자연 위장된 도로를 따라 신속하게 전진하여 우리들의 시야에서 사라졌다. 우군과 적군의 기관총탄이 머리 위로 스쳐 지나갔지만 돌격조는 위장을 최대로 이용하여 적의 지향사격을 받지 않고 1192고지와 쿡 산의 안부에 도달했다. 여기서부터 3중대의 돌격조는 아군의 포격으로 인하여 쏟아져 내려오는 돌 세례에 개의치 않고 정상의 적을 향해 기어 올라가기 시작했다. 관측병이 이 돌격조의 전진을 추적했다.

아군의 포병은 사격진지를 잘 선정해서 이탈리아군 진지를 하나도 남기지 않고 포탄을 퍼부었다. 우리는 3중대의 돌격조가 적에 접근하는 지점 일대에 기관총 사격을 집중했다. 돌격조의 몇몇 병사가 아군의 사격에 완전히 기가 죽은 적에게 손수건을 흔들기 시작하였다. 이 계략이 적중하여 적병들이 진지를 버리고 도주하는 것을 보았다.

바로 이때가 총공격을 실시할 순간이었다. 가용병력이 4개 중대였다. 각 중대장에게 다음과 같이 명령했다.

"남쪽의 돌격조는 지금 현재 쿡 산을 기어 올라가 적을 생포하고 있다. 롬멜 부대는 4개 중대로 쿡 산의 동북쪽 경사면으로 공격한다. 제3·4중대와 제2·3기관총중대는 위장된 능선도로를 따라 부대 본부를 후속한다. 속도가 무엇보다 중요하다."

"1192고지의 화력지원부대는 최대한의 화력을 지원하고, 상황에 따라 신속하게 앞으로 진지를 변환한다."

우리는 위장도로를 따라 아래로 신속히 내려갔다. 쿡 산의 적이 관측을 철저히 했다면 우리의 이동을 발견했을 것이다. 아무리 보아도 적은 1192고지의 기관총 사격과 국부적인 수류탄전에만 온 신경을 집중하고 있었다. 피아 간의 탄약 소모량은 어마어마했지만 그중 약간의 총탄만이 능선도로 쪽으로 날아왔다. 이러한 상황하에서 별로 위협을 받지 않고 우리는 쿡 산의 적으로부터 차폐된 1192고지와 쿡 산 사이에 위치한 안부에 도착하는 데 시간이 그다지 오래 걸리지 않았다. 롬멜의 전 부대는 2열 종대를 지어 구보로 이동했다.

우리가 이렇게 이동하고 있는 동안 돌격조는 100명의 적을 생포하였다. 근위보병연대의 부대가 능선도로 아래에서 우리와 합류하게 될 것이라고 후방으로부터 연락이 왔다. 이 부대까지 합치면 그 병력이 연대 규모보다 큰 지휘 제대가 되며, 부대의 길이는 내 뒤로부터 3.2km나 뻗었다. 이렇게 부대가 커졌으니 우리의 공격목표를 더 확대하는 것이 바람직하지 않나 하고 생각해 보았다.

우리의 포병과 기관총은 15분간 사격을 계속하여 적을 쿡 산의 동쪽 진지에 고착시켰다. 3중대의 돌격조는 아군의 사격으로 정신을 잃은 이탈리아군을 포로로 잡았다. 쿡 산의 수비대가 우리의 총공격을 위한 목표였고, 쿡 산의 남쪽 경사면을 빙 돌아가는 위장된 능선도로는 좋은 접근로가 되었다. 쿡 산의 수비대를 두 쪽으로 절단하고 싶었다. 그러나 남쪽 경사면의 강력한 적 예비대와 맞서게 될지도 모른다는 가능성과 상대방이 상당한 병력을 투입하여 급경사면으로 돌진해 올 수도 있다는 사실을 고려해야 했다. 그러나 실전경험이 풍부한 산악부대 병사들에게는 불가능한 것이 없다고 믿고 나는 주저하지 않고 공격을 계속했다.

우리의 목표는 쿡 산의 서남쪽 경사면에 위치한 작은 산간마을 라브나 *Ravna*를 탈취하는 것이었다. 나는 부대의 선두에 서서 능선도로를 따라 돌진해 내려갔다. 첨병분대 뒤에는 그라브*Grav* 기관총중대가 따랐다. 중대 병사들은 숨이 차서 헐떡거렸고, 기관총을 어깨에 메고 뛰어서 땀이 비 오듯 쏟아졌다. 참으로 어려운 공격이었다. 이들 병사들은 공격을 개시한 후 지금까지 계속 기관총을 메고 이동했지만 체력이 다할 때까지 임무를 완수해야 한다는 것을 누구보다도 잘 알고 있었다.

여전히 위장이 잘된 능선도로가 라브나 마을로 내려 뻗어 있었다. 이 도로는 폭파되어 쿡 산의 한 급경사로 변했다. 그리하여 경사면에 위치한 적 수비대는 도로에서 무엇이 일어나고 있는지 전혀 관측할 수가 없었다. 적은 아직도 1192고지의 전투에만 온 신경을 집중하고 있었다. 한편 이 도로는 하도 꾸불꾸불하여 100m 이상은 도로의 전면을 볼 수가 없었다. 또한 우측을 가로막고 있는 암석 절벽과 좌측의 무성한 숲 때문에 좌·우 방향의 시야가 가려져 있었다. 이와 같이 시계가 제한되어서 우리의 행동이 유리했다.

가끔 몇 m 앞에서 우리는 정지하여 휴식을 취하거나 도로를 따라 행군하는 적과 여러 차례 마주쳤다. 이럴 때마다 적은 총 한 방 쏘지 못하고 포로가 되었다. 무기를 버리고 동쪽으로 가라고 손짓만 해도 비무장한 이탈리아 병사들은 고분고분 1192고지 방향으로 내려가는 우리 종대를 따라 행군했다. 우리가 불시에 나타났기 때문에 적병들은 모두 정신을 잃고 말았다.

우리는 적의 사격을 받거나 또는 저지되지도 않고 포 진지, 보급부대 및 적의 밀집 보병부대를 지나 돌진했다. 우측 후방과 경사면 위에서는 1192고지의 아군과 쿡 산의 적 수비대가 아직도 총격전을 벌이고 있었으며, 우리 머리 위로 이따금 총탄이 날아갔다. 이탈리아군은 여전히 독일군이 1192고지의 전사면으로 광정면에 걸쳐서 정상적인 공격을 해오리라고 믿고 있었다.

도로의 좌측을 따라 설치해 놓은 위장물이 라브나 바로 못 미쳐서 끝나게 되어 시계가 넓어졌다. 전방의 경치는 군데군데 작은 덤불 숲이 끊긴 긴 경사면이 펼쳐졌다. 우리는 덤불 숲 속이나 아니면 그 뒤에 이탈리아군 예비대가 숨어 있을지도 모른다고 생각했다. 전방 300m 지점에 라브나 마을의 집들이 보였다. 좌측의 급경사면 아래에는 여러 개의 농장이 보였고, 이들 농장 뒤에는 수목이 우거진 1077고지가 보였다. 발걸음을 더욱 재촉하여 우리는 적의 사격을 받지 않고 라브나 마을에 도착했다.

이때의 시간은 낮 12:00였고, 뜨거운 태양이 경사면을 내려 쬐고 있었다. 라브나 마을의 적 수비대는 전선에서 멀리 떨어져 있다고 생각했기 때문에 우리가 몇 채의 집과 창고에 침투할 때까지 우리를 발견하지 못하였는데 이것은 조금도 이상한 것이 못 되었다. 우리가 돌연 나타나자 적은 공포에 질려 뿔뿔이 흩어지고 루이코와 토폴로 계곡으로 황급히 도망쳤다. 짐을 운반하던 적의 말도 겁을 먹고 우르르 도망쳤다. 놀랍게도 적은 총 한 방 쏘지 않았고, 쿡 산의 남쪽 사면은 쥐 죽은 듯이 조용했다. 남쪽 경사면의 상부에 위치했던 적 수비대는 1192고지의 전투에 이미 투입되었다.

우마(牛馬)부대로 보이는 라브나의 마지막 수비대가 마을 서쪽 작은 언덕을 넘어 루이코 방향으로 사라졌다. 우리는 곧 그들 뒤를 바싹 추격했

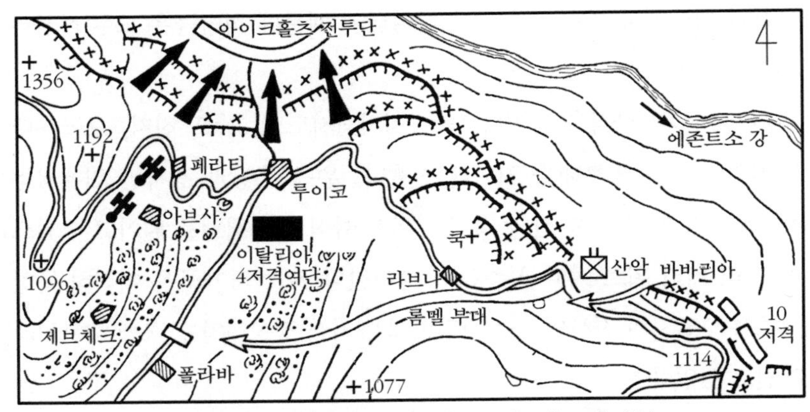

【그림 44】 콜로브라트 능선 상황(1917년 10월 25일 정오)

다. 우리 부대의 최선두에서 추격하는 병사들을 이끌고 낮은 언덕에 도착하여 서쪽을 바라보니 어마어마한 광경이 눈앞에 펼쳐졌다.(그림 44)

쿡 산과 므르츨리 산 사이의 안부에 위치한 루이코 산간마을이 우측 저 아래쪽에 보였다. 마을과 인근 숙영지에는 이탈리아군이 꽉 차 있었다. 루이코 마을과 그 주변에서는 평상시 후방지역에서 늘 그러하듯이 병사들이 태평스럽게 활동했다. 루이코와 사보냐를 연결하는 도로에는 오고가는 차량으로 대단히 혼잡했다. 특이한 것은 말이 끄는 중포대가 루이코로부터 남쪽으로 서서히 이동하고 있었다. 마을 북쪽에서 치열한 전투 소리가 들려왔다. 나는 이 전투가 아군 제12사단이 실시하는 공격이 아닌가 하고 추측했다.[2)]

루이코의 맞은편에는 꾸불꾸불한 마타주르 도로가 므르츨리와 크라곤자 산의 수목이 우거진 동쪽 경사면을 지나갔다. 이 도로에는 차량이 별로 보이지 않았다. 아브사*Avsa*와 페라티*Perati* 근처에 포진하고 있던 이

2) 이 전투는 3개 대대로 편성된 아이크홀츠 전투단이 강력한 이탈리아군의 역습을 받고 이에 대항하는 상황이다. 이탈리아군 역습부대의 작전계획은 이데슬로*Ideslo*를 지나 카르프라이트를 공격한 다음, 마타주르의 북쪽 계곡에서 전진하는 제12사단의 측방과 후방을 강타하려고 했다.

탈리아군의 포병부대들은 골로비 근처의 제12사단을 향해 포격을 가하고 있었다.

내가 라브나 마을에서 공격의 기세를 늦추지 않고 더욱 신속하고 결정적인 방향으로 공격하기를 바라고 있다는 것을 후속 부대가 잘 알고 있었기 때문에 그들은 전속력으로 나의 뒤를 따라왔다. 시간을 오래 두고 심사숙고할 여유가 없었다. 나는 채택 가능한 세 가지 방책을 빨리 검토했다.

쿡 산의 대부분의 적 수비대 병력이 동쪽에서 뷔르템베르크 산악대대의 다른 중대와 교전 중에 있었고, 남은 적 수비대 병력은 북쪽에서 제12사단과 교전하고 있었다. 그러므로 우리는 쿡 산의 남쪽 경사면으로 기어올라가 수비대를 생포할 수 있었다. 그러나 나는 이 수비대를 위협적인 상대자로 생각하지는 않았다. 이들을 뷔르템베르크 산악대대의 후미 부대에 맡기기로 했다. 내 생각으로는 이 수비대의 운명은 불 보듯 뻔했다.

루이코 근처의 적을 공격하고 제12사단을 위하여 루이코 협로를 개통하는 작전이 매력적인 방책이었다. 2개 기관총중대가 유리한 진지에서 훌륭하게 지원사격을 실시할 수 있었다. 루이코 근처에 집결한 적에게 용이하게 접근할 수가 있었고, 또한 기습적으로 공격할 수 있었다. 그러나 이 작전은 므르즐리의 기복이 심하고 수목이 우거진 동쪽 경사면을 이용하여 적이 심한 피해를 입지 않고 루이코 협로를 빠져나갈 수가 있기 때문에 루이코 근처의 적을 격멸하거나 모두 생포할 수 있다고 단정할 수가 없었다. 나는 이 방책을 포기하고 루이코-사보냐 계곡과 크라곤자 산의 마타주르 도로를 차단하여 루이코 근처의 적을 고립시키기로 결심했다. 루이코-사보냐 계곡 양쪽의 삼림이 울창한 경사면을 이용하여 루이코 근처의 적이 우리가 접근하는 것을 탐지하기 전에 우리가 폴라바*Polava* 근처의 계곡에 도착할 수 있으므로 이 방책은 수행하기가 쉬웠다. 계곡과 도로를 차단하고 루이코에 있는 적 산악부대를 공격하면 포위된 적은 전멸하거

【그림 45】 루이코–사보냐 도로 공격(서쪽에서 본)

나 그렇지 않으면 포로가 될 수밖에 없었다.(그림 45)

나의 부대가 너무 분산되어 있는 것이 아닐까? 쿡 산의 남쪽 경사면을 지나가는 위장된 도로에 부대가 깔려 있어서 한눈에 전 부대를 볼수가 없었다. 전진속도가 빨랐기 때문에 종대 대열이 너무 길어진 것 같았다. 그러나 공격의 성패는 1분 1초를 다투는 귀중한 시간에 달려 있으므로 부대가 모두 도착할 때까지 기다릴 수는 없었다.

그래서 나는 선두 부대만 이끌고 라브나에서 서남쪽으로 방향을 돌려 1077고지의 수목이 우거진 서쪽 사면을 이용, 폴라바 근처 루이코–사보냐 계곡으로 향했다. 나는 전령을 라브나 마을로 보내 우리 부대의 나머지 전 중대를 폴라바 방향으로 이동하도록 지시했다.

우리는 발걸음을 재촉하면서 노획한 달구지의 짐 속에서 달걀과 포도를 꺼내 먹었다. 있는 힘을 다하여 구보로 이동했다. 적이 976고지를 점령하고 있는지의 여부를 알 수가 없어서 976고지를 우측으로 조심스럽게 우회했다. 나는 우리의 이동이 지연되는 것을 원치 않았다. 몇 시간 전 콜로브라트 능선상에서 이동할 때와 마찬가지로 루이코와 976고지의 적에게 발각되지 않기 위하여 덤불과 숲 사이로 들어가서 이동했다. 평탄한 초원을 지나 내리막으로 이동한다는 것은 매우 쉬웠다. 루이코에서 사보냐 방향으로 이동하고 있는 중포대를 꼭 생포하여 노획하고 싶었다. 우리는 신속하게 계곡 밑바닥에 접근했다.

부대 선두가 12시 30분에 루이코에서 서남쪽으로 2.5km 떨어진 계곡에 도착했다. 도로의 동쪽 100m 떨어진 덤불 숲에서 선두 병사들이 갑자기 나타나자(선두는 그라우스·스트라이케르·바렌베르게르 소위 및 내가 포함되어 있었음) 일부는 도보로, 일부는 말을 타고 태연스럽게 이동하던 이탈리아 병사들이 겁에 질려 온몸이 굳어졌다. 그들은 골로비 전선 후방 3km 떨어진 곳에서 독일군과 조우하리라고 생각지 않아 전혀 무방비상태였다. 그래서 그들은 우리들이 사격할 거라고 생각했는지 도로 옆의 덤불 속으로 있는 힘을 다해서 도주했다. 그러나 적이 도주하는 것만으로도 만족했기 때문에 우리는 더 이상 사격하지 않았다.

우리는 도로에 도착하여 두 번 급커브 진 곳에서 호를 파고, 여기에 있는 적의 통신선을 모두 잘랐다. 4중대와 제3기관총중대가 도착했다. 나는 2개 중대를 도로의 양쪽 경사면의 덤불과 잡목 속에 배치하고 비록 보이지는 않지만 북쪽과 남쪽으로 장거리 위협사격을 가하여 계곡을 제압하도록 했다.

불행하게도 우리가 라브나 마을을 지나 1077고지의 서쪽 사면을 통과한 바로 후에 후속 중대들과 연락이 끊겼다. 크라곤자 산에 대한 공격을 실시하고 마타주르 도로를 차단하려면 적어도 2~3개 중대가 더 필요했기 때문에 연락이 두절된 것은 우리에게는 큰 타격이었다. 나는 발츠Walz 소위를 보내 가능한 한 신속히 후속 중대들을 이곳으로 보내고, 스프뢰세르 소령에게 우리의 성과와 앞으로의 계획을 보고하도록 했다.

이럭저럭하는 동안에 이탈리아군의 차량들이 루이코–사보냐 도로에 또 나타나 우리는 무척 당황했다. 그러나 북쪽과 남쪽으로부터 오는 적의 병사들과 차량은 도로 모퉁이에서 이들을 정중히 맞아 포로로 잡았다. 산악부대 병사들은 총 한 방 쏘지 않고 적을 차례로 잡았다. 몇 명의 산악부대 병사들이 적의 운전병들과 호송병들을 경비했고, 다른 산악부대 병사들은 말과 당나귀의 고삐를 잡고 미리 마련한 주차장으로 끌고 갔다. 차량이 양쪽에서 몰려와 이들을 처리하기가 무척 곤란했다. 주차공간을 넓히기 위하여 마차들은 한 곳에 바싹 붙여두었고, 노획한 말과 당나귀는 방책 뒤 작은 골짜기에 가뒀다. 얼마 되지 않아 우리들은 100명 이상의 포로를 잡고 50대의 마차를 노획했다. 정말로 의외의 전과였다.

노획한 마차에는 굶주린 우리 병사들이 먹을 수 있는 음식이 많이 있었다. 초콜릿·달걀·통조림·포도·술·빵 등을 풀어서 우리 병사들에게 나누어 주었다. 우선 양쪽 경사면에 배치된 병사들을 먹였다. 지금까지 겪은 고생과 전투를 말끔히 잊게 했다. 적진 깊숙이 3.5km나 들어와 있으면서도 병사들의 사기는 높았다.

이 같은 즐거운 시간도 한 경계병의 경고 신호로 곧 사라졌다. 이탈리아군의 자동차 한 대가 북쪽으로부터 빠른 속력으로 우리 쪽으로 접근해 왔다. 재빨리 마차 한 대를 끌어다가 도로를 막아 놓았다. 그러나 말이 도망치는 줄 알고 한 기관총 사수가 나의 긴급명령에도 불구하고 50m 전방에다 위협 사격을 가했다. 달려오던 자동차가 먼지를 내면서 급정차했다. 운전병과 3명의 장교가 차에서 뛰어내렸다. 이 중 운전병과 2명의 장교는 투항했고, 1명의 장교는 도로 아래의 덤불 숲으로 도망쳤다. 차 안에는 한 병사가 치명상을 입고 누워 있었다. 이들은 사보냐에 위치한 고급사령부의 참모장교로 전선과 전화연락이 두절되어 전투상황을 직접 알아보려고 전선으로 달려가던 중이었다. 자동차는 고장이 없어 운전병이 차를 주차장으로 몰고 갔다.

우리가 도로를 봉쇄한 후 약 한 시간이 지났는데도 후속 부대는 보이지 않았다. 루이코와 쿡 산 방향의 어느 편에서도 치열한 전투 소리가 들리

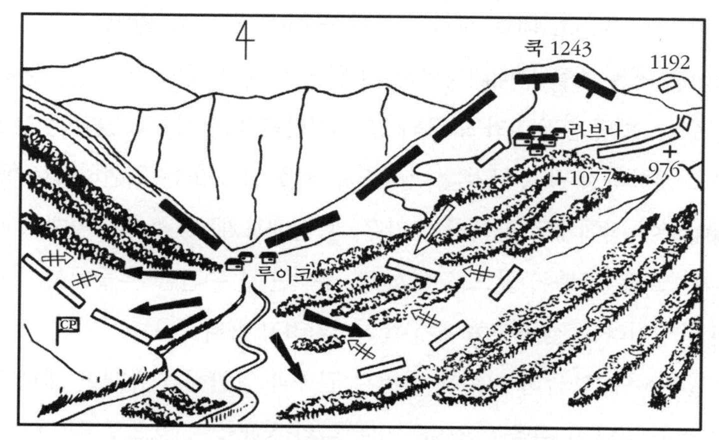

【그림 46】 이탈리아군 저격연대와의 루이코 전투(남쪽에서 본)

지 않았다. 우리는 적의 전선이 우리에게 가까이 밀려 오지 않기를 바랐다. 그렇게 되면 적 전선을 뚫고 아군 전선으로 돌아가는 철수로를 개척하지 않으면 안 될 것이다.

계곡의 동쪽에 배치한 경계병이 북쪽에서 적이 접근해 오고 있다고 경고를 보내와 우리는 북쪽에 주의를 집중시켰다. 북쪽을 살펴보니 루이코로부터 이탈리아 보병의 긴 대열이 우리 쪽으로 접근해 오고 있었다. 적은 전선으로부터 멀리 떨어져 있다고 생각하고 종대 선두에 전위부대도 없이 태평하게 우리 쪽으로 행군해 왔다.

경계! 만반의 전투태세를 갖춰라! 나는 150명의 산악병사들을 지휘하여 압도적으로 우세한 적과 몇 분 내로 결전을 벌일 각오를 했다. 우리는 수적으로 열세하지만 진지는 견고했으며, 기관총은 계곡 깊숙이 먼 거리까지 사격할 수 있었다. 적을 우리의 차단지점에 가까이 접근시키면 시킬수록 적은 대병력을 적절하게 전개하여 공격하기가 점점 어려워진다. 그래서 나는 모든 병사에게 내가 호루라기로 신호할 때까지 절대로 사격하지 말라고 명령했다.(그림 46)

우리 전방 300m 내로 적의 선두가 들어왔다. 필요 없이 피를 흘리지 않으려고 나는 스탈 부대대장에게 흰 완장을 차고 적에게 가서 협상을 하도록 했다. 스탈은 우리가 도로의 양쪽 경사면을 점령하고 있다는 사실을 말하고 저항하지 말고 무기를 버리도록 적을 설득 또는 위협하기로 했다. 부대대장이 적에게로 향하자 그라우, 바렌베르게르, 스트라이케르 소위와 나는 도로 모퉁이 앞으로 나섰다. 우리는 손수건을 흔들어서 스탈의 말이 사실이라는 것을 그들에게 확인시키려고 했다.

스탈은 너무 조급히 서두른 나머지 권총과 쌍안경을 휴대한 채로 적의 종대 선두 앞에서 길을 막았다. 이때 적의 장교들이 앞으로 뛰어나와 스탈의 권총과 쌍안경을 잡아채고는 그를 포로로 잡았다. 부대대장은 말 한마디 걸어볼 겨를이 없었다. 우리가 손수건을 흔들어도 소용이 없었다. 이탈리아군 장교는 선두 부대에게 즉석에서 사격명령을 내렸다. 우리는 신속하게 도로 모퉁이로 숨고 호루라기를 불었다. 그 순간 양쪽 사면에서 우리의 모든 화기가 적에게 일제 사격을 가하여 순식간에 도로를 싹 쓸어 버렸다. 적이 우리의 사격을 피하려고 서둘러 엄폐하는 사이에 스탈은 탈출해서 우리에게로 돌아왔다.

우리는 탄약을 절약해야 하기 때문에 1분 후에 사격을 중지하도록 명령했다. 적의 응사는 보잘것없이 미약했다. 손수건을 흔들어 항복을 권고했다. 시기상조였다. 적은 우리가 사격을 중지한 틈을 이용하여 산개 대형으로 덤불 숲에서 뛰어나왔다. 이와 동시에 도로의 서쪽 사면에서 여러 정의 기관총이 우리에게 사격을 개시했다. 그러나 어느 쪽이 더 정확하게 사격하느냐는 따져 볼 필요가 없었다. 우리는 은폐된 유리한 진지에서 사격을 가하여 밀집대형의 적에게 큰 타격을 입혔다. 5분간 중지된 틈을 타서 적의 선두 부대가 다시 우리를 공격해 왔다. 적이 90m 앞까지 접근해 왔다.

약 10분간의 치열한 총격전 끝에 적은 마침내 패배를 자인하고 투항의 신호를 보내왔다. 적의 신호를 보고 우리는 사격을 멈추었다. 이탈리아군 제4저격여단의 장교 50명과 사병 2,000명이 도로에 무기를 버리고 우리 쪽으로 투항해 왔다. 나는 유능한 스탈 부대대장으로 하여금 포로들을 집결시켜 라글라바*La Glava*와 1077고지를 거쳐 라브나 마을로 후송하도록 몇 명의 소총병을 내주었다.

3중대가 도착하여 우리는 증강되었다. 그런데 3중대는 우리와 저격여단과의 전투가 끝날 무렵에 계곡의 동쪽 사면에서 전투에 참가했다. 치열한 전투 소리가 루이코 방향으로부터 얼마 동안 들려왔다. 그쪽의 전황을 알아보려고 노획한 자동차에 중기관총 한 정을 장치하고 루이코 방향으로 달려갔다. 1.2km나 되는 도로 위에 버려져 있는 이탈리아군의 무기와 장비를 비켜 지나가는 데 시간이 꽤 걸렸다. 루이코의 바로 남쪽에서 나는 라브나 마을에서 관측한 이탈리아군의 중포대를 보았는데 포수들이 전사하여 길에 널려 있었다. 내가 15시 30분에 루이코 마을에 도착했을 때 스프뢰세르 소령이 지휘하는 뷔르템베르크 산악대대의 다른 부대와 제2근위보병대대가 루이코 마을과 남쪽 계곡에 막 도착했다. 이들 부대는 라브나 마을로부터 공격해 왔다. 제2근위대대의 일부 병력이 마타주르 도로를 따라 아브사 방향으로 적을 압박하고 있을 때 루이코 마을 남쪽 입구에서 스프뢰세르 소령을 만났다.

나는 스프뢰세르 소령에게 뷔르템베르크 대대의 가용한 전 부대를 이끌고 폴로바로부터 최단거리로 야지를 횡단하여 크라곤자 산으로 기어올라가 단숨에 정상을 탈취하겠다고 건의했다. 우리가 크라곤자 산을 장악하게 되면 정상의 적은 남쪽으로 통하는 다른 도로를 개척해야 할 것이며, 우리는 적이 북쪽과 동북쪽에서 제12보병사단과 산악군단의 부대와 교전하고 있는 동안 적을 뒤에서 공격할 수 있을 것이다. 이 밖에도 크라곤자 산을 통제하게 되면 마타주르로 연결된 유일한 능선도로를 차단할 수 있게 될 것이고, 또 도로 주변에 위치하고 있거나 도로를 이동하는 적 포대들을 포획할 수 있을 것이다. 그러나 아브사와 페라티를 경유, 마타주르 도로를 따라 크라곤자 산으로 진격하는 것은 바람직한 공격이라고 생각할 수 없었다. 적은 어떠한가? 루이코 협로를 따라 므르츨리-크라곤자 고지군의 동쪽 경사면으로 이동하고 있었다. 아마도 이들은 그곳에 구축된 예비진지를 점령할 것 같았다. 마타주르 도로상에서는 소수의 후위 부대로도 충분히 추격자를 저지할 수 있다. 이렇게 되면 적은 재집결하여 예비진지를 점령할 수 있는 시간을 얻게 된다. 또한 마타주르 도로의 양쪽 진지에 적이 배치된 것 같았다. 이 모든 적정을 세밀하게 검토한 후 나는 될 수 있는 한 가장 가까운 길을 택하여 크라곤자 산으로 올라갈 것을 건의했다.

스프뢰세르 소령은 나의 건의에 찬성하고 루이코 마을과 그 남쪽에 집결한 뷔르템베르크 대대의 제2·3·4중대, 제1·2·3기관총중대 및 통신중대를 지휘하도록 했다. 이와 동시에 스프뢰세르 소령은 괴슬러 부대(제204·205산악기관총부대의 제1·5·6중대)를 루이코로 이동하도록 명령했다. 그리고 스프뢰세르 소령은 롬멜 부대의 전과를 보고하고 차기 작전에 필요한 포병 지원을 확보하기 위하여 폴라바에서 노획한 이탈리아군의 자동차를 타고 여단 본부로 떠났다.

교훈

쿡 산의 이탈리아군 지휘관이 콜로브라트 진지를 돌파한 독일군을 저지하기 위하여 쿡 산 동쪽 경사면 방어진지에 투입할 계획이던 상당수의 예비대를 콜로브라트 진지로 투입했다. 이 결심은 크게 잘못된 것이었다. 이러한 과오로 인하여 롬멜 부대는 방어편성, 재집결, 보급 추진 등에 절대 필요한 시간적 여유를 얻게 되었다. 적은 1192고지를 재탈환하는 데 이 예비대를 투입했다면 더욱 유익했을 것이다. 이럴 경우 적은 쿡 산의 북쪽 경사면의 수많은 진지에서 필요한 화력 지원을 받을 수 있었을 것이다. 만일 적의 지휘관이 동쪽으로부터 롬멜 부대를 공격하는 데 성공했다면 롬멜 부대는 틀림없이 궁지에 몰리게 되었을 것이다.

더욱이 쿡 산의 가파르고 돌 투성이이며 풀 하나 없는 동쪽 전사면에 3개의 방어진지를 구축한 것은 적절하지 못했다. 이탈리아군 병사들은 비록 아군의 교란사격을 받지는 않았으나 암석지대에서 여러 시간 동안 호를 판 것에 비하여 큰 성과를 거두지 못했다. 적이 1192고지의 서쪽 경사면에 반사면(反斜面) 진지*reverse slope positions*를 구축했더라면 그 진지는 아군의 야포와 기관총의 사거리 밖에 놓이게 되어 적에게 훨씬 유리했을 것이다.

적은 또한 쿡 산의 남쪽 경사면을 통과하는 능선도로를 봉쇄하지 않았을 뿐만 아니라 능선도로 아래쪽 불모사면을 사격으로 제압하지도 못했다.

쿡 산을 공격하자 2~3개 대대의 이탈리아군이 감제진지로부터 가용한 모든 기관총으로 일제히 사격을 가했다. 적 진지의 일부는 잘 구축된 것도 있었고 일부는 급조된 것이었다. 롬멜 부대는 1개 기관총중대의 지원사격하에 우선 1개조 16명으로 편성된 2개 돌격조만으로 공격을 개시했다. 추가적으로 6정의 경기관총과 2개 중포대가 적에 접근할 수 있는 전진로를 열어주어서 마침내 쿡 산의 전수비대를 포위하기 위하여 주력부대가 투입되었다. 쿡 산은 뷔르템베르크 산악대대의 공격부대와 바바리아의 근위보병연대 1개 중대에 의하여 오전 늦게 함락되었다.

공격 시 기관총과 중포가 급조된 적 진지에 사격을 가했는데 그 효과는 놀라울 정도로 컸다. 여러 곳에서 적은 기관총과 중포의 맹렬한 사격을 받는 동안 이것을 참고 이겨내지 못했다. 이러한 사격은 이탈리아군이 견고하게 호를 구축했더라면 별로 큰 효과를 거둘 수 없었을 것이다.

1192고지로부터 롬멜 부대가 기관총 사격을 가하자 이탈리아군의 화력지원부대는 온 신경을 1192고지로 집중시켰다. 이 시간을 이용하여 돌격조와 그 뒤를 따라간 전 부대가 적의 관측하에 있는 위장된 도로를 따라 전혀 피해를 입지 않고 무사히 쿡 산의 동쪽 경사면에 도착할 수 있었다.

라브나에서 한 기관총 중대장이 생포한 몇 마리의 노새를 모으려고 하다가 롬멜 부대의 통신선만 절단시켜 놓았다. 그 결과 나는 우리 부대의 1/3병력만 인솔하고 폴라바 근처의 계곡에 도착하여 루이코-사보냐 계곡만 봉쇄하였을 뿐 크라곤자 산 지대의 마타주르 도로 차단은 포기해야 했다. 물론 라브나 마을에서 머뭇거리던 부대도 뒤늦게 루이코에 포진한 적을 공격하는 데 가담했지만 10월 25일에 우리가 크라곤자 산을 탈취했더라면 우리의 전과는 훨씬 더 컸을 것이다.

교리

공격부대가 방어지대를 침투하거나 돌파에 성공하면 그 예비대는 선두 부대와 함께 행동해야 하며 전리품 등을 노획하는 데 정신을 팔아서는 안 된다. 모든 후속 부대들은 가장 빠른 속도로 신속하게 돌진해야 한다.

적 제4저격여단의 1개 연대가 뜻밖에도 행군 종대 대형으로 우리가 차단한 협곡의 도로로 접근해 왔다. 선두 부대는 비록 우리의 사격으로 고착되었다 하더라도 후속 부대들은 동쪽이나 서쪽 사면에서 공격을 가함으로써 불리한 상황을 극복하여 전세를 역전시킬 수도 있었으나, 이때 적에게는 명확한 판단력이 부족했고 과감한 전투지휘를 하지 못했다.

결과

10월 25일 에존트소 강의 남쪽 콜로브라트 능선상에 있던 이탈리아군의 견고한 제3선 진지가 주로 뷔르템베르크 산악대대의 공격전투에 의하여 서쪽으로는 멀리 루이코 협로부터, 동쪽으로는 1114고지까지 붕괴되었다. 이 결과 루이코 북방의 산악군단과 제12사단 소속 부대가 계속 전진할 수 있게 되었다.

1917년 10월 25일 오후의 전투상황은 다음과 같다.

★ 크라우스 군단(집단)—제1근위연대는 사가로부터 스톨을 공격하고 있었다. 제2대대는 음 산을 점령했고, 제1대대는 프브리음*Pvribum*을 점령했다. 제43여단은 1450고지를 공격 중이었다. 제3저격연대의 돌격중대는 카알*Caal* 산을 탈취

중이었고, 제3저격연대의 제13중대는 타나멘 협로를 공격 중이었다.

★ 스타인 군단(집단)—제12사단의 제63보병연대는 나티소네 계곡을 따라 로빅에서 남쪽으로 3.5km 떨어진 경계선까지 진격하여 이탈리아군의 모든 증원부대를 격퇴시키고 있었다. 마타주르 산의 북쪽 경사면의 이탈리아군 진지는 공격을 받지 않았다. 아이크홀츠 전투단은 골로비의 북방 1.5km 지점에서 교전하다가 서서히 진격하여 17:00시에 골로비를 점령했고, 18:00시에는 루이코에 도착했다. 루이코에 도착하고 보니 루이코는 이미 바바리아의 근위보병과 뷔르템베르크 산악대대의 후속 부대가 점령하고 있었다. 산악군단의 경우 뷔르템베르크 산악대대의 부대와 근위보병연대의 1개 중대가 14시 06분에 쿡 산 수비대를 격퇴시켰다. 이와 동시에 뷔르템베르크 산악대대의 6중대는 1110고지에서 1114고지를 잇는 콜로브라트 능선을 공격했다. 쿡 산을 포위하고 루이코–사보냐 계곡을 차단한 후 롬멜 부대는 폴라바 근처의 전투에서 이탈리아 제4저격여단의 대병력을 생포했다. 뷔르템베르크 산악대대의 주력부대와 제2근위대대는 라브나 마을에서 공격을 개시하여 루이코 마을을 함락시켰다. 제1·10저격대대는 1114고지의 남쪽 경사면에서 전투 중이었고, 오후 한 나절 걸려서 1044고지와 1114고지를 탈취했다. 제200사단의 제3저격연대는 크라이 근처 1114고지의 남쪽에서 교전 중이었고, 제4저격연대는 18:00시에 1114고지에서 북쪽으로 800m 떨어진 라치마*La Cima*를 점령했다.

★ 스코티 군단—제8기병연대는 라브나에서 음 산을 공격할 때 주드리오*Judrio*를 횡단했다. 제2산악여단은 치체르*Cicer*를 점령했고, 제22산악여단은 성 파울을 점령했다.

제12장
돌마인 공세
(제3일)

I 크라곤자 산 공세

나는 루이코 마을 근처에 위치하고 있던 뷔르템베르크 산악대대의 부대를 인솔하고 폴라바의 북쪽 도로 차단지점으로 급히 돌아가 7개 중대로 구성된 롬멜 부대를 재편성하고, 사로잡은 소와 말들을 각 중대에 분배했다. 우리들은 지금 곧 공격을 개시하면 무방비상태의 적을 생포할 수 있다고 판단하여 휴식시간을 가질 틈도 없이 제브체크-크라곤자 방향으로 기어 올라갔다.

지난 며칠 동안 전투와 행군을 계속한 결과 대단히 피곤했다. 그러나 우리는 곧 길도 없는 가파른 지형의 높은 지점까지 올라왔다. 여기서부터는 꽤 긴 초원과 지나갈 수 없는 가시덤불들이 간간이 있었고, 바위 투성이의 골짜기도 있었다. 그러나 공격를 계속하기 위해서 나는 또다시 지칠 대로 지친 나의 병사들에게 초인간적인 힘을 발휘하여 줄 것을 요구해야 했다.

올라갈수록 등반하기가 더욱 곤란했다. 깊은 계곡과 가시덤불 때문에 우리는 멀리 돌아서 갔다. 그럴 때마다 아래쪽으로 내려갔다가는 다시 올라가야 했기 때문에 힘은 힘대로 들었다. 여러 시간 올라갔다. 황혼이 지고 날이 어두워졌다. 병사들의 피로는 이루 말할 수가 없었다. 나의 목표를 포기해 버릴까? 안 된다. 무슨 일이 있어도 제브체크*Jevszek*에 도착해야 한다. 일단 거기까지만 가면 크라곤자 산을 공격할 용감한 병사가 많이 나올 것이다.

둥근 달이 급경사면을 밝게 비추었고, 초원과 덤불을 은빛으로 수놓았으며, 삼림 가장자리에는 길고 검은 그림자가 깔렸다. 첨병분대는 천천히 조심스럽게 올라가 마침내 좁은 소로를 찾아냈다. 부대 간의 거리 50m를 유지하면서 첨병분대를 따라갔다. 가끔 걸음을 멈추고 무슨 소리가 들리지 않나 하고 귀를 기울였다.

우리는 좁은 길에 바싹 붙여 쌓아놓은 큰 건초더미의 그늘에서 걸음을 다시 멈추었다. 우리 앞에는 수목이 우거진 협곡이 가로놓여 있었는데 검은 그늘이 져서 무시무시하였다. 우리가 따라온 좁은 길이 협곡으로 통하게 되어 있었다. 귀를 기울여서 자세히 들으니 건너편에서 알 수 없는 목소리, 무엇인가 명령하는 소리, 또 부대가 행군해 오는 발소리 등이 들려왔다. 적은 우리 쪽으로 더 이상 가까이 오지 않고 협곡 건너편에서 옆으로 이동해 갔다. 우리는 혹시 적이 건너편에서 진을 칠지도 모른다고 생각했다. 그곳에 접근할 수 있는 유일한 길은 이 좁은 길뿐이었다. 현 상황은 우리에게 유리하지는 않았다. 나는 제브체크와 크라곤자 산이 우리의 전방 우측에 있다고 판단했다.

첨병분대가 기다란 덤불 숲의 그늘을 이용해서 급경사면을 올라갔다. 우리 앞에는 커다란 초원이 펼쳐져 있었다. 초원은 달빛이 환하게 비치고 큰 나무가 반원형으로 서 있었다. 우리가 잘못 본 것이 아닐까? 나무들은 삼림 전단에 설치한 장애물이 아닐까? 아주 조심스럽게 기어가서 확인해

보니 그것은 적의 장애물이었다. 전방 삼림 속에서 이탈리아 말소리가 들려왔다. 불행히도 적이 이미 진지를 구축하고 그곳에 배치되어 있는 것인지 어떤지를 알 수 없었다.

그래서 나는 적정을 탐색하기 위하여 몇 명의 장교로 편성된 장교 정찰대를 보냈다. 이 사이에 우리 부대는 집결하여 휴식을 취했다. 정찰대는 곧 돌아와서 아군의 전방에서 적이 진지를 점령할 준비를 하고 있으며, 진지 전면의 장애물들은 키가 대단히 높다고 보고했다.

달빛이 환하게 비치고 있는 장소를 지나 언덕배기 위에 있는 축성진지를 공격한다는 것은 인원과 장비를 완전히 갖춘 부대라 할지라도 대단히 위험스러운 일이었다. 공격이 시작된 이후 초인간적으로 전투를 수행하여 지칠 대로 지친 산악부대 병사들을 데리고 이와 같은 공격을 감행한다는 것은 도저히 불가능했다. 더욱이 초저녁에 이 장소를 돌파하는 것이 과연 유익할 것인지 또 돌파에 성공하더라도 이를 충분히 확대할 수 있을지 의문의 여지가 많았다. 그래서 나는 공격을 포기하고 몇 시간 동안 휴식을 취하면서 적정과 지형에 관하여 충분하고 철저한 정찰을 실시하기로 결심했다.

부대를 적 진지로부터 300m 떨어진 넓은 협곡으로 은밀하게 이동시켰다. 이곳은 우리 위에 있는 적이 가하는 사격으로부터도 보호를 받을 수 있는 곳이어서 자정까지 휴식을 취하기로 했다. 제2·4중대는 야영지 전방에 반원형으로 경계병을 배치하여 휴식 간 경계에 임했다. 사로잡은 소와 말들이 예고 없이 울어댈 경우 우리의 위치가 드러날 우려가 있어서 훨씬 아래쪽에다 매어 놓았다. 휴식장소로 이동할 때 치열한 전투(바바리아 근위보병연대 제1대대가 이탈리아군 진지에 돌진했다)가 폴라바 근처의 협곡에서 벌어졌다. 이것은 아직도 적의 부대가 협곡에 남아 있다는 것을 입증했다.(그림 47)

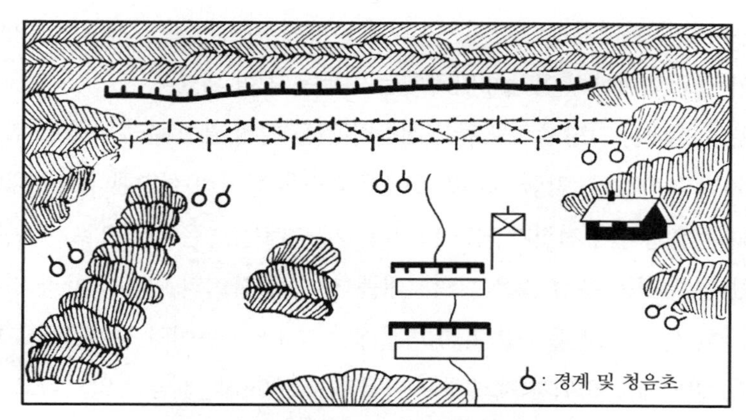

【그림 47】 **제브체크 부근의 숙영지**(동남쪽에서 본)

적 진지에 이르는 양호한 접근로, 장애물의 강도와 종심, 가용한 자동화기의 위치, 수비대 진지의 형태, 제브체크 마을의 위치 등을 탐지하기 위하여 또 다른 장교정찰대를 보냈다. 이 장교정찰대에게 늦어도 자정까지는 돌아와서 보고하도록 했다.

충실하고 부지런한 라이베르 전령이 사로잡은 노새의 등에서 이탈리아제 침낭을 발견하여 가져왔다. 나는 부대 바로 위쪽에 자리를 잡고 침낭 속에 들어가 잠을 청했다. 몹시 피곤했지만 긴장 때문에 잠이 오지 않았다. 22시 30분쯤 알딩게르 소위의 보고를 받기 위해 잠자리에서 일어났다. 매우 만족스럽고 훌륭한 보고였다.

"제브체크 마을은 우리의 숙영지로부터 서북쪽으로 800m 떨어져 있습니다. 이 마을은 튼튼하게 요새화되었고, 마을 주위에 철조망이 가설되었으나 아직 적이 점령하고 있지 않은 것 같습니다. 이탈리아 부대가 제브체크의 서쪽 사면과 남쪽을 통하여 동남쪽 방향으로 내려오고 있습니다."

나는 결심했다. '제브체크 마을을 공격한다.' 이탈리아군의 수비대가 오기 전에 제브체크 마을에 도달하고자 했다. 천막을 걷고, 경계병들을 철수시키며 부대를 출발시키는 데 몇 분밖에 안 걸렸다. 그러는 사이에 달이 지고 희미한 별빛만이 반짝이는 어두운 밤이 되었다.

우리 부대는 알딩게르 소위가 정찰한 길을 따라 제브체크 마을로 조용히 기어 올라갔다. 각급 지휘관들에게 적정을 간단히 설명했다. 4중대와 제3기관총중대가 전위가 되고 나머지 5개 중대는 좁은 간격으로 그 뒤를 따랐다. 우리는 우선 좁은 삼림지대를 지나 숲 사이의 빈터를 따라 경사가 급한 산 쪽으로 올라갔다. 첨병분대가 약 1.8m 높이의 장애물에 도달했다. 알딩게르 소위가 제브체크 마을까지 300m밖에 남지 않았다고 말했다. 우리는 걸음을 멈추고 몇 분 동안 주위에 귀를 기울였다. 우리 주변에는 움직이는 것이라곤 아무것도 없었지만 약 100m 위쪽에서 이탈리아 보병이 걸어 내려오는 발소리가 들려왔다.

알딩게르 소위가 철조망의 좁은 통로를 뚫고 빠듯이 들어가 철조망 뒤의 적 진지에 도달했다. 진지를 살펴보니 비어 있었다. 첨병분대가 뒤따라 들어갔다. 그 후 나는 모든 전위 부대를 들여보낸 다음, 적 진지 내에 반원형으로 배치했다. 주변 지형을 정찰하고 제브체크 마을과 마을 경사면 일대의 적정을 탐색하기 위하여 정찰분대들을 보냈다.

이때 우리 부대의 주력(제2·3중대와 제1·2기관총중대)이 장애물을 통과하여 적 진지 안으로 들어왔다. 나는 통신중대와 우마수송부대(牛馬輸送部隊)를 장애물 밖의 경사면에 대기시켰다.

나는 1개 정찰분대를 이끌고 경사면 위쪽의 적을 향하여 올라갔다. 몇 m 앞밖에 볼 수가 없었다. 전방 경사면은 컴컴하고 무시무시했다. 100m 정도 앞에서 이탈리아군 보병부대가 우측에서 좌측의 제브체크 마을로 이동 중이었고, 대형은 아마도 행군 종대인 것 같았다. 우리는 더 가까이 기어갔다. 갑자기 적의 보초로부터 수하(誰何)를 받았다. 이 수하는 우리를 발견하고 한 것이 아니라 경계수단으로 일부러 한 것이었다. 적은 진지에 배치되어 있다가 일렬로 후방으로 이동하고 있었다.

우리는 기어서 뒤로 빠진 다음, 제브체크 마을을 향하여 좌측으로 방향을 돌렸다. 마을의 첫 번째 가옥들이 있는 곳에 도착했을 때 1개 정찰 분대가 우리에게 와서 제브체크 마을의 북쪽은 적이 없지만 마을의 남쪽에는 이탈리아군의 보병부대가 이동하고 있다고 보고했다. 나는 남쪽에 있는 적 보병을 포로로 잡기 위하여 제브체크 마을로 부대를 이동시키기로 결심했다.

몇 분 후에 우리 부대는 마을을 향해 서서히 이동했다. 선두 부대가 마을에 도착하자 집집마다 개가 여기저기서 짖기 시작했다. 곧 이어서 적이 약 100m 떨어진 우측 경사면의 진지에서 사격을 개시했다. 다행히도 적의 총탄은 우리의 좌측에 있는 숲 쪽으로 날아갔다. 엄폐물을 찾지 못하여 우리는 땅에 납작 엎드리고, 칼빈 총과 기관총으로 사격준비를 했다. 그러나 일절 응사는 하지 않았다. 적이 공격하지 않는 한 우리가 사격할 필요는 없었다. 나는 우리가 공격하지 않으면 적은 개가 짖어대는 것을 듣고 무작정 사격했다고 생각하고 곧 사격을 중지할 것이라고 예상했다.

적이 사격하는 사이에 우리 주력부대는 마을 동쪽의 적이 없는 진지를 통과하여 제브체크 마을로 들어갔다. 몇 분 후에 적의 사격이 멎었다. 우리 부대는 적의 사격에 피해를 입지 않고 마을로 모두 들어갔다.

우리 부대는 마을 북쪽 부분을 반원형으로 점령하고 마을의 서북쪽 경사면에 배치된 적과 더 이상 접촉하는 것을 피했다. 자정이 훨씬 지났다. 보초나 전초임무에 임하지 않는 병사들은 슬로베니아*Slovenia* 사람들이 살고 있는 민가에서 휴식을 취했다. 우리는 모두 진지를 점령하고 있는 강력한 이탈리아군의 수류탄 투척거리 내에 들어왔으며, 적의 정찰대가 동정을 살피기 위하여 마을로 들어온다면 언제라도 백병전을 해야 한다는 것을 잘 알고 있었다.

사격 후에는 제브체크 서북쪽 경사면과 마을 남쪽을 통과하던 적이 행군을 중지했다. 그 밖에 적은 서북쪽 경사면에서만 우리에게 사격을 가했을 뿐 마을의 양쪽에서는 전혀 사격하지 않았다. 이것으로 보아 폴라바까지 연결되었다고 생각한 적의 진지에 혹시 간격이 있지 않나 하는 의심이 들었다. 한 민가에서 깜박거리는 불빛에 지도를 펼쳐 놓고 지형을 철저하게 연구했다. 우리는 제브체크 북부에 위치한 폴라바의 북쪽 약 1.5km 떨어진 지점에 있었다. 크라곤자 산은 현 위치에서 서쪽으로 600m 떨어져 있고, 고도는 300m 더 높았다. 제브체크 마을의 동쪽은 요새화되었고, 이 마을의 서북쪽 경사면 진지와 폴라바까지 연결된 동남쪽 경사면 진지를 적이 모두 점령하고 있었다. 그래서 롬멜 부대는 루이코 협로를 통하여 아군의 침투를 봉쇄할 목적으로 오래 전에 구축한 이탈리아군 후방진지를 공격할 작전계획을 세웠다. 야간에 우리가 탐지한 적의 이동상황으로 보아 이탈리아군은 이 진지를 점령하기 위하여 백방으로 노력하는 것 같았다. 축성형태로 판단하건대 제브체크 마을도 이 진지의 일부임이 확실했다. 어떤 이유에서인지 제브체크를 점령하기로 된 적의 수비대가 아직도 도착하지 않았다. 우리는 적이 언제라도 도착할 것이라고 예상했다. 올 때까지 기다릴까? 나는 전쟁의 신이 다시 한번 용맹스러운 우리 산악부대 용사들의 손을 들어 주리라고 믿었다. 우리가 제브체크 마을을 점령한다는 것은 우리 부대의 진로와 크라곤자 산, 므르츨리, 그리고 마타주르로 향하는 산악군단의 공격진로를 가로막는 적 진지의 일부를 장악하게 될 것으로 나는 확신했다.

이렇게 모든 상황을 검토한 후 나는 로이제Leuze 소위에게 마을의 서남쪽에 적이 없는지를 살펴보고 적이 없다면 마을에서 서북쪽으로 600m 떨어진 능선과 마을 서북쪽에 배치된 이탈리아군의 후방까지 정찰하고 2시간 안으로 돌아오도록 명령했다. 로이제 소위는 대원이 필요 없다고 하

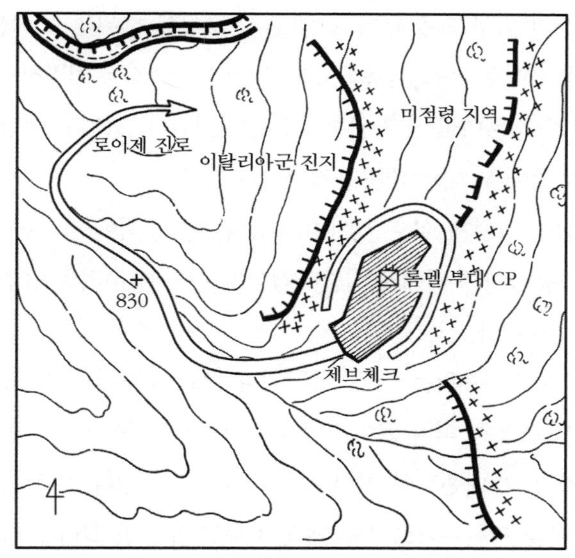

【그림 48】 **제브체크 상황**(1917년 10월 26일 일출 전)

며 혼자 출발했다.(그림 48)

지치고 피곤한 병사들에게 다시 한번 휴식시간을 주었다. 대부분의 병사들은 적을 지척에 두고 튼튼하게 지은 민가의 벽난로 앞에 앉아 슬로베니아 사람들이 친절하게 갖다 준 커피와 마른 과일로 끼니를 채웠다. 밖에서 가끔 총소리가 들려왔고, 이어서 이탈리아군이 던진 수류탄이 폭발했다. 적은 이 마을까지 감히 정찰할 용기가 없는 것 같았다. 우리는 한 방의 총탄도 발사하지 않았다. 서로 근거리에서 대치하고 있는 독일군과 이탈리아군 사이에는 암흑의 장막이 드리웠다.

04시 30분쯤 로이제 소위가 이탈리아군 포로 한 명을 데리고 돌아와서 다음과 같이 보고했다.

"마을의 서남단에는 적이 없습니다. 마을에서 서북쪽으로 600m 떨어진 고지와 이 고지에 이르는 도로를 정찰했습니다. 이 포로는 그 고지에서 생포했습니다. 그 외는 적을 발견하지 못했습니다."

그는 자신의 임무를 훌륭히 수행했다. 로이제 소위의 보고를 듣고 나는 즉시 4개 중대로 마을 서북쪽 600m 떨어진 고지를 점령하기로 결심했다. 나머지 중대는 마을에 지원부대로 대기시켰다. 그리고 여명을 기하여 마을의 서북쪽에 위치한 적을 공격하기로 했다.

나의 결심은 그렇게 쉬운 것이 아니었다. 만일 적이 크라곤자 산의 감제진지를 이용하여 우리에게 집중사격을 가한다면 우리는 양면에서 적과 전투를 벌여야 했다.

05:00시인데도 주위는 아직 어두웠다. 제2·4중대와 제1·2기관총중대가 마을을 조용히 떠나 로이제 소위가 정찰한 길을 따라 이동했다. 로이제 소위가 긴 부대행렬의 최선두에서 길을 안내했다. 나는 3중대와 제3기관총중대를 지원부대로 마을에 남겨두고 유능한 그라우 중위가 지휘하도록 했다. 그리고 이 지원부대에게 우리가 공격을 개시하면 사격으로 마을 북쪽 진지의 적 수비대를 고착시키고, 동시에 동쪽에서 적이 공격해 올지 모르므로 우리를 엄호하도록 부차적인 임무도 주었다.

나는 공격부대가 마을에서 이동하고 있는 동안에 이와 같은 명령을 내렸다. 내가 제2기관총중대의 대열에 뒤늦게 합류하였을 때 크라곤자 산은 밝아오기 시작했다. 산악지대에서는 밤에서 낮으로 바뀌는 시간이 대단히 짧았다. 나는 출발이 30분 정도 늦어져서 마음이 불안했다. 전방을 바라보니 우리 중대들이 불모계곡의 자갈밭 길을 따라 정상적인 행군대열을 갖추고 830고지로 올라가고 있었다. 크라곤자 산정의 뾰족한 바위에는 벌써 햇빛이 비치고 있었다. 쌍안경으로 정상을 살펴보고 놀라지 않을 수 없었다. 적 진지는 우리의 현 위치에서 좌상(左上) 방향으로 수백 m 전방에 위치하고 있었다. 진지에는 적이 배치되어 있었고, 수비대의 철모까지 볼 수 있었다. 만일 적이 사격을 가하면 현재 우리 부대가 위치한 계곡은 엄폐물이 없어서 막대한 피해를 입을 것이 예견되었다. 이 순간 장

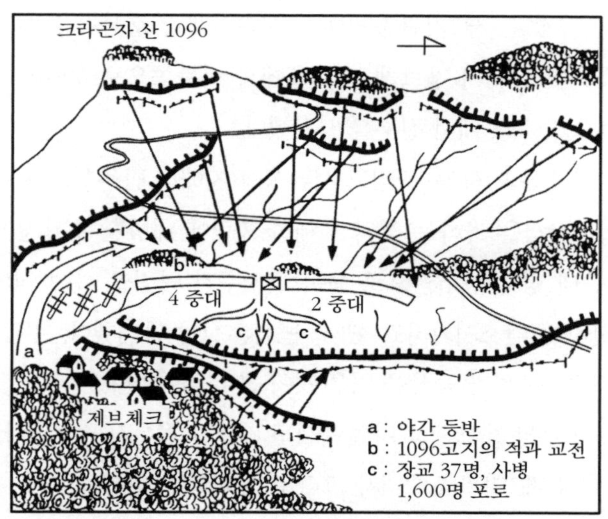

【그림 49】 **크라곤자 산(1096고지) 전사면진지 전투**(1917년 10월 26일, 동쪽에서 본)

교와 사병들의 귀중한 목숨이 오로지 나에게 달려 있다는 책임감이 어깨를 무겁게 했다. 이러한 위험한 상황을 까맣게 모르고 있는 장병들을 구출해야 했다.(그림 49)

나는 될 수 있는 대로 제2기관총중대의 병력을 많이 모아서 좌측에 사격 진지를 점령시키고 적이 사격을 개시해 오면 즉각 적을 제압하고 고착시키도록 지시했다. 그리고 난 다음, 전령을 대동하고 앞으로 달려가 각 중대의 선두를 우측으로 돌려 제브체크 마을에서 서북쪽으로 600m 떨어진 덤불이 무성한 고지로 신속히 이동하도록 조치를 취했다. 이때가 절호의 기회였다. 여명이 걷히고 태양이 떠오르는 순간이었다.

각 중대의 후미가 계곡을 통과할 무렵, 크라곤자 산의 적이 우리 부대를 향해 맹렬하게 사격을 가했다. 우리 부대는 적과 마주보는 경사면에 있었고, 적은 감제진지로부터 사격을 가했다. 적의 사격을 피할 곳이 없었다. 마지못해 적의 시야에서 벗어나려고 여기저기 흩어져 있는 가시덤불로 몸을 숨겼다. 제2기관총중대가 신속하게 엄호사격을 실시하자 각 소대는 뿔뿔이 흩어져 제브체크 마을에서 서북쪽으로 600m 떨어진 고지로 달려갔고, 그곳에서 전투를 시작했다.

그러나 서북쪽과 서쪽, 그리고 서남쪽 고지에서 반원형으로 우리를 포위하고 집중사격을 가하는 적의 우세한 화력에 대항할 수가 없었다. 제2중대와 4중대 병사들이 옆으로 포복하고 구간 약진을 하여 적의 사격효과를 분산하여 감소시키려고 했다. 병력손실이 막대했다. 무엇보다도 2중대 루트비히 중위가 중상을 입은 것이 큰 타격이었다.

한편 우리 후방 제브체크 마을에서도 치열한 전투가 벌어졌다. 내 명령대로 3중대와 제3기관총중대가 그라우 중위의 지휘하에 마을 서북쪽의 적을 사격으로 제압하고 진지에 고착시킴으로써 우리를 공격하지 못하게 했다.

몇 명의 전령을 대동하고 나는 마을에서 서북쪽으로 600m 떨어진 고지로 달려갔다. 이 고지에 도착한 후 덤불 숲에 숨어서 적의 지향사격을 피했다. 사방에서 기관총 사격이 콩 튀듯 했다. 1개 분대의 예비대도 없이 전 병력이 총격전에 참가하여 최대 속도로 사격을 가했다. 신속한 결단만이 전멸의 위기에서 부대를 구하는 길이었다. 나는 전령에게 2중대와 4중대의 정면에서 3개 경기관총분대를 차출하여 나의 지휘소에서 동쪽으로 60m 떨어진 경사면으로 데려 오도록 지시했다. 나는 이 경기관총분대들을 포함, 몇 개의 돌격조를 편성하여 제브체크 마을의 서북쪽 진지에 위치한 적의 배후로 내려가기로 했다. 이 적은 우리의 사격을 받고 있어서 동쪽 정면으로 향하고 있었다.

우리는 기관총과 칼빈 총으로 언제든지 사격할 수 있는 자세를 취하며 덤불 숲을 뚫고 아래로 내려가자, 바로 아래에 있는 적 진지를 발견했다. 철모를 쓰고 있는 수비대원들로 꽉 차 있었다. 우리가 위에 있었기 때문에 적 참호의 밑바닥까지 볼 수 있었다. 적은 우리의 사격을 도저히 피할 수 없었다. 우리 머리 위로 총탄이 날아갔다. 제브체크 마을 근처와 그 아래쪽에서 3중대와 제3기관총중대가 우리로부터 아래로 100m 떨어진 이탈리아군에게 사격을 가하고 있었다. 적은 무엇이 자기들을 위협하고 있는지 전혀 눈치를 채지 못했다.

돌격분대가 돌격자세를 취하고 함성을 지르며 적 수비대로 내려가 적에게 투항하라고 말했다. 이탈리아 병사들은 겁에 질려 뒤로 돌아서 우리를 쳐다보았다. 적은 무기를 버렸다. 적은 자신들이 고립되었다는 것을 알고 항복하겠다는 신호를 보냈다. 돌격분대는 총 한 방 쏘지 않았다. 우리와 제브체크 마을 사이에 있는 약 3개 중대에 달하는 수비대가 투항한 것은 물론 놀랍게도 북쪽으로 마타주르 도로까지 이어진 적 참호수비대도 무기를 버리고 투항했다. 적은 자기 진지의 후방에서 치열한 전투가 벌어지고 제브체크 마을로부터 서북쪽으로 600m 떨어진 고지의 동북쪽 경사면에 소수의 돌격분대가 나타나자 크게 당황했다. 우리에게 투항한 적은 크라곤자 산의 이탈리아군 수비대와 롬멜 부대의 주력부대가 교전하는 것을 보고 독일군이 크라곤자 산으로 공격을 개시하여 이미 자기들의 감제진지를 탈취한 것으로 생각했다.

이탈리아군 1개 연대 병력, 즉 장교 37명, 사병 1,000명이 제브체크 마을에서 북쪽으로 700m 떨어진 계곡에서 투항했다. 적이 완전 무장을 하고 투항해 왔기 때문에 무장해제시키는 데 병력이 모자라 쩔쩔맸다. 우리가 무장해제를 시키는 동안에도 약 100m 위에서는 치열한 격전이 계속되었다.

크라곤자 산의 적 수비대는 제브체크 마을 주변의 상황을 전혀 알지 못하고 롬멜 부대의 정면을 공격했다. 그러나 롬멜 부대 후방의 적은 완전히 소탕되었다.

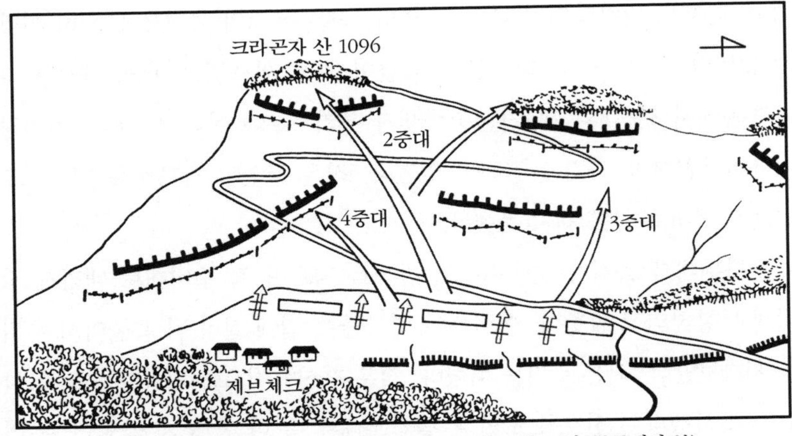

【그림 50】 **크라곤자(1096고지) 공격**(1917년 10월 26일, 동쪽에서 본)

제브체크 마을에서 대기하던 중대들이 올라와 크라곤자 산에 대해서 정면 공격을 감행했다. 이 공격은 대단히 격렬했다. 적은 강력한 감제진지를 완강하게 고수했고, 우리의 사격은 별로 효과가 없었다. 산악부대 용사들은 적의 치열한 사격을 뚫고 불모의 급경사면을 가로질러 적에게 접근했다.(그림 50)

더 이상 전투에 투입할 병력이 없어서 나는 중앙에 위치한 중대와 함께 전진했다. 중대장 루트비히 중위가 중상을 입어서 알딩게르 소위가 2중대를 지휘했다. 우리는 마타주르 도로의 하부만곡부(下部彎曲部)에 도착했다. 거기에는 포수가 없는 14문의 적의 야포와 25대의 탄약마차가 버려져 있었다. 이 포대는 아마도 아브사와 페라티에서 이동해 오던 포대 같았다. 우리는 거기서 시간을 낭비할 수가 없었다. 적이 북쪽에서 기관총으로 측방 사격을 가했다. 우리는 계속 위로 돌진했다. 그 후 곧 알딩게르 소위가 3발의 총탄을 맞고 중상을 입어 2중대는 또 중대장을 잃게 되었다. 마타주르 도로상에서 나도 잠시 동안 적 기관총의 표적이 되어 죽을 뻔했다. 이 기관총 사격을 피할 엄폐물이 하나도 없었다. 나는 70m 떨어진 길모퉁이로 달려 올라가 기관총의 사계에서 간신히 벗어났다.

우리의 피해가 심하면 심할수록 산악부대 용사들의 분노는 그만큼 더 치솟았다. 우리 용사들은 닥치는 대로 적의 참호와 기관총진지를 소탕했다. 악전고투 끝에 격전은 07시 15분에 끝났다. 휘겔 중사가 지휘하는 2 중대가 크라곤자 산의 정상을 탈취했다. 우리가 크라곤자 산을 완전히 점령한 이상 므르츨리 봉의 동쪽과 동북쪽 경사면에 배치된 적의 운명은 시간문제였다.

인접부대 상황을 알 수가 없어서 다만 추측할 수밖에 없었다. 새벽부터 우리 우측에서 계속 치열한 전투 소리가 들려온 것으로 보아 제12사단과 산악군단이 동쪽과 동북쪽에서 므르츨리 산을 공격하고 있는 것으로 판단되며, 그들은 또 아브사로부터 마타주르 도로를 따라 크라곤자 산으로 올라오고 있는 것 같기도 했다.

나는 현 위치에서 제12사단과 산악군단이 도착하기를 기다릴 것인지, 그렇지 않으면 사방에 흩어진 우리 부대를 재편성해야 할 것인지를 검토해 보았다. 우리 병사들은 간밤에 충분히 휴식을 취했다. 그러나 우리의 우측에 위치하고 있는 적의 예비대가 역습해 올 가능성도 있다는 것을 고려해야 했다.

그래서 나는 현재 가용한 전 병력(반개 중대)으로 므르츨리 협로로 통하는 능선 쪽으로 지체 없이 계속 공격함으로써 적의 역습을 사전에 차단하는 것이 최선의 방책이라고 판단했다.

교훈

우리가 야간에 제브체크 마을을 향해 올라가고 있을 때 이탈리아군은 소리를 지르고 요란하게 행군함으로써 자기들의 행동을 노출시켰다. 그래서 우리는 적과 조우하지 않고 행군을 계속했다.

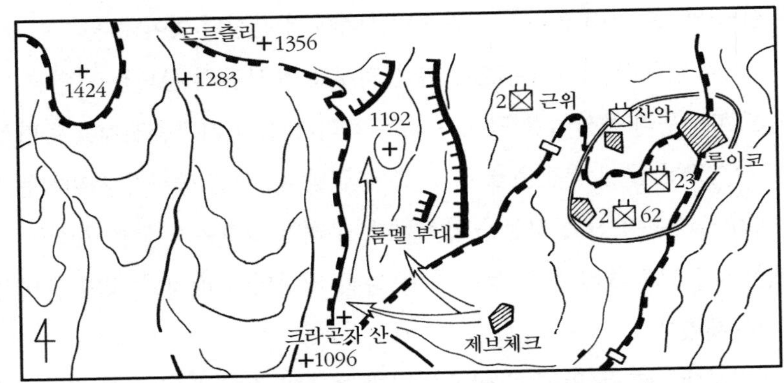

【그림 51】 크라곤자 산(1096고지) 급습(1917년 10월 26일)

피로에 지친 병사들이 휴식을 취하고 있는 동안 장교들은 적과 지형에 관한 정확한 첩보를 수집하기 위하여 피로도 잊은 채 부지런히 정찰했다. 자정이 넘어서까지 장교들은 제브체크 방면의 정찰을 계속했다. 이들이 입수한 적정을 토대로 우리 부대는 제브체크 마을의 서북쪽에 침투하여 크라곤자 산을 점령할 수 있었다.

10월 25일 자정까지 나는 인접부대 상황을 거의 알지 못했다. 인접부대의 위치, 전투상황 및 작전계획을 전혀 알지 못했다. 전투전초와도 연락이 끊겼다. 그러나 10월 26일 다시 공격을 계속하기 위해서는 이러한 모든 악조건을 감수해야 했다.(그림 51)

산악부대는 새벽녘에 엄폐물도 없는 적 진지 틈에 끼여 적으로부터 사격을 받아 거의 절망상태에 빠졌지만 마침내 용감한 돌격부대에 의하여 상황이 유리하게 되었다. 크라곤자 산에 있던 이탈리아군의 강력한 감제진지를 정면 공격함으로써 뷔르템베르크 산악대대의 탁월한 공격력을 다시 한번 과시했다. 2중대 중대장이 2명씩이나 중상을 입고 쓰러졌지만, 중대는 공격력을 조금도 잃지 않았다.

1917년 10월 26일 07시 15분 현재 크라곤자 산을 탈취한 당시의 전투상황은 다음과 같았다.

★ 크라우스 군단(집단)—제1근위연대의 제2대대는 10월 26일 03:00시에 스톨 산(1,668m)을 점령하고, 06:00시에 베르고냐*Bergogna*에 도착했다. 제1근위연대의 제1·3대대와 제43여단은 제2대대의 뒤를 따라 08:00시에 베르고냐에 도착했다.

★ 스타인 군단(집단)—제12사단은 10월 25일과 마찬가지로 나티소네 계곡의 경계선에 제63연대를 배치시켰고, 제62연대의 제2대대와 제23연대는 아브사에 배치된 제2근위대대의 전초 경계하에 이동준비를 끝냈다.

★ 산악군단—뷔르템베르크 산악대대는 적 진지, 즉 므르츨리 봉, 제브체크 마을과 폴라바를 잇는 방어선을 침투, 서북쪽으로 1km까지 진격해서 10월 26일 07시 15분에 크라곤자 산을 탈취했다. 뷔르템베르크 산악대대의 잔여 부대는 루이코를 출발하여 아브사를 경유, 크라곤자 산으로 이동했다. 근위보병의 제2·3대대는 이동준비를 완료하고 크라곤자 산으로 진격하기 위하여 뷔르템베르크 산악대대의 제1·3중대와 합류했다. 근위보병연대의 제1대대는 폴라바에서 전초임무를 수행했다. 제2저격연대(10중대는 제외)는 라브나에서 루이코로 이동했다. 제1저격연대는 1114고지에서 1박 하고 이동준비를 끝냈다. 제3저격연대는 드렌치아*Drenchia*를 경유, 08:00시에 트루스뉴*Trusgne*에 도착했다. 제4·5저격연대는 하룻밤을 지낸 다음, 1114고지에서 이동하여 04시 30분에 라브나에 도착했고, 08:00시까지 그곳에서 대기했다.

★ 스코티 군단—제8척탄연대 제1대대가 05:00시에 라칼바를 점령하고, 그다음 3개 대대가 모두 투입되어 음 산을 공격했다.

전과

이탈리아군 진지(마타주르의 북쪽 경사면 므르츨리 봉–제브체크–폴라바–성 마르티노)는 콜로브라트 능선진지와 마찬가지로 뷔르템베르크 산악대대의 선두 부대에 의하여 이른 아침에 제브체크 마을 근처에서 격파되었다. 이는 결과적으로 므르츨리 봉과 마타주르 단층지괴(斷層地塊)*massif*의 모든 이탈리아군 진지를 공략하는 데 요충지가 되는 크라곤자 산을 점령하는 데 기여했다.

II 1192고지, 므르츨리 봉 점령 및 마타주르 산 공격

크라곤자 산을 탈취한 후 몹시 피곤했지만 정상에서 병사들에게 휴식을 줄 수가 없었다. 역전의 용사 휘겔 중사는 그의 특유한 정력으로 중대장으로서의 임무를 훌륭하게 수행했고, 제한된 중대병력을 최대한으로 잘 활용했다. 그리고 지원을 요청하지 않고 보다 넓은 지역을 확보하기 위하여 1192고지와 므르츨리 봉(1,356m)으로 연결된 능선을 따라 공격해 갔다.

나는 전령을 보내 본대로 하여금 신속하게 크라곤자 산을 넘어 뒤따라 올 것과 므르츨리 봉 방향으로 통하는 마타주르 도로를 점령하도록 했다. 그리고 나서 나는 2중대와 행동을 같이했다. 100m 쯤 전진했을 때 수목이 우거진 조금 낮은 고지 능선의 호 안에 숨어 있던 적과 마주쳤다. 동쪽 경사면에서 요란한 총격 소리가 들려왔다. 제브체크 마을에서 크라곤자 산으로 올라가던 롬멜 부대의 후미가 적으로부터 사격을 받거나 공격을 받고 있음이 분명했다. 그러나 반대로 이들 부대는 루이코로부터 마타주르 도로를 따라 크라곤자 산으로 올라오는 산악군단의 부대일지도 모른다.

휘겔 중사는 병력과 화력에서 자기보다 우세한 적을 정면에서 고착시키고 동시에 돌격분대로서 적의 후방을 공격하는 데 명수였다. 이러한 기동이 몇 분 내에 신속하게 이루어져 적을 격퇴시켰다. 적은 동북쪽으로 도망하여 루이코 방면으로 내려갔다.

우리는 적을 만날 때마다 민첩하게 공격을 감행했기 때문에 후방과의 연락이 자주 두절되곤 했다. 2중대를 후속하던 롬멜 부대가 트라곤자 산의 동북쪽 이탈리아군 진지로부터 거센 기관총 사격을 받아 이동이 지연되고 있으며, 본대와의 거리는 약 1.5km 떨어졌다는 보고가 들어왔다. 그러나 나는 2중대를 현 위치에서 정지시키지 않고 강력한 적과 조우할 때까지 므르츨리 봉을 향해 계속 공격하기로 결심했다.

08시 30분 드디어 2중대는 아브사에서 2.5km 떨어진 1192고지를 탈취하는 데 성공했다. 2중대는 1개 소대 병력과 2정의 기관총이 최후로 남을 때까지 전투를 했다. 적의 완강한 저항으로 더 이상 전진할 수가 없었다. 적은 므르츨리 봉(1,356m)의 동북쪽 800m 떨어진 지점에 대병력을 보유하고 우리가 새로 확보한 1192고지 정상에 기관총 사격을 퍼부었다. 우측 경사면의 하단부와 제브체크 마을 쪽 우측 후방에서는 치열한 전투가 벌어지고 있었는데 산악군단 예하부대들이 공격하고 있었다.

므르츨리 봉의 동남쪽 경사면의 적을 공격하는 데는 최소한 2개 소총중대와 1개 기관총중대의 병력이 필요하다고 판단하였다. 이만한 병력을 빨리 집결시키기 위하여 나는 마타주르 도로를 따라 후방으로 급히 내려갔다. 떠나기에 앞서 휘겔 중사에게 1192고지를 반드시 고수하도록 명령했다. 사방팔방으로 찾아보았지만 롬멜 부대를 유도하고 올 연락장교를 찾을 수가 없었다. 1192고지에서 남쪽으로 700m 되는 지점에서 길모퉁이를 막 돌아서자 갑자기 아브사 방향으로부터 마타주르 도로를 횡단하고 있는 이탈리아군 부대와 마주쳤다. 이탈리아의 저격중대 병사들은 총을 잡고 사격을 개시했다. 도로 바로 아래 잡목 숲으로 재빨리 뛰어들어 간신히 조준사격을 면했다. 몇 명의 적병이 잡목 숲을 헤치고 내 뒤를 쫓아 내려왔다. 그러나 적이 계곡 밑으로 성급히 달려 내려가는 동안 나는 반대 방향인 1192고지로 올라갔다. 여기에 도착한 다음, 증강된 1개 분대를 편성하여 이들로 하여금 롬멜 부대의 잔여부대들을 되도록 빨리 찾을 것과, 각 중대장에게 즉각 1192고지로 집결하라는 나의 명령을 전하도록 했다.[1)]

1) 한편 페라티-아브사-루이코 지역에 위치하고 있던 산악군단과 제12사단이 마타주르 도로를 따라 크라곤자 산 방향으로 진격을 개시했다. 선두에서 전진하던 제62보병연대 제2대대가 아브사의 남쪽 1.5km 떨어진 지점에서 강력한 진지를 점령하고 있던 적과 조우하여 적을 공격했다. 후속 부대(뷔르템베르크 산악대대의 본부와 괴슬러 부대, 제23보병연대 및 근위보병연

10:00시가 되어서야 2개 소총중대와 1개 기관총중대에 해당하는 병력을 집결시켰다. 이것은 롬멜 부대의 전 병력이었다. 롬멜 부대의 각 중대는 크라곤자 산과 1192고지 사이를 횡단하여 서쪽 방향으로 후퇴하는 적과 여러 차례 교전을 했기 때문에 지연되어 1192고지로 집결하는 데 시간이 오래 걸렸다.

나는 므르츨리 봉의 이탈리아군 수비대를 공격하는 데 충분한 병력을 집결시켰다고 생각했다. 우리는 횃불 신호로 므르츨리 봉의 동남쪽 경사면 진지에 대한 포병 지원사격을 요청했다. 그 결과 독일군의 포탄이 놀라울 정도로 신속하게 적 진지에 떨어졌다. 1192고지에서 1개 기관총중대가 맹렬하게 사격을 가하여 적 수비대를 진지에 고착시키는 한편 내가 직접 지휘하는 2개 소총중대는 능선도로 바로 아래에서 적과 근접전투를 벌였다. 우리는 적의 서측방으로 우회하는 데 성공하여 측방과 후방에서 돌진했다. 그러나 적은 측방과 후방에서 공격해 오는 우리를 발견하고 신속하게 철수하여 므르츨리 봉의 동쪽 경사면으로 후퇴하였다. 우리는 수십 명의 적을 포로로 잡았다. 나는 므르츨리 봉의 동쪽이나 북쪽 경사면으로 후퇴하는 적을 추격할 생각이 없었기 때문에 전투를 일단 중지하고 능선도로를 따라 므르츨리 봉의 남쪽 경사면으로 계속 진격했고 기관총중대를 이동시켰다.(그림 52)

공격 도중 우리는 이미 므르츨리의 두 봉우리 사이에 있는 안부에 수백 명의 이탈리아군 병사들이 숙영을 하고 있는 것을 관측했다. 그들은 우물쭈물 서성거렸고, 마치 놀라서 실신한 것처럼 우리의 전진을 보고만 있었다. 그들은 남쪽 방향, 즉 그들의 배후에서 독일군이 나타나리라고는 전혀 생각하지 못했다. 우리는 적의 부대 집결지로부터 불과 1.5km밖에

대의 제2·3대대)는 마타주르 도로를 따라 크라곤자 산으로 계속 전진했다. 근위보병연대의 제1대대는 아직도 폴라바 근처 이탈리아군의 차단 진지에 막혀 전진을 못하고 있었다.

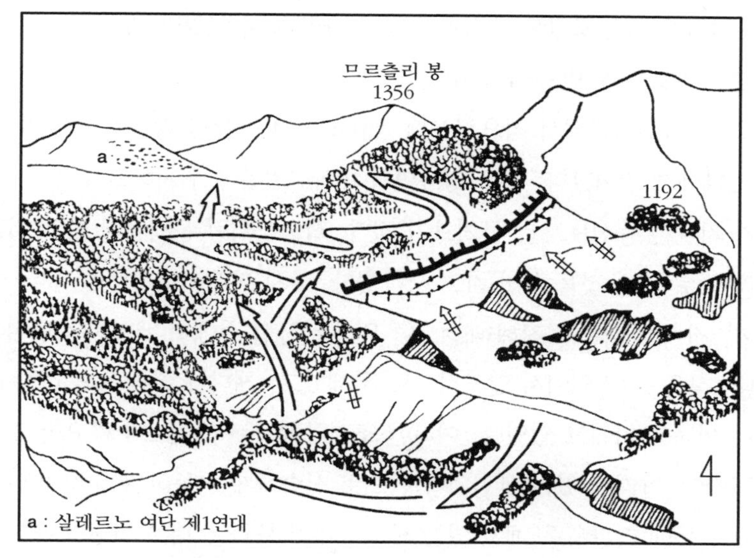

【그림 52】 **므르츨리 봉 공격**(동남쪽에서 본)

안 떨어져 있었다. 마타주르 도로는 므르츨리 봉의 띄엄띄엄 나무가 있는 남쪽 경사면을 구불구불 돌아서 적의 숙영지 바로 아래를 지나 마타주르 마을 서쪽으로 이르는 길이었다.

므르츨리 봉의 안부에는 적의 수가 점점 증가하더니 2~3개 대대의 병력이 집결했다. 적이 공격을 해오지 않아서 나는 종대 대형으로 부대를 이끌고 능선도로를 따라 손수건을 흔들면서 적에 접근했다. 우리는 지난 3일 동안의 공격에서 얻은 경험으로 이 새로운 적을 어떻게 다루어야 하는가를 잘 알고 있었다. 1km까지 접근해도 여전히 평온했다. 적은 모든 여건이 절망적인 것은 아니었음에도 싸울 의사가 없었다. 적이 전 병력을 투입하여 공격을 감행했다면 열세한 우리 부대를 격파하고 크라곤자 산을 재탈환할 수 있었을 것이다. 적이 그것도 싫다면 몇 정의 기관총 엄호 사격하에 우리에게 거의 노출되지 않고 마타주르로 무난히 후퇴할 수도 있었다. 그러나 그런 상황도 벌어지지 않았다. 조밀하게 집결한 적의 대병력은 석고상처럼 조금도 움직이지 않고 가만히 서 있었다. 우리가 손수건을 흔들어도 아무 반응이 없었다.

우리는 더 접근해서 적으로부터 700m 떨어진 삼림 속으로 들어가 적의 시계에서 벗어났다. 적은 경사면의 100m 위쪽에 위치하고 있었다. 우리가 지나온 능선도로는 급커브가 졌다. 석고상처럼 움직이지 않는 저들이 앞으로 무슨 짓을 할까 하고 생각했다. 혹시 싸우기로 결심한 것은 아닐까? 적이 아래로 돌진해 내려오면 우리는 삼림 속에서 백병전을 벌여야 했다. 적은 수에 있어서 압도적으로 우세했고, 게다가 아래로 공격할 수 있는 이점을 가지고 있었다. 이러한 조건하에서는 무엇보다 중요한 것이 적 숙영지 아래에 있는 삼림의 전단으로 신속하게 이동하는 것뿐이었다. 그러나 등에 기관총을 메고 있는 산악부대 병사들은 너무 지쳤기 때문에 무성한 잡목 숲을 헤치고 급경사면을 신속하게 기어 올라가리라고는 기대하지 않았다.

그래서 부대는 그대로 능선도로를 따라 계속 전진하도록 하고, 나는 스트라이케르 소위, 렌츠 군의관과 몇 명의 병사와 함께 개인 간의 거리를 100m로 유지하고 옆으로 넓게 벌려 기어 올라갔으며, 숲을 뚫고 적으로 가는 가장 짧은 거리를 택했다. 스트라이케르 소위는 적의 1개 기관총반을 기습하여 사수들을 생포했다. 우리는 전혀 방해를 받지 않고 삼림 맨 앞까지 도달했다. 우리는 마타주르 도로 위에 있는 적으로부터 아직도 300m 떨어져 있었다. 적의 병력은 어마어마했다. 적은 신이 나서 소리를 지르고 손짓 발짓을 했다. 적은 모두 다 손에 총을 들고 있었다. 전방 위쪽에는 상당수의 장교들이 모여 있는 것 같았다. 적의 선두 부대가 당분간 이곳으로 지나갈 것 같지 않았다. 나는 선두 부대가 동쪽으로 700m 떨어진 U자형 모퉁이에 있으리라고 판단했다.

적이 어떤 행동을 취하기 전에 미리 손을 써야 한다고 생각하고 삼림 맨 앞을 떠나 앞으로 나아갔다. 그러면서 소리를 지르고 손수건을 흔들어 적으로 하여금 무기를 버리고 투항하도록 강요했다. 적은 나를 노려볼 뿐 전혀 움직이지 않았다. 삼림 맨 앞으로부터 100m 가량 앞으로 나아갔다. 적이 사격을 가하더라도 뒤로 물러선다는 것은 생각할 수도 없었다. 그렇다고 그대로 서 있다가는 꼼짝 못하고 죽을 것만 같았다.

나는 150m까지 접근했다. 적의 대병력이 갑자기 동요하기 시작했고, 공포에 못 이겨 웅성대는 병사들을 제지하는 장교들을 아래로 떠밀었다. 대부분의 적병은 무기를 버렸고, 수백 명의 병사가 나에게로 달려왔다. 순식간에 투항병들이 나를 둘러싸고 공중으로 헹가래 치면서 일제히 '독일 만세'를 외쳤다. 투항하지 않겠다고 끝내 버틴 한 이탈리아군 장교가 자기 부하의 총에 맞아 쓰러졌다. 므르즐리 봉의 이탈리아 군인들에게는 전쟁이 끝났다. 그들은 기쁨에 넘쳐 환호성을 질렀다.

이제야 산악부대 선두가 삼림을 통과하여 도로를 따라 올라왔다. 뜨거운 햇볕 아래서 산악부대 병사들은 무거운 짐을 지고 있었지만 늘 그러했듯이 여유 있고 힘차게 전진했다. 독일어를 할 줄 아는 이탈리아 병사를 통역으로 내세워 포로들에게 마타주르 도로상으로 나와서 동쪽을 향해 정렬하도록 명령했다. 포로들은 살레르노*Salerno* 여단의 제1연대 소속으로 1,500명에 달했다. 나는 우리 부대를 계속 전진하게 하고 대열에서 1명의 장교와 3명의 사병을 차출했다. 나는 2명의 산악소총병으로 하여금 이탈리아군의 포로연대를 크라곤자 산을 거쳐 루이코로 후송하게 하고 괴핑게르Göppinger 하사에게는 43명의 이탈리아군 장교를 사병과 별도로 무장해제시키고 후송하라고 했다. 이탈리아군 장교들은 롬멜 부대가 보잘것없이 병력이 적다는 것을 알게 되자 전의를 회복하여 자기 병사들을 지휘하려고 했다. 그러나 이미 때는 늦었다. 괴핑게르 하사는 부여된 임무를 성실하게 수행했다.

무장해제가 된 이탈리아군의 1개 연대가 계곡으로 내려가고 있는 동안 롬멜 부대는 이탈리아군 숙영지 바로 아래를 통과했다. 우리가 출발하기 바로 전에 몇 명의 포로가 살레르노 여단의 제2연대가 마타주르 봉의 경사면에 배치되어 있다고 진술했다. 제2연대는 빛나는 전공을 세웠기 때문에 여러 차례에 걸쳐 카도르나 장군의 격찬을 받은 아주 유명한 이탈리아군 연대였다. 포로들은 이 연대가 우리에게 틀림없이 사격할 것이므로 조심해야 된다고 말했다.

포로들의 추측이 적중했다. 롬멜 부대의 선두가 므르츨리 봉의 서쪽 경사면에 도착하자마자 적은 1467고지와 1424고지로부터 맹렬하게 기관총사격을 가했다. 적의 기관총은 정확한 조준사격으로 삽시간에 도로를 휩쓸었다. 우리는 도로 아래의 무성한 덤불 숲으로 대피하여 적의 조준사격을 피했다. 우리 부대 병사들은 다시 대열을 갖추어 1467고지 방향의 마타주르 도로 아래로 가지 않고 서남쪽으로 돌아서 전진을 계속했다. 나는 1223고지를 구보로 횡단하여 1424고지의 남쪽 마타주르 도로의 U자형 모퉁이로 이동하고자 했다. 일단 우리가 그곳에 도달하기만 하면 살레르노 여단의 제2연대는 30분 전 제1연대와 흡사한 상황에 놓이게 되어 도주하는 것이 거의 불가능할 것이다. 한 가지 다른 것은 므르츨리 봉에서는 적이 삼림지대를 이용하여 사격을 받지 않고 철수할 수 있었지만 마타주르 산에서 적이 불모경사면을 횡단하여 철수할 경우 우리의 사격을 피할 수 없다는 점이다.(그림 53)

적을 기만하기 위하여 나는 몇 정의 기관총으로 므르츨리 봉의 서쪽 경사면에서 사격하도록 했다. 우리 부대는 적이 관측할 수 없는 무성한 덤불 숲을 이용하여 1424고지에서 남쪽으로 700m 떨어진 도로의 U자형 모퉁이에 무사히 도착했다. 나는 1424고지의 적 수비대에 대하여 기습공격을 감행하기로 했다. 이 수비대는 아직도 롬멜 부대의 후미 부대와 므

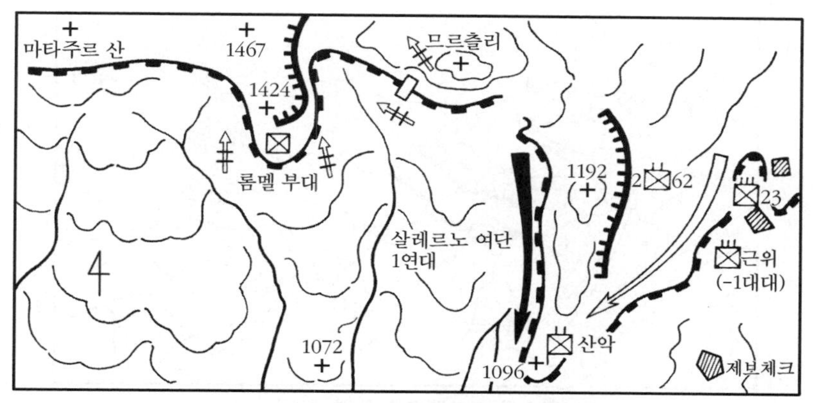

【그림 53】 마타주르 산 공격 전 상황

르츨리 봉의 우리에게 기관총 사격을 가하고 있었다. 므르츨리 봉에서 큰 전과를 거두어 우리는 모든 피로를 잊고, 짓무른 발과 무거운 짐으로 피부가 벗겨진 어깨의 고통도 잊었다.

내가 기관총소대를 배치하고 돌격분대를 편성하는 등 공격준비로 한창 바쁠 때 후방에서

"뷔르템베르크 산악대대는 철수하라"[2)]

는 명령이 전해 왔다.

이 명령에 따라 나와 함께 있을 100명의 소총병과 6정의 중기관총만 제외하고 롬멜 부대의 전 병력이 크라곤자 산으로 되돌아 갔다. 나는 공격을 중지하고 크라곤자 산으로 철수하는 것에 대하여 깊이 생각해 보았다.

절대 안 된다! 대대 명령은 마타주르 산의 남쪽 경사면의 상황을 전혀 알지 못하고 하달된 것이다. 아직도 해야 할 일이 남아 있었다. 짧은 시간 안에 더 많은 증원부대를 보충받을 수 없다고 판단했다. 그러나 지형은

2) 스프뢰세르 소령이 크라곤자 산에 도착했다. 롬멜 부대가 잡은 수많은 포로들(3,200명 이상)이 후송되는 것을 보고 스프뢰세르 소령은 마타주르의 적 방어선이 이미 붕괴되었다는 인상을 받았다.

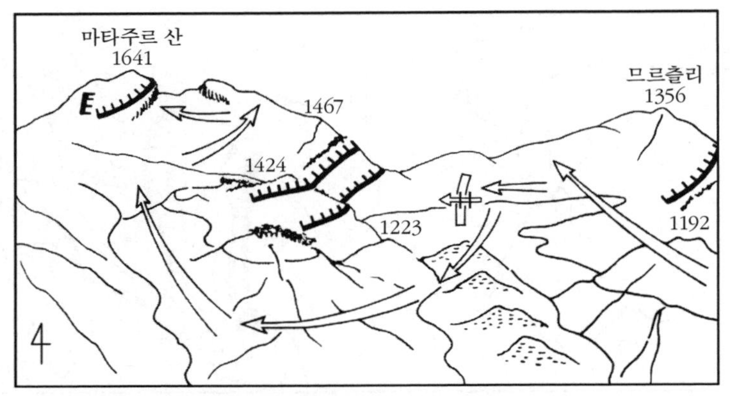

【그림 54】 **마타주르 산 돌격**(남쪽에서 본)

우리의 공격에 매우 유리했다. 또한 나는 산악부대의 모든 병사들의 사기가 이탈리아 병사 20명과 견줄 만하다고 확신했다. 우리는 수적으로 상대가 안 되는 소수 병력이지만 공격을 감행하기로 했다.

1424고지와 1467고지의 수비대는 큰 암석 틈에 끼여 동쪽을 향하고 있었다. 우리가 남쪽에서 기관총으로 적 진지에 기습사격을 가하자 수비대는 몸을 숙이고 숨어 버렸다. 기관총탄이 바위에 맞아 돌 파편이 튀어 사격효과를 증대시켰다. 적의 응사는 보잘것없었다. 우리의 기관총은 잡목이 무성한 덤불 숲 속에 있었기 때문에 적은 그 위치를 발견하기가 대단히 어려웠다.

나는 쌍안경으로 우리 사격의 놀라운 효과를 관측했다. 이탈리아군의 제1진이 1424고지의 북쪽 경사면으로 후퇴하려고 할 때 나는 소총병들을 마타주르 도로의 양쪽 측면을 따라 1424고지의 서쪽 경사면으로 전진시켰다. 우리들은 중기관총의 강력한 지원사격을 받으면서 신속하게 전진했다. 우측의 적은 1424고지의 동쪽 경사면의 진지를 완전히 포기했고 사격은 멈추었다.(그림 54)

우리는 계속 공격했다. 중기관총들은 축차적으로 사격진지를 이동했다. 적의 1개 대대가 1467고지로부터 스크릴로*Scrilo*를 경유, 서남쪽으로 이동하려고 시도했다. 그러나 우리가 기관총 한 정으로 60m 떨어진 대대의 선두에 사격을 가하자 그 자리에 정지했다. 몇 분 후에 우리는 손수건을 흔들면서 1467고지에서 남쪽으로 600m 떨어진 암석고지에 접근했다. 적은 사격을 중지했다. 후방에서 2정의 중기관총이 우리를 엄호했다. 불안할 정도로 사방이 조용했다. 가끔 이탈리아 병사가 한 명씩 바위틈 사이로 빠져 내려갔다. 도로가 바위 사이로 꼬불꼬불 나 있기 때문에 몇 m 전방밖에 볼 수 없었다. 우리가 급커브를 돌아가자 좌측의 시계는 다시 넓어졌다. 불과 300m 전방에 살레르노 여단의 제2연대가 있었다. 제2연대는 집결 중이었고, 소지하고 있던 무기를 땅 위에 버렸다. 연대장은 장교들에 둘러싸여 매우 침통한 표정으로 길가에 앉아서 그토록 명성을 떨치던 자기의 병사들이 명령에 불복한 데 대하여 눈물을 흘렸다. 적이 우리의 병력이 소수라는 것을 눈치채기 전에 우리는 지금까지 집결한 1,200명의 병사 가운데서 35명의 장교를 분리시키고 사병들은 마타주르 도로를 따라 루이코를 향해 구보로 내려 보냈다. 포로가 된 대령은 독일군이 한줌밖에 안 되는 소수 병력이라는 것을 알고는 길에 주저앉아 그만 울분을 터뜨렸다.

우리는 여기서 공격을 멈추지 않고 마타주르 산의 정상을 향해서 계속 공격했다. 정상까지의 거리는 아직도 1.5km나 되며 고도는 현 위치보다 230m나 높았다. 우리는 암반 정상의 수비대 진지를 멀리서 볼 수가 있었다. 이 수비대는 얼마 전에 투항하여 걸어서 후송된 전우들의 전철을 밟지 않으려는 듯 만반의 태세를 갖추고 있었다. 우리가 남쪽으로부터 최단거리로 공격을 시도하자 로이제 소위는 몇 정의 기관총으로 지원사격을 실시했다. 그러나 적의 방어사격은 강력해서 그쪽으로 접근하기가 매우 위험했다. 그래서 나는 반원형 경사면에서 적에 보이지 않게 동쪽으로 가

1467고지로부터 정상 진지를 공격하기로 했다. 우리가 이동하고 있을 때 약 1개 소대 병력의 적이 일부는 무장을 하고, 일부는 비무장으로 제2연대가 무기를 버린 장소로 이동하고 있었다.

우리는 정상으로부터 동쪽으로 600m 떨어진 경사가 급한 능선에서 적 1개 중대를 기습했다. 이 중대는 중대 후방에서 무엇이 진행되고 있는지 전혀 알지 못하고 델라코로나*Della Colonna* 산으로부터 마타주르 산으로 진격해 올라가는 제12사단의 척후분대들과 교전하고 있었다. 우리가 돌격사격 자세로 그들의 배후 사면에 불시에 나타나자 이 중대는 아무 저항도 없이 그대로 투항했다.

로이제 소위가 동남쪽에서 몇 정의 기관총으로 정상의 적 수비대에 사격할 때 나의 지휘하에 있던 소수 병력만을 인솔하고 서쪽으로 능선을 따라 정상을 향하여 기어 올라갔다. 정상에서 동쪽으로 400m 떨어진 낮은 고지에서 중기관총으로 남쪽 경사면에 노출된 돌격조에게 지원사격을 실시했다. 그러나 우리가 사격을 개시하기 전에 정상의 수비대는 우리에게 투항신호를 보냈다. 120명이 훨씬 넘는 적병들이 마타주르(1,641m) 정상의 황폐화된 막사(국경 초소)에서 초조하게 기다리다가 마침내 포로가 되었다. 하사 1명과 사병 6명으로 편성된 제23보병연대의 1개 분대가 북쪽에서 정상으로 올라오다 우리들과 만났다.

1917년 10월 26일 11시 40분, 마타주르를 점령했다는 것을 알리기 위해 녹색신호탄 3발과 백색신호탄 1발을 쏘아 올렸다.[3] 나는 병사들에게

---

3) 롬멜이 마타주르 산을 점령했으나 인정받지 못했다. 쉬니베르Schnieber 중위가 델라코로나 산을 마타주르 산으로 착각하고 정상으로부터 약 100m쯤 이르렀을 때 마타주르 산을 탈취했다고 미리 보고해 버렸으며, 정상 탈취는 그 후에 이루어졌다(p.282 참조). 델라코로나 산은 마타주르 산 북서쪽 약 2km 떨어진 곳에 있으며, 마타주르 산보다는 낮다. 이러한 잘못된 보고는 롬멜에게 불행한 결과를 가져왔다. 군사령관 벨로우von Below 장군이 마타주르 산을 점령하는 장교에게 *Pour le Mérite* 훈장을 수여하겠다고 약속했다. 쉬니베르가 모든 장교들이 탐내는 이 훈장을 받았다. 롬멜이 잘못된 사실을 알고 섭섭해 했으나, 전장에서 그는 오로지

정상에서 1시간의 휴식을 취하도록 했다. 참으로 값진 휴식이었다.

우리는 주위의 장엄한 산을 둘러보았다. 서북쪽에는 9.5km 떨어져서 스톨이 있었고, 플리츠*Flitsch* 전투단이 이곳을 공격하고 있었다. 서쪽에는 미아*Mia* 산(1,228m)이 있었다. 그러나 3.5km 떨어져 높이가 1,410m 아래에 있는 나티소네 계곡은 볼 수 없었다. 서남쪽에는 이탈리아 카도르나 장군 사령부가 위치한 우디네*Udine*가 있고, 그 주위에는 옥토가 펼쳐져 있었다. 남쪽에는 아드리아 해가 있었다. 동쪽과 동남쪽에는 우리가 잘 알고 있는 크라곤자 산·성 마르티노 산·음 산·쿡 산·1114고지 등이 줄지어 있었다.

포로들이 우리들 사이에 끼여 앉아 있었고, 멀리서 포성이 은은히 들려오는가 하면 하늘에서는 피아 전투기가 공중전을 벌여 이탈리아 기가 마침내 격추되는 등, 이 모두가 전쟁이 여전히 계속되고 있다는 것을 말해 주는 것이었다. 인접부대는 보이지 않았다. 1일 전투보고서를 제출하라는 스프뢰세르 소령의 명령에 따라 나는 오늘의 전과를 스트라이케르 소위에게 받아쓰도록 했다.

교훈

톨마인 공세가 개시된 후 52시간이 지나서야 마타주르 산을 탈취했다. 산악부대 병사들은 52시간 동안 산악군단의 선봉에서 계속 싸웠다. 이 공격에서 산악부대 병사들은 어깨에 중기관총을 메고 이 지역 특유의 적 산악진지를 격파하면서 직선거리로 19km를 진격했고, 고도 900m에서 2,400m 사이를 오르내렸다.

28시간 사이에 이탈리아군 5개 연대가 연속적으로 소수 병력의 롬멜 부대에 의해 격파되었다. 전과는 장교 150명, 사병 9,000명을 생포했고, 포 81문을 노획했다. 이 외에도 쿡 산, 루이코 근처, 므르츨리 봉의 동쪽과 북쪽 경사면, 마타

임무수행에만 전념했다. 롬멜은 그 후 빛나는 무공을 인정받아 *Pour le Mérite* 최고훈장을 받았다(1917. 12. 18. 우편으로 수령).

주르 산의 북쪽 경사면 등에서 자발적으로 무기를 버리고 투항하여 톨마인으로 이동하는 포로의 행렬에 가담한 적병도 헤아릴 수 없이 많았다.

므르츨리 봉에서 살레르노 여단 제1대대가 취한 행동은 도저히 이해할 수가 없었다. 당황과 무기력은 파멸을 초래했다. 대부분 병사들의 의사는 지휘관의 권위를 약화시켰다. 단 한 명의 장교라도 직접 기관총 한 정을 가지고 응사했다면 연대의 위기를 극복할 수 있었을 것이고, 적어도 명예롭게 패배했을 것이다. 이 연대의 장교들이 1,500명의 사병을 지휘하여 롬멜 부대에 대항하여 싸웠더라면 마타주르 산은 10월 26일에 함락되지 않았을 것이다.

1917년 10월 24일부터 26일까지의 전투에서 이탈리아군의 몇 개 연대는 후방 또는 측방에서 공격을 받으면 전의를 상실하고 아예 전투를 포기했다. 적 지휘관은 결단력이 부족했다. 그들은 우리의 유연성 있는 공격전술에 대하여 아는 바가 없었고, 이 외에도 부하 사병들을 완전히 장악하지 못했다. 특히 독일군과의 전쟁을 달갑게 여기지 않았다. 이탈리아군의 많은 병사들이 전쟁 전에는 독일에서 생계를 유지해 왔으므로 독일을 제2의 고향으로 생각했다. 이러한 연고로 순박한 이탈리아 병사들은 므르츨리 봉에서 '독일 만세'를 외칠 정도로 우호적이었다.

몇 주 후 산악부대 병사들은 그라파*Grappa* 지역에서 이탈리아군과 대치하게 되었다. 이 적은 역전의 용사들이었다. 그래서 톨마인 공세 때와 같이 손쉽게 전과를 올릴 수가 없었다. 대전투(톨마인 공세)의 초기에 있어서 뷔르템베르크 산악대대의 연속적인 승전의 평가는 1917년 11월 3일자 독일 산악군단(폰 투체크 장군)의 일일 명령 속에 다음과 같은 내용이 수록되어 있다.

"콜로브라트 능선의 탈취로 적의 방어선이 완전히 붕괴되었다. 이 능선을 탈취하는 데 빛나는 전공을 세운 부대는 스프뢰세르 소령과 그의 용감한 장교들이 지휘하는 뷔르템베르크 산악대대였다. 그 중 롬멜 부대가 쿡 산을 탈취하고, 루이코를 함락시켰으며, 마타주르 산의 적 진지를 돌파함으로써 우리 군단은 적의 저항을 받지 않고 광정면에 걸쳐 적을 추격하게 되었다."

3일간의 전투에서 롬멜 부대가 입은 피해는 경미했다. 장교 1명과 사병 6명이 전사했고, 장교 1명과 사병 29명이 부상을 입었을 뿐이었다.

1917년 10월 26일 자정 현재 플리츠-톨마인의 전투상황은 다음과 같았다.(그림 55)

★ 크라우스 군단(집단)—전방 부대들은 베르고냐에서 합류했다. 파소디타나메아 *Passo di Tanamea*에서 적의 공격을 격퇴시켰다.

★ 스타인 군단(집단)—제12사단 지역에서 제62·63보병연대는 국경선으로부터 스투피체*Stupizze*를 경유, 로슈*Loch*로 진격하기 위하여 나티소네 계곡에서 전투 중이었다. 로슈에는 14:00시에 도착했다. 북쪽으로부터 마타주르-므르츨리 방어선의 적 진지를 공격하는 부대는 없었다. 제23연대는 크라곤자 산에 12:00시경에 도착한 후 마타주르 산으로 이동했다. 산악군단 소속 뷔르템베르크 산악대대의 롬멜 부대는 므르츨리 봉과 마타주르 산을 점령했다. 뷔르

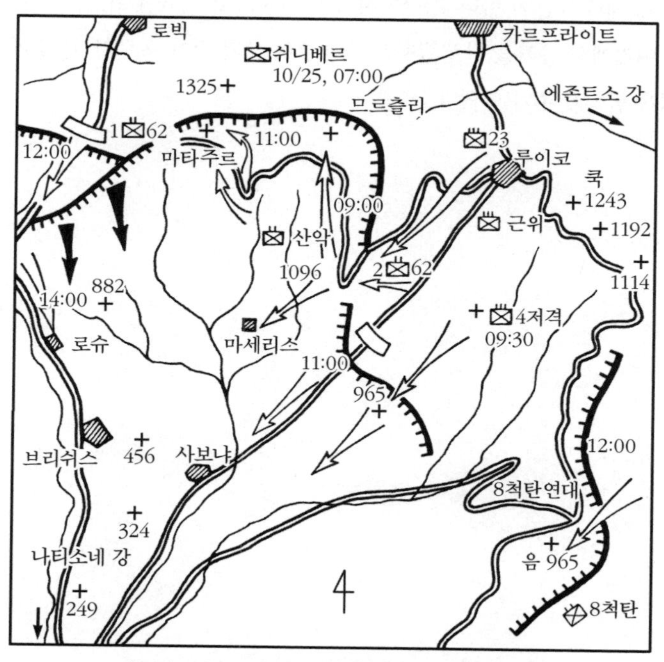

【그림 55】 1917년 10월 26일 12:00시 상황

템베르크 산악대대의 주력은 스프뢰세르 소령 지휘하에 크라곤자 산에서 마세리스*Masseris*로 내려가고 있었다. 근위보병연대의 제2·3대대는 스프뢰세르 소령의 뒤를 따랐고, 제1대대와 제10예비저격대대는 적이 폴라바 근처의 진지를 포기한 후 10:00시에 폴라바로 전진했다. 제200사단 소속 제4저격연대는 09시 30분에 성 마티르노 산을 점령하고 아시다*Assida* 방면으로 전진했다.

★ 스코티 군단—제8척탄연대는 오전에 음 산을 점령했다. 제1근위사단은 캄브레스코*Cambresko*를 지나 야곱*Jacob*으로 계속 공격을 실시하고 있었다.

결과

뷔르템베르크 산악대대의 선두 부대가 크라곤자 산의 이탈리아군 진지를 함락시키고 므르츨리 봉과 마타주르 산에 있던 살레르노 여단의 병사를 모두 포로로 잡았다. 그 후 루이코 근처의 제12사단과 산악군단의 부대들은 서북쪽으로 전진했다. 제12사단이 마타주르의 서북쪽 나티소네 계곡에 10월 24일 밤에 도착하여 여기에서 공격을 감행했지만 마타주르 산의 적이 포로가 된 후에야 비로소 목적을 달성할 수가 있었다.

제13장
타랴멘토 강 및 피아베 강 추격

(1917년 10월 26일~1918년 1월 1일)

I 마세리스-캄페료-토르레 강-타랴멘토 강 -클라우타나 협로

우리가 마타주르 봉에 있을 때 아우텐리트Autenrieth 소위가 마타주르 봉보다 약 870m 낮은 '마세리스로 이동하라'는 대대 명령을 가지고 왔다. 하산이 너무 힘들어서 지칠 대로 지친 병사들은 마지막 힘을 다 쏟아야 했다. 포로가 된 살레르노 여단의 제2연대 장교들은 다루기가 힘들었고, 포로로서 고분고분 우리의 지시에 잘 복종할 것 같지 않았다. 또한 소수의 경비병으로 수천 정의 무기가 버려진 그 장소를 통과하여 루이코로 내려보낼 수가 없어서 우리와 같이 행동하도록 했다.

우리는 좁은 통로를 따라 하산하여 전혀 적의 저항을 받지 않고 주위가 아름다운 마세리스 마을에 오후 일찍 도착했다. 각 중대를 몇몇 농장에 신속하게 분산시키고 필요한 경계대책을 세운 다음, 뷔르템베르크 산악대대의 다른 부대들과 다시 접촉하기 위하여 모든 노력을 쏟았다. 그리고 지친 병사들은 휴식을 취했다.

나는 포로가 된 장교들에게 간단한 식사를 대접했다. 식탁을 보고 포로들은 전혀 말문을 열지 않을 뿐만 아니라 우리가 준 식사를 거들떠보지도 않았다. 이 신사들은 자신과 자랑스러웠던 자기 연대의 운명에 몹시 침통해했다. 나는 그들의 처지를 너무도 잘 알고 있었기 때문에 식당에서 밖으로 나와 버렸다. 우리 부대는 날이 밝기 전에 나티소네 계곡으로 이동했다. 우리 부대를 제외한 대대는 시비달레를 향해 우리보다 먼저 출발하여 상당히 앞서 갔다. 나티소네 계곡의 서쪽 고지군에서는 치열한 교전이 벌어지고 있었지만 롬멜 부대는 시비달레를 향해 휴식이나 식사도 하지 않고 나티소네 계곡을 내려갔다. 나는 부대 선두에서 이동하다가 12:00시에 괴슬러 부대와 뷔르템베르크 산악대대 본부를 산쿠아르초*San Quarzo* 근처에서 만났다. 괴슬러 부대와 뷔르템베르크 산악대대 본부는 아직도 푸르게시모*Purgessimo*를 장악하고 있는 적과 교전하고 있었다. 스트라이케르 소위와 나는 교전장소를 가로질러 이동했다. 가끔 적의 기관총 사격을 받고 우리는 더욱 빨리 달렸다. 나는 산쿠아르초 바로 동쪽에서 스프뢰세르 소령을 만났다. 우리 부대는 이 전투에 투입되지 않았다.

푸르게시모에서의 전투는 14:00시경에 끝났다. 몇 시간 휴식을 취한 후에 롬멜 부대는 자정쯤에 캄페료*Campeglio*로 이동했다. 뷔르템베르크 산악대대의 다른 부대가 이곳으로부터 파디스*Fadis*와 론치스*Ronchis* 전방에 대하여 정찰을 하고 있었다.

10월 28일 일찍 추격이 계속되었다. 우리는 서쪽으로 추격했다. 폭우가 쏟아져 온몸이 흠뻑 젖었다. 잠시 동안 병사들은 약삭빠른 전우가 어디서 주워 온 우산을 받쳐 들고 비를 피했다. 이러한 일은 오래 가지 못했다. 상급부대는 기본인가표(基本認可表) 이외의 장비를 사용하지 못하게 했다. 우리는 폭우를 무릅쓰고 적과 조우하지 않고 계속 전진했다.

이탈리아군의 후위부대가 오후에 프리물라코*Primulaco* 근처에서 강물이 불어난 하천의 교량을 봉쇄했다. 폭우가 계속되어 보통 때는 얕은 개울에 지나지 않던 것이 폭이 600m나 되는 큰 강으로 변했다. 맞은편에 있는 적은 서쪽 제방에서 조금만 움직여도 무조건 사격을 가했다.

우리는 프리물라코로 내려가 이탈리아군의 피복 보급소에서 마른 옷으로 갈아입고 잠자리에 들었다. 지난 며칠간 계속 추격했기 때문에 우리는 몹시 피곤했다. 23:00시경에 스프뢰세르 소령은 다음과 같이 명령을 하달했다.

"롬멜 부대는 1개 산악포대의 증원을 받아 날이 새기 전에 도하작전을 감행하라."

모든 병사들을 기상시켰다. 우리 부대는 자정부터 열심히 도하를 위한 준비를 실시했다. 포대가 서쪽 제방의 적 수비대에게 천천히 포격을 실시하는 동안 우리들은 가용한 모든 차량을 동원하여 하천을 도하할 도보교를 가설했다. 적은 우리의 작업에 별로 신경 쓰지 않았으며, 아군의 첫 포탄이 서쪽 제방에 떨어지자 철수한 것 같았다. 날이 밝았을 때 우리가 가설 중인 임시교량은 서쪽 제방에서 100m 모자랐고, 적은 후퇴하고 있었다.

그라우 소위가 물살이 거센 강을 제일 먼저 말을 타고 나머지 100m를 건너갔다. 서쪽 제방까지 가설하는 데 소요되는 자재를 운반할 차량이 없어서 나머지 100m는 튼튼한 로프로 연결하였다. 소총병들이 이 로프를 잡고 급류를 건넜다. 이 로프가 없었더라면 소총병들은 급류에 휩쓸려 떠내려갔을 것이다. 등에 의약품 상자를 지고 가던 한 이탈리아군 포로가 그만 로프를 놓쳐 급류에 휩쓸려 떠내려갔다. 이 포로는 수영을 못하는 데다가 무거운 배낭까지 메고 있어서 물 속에 빠졌다. 떠내려가는 포로를 보고 가엾은 생각이 들었다. 그래서 나는 말을 몰아 포로의 뒤를 쫓아 내려갔다. 마침내 그에게 접근했다. 그는 사력을 다하여 말안장 띠에 매달렸다. 우리 둘은 무사히 말을 타고 제방으로 올라왔다.

우리 부대는 15분 만에 모두 강을 건넜다. 강을 건넌 후 우리를 열렬히 환영하는 리촐로*Rizzollo* 마을과 타바냐코*Tavagnacof*를 지나 펠레토*Feletto*로 이동했다. 여기에서 우리는 살트에서 강을 건넌 산악대대의 다른 부대와 합류했다. 대대는 전혀 적과 조우하지 않고 서쪽으로 타랴멘토 강을 향해 전진, 저녁 늦게 파가구아*Pagagua*에 도착했다. 나와 나의 참모들은 훌륭한 숙소를 잡았다. 집 주인은 하인에게 집을 맡기고 피난 가 버렸다. 우리는 식사를 하고 자리에 누웠다.

10월 30일 우리 대대는 치스테르나*Cisterna*를 경유, 디냐노*Dignano* 근처의 타랴멘토 강에 도착했다. 이곳의 교량은 폭파되었다. 강력한 적이 물이 불어 폭이 넓어진 타랴멘토 강의 서안을 점령하고 있어서 우리 대대가 몇 차례 도하하려고 시도했으나 실패하고 말았다. 북쪽에는 성 다니엘을 거쳐 피에트로*Pietro*에 이르는 도로가 있었으나, 이 도로는 이탈리아 사람들의 피난 대열과 각종 차량들로 대혼잡을 이루었다. 여기에서는 군대 수송차량과 중포병 차량들 틈에 이들이 끼여들었다. 수 km에 걸쳐 우마차가 도로 옆으로 밀려나 있고, 뒤죽박죽이 되어 전후좌우로 조금도 움직일 수가 없었다. 이탈리아 병사들은 보이지 않았다. 아마도 그들은 어딘가 안전한 곳에 숨어 있는 것 같았다. 피난민의 짐을 운반하는 동물들은 며칠간 이 틈에 끼여 아무것도 먹지 못한 탓에 담요·천막·마구 등 닥치는 대로 씹어먹고 있었다.

롬멜 부대가 야간을 이용하여 벌판을 지나 피에트로 교량까지 전진하려던 당초의 계획이 불행히도 상급부대에 의하여 취소되었다. 우리는 매우 실망했다. 디냐노로 이동하여 그곳에서 1박 했다.

다음 날 마타주르 산을 탈취한 부대는 제12사단의 한 부대였다고 육군이 보도한 사실을 알게 되었다. 그러나 이 기사는 상급사령부에서 즉각 정정하였다.

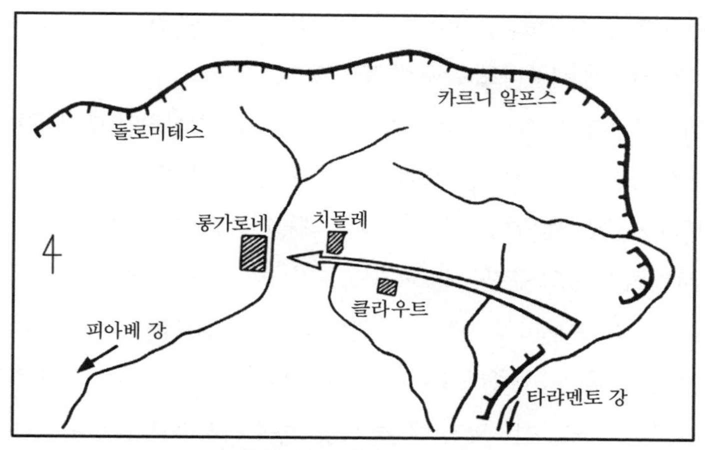

【그림 56】 카르니 알프스 진격

그 후 며칠간에 걸쳐 타랴멘토 강을 도하하려고 시도했으나, 모두 실패하고 말았다. 1917년 11월 2일 밤에야 비로소 제4보스니아 보병연대의 레들*Redl* 대대가 코르니노*Cornino* 근처에서 서쪽 제방에 겨우 교두보를 확보하는 데 성공했다. 11월 3일 뷔르템베르크 산악대대는 독일 산악군단에서 배속 해제되어 제22근위보병사단의 전위대로서 메두노*Meduno*－클라우트*Klaut*를 경유, 카르니 알프스*Carnic Alps*를 돌파하는 동시에 돌로미테스*Dolomites*에 있는 이탈리아군이 남쪽으로 퇴각하는 것을 차단하기 위하여 가능한 한 신속히 롱가로네*Longarone* 근처의 피아베 강 계곡 상류에 진출하라는 임무를 부여받았다.(그림 56)

뷔르템베르크 산악대대는 코르니노에서 타랴멘토 강을 도하한 최초부대 중의 하나였다. 노획한 이탈리아군의 자동차를 타고 강력한 정찰대가 메두노까지 전진했다. 뷔르템베르크 산악대대의 전위 부대가 메두노를 지나서 레도나*Redona* 근처에서 이탈리아군 장교 20명과 사병 300명을 사로잡았다. 그다음 우리는 험준한 클라우타나 알프스를 지나 클라우타나 협로를 향해 이탈리아군의 허약한 후위 부대를 추격했다. 우리 부대는 본대와 함께 전진하였고, 괴슬러 부대가 전위를 담당했다. 괴슬러 부대는 11월 6일 저녁에 페콜라트*Pecolat*에 도착했다.

11월 7일 아침 일찍 뷔르템베르크 산악대대는 정상적인 행군대형으로 클라우타나 협로를 향해 올라갔다. 전위대의 선두 부대가 협로 근처의 고지로부터 사격을 받았다. 선두 부대는 페콜라트와 협로(고도 차는 1,000m였다) 사이의 비좁고 구불구불 꼬인 도로상에서 적의 기관총과 포 사격을 받았다. 적은 곧 우리의 전진을 방해했고, 도로 양측의 암석지대를 휩쓸었다. 적은 호를 잘 구축하고 라지알리나*La Gialina* 산(1,634m)의 수직암벽 위와 로셀란*Rosselan* 산(2,067m)의 동북 능선에 위치하고 있었다. 이 두 진지는 2.4km 떨어졌고, 협로의 양측에 있었다. 이 진지는 난공불락(難攻不落)의 진지같이 보였다.

스프뢰세르 소령은 본대와 함께 있던 롬멜 부대(제1·2·3소총중대와 제1기관총중대)에게 로셀란 산을 지나 남쪽으로 이동하여 협로상의 적을 포위하도록 명령했다. 실리시아*Silisia* 산을 올라갈 때 적의 기관총과 포 사격을 받아 우리는 바위에서 바위로 적탄을 피해 달려야 했다. 마침내 우리는 942고지로 연결되는 반대편 계곡의 적 사격으로부터 엄폐할 수 있는 곳에 도달했다. 그러나 곧 로셀란 산의 수백 m 높이의 수직암석 절벽에 부딪쳐 더 이상 올라갈 수 없었다. 적을 남쪽으로부터 포위할 수가 없어서 우리는 차선의 방책으로 협로를 정면 공격할 수밖에 없었다.

바위산을 기어올라 협로의 남쪽에 위치한 적 진지에 도달하는 데 여러 시간이 걸렸다. 백전불굴의 소총병들은 내가 맨몸으로 올라가도 힘든 곳을 중기관총을 메고 올라갔다. 날이 어두워지기 직전, 완전히 녹초가 된 우리 부대는 협로에서 동남쪽 700m 떨어진 눈 덮인 고지에 도착했고, 협로의 도로에서 북쪽으로 수백 m 떨어진 동일한 높이의 고지에 있는 괴슬러 부대의 선두와 접촉했다. 우리는 작은 소나무 숲에 숨어서 바로 앞에

【그림 57】 클라우타나 협로 야간공격(동쪽에서 본)

있는 고지의 반원형 진지에 배치된 적의 시계에서 벗어났다.

나는 피로한 병사들에게 휴식을 취하도록 하고 스트라이케르 소위와 몇 개 조의 척후분대를 인솔하여 협로에 대한 야간 기습공격의 가능성을 정찰했다. 하늘에 구름이 덮여 밤은 캄캄했다. 잡목 숲 사이에 눈이 덮인 것이 천만다행이었다. 여기저기서 눈 밟는 소리가 나자 적은 사격을 가했다. 우리는 적의 사격 방향으로 미루어 진지의 대략적인 위치를 판단할 수가 있었다.

현 위치로부터 약 10m 후방 약간 높은 곳에 나는 기관총 진지를 선정했다. 전 기관총중대가 가담하는 화력 지원계획을 수립하는 데 상당한 시간과 노력이 필요했다. 이와 동시에 제1·3중대는 기관총의 엄호하에 협로에서 300m 떨어져 공격준비를 하도록 했다.

전 기관총중대는 자정에 사격을 개시하여 협로 사이의 적을 2분간 고착시킨 다음, 협로의 양측에 있는 적에게 사격을 전환하기로 했다. 2중대와 3중대는 중기관총이 사격을 개시함과 동시에 협로로 통하는 협곡의 좌·우측으로 전진하여 수류탄과 대검으로 협로를 탈취하기로 했다.(그림 57)

불행히도 나는 화력 지원상황을 살피기 위해 기관총중대의 사격진지에 너무 오래 머물러 있었다. 지원사격이 개시되자, 사격 지휘를 하기 위하여 나는 2개 돌격중대로부터 몇 백 m 떨어진 암석 경사면에 있었다. 각 돌격중대는 내가 없더라도 독자적으로 공격을 개시할 것으로 믿고 있었다. 앞으로 달려가 보았더니 놀랍게도 2개 중대가 공격 개시선 뒤에 그대로 대기하고 있었다. 지휘관들이 실수했기 때문인가? 아니면 병사들이 움직여주지 않아서 그렇게 된 것인가? 기관총중대에 의한 2분간의 지원사격이 끝났다. 돌격중대의 기동과 기관총중대의 지원사격 간에 차질이 생겼으며, 협로 사이의 적을 더 이상 고착시킬 수가 없었다. 치열한 수류탄전을 벌였지만 우리의 공격은 큰 피해를 입고 격퇴되었다. 공격에 실패한 후 나는 2개 중대를 공격 개시선 부근으로 철수시켰다.

나는 이번 야간공격 실패에 대해 매우 격분했다. 개전 이후 처음 맛보는 패배였다. 여러 시간에 걸쳐 열심히 공격준비를 했지만 모두 허사로 돌아갔다. 지칠 대로 지친 병사들을 이끌고 야간에 다시 공격을 감행해 보았자 승산이 전혀 없었다. 공격에 다시 투입하기 전에 병사들에게 휴식과 식사를 주어야 했다. 그러나 높이 1,500m의 고지에서 적과 대치하고 있는 우리에게 휴식과 식사는 생각할 수도 없었다. 또한 주간에 많은 병력이 협로 근처에 집결해야 한다는 점도 고려하지 않을 수 없었다. 이런 이유로 나는 전투에서 이탈하기로 했다. 5중대는 우리 부대가 이곳에 도착하기 전에 실시한 바와 같이 협로의 경계를 담당했고, 나는 4개 중대를 이끌고 페콜라트 근처의 계곡으로 되돌아왔다. 도중에 경사면 중턱의 바위틈에 위치한 대대지휘소에 들러 야간공격이 실패했다고 보고했다.

날이 밝기 전에 페콜라트에 도착했다. 몇 채 안 되는 민가에는 병사들이 꽉 차 있었다. 우리는 야외에서 숙영했다. 우마수송부대가 도착하여 취사병들이 곧 따뜻한 커피를 나누어 주었다. 두 시간 후에 날이 밝았다.

태양이 떠오르자 나는 전화로 다음과 같은 명령을 수령했다.

"적이 클라우타나 협로에서 철수했다. 롬멜 부대는 지체 없이 이동하여 괴슬러 부대와 합류하라. 대대는 클라우트를 경유하여 뒤따라가겠다."

날이 밝자 5중대의 정찰분대들이 정찰을 실시한 결과 적이 협로에서 모두 철수했다는 것을 확인했다. 적이 그와 같이 유리한 진지를 싸우지도 않고 내준 것은 우리에게 새로운 힘을 갖게 했다. 롬멜 부대는 곧 이동을 개시했다. 출발 몇 시간 후에 우리는 협로에 도착했다. 제1기관총중대가 적 진지에 대하여 지난밤에 가한 사격이 얼마나 정확하고 위협적이었던가를 목격할 수 있었다. 기관총 한 정이 협로에 이르는 통로 수백 m를 소사하여 수많은 사상자를 냈음이 역력했다. 피투성이 붕대가 통로 양쪽에 여기저기 흩어져 있는 것으로 보아 기관총 사격의 효과가 얼마나 컸나를 알 수 있었다.

교훈

롬멜 부대의 클라우타나 협로에 대한 야간공격은 기관총중대와 돌격중대 간의 사격과 기동이 연결되지 않았기 때문에 실패로 돌아갔다.

II 치몰레 추격

산악부대 병사들은 무거운 장비를 등에 지고 있으면서도 조금도 굴하지 않았다. 그들은 적절한 휴식도 취하지 못하고, 28시간 동안 계속 이동하거나 전투를 했다. 28시간 사이에 두 번씩이나 클라우타나 협로를 오르내렸다. 오르내린 고도는 총 1,800m나 되었다. 우리는 빠른 걸음으로 아래로 내려왔다. 괴슬러 부대는 전위대로서 상당히 앞서 나갔다. 우리는 정오에 클라우트 마을에서 괴슬러 부대의 후미에 따라붙어 계속 전진했다. 괴슬러 부대는 일포르토*Il Porto* 근처에서 적과 조우하여 교전했다. 적이 북쪽으로 후퇴했기 때문에 격전은 벌어지지 않았다. 괴슬러 부대(5중대, 제3기관총중대)는 일포르토로 전진했고, 롬멜 부대(1·2·3중대와 제1기관총중대)는 뷔르템베르크 산악대대 전위대의 지원부대로서 성 고타르도*Gottardo*를 출발, 치몰레로 전진했다. 뷔르템베르크 산악대대는 제26근위연대 소속 제1대대의 증원을 받았다.

롬멜 부대는 산개 대형으로 계곡의 서쪽 끝에서 퇴각하는 적을 좇아 치몰레로 전진했다. 처음에는 넓은 계곡으로 내려갔다. 이 계곡은 치몰레로 갈수록 차차 좁아졌고, 좌·우측에는 높이 약 1,800m의 암벽이 있었다. 도로 양쪽의 관목이 무성한 지형을 이용하여 우리는 적에 발각되지 않고 이동했다. 쇠펠Schöffel 소위가 지휘하는 자전거병들과 차량을 갖고 있는 참모 요원들이 산개 대형으로 전진하는 중대들의 전방에서 일종의 경계부대 역할을 했다.

우리가 치몰레 바로 동쪽 첼리나*Celina* 강 제방에 도착했을 때 날이 어두워지기 시작했다. 수백 m에 달하는 모래로 된 강바닥이 거의 말라 있었다. 적은 롱가로네 방면으로 철수하여 치몰레 시에는 적이 없는 것 같았다. 나는 자전거를 탄 병사들을 이끌고 옆으로 넓게 헤쳐서 첼리나 강을 건넜다. 한 발의 총소리도 들리지 않았다. 그래서 나와 스트라이케르 소위는 치몰레 시로 달려갔다. 시장이 정중하게 우리를 환영했다. 시장은 독일군 입성을 환영하기 위하여 만반의 준비가 되었으며, 나에게 시청 열쇠를 주겠다고 했다. 이 말을 듣고 혹시 어떤 함정이 있지 않나 하고 생각했다.

나는 자전거를 타고 온 병사들에게 롱가로네에 이르는 도로를 따라 서쪽으로 내려가 경계하도록 했다. 그 후에 녹초가 된 롬멜 부대가 입성하여 시 남부에 임시 막사를 정했다. 우리 부대는 롱가로네로 향하는 도로와 포르나체 스타디온*Fornace Stadion*에 이르는 도로에 경계병들을 배치했다. 시설도 좋았고 음식도 충분했다. 롬멜 부대는 32시간 동안 충분히 휴식을 취하지도 못하고 계속 행군과 전투를 하면서 어려운 임무를 수행했지만, 산악부대 소총병들은 몇 시간의 휴식만 취하면 새로운 전투에 또다시 참가할 수 있었다. 전방 피아베 계곡으로부터 9.6km 떨어진 지점에서 어떤 상황이 벌어지고 있는지 아는 사람은 아무도 없었다.

뷔르템베르크 산악대대의 본부, 통신중대, 쉴라인 부대(제4·6중대와 제2기관총중대) 및 제26근위연대의 제1대대가 치몰레 시의 북쪽으로 입성했다. 제1대대가 북부 외곽 경계를 담당했다. 밤은 이미 깊었다. 쇠펠 소위가 이끄는 롬멜 부대의 자전거병들은 적이 로디나*Lodina* 산(1,996m)과 코르네토*Cornetto* 산(1,793m) 기슭에서 호를 파고 있다고 보고했다. 이 보고를 대대 본부에 곧 전달했다.

자정 무렵에 대대 명령이 하달되었다.

"11월 9일 아침 3중대가 치몰레 시의 서측 외곽에서 적을 공격하는 동안 롬멜 부대(제1·2중대와 제1기관총중대)는 날이 밝기 전에 로디나 산을 경유하여 치몰레의 서쪽 진지에 배치된 적을 포위한다. 쉴라인 부대(제4·6중대와 제2기관총중대)는 코르네토 산, 체르텐 산(1,882m), 에르토를 경유하여 적을 포위한다. 괴슬러 부대(5중대와 제3기관총중대)는 995고지, 1483고지, 에르토를 경유하여 적을 포위한다."(그림 58)

지칠 대로 지친 병사들을 이끌고 1,980m 높이의 험준한 산(우리의 위치로부터 1,470m 높이에 있다)을 야간에 올라간다는 것은 불가능했다. 자정이 조금 지나서 나는 스프뢰세르 소령에게 출두하여 명령을 변경해 주도록 요청했다. 그리고 치몰레의 서쪽에 있는 적을 나의 전 병력을 투입하여 정면으로 공격하겠다고 건의했다. 스프뢰세르 소령은 마지못해 1개 중대

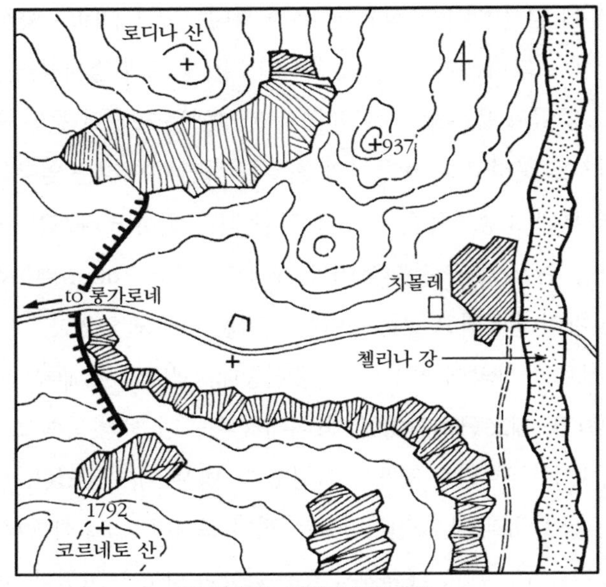

【그림 58】 치몰레 부근 상황

만 로디나 산을 경유하여 적을 포위하도록 하고, 나머지 중대는 나의 지휘하에 정면 공격을 실시하도록 명령을 변경했다.

Ⅲ 치몰레 시 서부 이탈리아군 진지 공격

일출 3시간 전에 북쪽의 적 진지를 포위하기 위하여 파이에르Payer 중위가 이끄는 2중대는 한 주민의 안내로 로디나 산으로 출발했다. 05:00시 쇠펠 소위는 치몰레 시의 서쪽에 위치한 적 진지가 평온한 것으로 보아 어제와 마찬가지로 적군이 없는 것으로 판단했다.

이러한 판단을 토대로 나는 전투준비를 시키고 중대장들로 하여금 말을 타고 치몰레 시의 남단을 정찰하도록 했다. 나는 자전거병들을 이끌고

【그림 59】 장교 정찰대에 대한 적 기관총 기습공격(동쪽에서 본)

적이 정말로 퇴각했는가를 확인하고 협로의 양쪽 적 진지 전면의 지형을 정찰하기 위하여 말을 타고 달려갔다. 로디나 산으로 향할수록 도로는 점점 위로 경사졌고, 자전거병들은 우리보다 50~100m 전방에서 달려갔다.

치몰레 시에서 서쪽으로 160m 떨어진 라크로세트*La Crosett* 교회에 도착했을 때 전방의 경사면으로부터 갑자기 사격을 받았다. 소총탄과 기관총탄이 도로를 휩쓸었고, 귀 옆을 스치며 지나가는 소리가 들렸다. 이 순간 자전거병들은 자전거에서, 말을 탄 일행들은 말에서 뛰어내렸다. 말들은 치몰레 시로 향해 달아났다. 곧 모든 정찰대원은 교회로 모였다. 부상자는 한 명도 없었다. 조그마한 교회의 벽에 숨어 우리를 향해 집중 사격하는 적탄을 피했다. 교회의 지붕 슬레이트가 이탈리아군의 기관총탄에 맞아 부서져서 마구 떨어졌다. 적은 우리들을 표적으로 하여 사격하는데 양호한 시계를 가지고 있었고, 가까운 진지는 200m밖에 떨어져 있지 않았다. 적의 기관총 사격만 받았기에 다행이지 만일 포탄 한 발이라도 우리가 머물러 있는 교회에 떨어지는 날에는 모두 저 세상으로 갈 운명에 있었다.(그림 59)

소총과 기관총 사격이 약간 뜸해지자 나는 엄폐물을 이용하여 정찰분대들을 개별적으로 철수시켜 치몰레 시로 구보로 되돌아갈 결정을 내렸다. 브뤼크네르Brückner 하사가 제일 먼저 뒤로 빠지고, 내가 그 뒤를 따랐다. 적은 다시 우리들에게 집중 사격을 퍼부었다. 그러나 우리는 각자 다른 방향으로 달려갔고, 엄폐물에 꼭 붙어 있었기 때문에 한 사람도 다치지 않고 치몰레 시로 되돌아왔다. 다만 말 몇 마리만 부상을 입었다. 만일 이탈리아군이 우리를 100m만 더 접근하도록 내버려두고 일제히 사격을 개시했다면 우리는 전멸했을 것이다.

날이 밝았다. 공격 도중에 도벨만Dobelmann 중사가 이끄는 본부의 관측분대는 관측망원경(타라멘토 강의 전투에서 노획한 40배의 확대경)으로 치몰레 시의 서쪽에 위치한 적 진지를 확인했다. 날이 샐 무렵에 발사되는 총탄의 섬광이 반짝여 관측이 용이했다. 도벨만 중사는 나를 치몰레 시의 교회 탑으로 데리고 올라가 대대 규모의 적이 치몰레-에르토 도로의 양쪽에 강력한 진지를 점령하고 있는 것을 보여 주었다. 그런데 이 진지는 치몰레 시에서 서북쪽으로 약 800m 떨어진 로디나 산의 수직암벽에 바싹 붙어서 구축되었고, 가파른 표석경사면(漂石傾斜面)을 지나 치몰레 시에서 서쪽으로 600m 떨어진 주 도로를 가로질러서 만들어진 것이었다. 동쪽으로는 급경사진 암석 능선으로 뻗어 도로의 남쪽 160m 되는 지점에서 끝이 났다. 여기서부터 코르네토 산의 동북쪽 경사면에는 약간의 기관총을 장비한 중대 규모의 적이 진지를 점령하고 있었다. 맨 왼쪽의 적 소총병은 계곡 바닥에서 위로 600m 되는 높은 곳에 위치하고 있었다. 소총병들은 치몰레 시를 향해 호를 파고 들어가 있었지만 바닥이 암석이어서 깊게 파지는 못했다. 적 진지는 주로 바위와 돌을 쌓아올려 만들었다. 로디나 산의 진지와 도로 양쪽의 진지는 철조망이 가설되었다. 코르네토 산의 진지는 수직암벽과 급경사로 접근이 불가능하기 때문에 철조

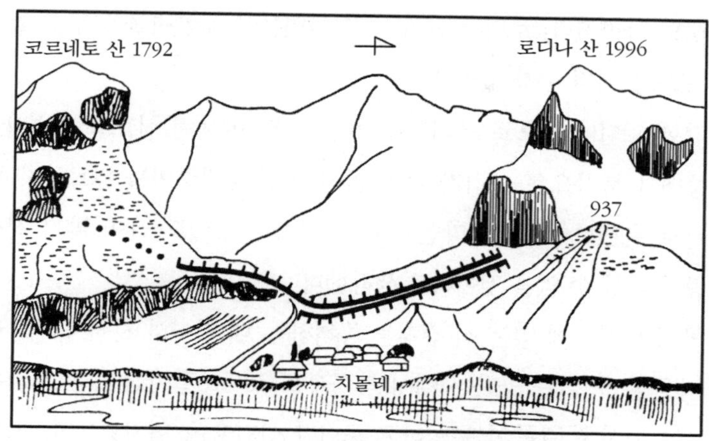

【그림 60】 치몰레 서쪽 적 진지(동쪽에서 본)

망을 치지 않았다.(그림 60)

나는 지난밤에 이러한 진지를 정면 공격으로 탈취하겠다고 스프뢰세르 소령에게 약속했다. 이 약속을 지킬 수 있을까? 나는 정면 공격이 훨씬 더 쉬울 것이라고 생각했다. 그러나 이와 같이 불리한 여건 속에서 공격을 시도해야 했다. 넓은 정면을 가지고 도로의 양쪽에서 정면 공격을 하려면 철조망이 가설된 로디나 산의 적 진지를 공격하는 수밖에 없었다. 이럴 경우 우리는 노출되어 코르네토 산으로부터 적의 측방 사격을 받아야 했다. 물론 적이 점령하고 있지 않은 치몰레의 북쪽 800m 떨어진 로디나 산의 감제고지 맨 끝쪽에 기관총 여러 정을 걸어놓고 응사를 한다면 부분적으로 적의 위협을 감소시킬 가능성은 있었다. 그러나 철조망이 가설된 진지를 공격하는 데 필요한 적절한 화력 지원을 제공할 수 있는지의 여부에 관해서는 크게 장담할 수가 없었다. 코르네토 산 진지에 대한 공격은 전혀 가망이 없었다. 이곳의 적은 로디나 산 진지로부터 측방 사격의 지원을 받지 않고 바위만 굴려보내도 우리의 공격을 충분히 저지할 수 있었다. 해가 떴으니 로디나 산이나 코르네토 산을 경유하여 적을 포위할 가능성도 사라졌다. 로디나 산의 동쪽 사면은 수직암벽을 이루고 있어서 그 누구도 올라갈 수가 없었다.

야간에 로디나 산으로 올라간 2중대로부터 아무런 신호도 없었다. 나는 2중대가 북쪽으로 올라가 날이 밝기 전에 공격준비를 완료하지 못한 것으로 추측했다. 또한 쉴라인 부대와 괴슬러 부대도 날이 밝기 전까지 포위공격을 할 수 없을 것이라고 생각했다.

치몰레의 서쪽에 있는 적 진지를 공격하는 데 있어서 지원사격을 적절하게 제공할 수 있는 곳은 시에서 북쪽으로 800m 떨어진 작은 고지뿐이었다. 이 능선은 관목이 무성하고 로디나 산기슭에 위치했으며, 고도는 1,200m였다. 치몰레 교회 탑에서 망원경으로 공격지형을 철저하게 분석하고 나서 다음과 같이 결심했다. 치몰레에서 북쪽으로 800m 떨어진 감제고지에서 여러 정의 경기관총 사격으로 코르네토 산의 적 수비대를 고착시킨 다음, 계곡과 도로 양측에서 공격해 올라간다.

나는 서너 시간에 걸쳐서 적에게 발각되지 않고 다음과 같은 일들을 끝냈다. 우선 트리비히Triebig 소위가 지휘하는 제1중대의 경기관총반을 인솔하여 치몰레에서 북쪽으로 800m 떨어져 있는 고지 위의 덤불 속에 배치하고 사수들을 모아놓고 명령을 하달했다. 그리고 나서 고지로부터 뛰어 내려와 잔여 부대(1중대의 잔여 소대, 2중대 및 제1기관총중대)를 치몰레 바로 서북쪽에 위치한 엄폐된 경사면에 집결시키고 각 부대별로 임무를 부여했다. 한동안 공격을 개시하지 않았다. 나의 지휘소는 제1기관총중대에 인접해 있었고, 통신분대는 1중대와 3중대는 물론 800m 떨어져 있는 경기관총반까지 유선을 가설했다.

우리가 공격준비를 하고 있는 동안에 4문의 산악곡사포와 여러 정의 제26근위보병연대 소속 제1대대 기관총이 롬멜 부대와 사전협조나 아무런 계획도 없이 치몰레 교회 근처에서 협로의 적 진지에 사격을 개시했

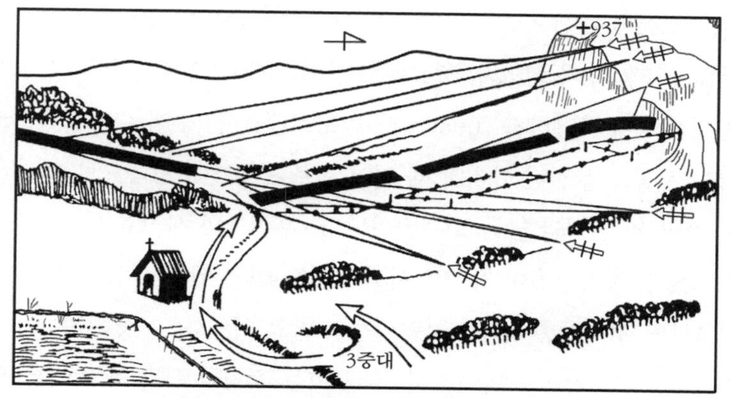

【그림 61】 **치몰레 서쪽 공격**(동쪽에서 본)

다. 이와 같은 독자적인 사격은 나의 공격계획과 일치하지 않기 때문에 나는 스프뢰세르 소령에게로 달려가서 사격중지를 요청했다.

09:00시에 1중대의 경기관총반에 사격개시 명령을 하달했다. 명령에 따라 4정의 경기관총은 코르네토 산 경사면의 맨 왼쪽 소총병들을 제압했고, 2정의 경기관총은 코르네토 산의 다른 수비대를 고착시켰다. 물론 적과의 거리는 경기관총의 사거리를 초과했지만(1.5km 이상 되었음) 사격효과는 대단히 만족스러웠다. 우리는 쌍안경으로 경기관총의 위력을 여러 곳에서 확인했다. 동남쪽의 적 수비대는 노출되어 있었으나, 그들을 명중시키지는 못했다. 그러나 적은 우리의 사격에 위협을 느끼고 산병호(散兵壕)를 버리고 아직까지 위협을 받지 않은 좌측의 인접부대 지역으로 대피했다. 산악부대의 경기관총은 이들을 추적하여 지향사격을 가하여 새로운 진지에 대피한 적까지도 위협했다. 적은 다시 우리의 사격을 피하기 위하여 도로의 남쪽 진지로 신속하게 도주했다.(그림 61)

우리의 사격을 받고 처음에는 소수의 병력이 도주했지만 얼마 안 되어 1개 소대가 모두 도주했다. 내가 바로 이러한 때를 기다리고 있었던 것이다. 제1기관총중대로 하여금 사격을 개시하도록 명령했다. 이 순간까지 우리는 코르네토 산으로부터의 측방 사격에 노출되어 있었기 때문에 이 진지를 점령할 수가 없었다. 코르네토 산 수비대는 축출되었다. 중기관총 중대가 사격에 가담하자 700m 떨어진 코르네토 산의 적 수비대(약 1개 중대 병력)는 공포에 질린 나머지 떼 지어 협로 통로에서 남쪽으로 160m 떨어진 절벽 위 진지의 남쪽으로 달아났다. 우리들의 사격효과는 매우 만족스러웠다. 중기관총이 차례로 사격에 가담했다. 이 밖에도 우리는 감제 진지로부터 경기관총 6정의 지원사격을 받고 있었다. 전방에 있는 적들은 비좁은 참호 안으로 달아났다. 이 참호는 적병들로 꽉 차 있어서 맹렬하게 쏘아대는 기관총의 하향사격을 거의 피할 수가 없었다.

3중대에게 도로 양쪽을 따라 공격하도록 명령했다. 3중대는 코르네토 산의 경사면으로부터 적의 사격을 받지 않아 두려울 것이 하나도 없었고, 기관총중대는 그 밖의 적 진지를 고착시키고 있었다. 기관총은 훌륭하게 임무를 수행했다. 3중대가 로디나 산의 경사면으로부터 가해오는 이탈리아군 수비대의 사격을 엄폐하면서 종심 깊은 제대로 전진하는 동안 전방과 위쪽에서 우리 자동화기들이 적병으로 가득 찬 도로의 남쪽 적 진지를 제압하고 있었다. 자동화기들은 또한 도로 북쪽의 적을 고착시키고 견제했다. 도로 남쪽의 적 진지에서 적은 퇴각하여 후방으로 도주했다. 적은 500m 거리에서 사격하는 독일군의 조밀한 기관총 화망을 뚫고 도주하기가 매우 어려웠다. 도주하던 대부분의 적은 몇 분 안에 소탕되었다. 나는 기관총중대에 위치하고 있으면서도 좌후방의 경기관총화력분견대(1중대에서 차출)와 유선이 가설되어 있어서 완전한 사격통제를 실시했다.

3중대는 적의 철조망에 도달하여 경기관총과 중기관총의 물샐틈없는 지원하에 협로 진지로 돌진했다. 우리는 승리했다!

나는 화력분견대에게 사격을 계속하라고 명령하고 3중대가 전진한 같은 도로를 따라 탈취한 협로 진지로 신속하게 달려갔다. 로디나 산의 경사면에 배치된 적 수비대는 여전히 진지를 고수하고 있었다. 나는 대대 본부에 협로 진지를 성공리에 탈취했다고 보고하고 자전거병은 물론 기마병도 말을 끌고 속히 뒤따라 오라는 지시를 했다.

탈취된 협로 진지에 도착해 보니 로디나 산 수비대의 장교 2명과 사병 200명이 무기를 버리고 투항했다. 우리에게는 경상자만 몇 명 생겼을 뿐 전사자가 한 명도 없는 것이 무엇보다도 기쁜 일이었다. 적 진지를 이렇게 거의 피해도 없이 탈취하리라고는 전혀 예상하지 못했다.

적 수비대는 서쪽으로 도주했다. 다음에 내가 할 일은 적을 추격하여 가능한 한 신속히 피아베 계곡을 탈취하는 것이었다.

교훈

11월 8일 야간에 치몰레의 서쪽에 위치한 적 진지에 대하여 보다 철저하게 전투정찰을 실시했더라면 정찰대에 대한 적의 기습사격을 미연에 방지할 수 있었을 것이다.

한편 적이 사격을 가해 옴으로써 우리들은 그들의 정확한 위치를 식별할 수 있었다. 특히 절묘했던 것은 도벨만 중사가 관측병으로서 적의 화기로부터 나오는 섬광을 보고 사격진지를 알아내는 기술이었다.

전술적 견지에서 볼 때 치몰레에서의 공격은 뚜렷한 성과를 얻을 때까지만 해도 어려운 문제들이 상당히 있었다. 비록 원거리에서 경기관총 사격을 실시했지만, 적에게 미치는 심리적 효과도 고려해 보았다. 코르네토 산을 포기하고 도주한 이탈리아 병사들은 그들 전우에게 공포심을 불러일으켰다.

치몰레의 서쪽에 위치한 적을 공격하는 데 있어서 지원화기의 상호협조는 완전 무결하였다. 3중대가 공격하기 직전에 돌파지점에 집중사격을 가했다. 유선통신망이 잘 유지되어서 사격통제를 효과적으로 수행할 수 있었다.

Ⅳ 에르토 및 바존 협곡 추격

패주하는 적을 잠시라도 그냥 내버려두면 적 지휘관들은 병사들을 집결시켜 다시 반격할 수 있는 기회를 가지게 되므로 우리들은 재편성할 겨를도 없이 전 병력을 투입하여 추격하기로 했다. 후속 부대와 화력분견대에게 전속력으로 도로를 따라 이동하도록 명령했다.

탈취한 진지 서쪽으로 300m 떨어진 로디나 산 기슭으로부터 가해 온 기관총 사격으로 우리의 추격이 지연되었다. 제2중대의 기관총반은 꽤 높은 고지에 배치되어 있었기 때문에 멀리서 적군과 아군을 식별할 수가 없었다. 그래서 이들은 추격하는 우리를 이탈리아군으로 오인하고 무작정 기관총 사격을 가하게 되었다. 우리는 이 사격을 피할 수가 없어서 몇 분 동안 매우 어려운 지경에 빠졌다. 그러나 다행히도 그들은 자기들의 과오를 알아차리고 사격 방향을 다른 곳으로 돌렸다. 그 동안 우리는 적을 놓치고 말았다. 우리는 롱가로네에 가까운 지점까지 도달한 후 더 이상 지체하고 싶지 않아 잃어버린 시간을 되찾기 위하여 추격속도를 더 내야 했다. 나와 스트라이케르 소위는 3중대의 선두를 인솔하고 10시 10분에 성 마르티노에 도착했다. 그 뒤를 이어 곧 자전거병들과 기마대가 치몰레에서 본부의 군마(軍馬)를 데리고 도착했다.

도로는 북쪽으로 상당히 넓은 폭으로 커브를 이루면서 에르토에카소 *Erto-e-Casso* 마을의 성 마르티노에서 서쪽 800m 되는 지점으로 나 있었다. 도로 양쪽의 산은 도로에서 떨어져 있었으며, 600m 전방에서 이탈리아군의 소규모 밀집부대가 도로를 따라 패주하고 있었다. 나는 즉각 경기관총 한 정을 거치시키고 우리가 적과 교전할 때에 한해서 지원사격하도록 했다. 우리는 도로를 따라 적을 추격했다. 우리들은 자전거나 말을 타고 제일 뒤에 처진 적을 달려가 생포했다. 무기를 버리고 투항하라고 고함치며 포로들이 가야 할 방향을 지시하는 것만으로도 충분했다. 우리는 에르토를 지나 적을 계속 추격했다. 거리에는 여기저기 소와 말들이 매여 있었지만 조용했다. 우리가 뒤쫓아 잡은 적들은 전혀 저항을 하지 않고 두 손을 들었다.

종대의 선두 앞에서 벌어지고 있는 추격은 마치 경마장의 말과 흡사했고, 종대의 후미는 마치 군 수송열차의 맨 끄트머리와 같이 까마득하게 보였다. 병사들은 숨을 헐떡거리며 경기관총과 중기관총을 메고 따라왔다. 롬멜 부대의 노상(路上) 종대거리는 수 km나 되었다. 모든 소총병들은 지금 적을 뒤쫓고 있는 중이며, 추격의 성패는 속도에 달려 있다는 것을 잘 알고 있었다.

우리가 에르토를 향해 전진함에 따라 계곡의 폭이 좁아졌으며, 도로는 바존 협곡으로 통해 있었다. 우리의 목표인 피아베 계곡까지는 아직도 4km나 남아 있었다. 바존 협곡은 대단히 좁고 깊었으며, 길이는 3.2km나 되었다. 이 협곡이야말로 통과하기가 가장 어려운 지역이었다. 120~180m 높이의 수직암벽을 폭파시켜 만든 도로 입구는 북쪽 암벽을 따라 지나갔다. 40m의 교량이 협곡 중턱에 걸려 있었고, 150m 아래에서 요란스럽게 소리를 내며 세찬 계곡 물이 흘러 내려갔다. 수많은 작은 협곡에도 다리가 놓여 있었고, 도로에는 여러 개의 긴 터널이 있었다. 이 도로를 폭파시켰더라면 적어도 며칠간은 롱가로네에 들어가는 도로를 봉쇄할 수 있었을 것이다. 폭파는 고사하고 터널 입구에 기관총 한 정만이라도 거치하고 사격을 가했더라도 오랫동안 우리의 추격을 저지할 수 있었을 것이다. 이러한 나의 공상은 지도를 보고 생각이 떠올랐을 뿐이고 그 실현성 여부에 관해서는 시간이 없어서 실제로 답사하지는 못했다.

에르토를 통과한 후에는 내리막길이어서 말보다 자전거가 훨씬 유리했다. 자전거병들은 도로 모퉁이에서 많은 이탈리아 피난민을 앞질러 간 뒤에는 우리의 시야에서 사라졌다. 그 후 곧 총소리가 들렸다. 전방 저 멀리서 적의 자전거 한 대가 서쪽으로 질주해 갔다. 우리는 신속하게 말을 몰아 첫 번째 캄캄한 터널로 들어갔다. 바로 그때 100m 전방에서 폭약이 굉장한 소리를 내며 터져 하마터면 말에서 떨어질 뻔했다. 우리는 캄캄한 터널을 더듬어서 출구로 나갔다. 나중에 안 것이지만 그 당시 이 터널에는 이탈리아군이 꽉 차 있었다. 50m 앞으로 나갔을 때 폭발로 인하여 깊은 구덩이가 생긴 것을 목격했다. 적은 바존 협곡의 측면 소협곡에 놓인 한 교량을 폭파시켰다.

자전거병들은 어디까지 갔을까? 서쪽 멀리에서 전투가 벌어진 것으로 보아 그들이 싸우고 있음이 분명했다. 말에서 내린 다음, 나는 뵈른Wörn 기마전령에게 가능한 한 빨리 각 중대를 이곳으로 유도해 오도록 명령했다. 그 후 우측으로 기어 올라가 폭파되어 부서진 다리를 건너 맞은편 도로로 올라갔다. 우리는 총소리가 나는 곳으로 달렸다.

자전거병들은 바존 협곡을 건너는 교량의 북단에 위치한 교량 초소 뒤쪽에 있었다. 그들은 교량의 맞은편에 있는 터널에서 나와 트럭에 승차하려고 하는 이탈리아 병사들에게 사격을 가하고 있었다. 아무리 보아도 그들은 사전에 장치한 폭약으로 모든 교량과 터널을 폭파하려고 잔류한 폭파조임에 틀림이 없었다. 자전거병들은 폭약이 터지기 몇 초 전에 교량을 건너왔다고 보고하고 피셔Fischer 하사가 타 들어가는 도화선을 제거하려다가 교량과 함께 폭사했다고 말했다.

또 하나의 교량이 우리 앞에 놓여 있었다. 이 다리의 길이는 40m이고, 150m 아래에는 요란하게 소리를 내며 계곡 물이 흘렀다. 이 교량은 이탈리아에서 가장 높은 위치에 가설된 다리로 알려졌다. 적은 다리의 깊숙한 곳에 폭약을 장치해 놓았고, 우리는 그 폭약의 퓨즈가 이미 점화되어 있지 않나 하고 걱정했다. 적은 사격을 중지하고 터널 입구에서 자취를 감추었다. 철수한 것 같았다. 이 교량이 우리가 건너기 전에 폭파된다면 피아베 계곡을 눈앞에 두고 복구할 때까지 며칠 동안은 머물러 있어야 할 것이다. 즉각적인 결단을 내려야 했다.

나는 가장 용감하고 신뢰할 만한 2중대의 브뤼크네르 하사에게 다음과 같이 명령했다.

"도끼를 가지고 신속히 건너가 교량으로 연결된 모든 도화선을 끊어라. 이 작업이 완료되는 대로 즉시 우리들은 밀집대형으로 교량을 따라가면서 교판(橋板) 옆에 있는 퓨즈를 제거하겠다."

수많은 케이블 선이 교판 밑으로 연결되어 있었다. 나는 이탈리아군이 혹시 전기 점화장치를 사용하지 않았나 하고 우려했다. 브뤼크네르 하사는 부여된 임무를 훌륭하게 완수했다. 그가 마지막 케이블 선을 절단하자 나는 자전거병들을 인솔하여 퓨즈를 제거하면서 교량을 신속하게 건너갔다. 이렇게 하여 우리는 교량을 원상태 그대로 확보하였다. 우리는 전속력으로 피아베 계곡으로 달려갔다. 우리들은 적의 폭파조가 도로 곳곳에 있는 협로를 폭파하지 못하도록 이를 막아야 했다. 브뤼크네르 하사가 수명의 자전거병들을 대동하여 앞으로 달려갔다. 후속 부대에게는 사력을 다해 전진할 것을 명령했다. 여러 개의 터널을 지나자 도로는 협곡 출구까지 내리막길이었다. 폭파시켜서 만든 도로는 450m 높이의 수직암벽 밑을 지나갔다. 총소리가 들리지 않은 것으로 보아 브뤼크네르 분대는 무사히 협곡의 출구에 도달한 것 같았다.

11:00시에 나는 3중대와 본부에서 차출된 소총병과 자전거병 등 약간 명을 인솔하여 협로의 출구에 도착했다. 이때 우리가 가지고 있던 화기는 고작 칼빈 10정뿐이었다. 롱가로네까지는 1.6km도 채 되지 않는다. 롱가로네는 경치가 아름다웠다. 우리 앞에는 피아베 계곡이 가로놓여 있고 정오의 태양이 찬란하게 빛나고 있었다. 150m 아래에는 푸른 계곡 물이 여

【그림 62】 롱가로네 부근의 피아베 강(동쪽에서 본)

러 갈래의 넓은 암석하상을 따라 줄기차게 흘러 내려갔다. 맞은편 저 멀리 길고 좁은 롱가로네 마을이 있었고, 마을 뒤에는 1,800m 높이의 절벽이 하늘 위로 치솟았다. 이탈리아군의 폭파조 차량이 피아베 교량을 건너고 있었다. 서안의 계곡 도로에는 각종 부대의 끝없이 긴 행렬이 이동하고 있었다. 이 행렬은 북쪽의 돌로미테스 산맥으로부터 건너와서 롱가로네를 지나 남쪽으로 향하고 있었다. 리발타*Rivalta*는 물론 롱가로네 마을과 역에는 각종 부대가 집결하여 대혼잡을 이루고 있었다.(그림 62)

V 롱가로네 전투

우리가 직면했던 상황은 제1차 세계대전 중 많은 군인들이 겪었던 상황과는 전혀 달랐다. 좌우측에 1,980m의 높은 산들로 둘러싸인 좁은 협곡을 따라 질서 정연하게 퇴각하고 있는 수천 명의 적들은 그들의 측방에

【그림 63】 바존 협곡의 남쪽 입구 진지(서쪽에서 본)

가해지고 있는 위험을 전혀 깨닫지 못했다.

우리들은 사기충천(士氣衝天)했다. 적이 더 이상 퇴각하지 못하도록 퇴로를 차단하기로 했다. 나는 즉각 도로의 남쪽 100m 떨어진 덤불 숲에 2명의 칼빈 소총병을 배치하고, 1.4km 떨어진 거리에서 리발타-피라고 도로를 따라 퇴각하는 적에게 사격을 개시했다. 우측에는 암벽이 있고, 좌측에는 피아베 계곡이 있어 적은 더 이상 옴짝달싹할 수 없게 되었다. 3중대의 선두 부대가 숨을 헐떡거리며 협로 입구에 도착하여 사격에 가담했다.(그림 63)

우리가 몇 분 동안 사격을 가하자 적의 행렬은 둘로 갈라졌다. 북쪽의 반쪽 대열은 롱가로네 마을 쪽으로 다시 되돌아갔고, 남쪽의 반쪽 대열은 오던 길로 발걸음을 재촉했다. 몇 분 후에 적은 다수의 기관총으로 우리에게 응사했다. 그러나 우리는 바존 협곡의 도로 입구에서 벗어나 전사면의 덤불 숲 속에 양호한 진지를 점령하고 있었기 때문에 적의 사격은 별로 효과가 없었다. 이탈리아군은 도로와 바존 협곡의 위쪽에만 사격을 가함으로써 우리 후속 부대의 전진을 지연시켰다.

롱가로네 마을에 집결한 소규모 병력의 적이 남쪽으로 탈출하려고 시도했다. 바존 협곡의 남쪽에서 2정의 경기관총을 가진 3중대의 1개 소대가 빠져나가려고 발버둥을 치는 적에게 급사격을 가했다.

전령 한 명이 적 보병 1개 중대가 우리의 후방 암벽에서(854고지 방향) 내려오고 있는 것을 발견하였다. 나는 사선(射線)에서 몇 명의 소총병과 한 정의 경기관총을 서쪽으로 보내어 새로운 위협에 대처했다. 적은 횡대 대형으로 계속 암벽에서 내려와 300m 이내로 접근해 왔다. 우리가 사격을 개시하면 적은 총탄에 맞은 전우를 구하려고 틀림없이 다른 서너 명이 달려들어 함께 절벽 아래로 굴러 떨어질 것이므로 사태는 매우 낙관적이었다. 꼭 성공하리라고 확신했다. 그러나 즉각 사격을 하지 않고 적에게 투항하라고 외쳤다. 적은 이미 승패는 결정났다고 판단했는지 투항했다. 우리가 적을 5분만 늦게 발견했더라면 적은 가파른 절벽 뒤에서 우리에게 큰 피해를 입혔을 것이다.

피아베 계곡에 있던 적은 롱가로네 마을의 동쪽에 위치한 교량을 폭파했다. 적은 밀집대형으로 무두*Mudu* 방향으로 이동하려고 시도했으나 우리의 사격으로 그 뜻을 이루지 못했다. 소규모의 부대들이 남쪽으로 침투하여 무두와 벨루노*Belluno* 방향으로 퇴각했다. 적의 여러 개 포대가 롱가로네 마을의 남쪽 고지에서 포격을 가했지만 전세는 바뀌지 않았다. 이들 포대는 바존 협곡의 우리 위치를 발견하지 못했다. 수십 발의 적 포탄이 협로, 바존 협곡과 그 전방, 그리고 도로 위의 절벽에만 떨어졌다. 적의 기관총과 포병의 사격으로 돌과 바위가 굴러 떨어졌지만 11:00시쯤에 1중대, 제1기관총중대의 1개 소대, 그리고 3중대의 잔여 병력이 바존 협곡 입구에서 남쪽으로 떨어진 고지에 도착했다.

피아베 강의 서안에 있는 벨루노로 이르는 도로와 철로를 봉쇄하고 북쪽에서 오는 적을 모두 사로잡기 위하여 나는 1중대에 1개 중기관총소대를 증강시켜 도냐를 경유, 피라고 근처 피아베 강의 서안으로 이동시켰다. 3중대는 1중대가 이동할 때 엄호사격을 실시했고, 또한 적이 밀집대형으로 이동하지 못하게 했다.

1중대는 대오(隊伍)를 좁혀 도냐 방향으로 달려갔다. 1중대가 전진하는 진로는 엄폐물이 전혀 없는 가파르고 풀이 무성한 경사면이어서 적의 관측에 완전 노출되었다. 이탈리아군의 기관총과 포대는 1중대 쪽으로 사격 방향을 돌렸지만 최소한의 피해로 도냐 마을에 도착하여 민가에 대피했다. 적의 기관총과 포병은 더욱 맹렬하게 바존 협곡에 사격을 가했다.

1중대는 도냐의 서쪽에서 피아베 강의 강바닥을 따라 계속 전진했다. 그러나 강바닥은 적의 관측과 사격을 피하는 데 별로 도움을 주지 못했다. 롱가로네 마을의 적이 즉각 1중대에게 빗발치듯 포격을 가했기 때문에 막심한 병력손실을 피하려고 1중대는 도냐 마을로 신속히 후퇴했다. 상황이 이렇게 되자 나는 본부를 도냐로 급히 이동시켰다. 3중대까지 유선이 가설되었다. 적의 기관총과 포병은 우리가 이동하는 것을 보자 맹렬히 사격을 가했다. 우리는 사격을 피하기 위하여 있는 힘을 다하여 달려갔다.

내가 도냐에 도착하기 직전에 1중대가 피아베 강의 강바닥을 건너 철수하여 도냐로 돌아왔다. 나는 1중대의 실패에 비관하지 않았다. 1중대의 모든 병력이 피아베 강의 적 화망지대를 뚫고 돌진하는 데에는 실패했지만, 소수 병력으로 유리한 지형을 이용하여 남쪽으로 멀리 우회하여 침투할 수 있는 기동이 전혀 불가능하다고는 생각하지 않았다.

중기관총소대를 한 민가의 2층에 배치하고 1km 떨어진 피라고의 간선도로와 철로의 교량을 제압하도록 했다. 이 교량으로 이탈리아군의 소부대들이 무수히 남쪽을 향해 이동하고 있었다. 중기관총소대의 임무는 간선도로로 적의 대부대가 이동하지 못하게 하는 것이었다. 우리는 기관총 당 탄약이 1,000발 미만이어서 탄약을 절약해야 했다.

그 후 나는 특히 유능한 분대장들이 이끄는 여러 정찰분대를 피아베 강으로 보냈다. 정찰분대장들에게 산개 대형으로 피아베 강을 건너, 일단 서안에 도착하면 피라고 근처까지 이동하여 남쪽으로 내려오는 소규모의 적 부대들을 모두 생포하고, 포로는 피아베 강을 건너 도냐 마을로 보내라고 했다. 정찰대의 임무는 매우 곤란한 것이었고, 분대장들뿐만 아니라 병사들에게도 최고의 기술과 민첩성이 요구되는 일이었다.

5개의 정찰분대가 강력한 지원사격하에 전방으로 이동했으나 그다지 멀리까지 진출하지는 못하였다. 이러한 상황하에서 과연 1개 정찰분대라도 피아베 강의 서안에 도달할 수 있을지 의문이었다.

우리가 이렇게 작전하고 있을 때 스프뢰세르 소령이 통신중대와 배속된 제26근위연대 제1대대를 이끌고 협로의 입구에 도착했다. 나의 요청에 따라 통신중대가 3중대와 교대하였으며, 3중대는 도냐 마을로 이동, 우리와 합류했다.

적은 여전히 800m 폭의 강바닥에 노출된 모래 제방을 기관총으로 소사하고 있었지만 우리 정찰분대들은 전혀 보이지가 않았다. 14:00시경 나는 1중대와 3중대를 지휘하여 도냐 마을로부터 광정면에 걸쳐 피라고 방향으로 공격을 개시했다. 나의 의도는 피아베 강을 건너 전 부대의 화력으로 서쪽의 계곡도로를 봉쇄하는 것이었다. 우리가 몇 백 m 전진했을 때 적의 기관총 사격과 포격을 받고 땅에 엎드렸으며, 적 사격을 피하기 위하여 호를 파야 했다. 이리하여 우리는 적의 퇴각선으로부터 600m 떨어진 넓은 정면에서 전개하여 우리 정찰대에게 가하던 적의 사격을 우리 쪽으로 돌리게 할 수 있었다.(그림 64)

나는 5개 정찰분대 중 1개 분대도 피아베 강의 서안에 도달했을 것 같

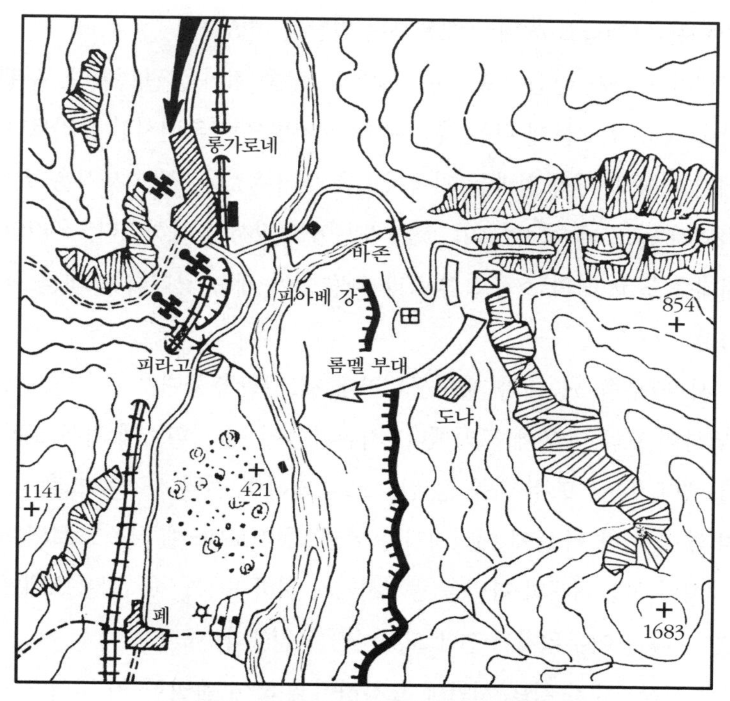

【그림 64】 피라고와 페 지점에서 피아베 강 도하

지 않아 스트라이케르 소위와 트리비히 소위가 이끄는 정찰분대를 다시 보냈다. 스트라이케르 소위가 이끄는 정찰분대는 피아베 강의 본류에 떨어진 적 포탄의 파편에 맞아 사상자가 나와 임무수행이 어려워졌고, 트리비히 소위의 정찰분대도 적의 기관총 사격을 받아 부상자가 생겼다. 단 한 명도 강을 건너갈 수가 없을 것 같았다. 양쪽에서 이탈리아군의 포대가 엎드려 있는 우리 부대 지역을 맹타(猛打)했다. 적의 포대는 롱가로네의 바로 남쪽과 데뇬*Degnon* 산(서남쪽) 근처에 배치되어 있었다. 적은 탄약이 충분한 것 같았다.

부대 본부는 강 안의 커다란 바위 뒤에 호를 팠다. 이곳은 이탈리아군 포대의 좋은 표적이 되었다. 적 포병은 암벽 사이로 협차 사격을 실시했지만 우리는 야전삽을 최대한 이용하여 적탄을 피했다.

도벨만 중사가 쌍안경으로 롱가로네의 남쪽 지역을 관측했다. 부관이 정찰을 나갔기 때문에 나는 우리 부대 서기병으로 훈련시킨 블라트만 하사에게 치몰레 시의 전과를 기록하도록 불러주었다. 적의 사격은 조금도 약화되지 않고 계속되었으며, 3중대가 이에 맞서 응사하였다. 우리의 화망지대를 뚫고 적의 소규모 병력과 차량들이 계속 왕래하는 것을 볼 수 있었다.

14시 30분쯤 3중대와 제26근위연대 제1기관총중대가 우리를 지원하기 위하여 도냐 마을에 도착했다. 지휘관들이 내 지휘소에 와서 도착 보고를 했다. 나는 또 부대를 강 안으로 투입하여 적의 사격에 노출시키고 싶지 않아 도냐 마을에 대기시키는 한편, 롱가로네-벨루노 도로와 철로에 배치된 산악대대의 화력을 증강시키기 위하여 1개 중기관총소대만 투입했다. 나는 어두워지기 전에 도하하기를 원했다.

7개 정찰분대가 강의 서안에 도착하기 위하여 출발한 지 서너 시간이 경과했다. 그러나 1개 정찰분대도 도착했다는 보고가 없었다. 정찰분대의 성공 여부를 확인할 길이 없었다. 적은 남쪽으로 계속 내려오고 있었으나, 우리는 그들을 저지시킬 능력이 없었다. 우리의 탄약, 특히 기관총 탄약이 부족해 탄약을 절약해야 했다. 지루한 시간이 흘러갔고, 적은 간혹 우리 병사를 몇 명이라도 죽이려고 무작정 쏘아댔다.

15:00시쯤에 도벨만 중사는 서남쪽 맞은편 경사면에서 산악부대 병사들을 발견했다고 보고했다. 그는 또한 페*Fae*의 서쪽 고지에서 내려오던 한 이탈리아 병사가 민가 뒤에 숨어 있던 우리 병사에게 생포되는 것을 보았다고 했다. 쌍안경으로 확인한 결과 계획대로 작전이 잘 진행되고 있었다. 페를 통과하는 이탈리아군은 한 명도 보이지 않았다.

우리들은 이미 사전에 약속한 대로 포로들이 피아베 강의 동안으로 건너오기만을 헛되이 기다리고 있었다. 사실 나는 포로들이 강을 건너오는 것을 최대한으로 역이용하여 우리 병사들을 도하시키려고 했던 것이다.

15시 30분쯤 수백 명의 적 포로가 우리의 남쪽 2.5km 떨어진 지점에서 피아베 강의 강바닥을 건너고 있는 것을 발견했다. 그러나 대부분의 포로가 이미 동쪽 강변에 도착하여 도냐 마을로 오고 있었다. 롱가로네 근처의 적 포병이 도강하는 포로를 향해 사격하는 동안에 우리가 서안으로 건너갈 수 있는 절호의 기회를 그만 놓치고 말았다. 참으로 분통이 터지는 일이었다. 적 포병은 포로들을 독일군으로 착각하고 사격을 가했던 것이다. 강을 건너지 못한 포로들은 이탈리아군의 포격을 받고 페 근처의 서안으로 되돌아갔다. 이 사건으로 우리에게 불리한 상황이 호전된 것은 아니었다. 적은 기관총과 포 사격으로 우리를 꼼짝 못하게 했다.

일몰 직전에 다수의 적 포로가 페에서 북쪽으로 1.6km 떨어진 431고지 근처 서쪽 끝 지류의 제방에 다시 나타나 피아베 강을 건너기 시작했다. 마침내 기다리던 순간이 왔다. 나는 우리 부대의 주력을 제방 쪽으로 이동시켰다. 도냐 마을의 서쪽에 위치한 우리 진지에게로 향하던 적 사격은 이제 두려울 것이 없었다.

적은 피아베 강의 주류를 건너는 수백 명의 포로에게 사격을 가했고, 우리는 이때를 이용하여 재빨리 강을 건넜다. 포로들이 강을 건너는 것을 보고 우리들은 험한 이 강을 도하하는 최선의 방법을 배웠다. 이 강은 물살이 빠르고 깊이가 가슴 정도의 지류가 많았다. 수영을 잘하는 병사도 혼자서 강을 헤엄쳐 건너다가 급류에 휩쓸려 떠내려갔다. 포로들은 서로 손을 잡고 물살의 세기에 따라 몸을 많이 굽히기도 하고 조금 굽히기도 하면서 능숙하게 강을 건넜다. 일단 강을 건넌 다음 페 쪽으로 방향을 돌렸다. 얼음같이 찬물에 들어갔다 나와서인지 걸음이 더욱 빨라졌다.

페에서 소식이 끊겼던 정찰분대들과 다시 만나게 되어 무척 반가웠다.

정찰분대는 자기들의 활동을 보고했다. 제1중대에서 차출된 16명의 병사를 인솔한 후베르Huber 부중대장과 호네케르Hohnecker 중사는 롱가로네로부터 적의 치열한 기관총 사격을 받으면서도 피라고의 남쪽 1.6km 지점에서 피아베 강을 도하하여 페 성을 점령했다. 이 전투에서 힐데브란트 일병이 전사했다. 페에서 우리 정찰분대들이 벨루노에 이르는 도로와 철로를 차단하였으며, 안전지역에 도착했다고 생각한 롱가로네에서 온 이탈리아군 병사 30~40명을 포로로 잡았다. 쇠펠 소위가 뒤늦게 도착했다. 1중대는 페에서 오후에 전투를 벌인 결과 장교 50명과 사병 780명을 생포하고 다수의 각종 차량을 노획했다.

증원부대의 도착은 무엇보다도 반가운 일이었다. 소수 병력으로 이처럼 많은 포로를 호송한다는 것이 때로는 매우 불안하였다. 특히 이탈리아군 장교는 철저하게 감시해야 했다. 장교 포로들은 후방으로 이동시킬 수가 없어서 성의 2층에 몰아넣고 2명의 산악병사로 하여금 감시케 했다. 이들을 감시하는 것보다 더 중요한 일이 많이 있었다.

정찰분대들이 롱가로네와 벨루노를 연결한 모든 통신선을 끊어버렸다. 롱가로네에 고립된 이탈리아군을 구출하기 위하여 적의 증원군이 올 것이 확실했다. 적어도 데논 산에 배치된 적 포대만은 롱가로네 근처의 상황이 어떠하다는 것을 정확히 알고 있었다. 그래서 나는 뷔르템베르크 산악대대의 1개 중기관총소대로 증강된 제26근위연대의 제3중대에게 페 근처에 위치하여 800m 떨어진 곳에 최전방 전투전초를 배치하고 경계와 정찰을 실시하라는 임무를 부여했다.

나는 더 많은 부대가 나의 지휘하에 들어오리라고는 기대하지 않았다. 뷔르템베르크 산악대대의 포위부대(괴슬러 부대, 쉴라인 부대 및 2중대)는 설령 적과 조우하지 않을지라도 자정 전에 롱가로네의 동쪽 1.1km 떨어진 바존 협곡 입구까지 도착한다는 것은 가망이 없었다. 협곡 입구에는 스프뢰세르 소령이 제26근위연대 소속 제1대대의 잔여병력과 뷔르템베르크 산악대대의 통신중대, 그리고 탄약이 다 떨어진 제377산악곡사포분견대를 지휘하고 있었다.

서쪽 제방을 따라 북쪽과 남쪽으로 피아베 계곡을 봉쇄하는 것으로 만족할 것인가? 아니면 적이 공격할 때까지 기다릴 것인가? 결코 안될 말이지! 이러한 행동은 내 성격상 받아들일 수 없는 것이었다. 나는 롱가로네의 적에게 최후의 일격을 가하기 위해 내 휘하의 부대(뷔르템베르크 산악대대의 제1·3중대와 제26근위연대의 제1기관총중대)로 야간공격을 감행하기로 결심했다.

날이 어두워졌다. 우리가 강을 건너자 즉시 적은 롱가로네에서 페로 철수하는 것을 중지했다. 이탈리아군 포병은 우리가 강을 건넌 곳으로 급속사격을 가했다. 적은 벨루노에 이르는 도로가 봉쇄되었다는 것을 알고 있는 것 같았다. 적은 800명의 포로와 롬멜 부대가 해질 무렵에 강을 건너는 것을 목격한 것이 분명했다. 적은 어떠한 대비책을 세우고 있을까? 야간을 이용하여 돌파작전을 시도할까? 나는 적의 기도(企圖)가 무엇인지 예측하지 않을 수 없었다.

롱가로네를 공격하기로 결심한 다음, 나는 도냐 마을에 배치된 중기관총소대에게 유선으로 롱가로네 방향에 대한 사격을 중지하도록 명령했다. 중기관총소대의 임무는 롱가로네와 피라고 근처의 모든 표적에 대하여 교란사격을 가하는 것이었다.

우리 부대는 북쪽으로 이동하고 나는 첨병분대를 인솔했다. 우리 부대는 다음과 같이 행동했다. 경기관총 사수들은 도로의 우측에서 언제라도 사격할 수 있게 실탄을 장전하고 전진했으며, 소총병들은 좌측의 도랑을 따라 개인 간 거리를 10m로 하여 일렬 종대로 전진했다. 그 뒤에 중대들이 종대 대형으로 따라갔다. 롬멜 부대 본부는 중대의 선두에 위치했다. 이처럼 맑고 조용한 밤에는 적의 보초가 소리를 잘 들을 수 있기 때문에 우리는 가능한 한 소리를 내지 않고 조용히 전진했다.

모든 경계대책을 다 써 보았지만 첨병분대가 피라고의 남쪽 300m 지점에 배치된 적 보초로부터 사격을 받았다. 캄캄한 하늘에 몇 발의 총탄이 번뜩였다. 그러자 내 우측에 있던 경기관총이 맹렬히 불을 뿜었다. 기관총탄은 도로를 휩쓸었고, 우측의 가옥과 도로 좌측의 절벽을 강타했다. 적 보초는 기관총탄에 맞고 쓰러져 응사하지 못했다.

우리는 계속 전진하여 적과 더 이상 조우하지 않고 피라고에 도착한 다음, 낮에 사격으로 봉쇄했던 교량을 통과했다. 도냐 마을에 배치된 기관총 사수들은 유선으로 사전에 연락을 받아서인지 침묵을 지키고 있었다.

우리는 도로를 따라 계속 전진했다. 약 300m 전방의 좌측 절벽 위에 있는 이탈리아군 포병이 우리가 피아베 강을 도하한 지점에 맹렬하게 포격을 가하고 있었다. 포탄은 어두운 밤하늘에 불꼬리를 만들면서 날아갔다. 그야말로 멋있고도 휘황찬란한 불놀이와 같았다.

롱가로네의 민가까지는 불과 100m밖에 남지 않았다. 우리는 서서히 전진했다. 불빛에 도로가 환히 보였는데 검은 담벼락이 도로 위에 가로질러 놓여 있는 것이 보였다. 담벼락까지의 거리는 100m 정도였다. 우리는 그것이 도로의 굴곡부(屈曲部)인지 아니면 도로를 차단한 장애물인지 분간할 수 없었다. 약 30m 전진해서 살펴보니 장애물이었다. 적은 우리가 공격해 올 것을 미리 예상하고 있었던 것 같다.

나는 첨병분대의 전진을 정지시키고 뒤에 있는 기관총중대에게 부대선두로 나오도록 명령했다. 중대장에게 몇 정의 기관총을 도로 양쪽에 조용히 배치하고 철책을 향해 사격준비를 하라고 지시했다. 잠깐 동안 공격준비 사격을 실시한 후에 나는 제1·3중대로 하여금 롱가로네의 남쪽 입구를 점령하려고 했다.

공격준비가 순조롭게 진행되고 있었다. 4정의 중기관총 사수들이 철책 전방 800m 되는 지점에 기관총을 거치하려고 하는 순간 적이 측방에서 갑자기 기관총 사격을 가했다. 도냐 마을에 배치된 아군의 기관총도 우리 쪽으로 사격을 가했다. 사격중지 명령이 전달되지 않았다. 사방에서 불꽃이 튀었다. 우리는 재빨리 총탄을 피하려고 엄폐를 하는데 기관총 사수들은 총 몸통과 다리, 그리고 탄약 상자를 땅에 떨어뜨려 소란을 피웠다. 철책이 열리더니 몇 정의 기관총이 우리가 엄폐한 곳으로 일제 사격을 가했다. 80m 거리에서 몸을 숨길 겨를도 없이 기관총 사격을 받는다는 것은 매우 위험했다. 죽음이 바로 눈앞에 닥쳤다. 응사할 겨를이 없었다. 중기관총은 아직 조립도 되지 않았다. 우리는 몇 분간 십자탄막(十字彈幕) 속에서 죽은 듯이 가만히 엎드려 있었다. 철책 뒤의 적을 수류탄으로 처치하려고 했으나 그만 실패하고 말았다. 거리가 너무 멀었다. 협로를 따라 적의 기관총 사격을 받으면서 공격한다는 것은 거의 불가능했다. 우리는 도로의 반원형으로 패인 곳에 대피했다. 우측방에서 사격을 가해와 우리는 좌측 도랑에 몸을 숨겼다. 수류탄을 던진 결과 오히려 도로 장애물 뒤에 있는 적의 기관총 사수를 더 날뛰게 만들었다. 사상자가 점점 늘어났다. 왼쪽 도랑에 있던 제26근위연대의 기관총중대장이 중상을 입었다. 어두운 탓으로 적의 사격은 정확하지 못했다.

우리의 공격은 무참히 좌절되었고, 남은 길은 병력손실을 줄이기 위하여 최대한 신속하게 현 위치를 이탈하는 것뿐이었다. 적의 사격 때문에 꼼짝할 수 없었다. 나는 대원들에게 육성으로 피라고 근처의 교량으로 후퇴하라고 명령했다. 후속 부대들은 쉽게 뒤로 빠져나갔지만 선두 부대는 고전했다. 적의 사격이 좀처럼 수그러들지 않았다. 그러나 적이 잠시 사격을 늦추는 틈을 타 조금씩 조금씩 뒤로 물러났다. 몇 m라도 뒤로 물러서면 적은 다시 기관총 사격을 가하여 우리는 땅에 엎드려야 했다.

이렇게 몇 차례에 걸쳐 뒤로 물러난 결과 우리는 적의 사격으로부터 다소 안전한 도로 모퉁이까지 철수할 수 있었다. 그러나 이곳에 도착하고 나니 도냐 마을에 배치된 아군의 기관총 사격을 받아 또 한 차례 고생을 해야 했다. 몇 명의 산악부대 병사만이 나를 따라왔다. 일부 병력은 이미 피라고 방향으로 철수했지만 상당수의 병력이 아직도 철책 근처에 그대로 남아 있었다.

갑자기 적이 사격을 중지했다. 곧 이어서 함성이 그쪽으로부터 들리더니 점점 가까워졌다. 우리 산악부대의 함성이 아니었다. 이상하게도 산악부대 병사는 한 명도 나타나지 않았다. 나는 급히 피라고로 달려갔다. 도중 몇 명의 산악부대 병사를 만났다. 그중 한 명이 조명탄용 권총을 가지고 있었다. 피라고 다리에는 아무도 없었다. 이 다리에서 정지하라는 나의 명령이 각 부대에 전달되지 않은 것 같았다.

이탈리아군의 한 무리가 소리를 지르며 도로를 따라 내려왔다. 이들이 공격하는 것인지, 투항하는 것인지 알 수가 없었다. 나는 선두 부대(3중대와 제26근위연대의 기관총중대)가 어떻게 되었는지도 전혀 알지 못했다. 조명탄 2발을 발사하여 상황을 파악하기로 결심했다.

나는 제분소로 가는 교량의 바로 우측 방향 하늘을 향해 조명탄을 발사했다. 조명탄의 불빛을 통해 한 무리가 손수건을 흔들며 피라고 쪽으로 달려가고 있는 것을 목격했다. 이 부대의 선두까지는 100m도 되지 않았고, 조명탄 때문에 나는 그들의 좋은 목표가 되었다. 괴성을 지르면서 이탈리아군은 총 한 방 쏘지 않고 점점 접근해 왔다. 나는 여전히 이들의 의도가 무엇인지 알 수가 없었다.

나를 포함한 4~5명의 소총병만으로는 이들을 막을 수가 없었다. 우리 부대의 주력은 페 방향으로 멀리 철수한 것 같았다. 나는 우리 부대의 주력을 뒤따라 잡아, 방향을 롱가로네 쪽으로 돌려서 밀려오는 적을 저지할

【그림 65】 **피라고 남쪽 도로 봉쇄**(남쪽에서 본)

생각으로 도로 아래쪽으로 달려 내려갔다.

몇 분 후 나는 피라고의 남쪽 300~600m 떨어진 민가 근처에서 약 50명의 병력을 집결시켰다. 스트라이케르 소위가 병력의 반을 지휘하여 도로 우측의 민가를 점거했고, 나머지 반은 도로를 차단시켰다. 병사들은 칼빈 소총으로 사격자세를 취하고 정렬했다. 쇠펠 소위는 좌측에서 암벽에 기대어 있었고, 나와 도벨만 중사는 민가 옆 좌측에 있었다. 내 명령에 따라 사격하라고 모든 병사에게 지시했다. 조명탄용 권총도 없고 조명탄도 없었다. 몰려오는 적의 무리를 정지시킬 수 없었다. 어둠과 시간 부족으로 강 쪽에서 무엇이 일어나고 있는지 알 수 없었다. 우리는 몇 초 내에 사격준비를 모두 완료해야 했다. 적이 함성을 지르며 점점 접근해 왔다.(그림 65)

밤이라서 도로의 시계는 50m밖에 안 되었고, 도로 좌·우측은 캄캄해서 전혀 볼 수가 없었다. 적이 50m 내로 접근하자,

"정지!"

하고 외치며 투항할 것을 요구했다. 적의 함성은 'Yes'도 아니요, 'No'도 아니었다. 아무도 사격하지 않았다. 적은 소리를 지르며 점점 다가왔다.

나는 또다시

"정지! 투항하라"

고 요구했지만 적은 아무런 반응을 보이지 않았다. 10m까지 접근한 적이 갑자기 사격을 가하기 시작했다. 이에 맞서 우리도 일제히 사격했다. 그러나 우리가 재장전하기도 전에(경·중기관총이 없었다) 적의 무리에 압도되어 유린당하고 말았다. 도로에 있던 병사들은 대부분 적에게 잡혔다. 민가에 숨어 있던 병사들은 어둠을 이용하여 피아베 강을 건너 돌아왔다. 그 민가의 2층에는 시커먼 창문만이 달려 있어 방어하기에 매우 적합하지 못한 장소였다. 이탈리아군은 도로를 따라 남쪽으로 달려갔다.

나는 가까스로 제방 쪽으로 뛰어내려 포로 신세는 면할 수 있었다. 도로를 따라 이동하는 이탈리아군보다 앞질러 가기 위해 경작지·개울·울타리 등을 지나 들판으로 달려갔다. 제26근위연대의 3중대와 뷔르템베르크 산악대대의 1개 중기관총소대가 1.6km 떨어진 페에 위치하고 있었다. 그러나 이들 부대는 남쪽을 경계하고 있었기 때문에 북쪽에서 다가오는 위협적인 상황을 알지 못하고 있었다. 이들 부대까지 잃게 되면 나의 부대가 전멸하게 된다고 생각하니 초인적(超人的)인 힘이 생겼다. 발로 더듬어 길을 찾으면서 페를 향해 있는 힘을 다하여 달렸다.

내가 적보다 앞서 페에 도착했다. 가용한 병력을 모두 투입하여 북쪽으로 새로운 방어선을 신속히 구축했다. 최후의 한 명이 남을 때까지 적과 싸우기로 결심했다. 제26근위연대의 3중대가 페의 북단을 점령하자마자 적이 도로를 따라 내려오는 소리가 들렸다. 적이 200~300m의 거리까지 접근했을 때 나는 사격개시 명령을 내렸다. 적은 전진을 즉시 멈추고 기관총으로 제26연대 3중대가 배치된 제방 쪽으로 사격을 가했다. 적은 도로의 좌·우측을 따라 공격해 오는 것 같았다. 1,000여 명의 적군은

"전진! 전진*Avanti*!"

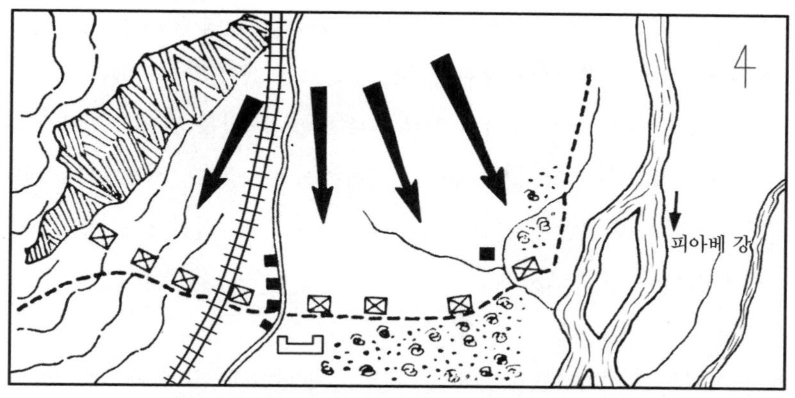

【그림 66】 적의 야간공격 직전의 페 진지

을 외치고 있었다.

남쪽으로 진격해 오는 적을 격파하려면 증강된 나의 중대는 페 성 동쪽 400m 떨어진 피아베의 제재소로부터 페 북단을 지나 서쪽 300m 떨어진 데논 산의 절벽까지 총 700m의 방어 정면을 담당해야 했다. 이 방어선의 중앙에서 이미 제26연대 3중대가 도로의 양측에서 교전하고 있었다. 페와 피아베 강, 그리고 데논 산 사이에 커다란 간격이 생겼다. 나의 최후 예비대라고는 롱가로네로 전진한 1중대와 3중대로부터 잔류시킨 1~2개 분대에 불과하였다.(그림 66)

포위하려는 적의 기도를 탐지하고 전방을 더 잘 볼 수 있게 하기 위하여 나는 1개 분대의 산악대대 병사들에게 피아베 강으로부터 데논 산에 이르는 여러 곳에 불을 지르도록 지시했다. 소총병들은 '최후의 순간이 왔다'는 것을 잘 알고 있었다. 곧 제재소가 불타올랐고, 도로의 우측 50m 떨어진 곳에 쌓여 있던 건초더미와 도로 좌측의 민가에서 불길이 솟아올랐다.

제26연대 3중대 병력 일부를 중대지역에서 철수시켜 부족하지만 그런대로 간격을 메우는 데 투입했다. 우리는 적의 맹렬한 사격을 받으면서도 방어 정면의 모든 간격을 연결했다. 나의 용감한 전령 웅게르Unger는 피아베 강의 동안으로 가서 증원병력을 데리고 오겠다고 건의했다. 웅게르는 수영을 잘해서 능히 자기의 임무를 수행할 수 있을 것으로 생각했다. 수십 정의 적 기관총이 성벽 쪽으로 맹렬하게 난사했다. 적 보병은 100m 떨어진 도랑과 밭고랑에 밀집하여 공격준비를 하고 있었다. 소총과 기관총의 요란한 총성 속에서도

"전진! 전진*Avanti*!"

하고 외치는 소리가 여러 차례 들려왔다. 제26연대 3중대와 산악대대의 유능한 병사들은 급속사격을 가하여 적이 머리를 들고 전진할 수 없게 했다.

도벨만 중사는 중상을 입고도 제재소 근처의 벌판을 가로질러 우리 지역으로 돌아왔다. 역전의 용사 도벨만 중사는 피라고의 남쪽 300~600m 떨어진 민가 근처의 도로에서 나와 함께 야간전투를 벌이다가 가슴에 총탄을 맞았지만, 적의 포로가 되지 않고 아군지역으로 돌아온 것이다.

우세한 적이 어떤 지점에서라도 우리의 약한 1선 배치의 방어선을 뚫고 침투할 경우를 대비하여 나는 소총병 약간 명을 예비로 보유하고 있었다. 성 2층에서는 2명의 우리 병사가 포로가 된 이탈리아 장교 50명을 계속 감시하고 있었다. 이탈리아군의 장교들은 자기들의 우군부대가 가까이서 공격하고 있다는 것을 알고 매우 흥분했지만 2명의 감시병에게 덤벼들지는 않았다.

북쪽 성곽에는 적탄이 빗발치듯 쏟아졌다. 대부분의 3중대 병력은 페북단의 한 제방에 진지를 구축하고 적이 위치한 제방으로 비록 조준사격은 아니지만 맹렬하게 응사했다. 이탈리아군이 사격을 증가하면 우리도 사격을 늘렸다. 이렇게 사격전만을 계속한다면 자연히 막대한 양의 탄약이 필요했다. 프베르와 프네크케르 정찰대가 오후에 성에서 노획한 대량의

무기와 탄약에 의존하지 않았더라면 우리는 벌써 탄약이 떨어졌을 것이다. 교전 도중에 몇 명의 산악부대 병사들이 제26연대 2중대 병사들에게 이탈리아군의 소총과 탄약을 운반하여 가져다주었다. 그러나 도로 양쪽에 배치된 중기관총소대는 기관총 한 정당 50발의 탄약밖에 남지 않았다.

장교라고는 나와 3중대장, 그리고 프베르 부중대장뿐이었다. 그 밖의 장교들은 적에게 포로가 된 것 같았다. 스트라이케르 소위가 없는 것이 안타까웠다.

몇 시간에 걸쳐 치열한 공방전이 계속되었다. 피아베 강과 데논 산 사이의 전선에는 피아 병력이 집결되어 있었으며, 적은 몇 차례에 걸쳐 인해전술로 우리를 압도하려고 시도했다. 우리는 중단하지 않고 속사를 가하여 적의 돌파시도를 모두 저지했다. 남쪽은 제26연대 3중대 병사 6명이 경계임무를 담당하고 있었다. 이쪽에 투입할 병력이 없었다. 자정이 가까웠다. 증원군이 오기를 목이 빠지게 기다렸으나 허사였다. 우리는 제22근위사단과 뷔르템베르크 산악대대의 다른 부대가 피아베 강의 동안에 도착했으리라고 생각했다. 스프뢰세르 소령의 지휘소까지 유선이 가설되지 않았다.

자정이 지나자 적의 사격은 약화되어 우리는 안도의 숨을 내쉬었다. 얼마 안 되는 엄폐물을 기술적으로 잘 이용하여 우리 측은 큰 손실을 입지 않았다. 우리는 열심히 진지를 보강했다. 전초로부터 적이 철수하고 있다는 보고가 들어왔다. 모든 사격이 멈추자 나는 적과 계속 접촉을 유지하기 위하여 정찰대를 보냈다. 한 정찰대는 근접전투에서 그들의 유능한 지휘관을 잃었으며, 다른 정찰대는 우리 진지로부터 얼마 안 떨어진 곳에서 투항한 600명의 적병을 데리고 01:00시에 돌아왔다. 대부분의 적은 롱가로네로 철수했다.

02:00시에 증원군이 도착했다. 제2중대 전 병력이 파이에르 중위의 지

【그림 67】 03시 이탈리아군 야간공격(남쪽에서 본)

휘하에 로디나 산을 우회하여 도착했고, 1중대와 3중대의 주력이 피라고의 남쪽에서 야간전투를 벌인 후 피아베 동안으로 철수했다가 다시 돌아왔다. 또한 제1기관총중대의 잔여 병력은 충분한 탄약을 가지고 도착했으며, 크렘링Kremling 대위가 지휘하는 제26근위연대의 제1·2중대도 도착했다.

전 방어선을 재편성했고, 성 전체가 거점이 되었다. 다량의 탄약을 확보했다. 제26연대 1개 중대가 남쪽의 경계와 정찰을 담당했다. 페 전투를 조용히 지켜보던 이탈리아군 장교 50명을 피아베 강의 동안으로 후송시켰다. 이들이 차가운 강을 건널 때 감시병들은 무척 신경을 썼다.

이탈리아군은 03:00시에 공격을 개시했으나 기습공격은 아니었다. 적은 포로 공격준비 사격을 실시했다. 적의 치열한 포격으로 가옥들이 대파되었다. 공격준비 사격이 끝나자 적은 여러 곳에서 일제히 돌격을 개시했다. 곧 백병전이 벌어졌다. 우리는 보강된 진지를 고수했다. 그러나 예비대는 투입하지 않았다. 적의 공격은 20분 만에 끝났다. 우리는 적의 다음 공격에 대비하여 남아 있었다.(그림 67)

이탈리아군은 공격을 중지하고 전투 이탈하여 롱가로네로 철수했다. 그들은 이번 공격에서 상당한 피해를 입었다. 그러나 이탈리아군의 포격으로 우리 측 손실도 컸다.

우리는 젖은 옷을 입고 떨면서 아침이 되기를 기다렸다. 키안티*Chianti* 산 포도주 몇 병을 발견하여 이것으로 몸을 녹였다. 일출 전에 1중대는 피라고 다리까지 도로를 정찰했다. 2중대와 3중대의 정찰분대들이 피아베 강과 롱가로네 사이에는 적이 없다고 보고했다. 이번에도 정찰분대들은 포로들을 데리고 돌아왔다.

06시 30분에 제26근위연대의 1개 대대가 페 성에 또 도착했다. 이 대대에게 남쪽에 대한 경계임무를 부여했다. 이와 때를 같이하여 롬멜 부대는 다시 롱가로네로 전진했다. 제2·3중대와 제1기관총중대는 도로를 따라 전진했고, 제1중대는 철로 위의 경사면에 있는 도로를 따라 전진했다. 나의 의도는 롱가로네에 있는 적에 대한 포위망을 좁히는 것이었다.

전진 도중에 스트라이케르 소위를 만났다. 그는 피라고 남쪽 도로에서의 전투에서 간신히 포로가 되는 것을 면했다. 그러나 피아베 강을 도하하다 급류에 휩쓸려 수 km나 떠내려가 의식을 잃은 채 강가로 밀려 나왔다.

우리가 접근하자 적은 피라고 다리를 폭파했다. 폭파된 다리에 도착해 보니 중상을 입은 산악부대 병사 한 명이 부서진 다리 밑에 있었고, 적은 온데간데없었다. 우리는 이 교량의 남쪽 가파른 경사면에 배치된 중기관총의 엄호사격을 받으면서 부서진 철교를 기어 올라갔다. 우리가 어젯밤 철책이 설치되었던 곳에 도착했을 때 쇠펠 소위가 노새를 타고 롱가로네에서 우리에게로 달려왔다. 수백 명의 적병이 손수건을 흔들며 그의 뒤를 따라왔다. 피라고의 남쪽 전투에서 포로가 된 쇠펠 소위는 롱가로네에 배치된 이탈리아군의 항복문서를 가지고 왔다. 이탈리아군 지휘관이 작성한 문서는 다음과 같았다.

롱가로네 요새 사령부

오스트리아 및 독일군 사령관 귀하.

롱가로네에 배치된 이탈리아군은 더 이상 저항할 능력이 없다. 우리 부대에 대하여 선처 있기를 바란다.

소령 레이

며칠 동안의 고전 끝에 이와 같이 유종의 미를 거두게 되니 기쁘기 한이 없었다. 특히 어젯밤 피라고 전투에서 포로가 된 우리의 전우가 석방되어 더없이 반가웠다. 이탈리아군은 도로 양쪽에 정렬해서 우리가 롱가로네로 진군할 때 "독일 만세"를 외치며 우리를 환영했다. 롱가로네 전방에서 중상을 입고 중대원들과 함께 포로가 된 제26근위연대 제1기관총중대장이 구급차에 실려 우리 쪽으로 달려왔다. 우리는 혼잡한 거리를 서서히 행진했다. 나는 구급차를 앞세우고 선두에 입성했다. 포로가 된 우리 병사들이 장터에 모여 있었다. 우리 병사들은 재무장하고 우리가 입성할 때까지 롱가로네를 지키고 있었다. 우리 부대가 독일군으로서는 롱가로네 시에 최초로 입성했다. 우리는 교회의 남쪽 주택가에서 숙영했다. 비가 오기 시작했다. 이탈리아군은 수천 명에 달했다. 이들을 여러 차례로 나누어 피아베 동안으로 이동시켰다. 뷔르템베르크 산악대대의 잔여병력이 제22근위사단에 뒤이어 바존 협곡에서 이동해 왔다.

산악대대의 다른 부대들은 우리가 추격전을 벌일 때와 피아베 강의 서쪽 강변에서 전투할 때 우리를 지원하려고 했다. 치몰레 시의 서쪽 이탈리아군 진지를 탈취한 후 즉시 스프뢰세르 소령은 뷔르템베르크 산악대대의 통신중대와 제26근위연대 제1대대를 이끌고 추격전을 벌였다. 이러한 작전은 제43보병여단의 작전명령과는 상반되는 것이었다. 우리가 교전했던 지형과 전투방법이 특수했기 때문에 다른 부대와의 교대는 불가능했다. 성 마르티노에 도착한 후에 스프뢰세르 소령은 제43보병여단으로부터 작전명령을 수령했다.

"뷔르템베르크 산악대대는 추격을 중지하고 에르토의 제분소에서 숙영하라. 제26연대가 전위대의 임무를 인수한다."

스프뢰세르 소령은 다음과 같이 회신했다.

"증강된 뷔르템베르크 산악대대는 롱가로네에서 적과 교전 중이며, 보병부대의 증원과 제377근위산악곡사포대의 전방 추진을 요청합니다."

스프뢰세르 소령의 임무에 대한 집념과 제43여단의 명령을 거부하는 결단력을 목격한 제26근위연대 제1대대장 크렘링 대위는 다음과 같이 말했다.

"스프뢰세르 소령은 적 앞에서도 용감하고 상관 앞에서도 용감하다. 어느 쪽 용기를 더 찬양해야 할지 나는 모르겠다."

정오쯤 되어 스프뢰세르 소령은 롱가로네에서 동쪽으로 2km 떨어진 바존 협곡의 출구에 도착했다. 통신중대와 제26연대 제1대대는 적의 치열한 사격을 받아 바존 협곡을 빠져나오는 데 상당한 시간이 걸렸다. 그 후 통신중대는 도냐 마을로 전진 중인 3중대와 교대하고, 바존 협곡 도로의 출구 바로 남쪽에 있는 고지에서 퇴각하는 적에게 사격을 가했다.

제26연대 제1대대의 선두 중대는 14:00시에 바존 협곡의 적을 완전 소탕한 후 롬멜 부대를 증원하기 위하여 도냐 마을로 이동했다. 스프뢰세르 소령이 직접 지휘할 부대는 하나도 없었다. 괴슬러 부대(5중대와 제3기관총중대)는 일포르트토를 출발, 크라페로나*Cra Ferona*(995m) 고지를 넘어 포르첼라 치몬*Forcella Cimon* 산으로 올라갔다. 여기서 탁월한 지휘관이며 숙련된 등산가인 괴슬러 대위는 부대 선두에서 조급하게 서둘다가 빙판이 된 경사면에서 추락하여 그만 세상을 떠났다. 쉴라인 부대(4·6중대 및 제2기관총중대)는 포르나체 스타디온*Fornace Stadion*을 출발, 가리누*Gallinut* 산

(1,303m)으로 올라간 다음, 크라페로나를 경유하여 바존 협곡에 도착했다. 파이에르 중위가 지휘하는 제2중대는 로디나 산에서 내려와 에르토 방면으로 전진했다.

우리의 야간공격이 실패한 후 무성한 소문이 스프뢰세르 소령의 지휘소에 들어갔다. 적이 롱가로네의 남쪽을 돌파하여 나와 우리 부대의 주력을 모두 포로로 잡아갔다는 내용이었다. 그러나 페 근처에서 치열한 전투 소리가 나자 이러한 소문들은 곧 사라졌다.

우리의 전령 웅게르 일병이 대대지휘소에 마침내 도착했다. 스프뢰세르 소령은 즉각 제26연대의 추가병력을 도냐를 경유, 페로 급파하고 잠시 후에 로디나 산의 포위작전에서 막 돌아온 2중대도 보내주었다. 제26연대 제1대대는 도냐 마을의 서쪽에서 피아베 강에 교량을 가설하기 시작했다.

11월 10일 스프뢰세르 소령은 리발타 동쪽 1km 떨어진 고지대에서 전투준비를 서둘렀다. 가용병력은 쉴라인 부대(4·6중대 및 제2기관총중대), 뷔르템베르크 산악대대의 통신중대, 제26연대 제1대대의 보병포 4문과 제377근위곡사포대 등이었다. 그라우 부대(5중대와 제3기관총중대)는 에르토에서 전진 중에 있었다.

이날 밤 스프뢰세르 소령은 스템베르 군의관에게 이탈리아어로 다음과 같은 편지를 작성케 했다. 그리고 이 편지를 이탈리아군 포로에게 주고 롱가로네에 주둔하고 있는 이탈리아군에게 전달하도록 했다.

"롱가로네는 독일과 오스트리아군으로 편성된 1개 사단에 의하여 완전 포위되었다. 어떠한 저항도 할 수 없게 되었다."

스프뢰세르 소령은 새벽에 롬멜 부대가 롱가로네로 다시 진격했다는 것과 롱가로네에 주둔한 적이 무기를 버리고 투항했다는 보고를 받고, 리발타의 동쪽 1km 지점에 위치한 뷔르템베르크 산악대대의 잔여 병력을 이끌고 롱가로네로 이동하기 시작했다. 그 뒤를 이어 제22근위보병사단의 제43여단이 따라왔다.

11월 10일은 비가 내렸다. 롱가로네 시가에서 이탈리아군을 완전소탕하는 데는 상당한 시간이 걸렸다. 광장에는 적의 소화기가 산더미처럼 쌓였고 심지어 대포까지도 있었다. 롱가로네의 동쪽 저지대에는 포로들로 북적였다. 10,000명이나 넘는 1개 사단병력이 투항했다. 우리는 200정의 기관총, 18문의 산악포, 2문의 반자동포, 600필 이상의 소와 말, 250대의 마차, 10대의 트럭과 2대의 구급차를 노획했다.

치몰레 시, 바존 협곡, 도냐 마을, 피라고와 페의 전투에서 입은 병력손실은 전사 6명, 중상 2명, 경상 19명, 실종 1명뿐이었다. 제26근위연대 제1대대의 병력손실은 확인되지 않았다.

쇠펠 소위는 리발타의 남쪽에서 이탈리아군을 저지하려다 포로가 되었다. 이탈리아군은 그를 생포하자 마구 때렸다. 왜 때리느냐고 항의했더니 적병은 그들의 중대장에게로 쇠펠 소위를 끌고 갔다. 이 중대장은 사과는커녕 쇠펠 소위에게 소지품을 모두 내놓으라고 했다. 그 후 쇠펠 소위는 적과 함께 페 전선으로 이동했다. 여기서 전투가 벌어지자 쇠펠 소위는 여러 차례에 걸쳐 탈출을 시도했지만 옆에 있는 이탈리아군 장교에게 제지되었다. 쇠펠 소위는 독일군의 사격이 얼마나 무서운 것인가를 새삼 느꼈다. 이탈리아군은 자정 무렵 페 전투에서 철수하였고, 쇠펠 소위는 롱가로네로 끌려갔다. 여기서 포로가 된 산악부대 병사들과 오스트리아군 병사들을 만났다. 아침이 되자 이들은 적의 엄중한 호송을 받으며 남쪽으로 다시 이동했다. 그러나 마지막으로 적이 아군 진지를 돌파하려고 했지만 실패했기 때문에 포로의 이동을 중지시켰다. 오전 중에 쇠펠 소위가 이탈리아군 장교들에게 독일군의 병력에 관하여 과장되게 진술하자 그들은 우호적인 태도로 바뀌었다. 쇠펠 소위는 마침내 롱가로네에 주둔하고 있는 이탈리아군의 항복문서를 가지고 우리에게로 돌아왔다.

11월 10일 정오쯤 롱가로네 시는 독일군과 오스트리아군으로 가득 찼고, 보초들은 착검을 하고 우리가 입성할 때 점령한 건물들을 경비했다. 대부분의 병사들은 젖은 옷을 벗고 안락한 막사에서 마음껏 휴식을 취했다. 저녁이 되자 산악부대 병사들은 지휘관을 위해 횃불 놀이를 하겠다고 건의했다.

교훈

치몰레 시의 서쪽에 위치한 적 진지를 돌파한 후 기동부대(기병과 자전거병)는 퇴각하는 적을 추격했다. 이 부대는 적을 따라잡았고, 1개 교량만 제외하고는 적의 폭파조가 교량을 파괴하지 못하게 했다. 이 기동부대는 우리가 추격전을 계속하는 데 큰 공을 세웠다.

협곡 출구에 배치된 몇 명의 소총병으로 적 1개 사단을 저지할 수 있었다. 이탈리아군은 몇 안 되는 이 병사들에게 기관총과 포로 맹렬히 사격을 가했다. 이 병사들은 호를 잘 팠기 때문에 적 사격에 아무런 피해도 입지 않았다. 적의 방어 전술은 적절하지 못했다. 적의 일부 병력이 바존 협곡의 서쪽 출구를 공격했더라면 전 사단이 저지되는 사태는 면했을 것이다.

적의 치열한 사격을 받으면서도 롬멜 부대는 도냐 마을의 서쪽 무방비 상태의 피아베 계곡으로 공격했다. 우리 부대는 신속하게 야전삽을 사용하여 호를 팠다. 한편 서안에 도착한 소수 정찰분대들은 우리의 사격을 받고 남쪽으로 도주하는 적을 포로로 잡았다.

폐의 야간전투에서 방화(放火)가 조명탄 역할을 했고, 탄약이 모자라자 노획한 이탈리아군의 무기와 탄약을 사용했다. 이 두 가지는 적의 치열한 사격을 받으면서 실시했다. 이것은 산악부대의 빛나는 업적이었다.

Ⅵ 그라파 산 부근 전투

제22근위보병사단의 작전명령에 따라 뷔르템베르크 산악대대는 제2선으로 이동하여 1917년 11월 11일은 휴식을 취했다. 이날 우리는 전사한 전우들을 롱가로네 공동묘지에 매장했다.

공격의 기세가 둔화되기 시작했다. 우리 지역의 적은 완강하게 저항하지 않았는데도 추격속도는 느렸다.

그 후 며칠 동안 산악부대는 벨루노를 경유, 펠트레*Feltre*로 이동하여 독일 저격사단에 배속되었다. 11월 17일 우리는 펠트레에서 출발, 피아베 강을 따라 내려갔다. 쿠에로*Quero* 산과 톰바*Tomba* 산 근처에서 격전이 벌어지고 있었다. 각종 부대가 모여 대혼잡을 이루어 피아베 계곡을 빠져나가기가 대단히 어려웠다. 우리 부대는 계곡 도로에서 이탈리아군 포병의 맹렬한 제압사격을 받았다. 오스트리아군의 선두 부대가 톰바 산에 배치된 강력한 적과 교전 중이라는 정보가 들어왔다.

칠라돈*Ciladon*에 도착했을 때 우리 부대는 사단으로부터 그라파*Grappa* 산으로 전진하여 바사노*Bassano*까지 적 진지로 침투하라는 임무를 부여받았다.

오후에 우리 대대는 산개 대형으로 하여 쿠에로 북방으로 이동했다. 그런데 쿠에로는 적의 집중포격을 받고 있었다. 적 포병은 팔로네*Pallone* 산과 톰바 산에 양호한 관측소를 가지고 있어 쿠에로의 협로와 사거리 내에 들어 있는 기타 모든 중요지점에 대하여 정확히 사격하고 있었는데 하나도 이상할 것이 없었다.

스프뢰세르 소령은 롬멜 부대(2·4중대, 제3기관총중대, 1/3통신중대, 2개 산악포대 및 무선반)에게 쿠에로–캄포*Campo*–우손*Uson*–스피누치아*Spinucia* 산–1208고지–1193고지를 경유, 1305고지로 이동하고, 뷔르템베르크 산

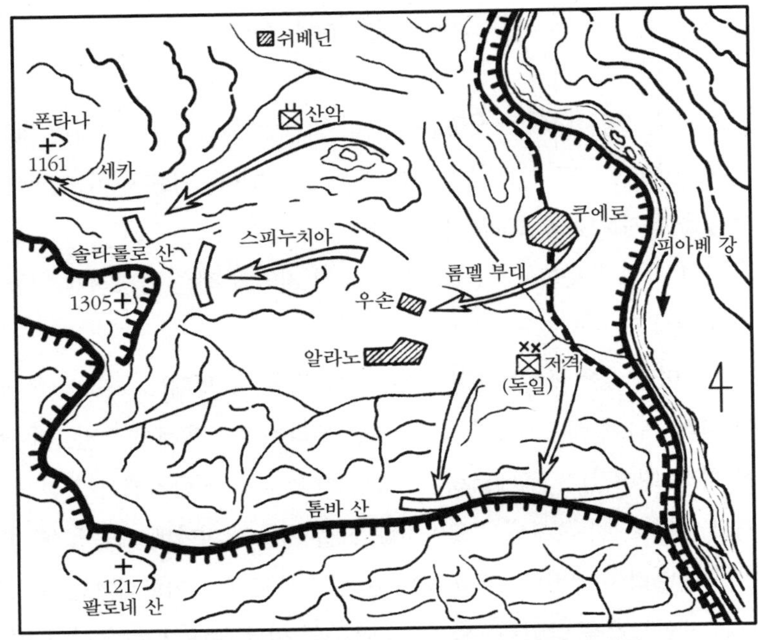

【그림 68】 폰타나-세카, 스피누치아 및 톰바 산으로 진격

악대대의 기타 부대는 쉬베닌*Schievenin*-로카치사*Rocca Cisa*-1193고지를 거쳐 1305고지로 이동하도록 명했다.(그림 68)

우리의 긴 부대행렬이 쿠에로를 구보로 통과하는 동안 날이 어두워졌다. 쿠에로는 완전히 파괴되었고, 아직도 이탈리아군의 포탄이 떨어지고 있었다. 지름 5~10m 되는 포탄 구덩이가 헤아릴 수 없이 많았다. 도로 연변에는 저격부대의 수많은 사상자가 즐비하게 널려 있었다. 이탈리아군은 수십 개의 탐조등을 비추어 밤을 대낮같이 밝히고, 쿠에로·우손·캄포 및 알라노*Alano*에 포격을 개시했다. 탐조등은 쉬지 않고 스피누치아·팔로네 산 및 톰바 산으로부터 계곡을 탐색했고, 멀리서 날아오는 포탄 때문에 우리는 적진을 향해 전진할 수가 없었다. 이러는 사이에 2개 산악포대와의 연락이 끊겼다. 빈트뷔흘레르Windböhler 하사를 시켜 2

개 산악포대와 다시 접촉하고 우손 마을로 인솔하여 오도록 했다. 그 밖의 롬멜 부대는 전혀 피해를 입지 않고 우손 마을에 도착했다. 이 마을도 쿠에로나 캄포와 같이 주민들이 모두 피난을 떠나 텅 빈 집집마다 유령이 나올 것만 같았다. 스피누치아와 팔로네 산으로부터 탐조등이 계속 우리 부대를 추적했다. 우리 부대는 모두 뿔뿔이 흩어져 나무와 집 뒤에 숨어서 휴식을 취했다. 점점 포탄이 가까이 떨어지기 시작했다. 파편이 날고 흙덩이와 돌덩이가 비 오듯 쏟아져서 몹시 긴장했다.

유선통신분대를 포함한 정찰대를 여러 방향으로 보냈다. 발츠 소위도 1개 정찰대를 이끌고 스피누치아 방면으로 나아갔다. 나는 그라파 산을 넘어 바사노까지 신속히 침투하는 것은 별로 문제가 되지 않는다고 생각했다. 적의 방어선은 강력하고 연속된 진지인데다 또 공격시기마저 너무 늦었다. 프랑스군 6개 사단과 영국군 5개 사단이 이탈리아군을 구원하려고 파병되었다는 소문이 나돌았다.

자정이 되자 정찰대들로부터 보고가 들어오기 시작했다. 알라노에 있는 인접부대와 연락이 닿았다. 발츠 소위는 적과 조우하지 않고 스피누치아 산의 동쪽 돌출부로 올라갔다. 빈트뷔흘레르 하사는 2개 산악포대를 우손으로 이동시켰다. 그는 먼저 산악포대들을 우손-폰테-델라-튀아 계곡으로 추진시켰다. 이 계곡에서 그들은 불을 환하게 밝힌 막사를 발견했다. 빈트뷔흘레르 하사는 산악포대를 정지시키고 홀로 막사 안으로 기어 들어갔다. 그곳에서 그는 한 방 가득히 잠을 자고 있는 이탈리아군 병사들을 발견했다. 그는 겁을 모르는 사나이였기 때문에 권총을 빼들고 적병들을 깨웠다. 전과는 포로 150명과 기관총 2정이었다.

11월 17일 자정이 넘어서 롬멜 부대는 스피누치아 산의 동쪽 돌출부로 올라갔다. 11월 18일 이른 아침에 우리의 선두 부대가 동쪽에서 정상까지 연결된 가파른 능선에 배치된 적과 조우했다. 적의 진지는 견고했고, 정상으로부터 동쪽으로 800m도 안 되는 곳에 위치하고 있었다. 박격포와 포병의 지원사격을 받지 않고 정면 공격한다는 것은 생각할 수도 없었다. 적은 종심 깊게 배치된 수많은 기관총과 폰타나·세카·팔로네 산에 배치된 산악포대로 가파른 바위 능선을 완전히 제압했다. 적을 포위할 기회도 없었다. 우리의 공격이 성공할 것 같지는 않았다.

1917년 11월 23일까지 여러 차례에 걸쳐 스피누치아 산의 경사면으로 진격을 시도했다. 박격포와 포병의 지원사격을 받지 못해 우리의 공격은 번번이 실패했다. 11월 26일 6중대의 파울 마르틴 하사가 전방 관측소에서 나와 함께 있다가 포탄 파편에 맞아 전사했고, 헝가리 포병 장교는 중상을 입었다. 11월 23일 롬멜 부대는 로카치사에 있는 대대와 합류하기 위해 이동했다. 여기서는 11월 21일에 퓌히트네르Füchtner 부대가 오스트리아와 보스니아*Bosnia*의 보병과 합동 작전하여 폰타나·세카·1222고지의 적 진지를 공격하여 탈취했다.

1917년 11월 24일 동이 틀 무렵, 내 지휘하에 전 뷔르템베르크 산악대대가 폰타나·세카의 동북쪽 경사면의 제2선으로 이동했다. 우리 대대는 스프뢰세르 소령의 예비대가 되었고, 우리 전방에는 제1근위보병대대가 있었다. 제1근위보병대대의 솔라롤로*Solarolo* 산에 대한 공격이 성공한 후에 뷔르템베르크 산악대대는 그라파 산으로 돌진하기로 했다. 우리 대대는 적 산악포대의 맹렬한 교란사격과, 눈과 혹한을 무릅쓰고 폰타나·세카 산에서 몇 시간 동안 오스트리아군의 성공을 기다리고 있었다. 솔라롤로 산에 대한 공격은 전혀 진전이 없었다. 아군의 포병 사격은 보잘것없이 미약한 데 반하여 적의 포병 사격은 너무나 강했다. 정오 무렵 스프뢰세르 전투단 본부로부터 제25근위산악여단이 솔라롤로 산을 서쪽에서 공격하여 탈취했다는 통보를 받았다.

폰타나·세카 산의 남쪽 경사면에서의 상황은 전혀 변함이 없었으며(근위보병연대도 전혀 진격을 하지 못했다), 오늘 중으로 전세가 호전될 기미도 없어서 나는 솔라롤로 산에 위치한 제25산악여단의 우측으로 이동하여 그라파 산으로 공격하겠다고 간청했다. 스프뢰세르 소령은 허락했다. 전 뷔르템베르크 산악대대는 즉각 이동을 개시했다. 폰타나·세카 산의 서쪽 경사면에 있는 수직암벽을 지나 최단거리로 이동할 수가 있었다. 또 하나의 진로는 스티초네*Stizzone* 계곡으로 내려가는 것이었다. 우리는 걸음을 재촉했지만, 다이실베스트리*Dai Silvestri*에 도착했을 때 벌써 어둠이 깔리기 시작했다. 이곳에서 나는 뷔르템베르크 산악대대의 피로에 지친 병사들에게 휴식을 취하게 하고, 6중대의 암만Ammann 소위로 하여금 솔라롤로 산의 아군 상황을 정찰하도록 했다. 휴식을 취한 뷔르템베르크 산악대대가 솔라롤로에 도착하여 11월 25일 새벽에 공격을 계속할 수 있도록 현 위치에서 일찍 출발하자는 것이 나의 의도였다. 그러나 암만 소위가 철저하게 정찰을 마치고 돌아온 후 상황은 돌변했다. 뷔르템베르크 산악대대는 성공적으로 만사가 진행되고 있는 인접 여단의 전투지역을 침범한 데 대하여 호되게 문책을 받았다. 스프뢰세르 소령은 화가 머리끝까지 났지만 공격을 계속하기 위해서는 제22근위보병사단으로부터 즉각 병력을 증원해 달라고 요청할 수밖에 없었다. 병력 요청이 허락되었다. 우리 대대는 펠트레의 동쪽 휴양소에서 며칠 동안 휴식을 취하고 12월 10일에 피아베 계곡을 따라 폰타나·세카 전선으로 다시 투입되었다.

12월 15일 밤 우리 부대는 1,300m 고지의 눈 속에서 숙영했다. 12월 16일에는 피라미드 돔*Pyramid Dome*, 솔라롤로(1,672m) 산과 스타 돔*Star Dome* 등의 진지를 정찰했다. 적은 여전히 이들 감제고지의 거점을 완강하게 고수하고 있었다. 12월 16일 밤에 천막이 묻힐 정도로 눈이 많이 내렸다. 17일에 스프뢰세르 전투단이 공격을 개시했다. 우리는 스타 돔의 적진에 침투하여 라베니 여단의 저격병 120명을 생포했고, 적의 강력한 역습을 격퇴시켰다. 우리의 피해도 상당했다. 2중대의 유능한 콰니테 Quanite 하사가 정찰 나갔다가 돌아오지 못했다. 그는 분명히 중상을 입고 동사했을 것이다.

우리는 혹한 속에서 적의 맹렬한 포격을 받으면서도 1917년 12월 18일 저녁때까지 스타 돔 산의 가파른 경사면을 끝까지 지킨 다음 뷔르템베르크 산악대대는 계곡과 쉬베닌 방면으로 이동하기 시작했다. 우편물이 우리를 기다리고 있었다. 그 가운데 조그마한 소포 두 개가 있었다. 이 소포에는 스프뢰세르 소령과 나에게 수여하는 훈장이 들어 있었다. 한 대대에서 2개의 최고 무공훈장*Pour le Mérite*을 동시에 받았다는 것은 전례가 없는 영예였다.

우리는 펠트레의 북쪽 작은 마을에서 성탄 전야를 보냈다. 성탄절에도 산악부대 병사들은 '노(老) 알피노Alpino(스프뢰세르 소령의 별명)'의 지휘하에 협소한 피아베 계곡을 따라 전선으로 다시 이동했다. 우리 부대는 톰바 산 좌측에 있는 팔로네 지역에 배치되었다. 우리는 프러시아군 보병과 교대했다. 진지는 그저 명색뿐이었다. 기관총상과 산병호라는 것이 고작 가파르고 불모의 경사지에 있는 조그마한 웅덩이에 불과하여 별로 엄폐효과를 거두지 못했다. 눈이 곳곳에 쌓여 있었다. 그러나 추위는 그런대로 참을 수 있었다. 낮에는 적이 전 지역을 관측하고 있었기 때문에 병사들은 천막에 숨어 있어야 했다. 불도 피울 수가 없었다. 식사는 밤에만 추진되었다. 눈 위의 발자국을 조심스럽게 지워야 했다. 적의 포병과 박격포가 포격을 가해 왔을 때 그 참혹상은 이루 다 말할 수가 없었다. 몇 개 중대는 병력이 25~30명으로 줄었다. 이런 상황하에서도 우리 병사들은 자신 있게 어렵고 위험한 임무를 끝까지 완수했다.

1917년 12월 28일 뷔르템베르크 산악대대의 정면에 적이 공격해 왔으나 곧 격퇴되었다. 29일 우리 대대는 적 포병과 박격포의 맹렬한 포격을 받았다. 이탈리아군의 중박격포는 3km나 되는 거리에서 사격해 왔지만 그 위력은 대단했다. 적 포병은 스프뢰세르 전투단 본부가 위치한 알라노 근처의 후방지역에도 포격을 가했다. 가스탄도 계속 사용했다.

1917년 12월 30일 적은 톰바 산에 최대의 포격을 가했다. 적의 비행기들이 우리 진지 상공 아주 가까이까지 급강하하여 기관총 소사를 했다. 몇 시간의 격전 끝에 프랑스군의 산악부대는 우리 좌측에 배치된 제3근위산악여단의 진지를 탈취했다. 우리 대대는 끝까지 진지를 고수했지만 좌익이 돌파당했다. 톰바 산으로부터 알라노 방면으로 적이 더 진격했다면 우리 부대는 고립되었을 것이고, 그렇게 되면 우리는 야간을 이용하여 뒤로 철수해야 했을 것이다. 눈은 계속 내리고 추위는 점점 더해 갔다.

12월 31일 아침 일찍 예비대를 좌측 돌파구로 이동시켰다. 그러나 예비대는 팔로네 산 쪽에서 적의 맹렬한 포격을 받았다. 그래서 사령부는 북쪽으로 약 2.5km 떨어진 선으로 부대를 철수하기로 결정했다. 우리는 1918년 1월 1일 저녁 늦게까지 팔로네 산과 톰바 산의 진지를 고수했다. 날씨는 지독하게 추웠다. 2명의 용감한 병사가 전방 기관총 진지에서 끝까지 싸우다가 전사했다. 그들은 모르로크 하사와 샤이델 일병이었다.

한 정의 기관총으로 30명의 적 돌격대에게 사격하던 중 고장이 났다. 피아(彼我) 간에 백병전이 벌어졌다. 우리 병사들이 수적으로 우세한 적을 상대로 권총과 수류탄을 가지고 싸우고 있을 때 모르로크와 샤이델은 얼어붙은 중기관총을 열심히 수리하고 있었다. 이때 수류탄이 그들 사이에 떨어져 둘 다 치명상을 입었던 것이다. 적은 격퇴되었다.

자정 직전에 롬멜 부대는 뷔르템베르크 산악대대의 후위가 되어 2명의 전사자와 함께 알라노에 도착한 다음, 시체들이 여기저기 널려 있는 캄포와 쿠에로 벌판을 지나 피아베 계곡을 따라 아무 말 없이 이동했다.

1주일 후에 휴가를 받아 나는 스프뢰세르 소령과 함께 트렌토*Trento*를 경유, 고향으로 돌아갔다. 휴가가 끝난 후 나는 산악부대로 원대 복귀하지 못한 것이 참으로 애석했다. 나는 상급사령부의 명령에 따라 제64군단사령부로 갔으며, 전속 부관 보직을 명받았다. 착잡한 마음으로 나는 지난 여러 해 동안 전장에서 치열했던 전투를 치르면서 뷔르템베르크 산악대대와 연대에서 있었던 여러 가지 일들을 되새겨 보았다. 프랑스에서 있었던 대전투, 슈맹데담*Chemin des Dames*의 점령, 콩드 요새, 샤젤르*Chazelle*와 파리 진지에 대한 공격, 빌레르*Villers*–코테레*Cotterets*에서의 삼림전, 마른*Marne* 강 도하작전, 마른 철수, 그리고 베르덩 전투 등이 주마등같이 머리를 스쳐 갔다. 코스나 산·콜로브라트·마타주르·치몰레, 그리고 롱가로네 전투에서 빛나는 승리를 이루었지만 희생자가 많았다. 나와 생사고락을 같이했던 전우들 가운데서 고향 산천을 다시 밟은 병사는 불과 몇 명에 지나지 않았다.

"동부(루마니아)·서부(프랑스)·남부(이탈리아) 어느 전선을 가더라도 조국을 위하여 목숨을 바친 용감한 독일 병사들의 영원한 안식처, 그 무덤을 찾아볼 수가 있다.
유명(幽明)을 달리한 이 병사들은 살아남은 우리들과 앞으로 자라날 세대들에게 조국 독일이 또다시 위기에 처할 때는 언제나 기꺼이 목숨 바쳐 나라를 지켜 달라고 말없이 외치고 있다."

롬멜 원수 연보

Erwin Johannes Eugen Rommel(1891. 11. 15.~1944. 10. 14.)

연월일	경 력	훈 장
1891. 11. 15.	Ulm 북쪽 35km 떨어진 Heidenheim에서 중학교 교장의 3남 1녀 중 장남으로 출생	
1910. 7. 19.	Württemburg 제124보병연대에 사관후보생으로 입대(19세)	
1911. 3.	Danzig 독일제국 육군사관학교 입교	
1911. 11.	사관학교 졸업	
1912. 1.	소위 임관	
1912. 2.	Weingarten 제124보병연대 소대장(초년병 교육담당)	
1914. 3.	Ulm 제49야전포병연대 파견근무	
1914. 8. 22.	블레Bleid 전투 참전(최초)	
1914. 9. 24.	로망 도로 및 바렌 전투 중 대퇴부 관통(1차 부상)	2등철십자훈장
1915. 1. 29.	'상트랄' 전투	1등철십자훈장
1915. 9. 10.	중위 진급	
1916. 10.	산악대대 루마니아 전선으로 이동	
1916. 11. 27.	Lucia Maria Mollin과 결혼(롬멜 25세, 루시 22세)	
1917. 8. 10.	코스나 산 능선도로 공격 중 팔 관통(2차 부상)	
1917. 10 초	원대 복귀, 이탈리아 전선	
1917. 10. 26.	마타주르 전투	
1917. 12. 18.	우편으로 훈장(Pour le Mérite) 수령	최고 무공훈장
1918. 1.	제64군단사령부 전속 부관	
1918.	대위 진급	
1918. 11. 11.	제1차 세계대전 휴전	
1918. 12.	종전 후 제124보병연대 복귀, 중대장	
1921. 1.	Stuttgart 제13보병연대 중대장(9년)	
1928.	장남 만프레드 출생	
1929. 10.	소령 진급, Dresden 보병학교 전술학 교관(4년)	
1933. 10.	제17보병연대 3대대장(2년)	
1935.	중령 진급	
1935. 10. 15.	포츠담 사관학교 교관	
1937.	대령 진급 『보병공격』(이 책은 1937년 발간되어 제2차 세계대전 종전 시까지 40만 부가 팔렸음)	
1938. 11. 10.	빈 근처 비엔나 노이슈타트 사관학교 교장(오스트리아)	

제2판
롬멜 보병전술

초 판 1쇄 펴낸날 1974년 5월 5일
제2판 1쇄 펴낸날 2001년 9월 15일
제2판 17쇄 펴낸날 2025년 5월 30일

지은이 | 에르빈 롬멜
옮긴이 | 황규만
펴낸이 | 김시연

펴낸곳 | (주)일조각
등록 | 1953년 9월 3일 제300-1953-1호(구 : 제1-298호)
주소 | 03176 서울시 종로구 경희궁길 39
전화 | 02-734-3545 / 02-733-8811(편집부)
02-733-5430 / 02-733-5431(영업부)
팩스 | 02-735-9994(편집부) / 02-738-5857(영업부)
이메일 | ilchokak@hanmail.net
홈페이지 | www.ilchokak.co.kr

ISBN 978-89-337-0406-6 93390
값 15,000원